高等农林院校生命科学类系列教材

观赏植物学

李景侠 康永祥 主编

中国林业出版社

图书在版编目（CIP）数据

观赏植物学/李景侠，康永祥主编．—北京：中国林业出版社，2005.2（2016.9 重印）

（高等农林院校生命科学类系列教材）

ISBN 978-7-5038-3933-7

Ⅰ．观…　Ⅱ．①李…②康…　Ⅲ．观赏园艺—高等学校—教材　Ⅳ．S68

中国版本图书馆 CIP 数据核字（2004）第 140067 号

出版　中国林业出版社（100009　北京西城区刘海胡同7号）

E-mail　cfphz@public.bta.net.cn　**电话：**83224477

发行　新华书店北京发行所

印刷　中国农业出版社印刷厂

版次　2005 年 2 月第 1 版

印次　2016 年 9 月第 8 次

开本　787mm×1092mm　1/16

印张　18.25

字数　467 千字

印数　35 001～40 000 册

《观赏植物学》编写组

主　编　李景侠　康永祥

副主编　张文辉　李登武　蔡靖　王成吉

参　编　苏金乐　刘龙昌　穆立蔷　汶录凤　张昌贵

出版说明

进入21世纪以来,生命科学日新月异,向人们展现出了丰富多彩的生命世界及诱人的发展前景,生命科学已成为高等院校各相关专业关注的焦点,包括理科、工科和文科在内的各个学科相继酝酿、开设了与生命科学相关的课程。为贯彻和落实教育部"十五"规划高等学校课程体系改革的精神,满足农林院校生物专业和非生物专业教学的需要,中国林业出版社与北京林业大学、福建农林大学、山西农业大学、河北农业大学等院校共同组织了各院校相关学科的资深教师编写了这套适合于高等农林院校使用的生命科学类系列教材,并希望成为一套内容全面、语言精练的生命科学的基础教材。

本系列教材系统介绍了现代生命科学的基本概念、原理、重要的科学分支及其研究新进展以及研究技术与方法。我们期望这套系列教材不仅可以让农林院校的学生了解生命科学的基础知识和研究的新进展,激发学生们对生命科学研究的兴趣,而且可以引导他们从各自的研究领域出发,对各种生命现象从不同的角度进行深入的思考和研究,以实现各领域的合作,推动学科间的协同发展。

近几年,各有关农林院校的一大批长期从事生物学、生态学、遗传学以及分子生物学等领域的教学和科研工作的留学归国人员及骨干教师,他们在出色完成繁重的教学和科研任务的同时,均亲自参与了本系列教材的编撰工作,为系列教材的编著出版付出了大量的心血。各有关农林院校的党政领导和教务处领导对本系列教材的组织编撰都给予了极大的支持和关注。在此谨对他们表示衷心的感谢。

生命科学的分支学科层出迭起,生命科学领域内容浩瀚、日新月异,且由于我们的知识构成和水平的限制,书中不足之处在所难免,恳请广大读者和同行批评指正。

高等农林院校生命科学类系列教材

编写指导委员会

2004年5月18日

前言

观赏植物学是一门以观赏植物为对象,研究其分类、习性、分布与产地、繁殖与栽培以及园林应用等理论和技术的综合学科。

近年来,全国各大农林院校结合自己的特点,陆续新上了一批适应现代社会市场需求的专业,其中森林旅游、环境艺术等专业正是在这种背景下应运而生的,并表现出强有力的生命力。在这些新上专业的课程设置中,均开设观赏植物学。针对这样的现状,西北农林科技大学、东北林业大学、河南农学院等单位组织有关人员,在征求多方面专家意见的基础上,编写了这本《观赏植物学》。

本书共8章34节,内容涉及观赏植物的形态及分类、观赏植物生长发育规律及繁殖、观赏植物与环境、观赏植物的应用、观赏植物的配置,木本观赏植物、草本观赏植物、草坪及地被植物以及这些植物的形态特征、产地与习性、繁殖与栽培、观赏价值与园林价值等。同时还介绍了常见观赏植物品种的分类方法、识别要点和观赏特性。

本书在编写过程中,参考了《中国树木志》、《中国高等植物图鉴》等书籍,并引用了其中的部分插图,在此一并致谢。

由于编者水平和经验所限,加之时间仓促,书中不足之处在所难免,欢迎批评指正。

编　者

2004年12月29日

目 录

绪 论

一、观赏植物学的概念

观赏植物（Ornamental plants）通常是指人工栽培的，具有一定观赏价值和生态效应的，可应用于花艺、园林，以及室内外环境布置和装饰的，以改善和美化环境、增添情趣为目标的植物总称。有木本、草本之分，其中木本者称观赏树木或园林树木，草本者称花卉。

观赏植物学是研究观赏植物的分类、生物学特性、生态学特性和观赏特性及园林应用的科学，它是园林专业、花卉专业、森林旅游专业和生物院校艺术设计专业的专业基础课之一。观赏植物学是一门综合性的学科，它与植物分类学、花卉学、园林树木学、植物地理学、植物病理学、植物育种学、植物栽培学等学科有着密切的关系。

二、我国观赏植物资源

中国地域辽阔，横跨寒温带、温带和热带，地形条件复杂。这种多样的气候类型和复杂的地形条件为观赏植物的繁衍生息创造了优越的自然环境，不仅使得我国观赏植物的野生种质资源相当丰富，而且还保存着许多第三纪以来的古老孑遗植物，如银杏、水杉、金钱松、银杉、珙桐等，被誉为“世界园林之母”。据统计，我国现有高等植物种类3万余种，居世界第三位。其中著称于世的观赏植物达100多属，3000多种。种类繁多的传统名花有：梅花、茶花、菊花、荷花、蜡梅、水仙、玉竹等，资源丰富，分布集中，久负盛名。

丰富的中国植物资源早就为世界园林学界所关注，早在1899年，亨利·威尔逊（Wilson E. H.）先后受英国威奇公司和美国哈佛大学的委托，5次来中国搜集中国植物，在长达18年的时间里，他的足迹遍及川、鄂、滇、甘、陕、台等地，采集腊叶标本约65000份，并引进种子和鳞茎交给美国哈佛大学阿诺德树木园繁殖栽培，同时分送部分种子和鳞茎至世界其他地方。1913年，亨利·威尔逊根据他多年的中国植物考察，编写了“A Naturalist in Western China”，本书共分两卷，记述了中国众多的植物种类。1929年，Wilson又出版了他的中国采集记事，书名叫《中国·园林的母亲》（China，Mother of Gardens），书中写道：“中国的确是园林的母亲，因为我们的花园深深受惠于她所具有的优质首位的植物，从早春开花的连翘、玉兰，夏季的牡丹、蔷薇，直到秋天的菊花，显然都是中国贡献给世界园林的丰富资源，还有现代月季的亲本，温室的杜鹃、樱草以及食用的桃子、橘子、柠檬、柚等。老实说，美国或欧洲的园林中无不具备中国的代表植物，而这些植物都是乔木、灌木、草本、藤本行列中最好的！”

由于中国丰富的观赏植物资源，世界各国纷纷从中国引种。美国阿诺德树木园（Arnold Arboretum）引种中国植物1500种以上，甚至把中国产的四照花作为园徽；美国加州的树木花草中有70%以上来自中国；意大利引种中国植物1000余种；德国现在植物中的50%来源于中国；荷兰40%的花木从中国引入；英国爱丁堡皇家植物园引种了中国植物1527种，其中杜鹃花就有400多种，这些植物大都用之于英国的庭园美化。1818年，英国从中国引入的紫藤，至1839年（经21年），在花园中已开了675 000朵花，成为一大奇迹。1876年英国从我国台湾引入一种叫驳骨丹 *Buddleja asiatica* Lour. 的植物，并与产于马达加斯加的黄花醉鱼草进行杂交，培育出蜡黄醉鱼草，冬季开花，成为观赏珍品，于1953年荣获英国皇家园艺协会优秀奖，次年再度获得该协会“一级证书”奖。难怪英国人感叹，没有中国植物就没有英国园林。

今日西方庭园中许多美丽的花木，追溯其历史大多都是利用中国植物为亲本，经反复杂交育种而成，例如月季花，由于引入了中国四季开花的月季花、香水月季、野蔷薇并参与杂交，才形成繁花似锦、香气浓郁、四季开花、姿态万千的现代月季。可以说，世界各地现代月季均具有中国月季的“血统”。

由此可以看出，丰富的中国观赏植物资源是世界园林的基石，是全人类宝贵的物质财富。

三、观赏植物的栽培历史

观赏植物（花卉）的文字记载，最早始于公元前11世纪商朝甲骨文中，但不是现在花卉一词的含义，花和卉二字各有其意，花是指开花植物的花而言，卉则为各种草的总称。公元6~7世纪，《梁书·何点传》中才真正出现花卉二字，即指美丽的花和草，这说明从那时起人们就开始利用和欣赏花卉。

战国时期（前475~前221）是中国封建社会的开端，宫室庭园中广植花草树木，并形成了园林的雏型。此时人们对花卉的应用和欣赏已开始赋予感情色彩，以情赏花，以花传情之趣体现于劳动与生活之中，在中国最早的民歌总集《诗经》以及《楚辞》、《礼记》、《博雅》等古籍中都有记载。如《诗经》中记：“维士与女，伊其相谑，赠之于勺药（芍药）”、“摽有梅，其实七兮”、“昔我往矣，杨柳依依”等等，都是记述当时男女青年相爱或亲友之间别离用芍药切花、梅子、柳枝以及其他芬芳花枝相互赠送表达爱慕或惜别之情的。《楚辞·离骚》中记“余既滋兰之九畹”，文中之兰是指菊科的泽兰 *Eupatorium fortunei* Tuncz.，古代称兰草、佩兰，茎叶含芳香油，又可杀虫，深受古人喜爱，认为此花“能杀虫毒、除不祥”，又视为高贵、圣洁和吉祥的象征。屈原更爱兰草，亲自种植，多达百余亩，既作香料栽培，又以此自喻，比拟自己的高洁品德，抒发自己忧国忧民不得志的惆怅之情。由此种种都说明这一时期，花卉在我国的栽培亦相当广泛，在我国先民的物质生活和精神生活中都起过相当大的作用。

秦汉时期（前221年~220），封建统治者出于维护封建秩序和显示王权威严的政治目的，统治阶级将花艺术品视为表彰功臣、宣扬王室功业的主要方式。

魏晋南北朝时期（公元220~589年），玄学的发展、佛教的传入、西行求法活动等为古代文化艺术的形成、中西文化的交流起到一定的积极作用。如在大量修建佛教建筑（寺、塔、石窖）和都城建筑等的同时，也促进了园林建设的发展与花卉栽培，使花卉由纯生产栽培走向观赏栽培。皇家权贵广辟园苑，大造温室，穿池堆山，遍植奇花异木；民间种花、卖花、赏花也渐成风尚。有关花卉的书、诗、画、歌、工艺品、艺术品陆续面世，如记载花卉科学技术方面的书籍有北魏贾思勰著《齐民要术》、西晋稽含著《南方草木状》，后者是世界上最早的植物分类学专著。

至隋、唐和两宋时期，随着大唐盛世的百业兴旺、宋代的稳定与繁荣，养花、赏花蔚然成风。据传，当时点茶、挂画、燃香和插花合称“四艺”，成为社会上特别是文人士大夫阶层文化修养和风雅生活的重要组成部分。这一时期，花卉的科技书籍、花卉的文学作品、花卉工艺品和花卉绘画以及盆景、插花等艺术品层出不穷，可称中国史上花文化发展的鼎盛时期。此时，著名的花卉专著专谱也相继问世，如《魏王花木志》、《园庭草木疏》（唐·王芳庆）、《平泉山居草木记》（唐·李德裕）、《本草图经》（宋·苏颂）、《芍药谱》（宋·刘触）、《扬州芍药谱》（宋·王观）、《菊谱》（宋·刘蒙）、《梅花喜神谱》（宋·宋伯仁）等等。

明清两代，是中国各类花卉著作甚多且内容全面丰富、科学性较强的时期。标志着中国花卉栽培和应用理论的日臻完善和系统化。花史、花谱、专著等屡见不鲜，尤其是插花专著的面世，轰动了日本花道界，至今仍为中外插花艺术家借鉴。这一时期内，著名的花卉专史、专谱和专著有：《群芳谱》（明·王象晋）、《本草纲目》（明·李时珍）、《长物志》（明·文震享）、《学圃杂疏》（明·王世懋）、《月季新谱》（明·陈继儒）、《灌园史》（明·陈诗教）、《花史左编》（明·王路）、《汝南圃史》（明·周文化）、《兰谱》（明·张应文）、《花镜》（清·陈淏子）、《广群芳谱》（清·汪灏）、《菊谱》（清·李奎）、《凤仙谱》（清·赵学敏）……盆景艺术著作有：《盆景》（吴初泰》、《盆景偶录》（苏灵）、《素园石谱》（林有麟）。插花艺术专著和涉及插花艺术的著作有：《遵生八笺》（明·高濂）、《瓶花三说》、《瓶花谱》（明·张谦德）、《瓶史》（明·袁宏道）、《瓶史月表》（明·屠本俊）、《浮生六记》（清·沈复）。

清末以来至新中国成立前夕，由于中国连年战患，国力下降，花卉业停滞，花田几尽荒芜。花卉资源及名花品种屡被掠夺，或大量丢失或流向国外，仅有少数地区经营花卉栽培。新中国成立以后，随着国民经济的恢复与发展，城市园林建设逐渐受到重视，中国花卉业有了蓬勃的发展。如菏泽、洛阳的花农重整花田，收集品种，恢复牡丹生产；武汉园林部门积极开展荷花品种的收集整理研究等等。

近年来，在改革开放政策下，百业兴旺，人民生活水平不断提高，观赏植物作为一种产业得到空前发展。园林观赏植物及其产品生产再次走进国民经济领域中，成为高效农业生产的组成部分。观赏植物及其产品生产正朝着商品化、专业化方向迈进，很多地方已经形成了自己特色产业。目前，全国已有百余个城市选定了市树市花，每年各地多有花市或专业性花卉展览活动，如已举办过三届全国性大规模的花卉博览会与插花艺术大赛展览，并开展了广泛的国际间花卉科技、花卉艺术方面的交流活动。花卉业的兴旺，花文化的深人发展，标志着中国改革开放的新成就，展现着中华民族创造现代文明的新姿态。

四、观赏植物栽培的意义

植物是园林中有生命的题材，植物造景是世界园林发展的趋势，其中观赏植物是基本素材。观赏植物种类繁多，色彩千变万化，既具有生态的要求，也具有综合观赏的特性，以多样的姿态组成丰富的轮廓线，以不同的色彩构成瑰丽的景观，它不但以其本身所具有的色、香、姿作为园林造景的主题，同时还可衬托其他造园题材，形成生机盎然的画面。实践证明，园林质量的优劣，很大程度上取决于园林植物的选择和配置，其作用主要体现在以下几方面：

1. 美化环境，陶冶情操

观赏树木的美不仅体现在其本身色彩、形体、令人愉快的气味等方面，而且体现在风韵美。风韵美亦称内容美、象征美，是一种抽象美，它既能反映出大自然的自然美，又能反映出人类智慧的艺术美。人们常把植物人格化，从联想上产生某种情绪或意境。例如，荷花喻意高尚，出污泥而不染。梅、松、竹有“岁寒三友”之称，喻在寒冷中，不畏严酷的环境。桃、李喻意门生。红豆表示思慕，唐代王维红豆诗：“红豆生南国，春来发几枝，愿君多采撷，此物最相思”。柳树表示依恋，诗《小雅采薇中》有：“昔我往矣，杨柳依依”，依依本表示柳条飘荡之状，寓思慕之意，今指惜别时依依不舍，等等。因此，观赏植物不仅是美化环境的物质材料，也是承传精神文化的载体。

2. 提高环境质量，增进身心健康

栽植花草树木能改善环境，包括调节空气温度和湿度，遮荫，防风固沙，保持水土；维持气体平衡，绿色植物在进行光合作用时，吸收二氧化碳放出氧气；净化空气，通过滞尘使空气变得清新宜人；减小噪音污染；吸收有害气体；一些水生植物能吸收水中的有害物质，如水葫芦能吸收和富集铅、镉、汞，用于净化工业污水。同时，绿色可以消除疲劳。

3. 促进经济效益，消化剩余劳动力

观赏植物的生产是一项很有前景的商品生产，经济价值较高，还将带动其他工业生产，如陶瓷工业、塑料工业、玻璃工业、化学工业以及包装运输业等。观赏植物是出口创汇的重要物资之一，尤其是一些特产花卉，如漳州水仙、兰州百合、云南山茶花、盆景以及上海香石竹的切花等，历年均有大量出口；荷兰的郁金香、风信子，日本的百合类、菊花、香石竹、月季；新加坡的热带兰；意大利的干花等，长期被栽培，在各国的出口中占有重要的地位。其中荷兰是世界上最大花卉生产出口国，花卉业是该国经济收入的主要来源。我国特产花卉种类极为丰富，有着巨大的潜力和广阔的前景。

观赏植物的经济效益还体现在许多观赏花木具有观赏以外用途和的效益，如药用、油料、香料等。

4. 弥补其他造园材料的不足

观赏植物具有形状的变化、大小的变化、色相的变化、季相的变化，甚至晨昏的变化等，这是其他无生命的造园材料所没有的。

五、观赏植物学的学习方法

园林植物学是一门实践性很强的学科。在学习过程中，不仅要进行要种类识别，还要认真地了解观赏植物的观赏特性和用途、物候与环境的关系、植物的文化内涵，同时要充分利用本地或它地的各种条件，加强实践教学环节，做到勤学、勤问、勤练习、勤实践，不断地积累，以达到熟练应用观赏植物的目的。

第一章

观赏植物的形态及分类

植物经过几十亿年的发展和演化，形成了目前地球上丰富多彩的种类。现在已发现的植物约有 50 万种，其中近 1/6 具有观赏价值。我国植物种类繁多，高等植物约 3 万余种，有观赏价值的达 6000 种以上，而且随着人们选育水平的提高，会有越来越多的植物成为美化人类家园的观赏植物。人工培育的栽培观赏植物也十分丰富，如桂花品种有 100 余个，山茶花品种 3000 多个，菊花品种达 2 万～3 万个。如此众多的观赏植物种类（品种）的识别、应用以及以此为基础的新品种培育，都建立在对观赏植物正确、合理、统一地命名和分类基础上。因此了解和掌握观赏植物分类、命名方面的基本概念和基础知识是十分必要的。而正确的形态描述、种类识别以至园林应用，同样也离不开对观赏植物形态特征的认识和把握。

第一节　观赏植物的根

根是植物长期演化过程中适应陆生生活发展起来的器官，种子植物和蕨类植物中的大多数有根的出现。根的主要功能表现在以下几个方面：支持和固定作用；吸收作用；输导作用；合成和转化作用；分泌作用；贮藏作用；繁殖作用。

一、根的种类

依据来源，根分为定根和不定根两种。

1. **定根**　当种子萌发时，胚根首先突破种皮向地生长，形成主根（main root），主根上可以产生侧根（lateral root）。不论主根或侧根，它们都有一定的发生位置，都来源于胚根，所以称为定根。

2. **不定根**　有些植物可以从茎、叶上产生根，这种不是由根部产生，位置也不固定的根，统称为不定根（adventitious root）。

二、根系的类型

植物个体地下部分所有根的总体，称为根系。根系可分为直根系（tap root system）和须根系（fibrous root system）两类（图 1－1）。

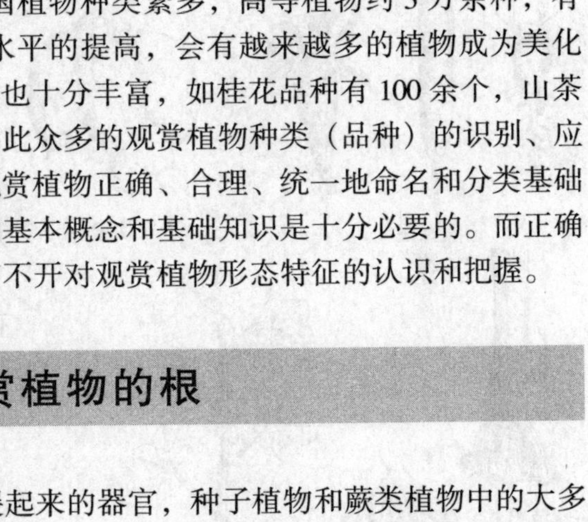

图 1－1　根系的类型

1. 直根系　2. 须根系

1. **直根系**　凡是主根发达，较各级侧根粗壮，能明显区别出主根和侧根，这种根系称为直根系。大多数双子叶植物和裸子植物的根系为直根系，如华山松、苹果等。

2. **须根系**　凡是主根不发达或早期停止生长，由茎基部生出的不定根组成的根系为须根系。如小麦、玉米、葱等大部分单子叶植物的根系为须根系。

三、根的变态

很多观赏植物的根由于生态环境的不同，在长期发展过程中，其形态与功能发生了变化，这种变化可以遗传，并已成为这种植物的鉴别特征（图 1－2）。

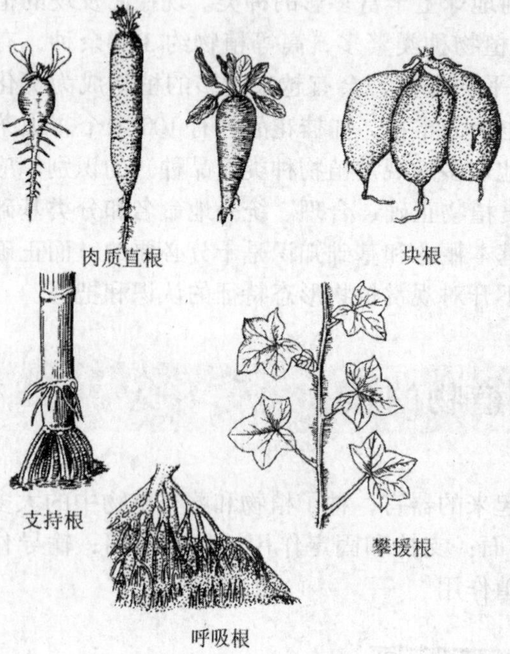

图 1－2　根的变态类型

（一）贮藏根

主要是一些二年生或多年生草本植物的地下越冬器官，贮藏有大量营养物质，通常肉质肥大，形态多样。大致可分两类：

1. **肉质直根**（fleshy tap root）　由主根发育而成，粗大单一；外形有圆柱形、圆锥形、纺锤形。如萝卜、甜菜等。

2. **块根**（tuber root）　由不定根或侧根膨大而成的，在一株上可形成多个块根。块根的形状也很多，不规则块状、纺锤状、圆柱状、掌状、串珠状，如甘薯、大丽花、麦冬等。

（二）气生根

凡露出地面，生长在空气中的根，均为气生根。根据其生理功能的不同，又可分为支持根、攀缘根、呼吸根和板状根。

1. **支持根**（prop root）　玉米、高粱等禾本科植物，在接近地面的节上，常产生不定根，增强支持和吸收作用，叫支持根。

2. **攀援根**（climbing root）　一些藤本植物，如凌霄、常春藤等的茎细长柔弱，不能直立，从茎上产生许多不定根，固着在其他树干、山石或墙壁等表面，这类不定根称为攀援根。

3. **呼吸根**（respiratory root）　有些生长在沿海或沼泽地带的植物，如红树、水松、落羽杉等，它们都有一部分根从腐泥中向上生长，暴露在空气中，形成呼吸根。另一些植物如榕树从树枝上发生多数向下垂直的根，亦是呼吸根。

4. **板状根**（buttress root）　热带、亚热带树木在干基与根茎之间形成板壁状凸起的根，起支持作用，如榕树、人面子、野生荔枝等。

（三）寄生根

菟丝子、列当、桑寄生、锁阳等寄生植物，产生不定根，侵入寄主体内吸收水分和有机养料，这种吸器（haustorium）又称为寄生根。

第二节　观赏植物的茎

茎是种子幼胚的胚芽向上伸长的部分，通常在叶腋生有芽（bud），芽萌发后形成分枝（或开花）。茎和枝上着生叶的部位叫节（node），两节之间的茎、枝叫节间（internode），叶柄与茎、枝相交的内角叫叶腋（axillary）。一般植物的节不明显，只是在叶柄着生处略有突起，而有一些植物的节非常显著，如禾本科植物（玉米、竹类等）和蓼科植物的茎；少数植物如荷花，它的根状茎上的节也很显著，但节间膨大，节部缩小。

一、茎的分类

（一）根据茎的性质、寿命分类

1. **木本植物**　茎的木质部发达、寿命较长的一类植物，称为木本植物。常又分为乔木、灌木和木质藤本。

2. **草本植物**　茎中含木质成分很少，多汁、柔软、易折断。依据寿命又可分为1年生草本、2年生草本和多年生草本。

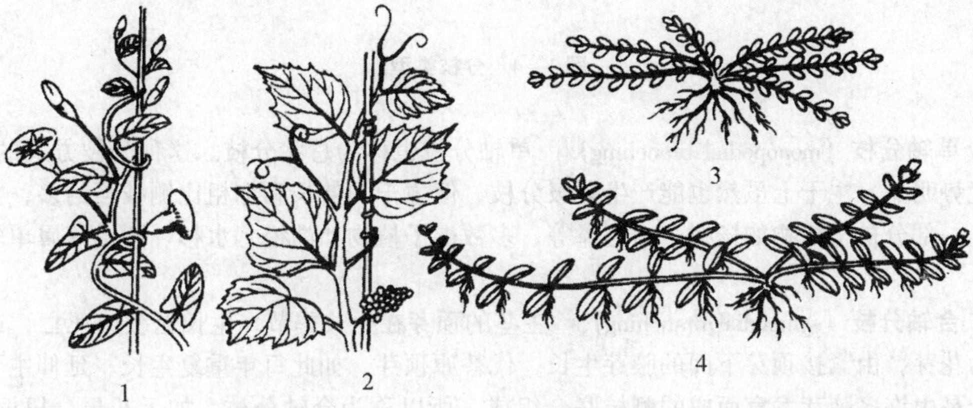

图1-3　茎的生长习性

1. 缠绕茎　2. 攀援茎　3. 平卧茎　4. 匍匐茎

（二）根据茎的生长习性分类（图1-3）

1. **直立茎**（erect stem）　茎垂直于地面生长，大多数植物的茎为这种类型。

2. **平卧茎**（procumbent stem）　茎沿地面生长，但节处不生根。

3. **匍匐茎**（creeping stem）　茎沿地面或靠近地面生长，通常在节处生根。

4. **缠绕茎**（twining stem）　缠绕他物上升的茎。

5. **攀援茎**（climbing stem）　指用小根（气生根）、叶柄或卷须等其他特有的变态器官攀援他物上升的茎。

二、分枝的方式

分枝是植物生长普遍存在的现象，顶芽和腋芽的发育，形成枝系。由于各种植物芽的性质和活动情况不同，所产生的枝的组成和外部形态也不同，因而分枝方式各异。植物的分枝方式，大致可分为以下几种类型（图 1－4）。

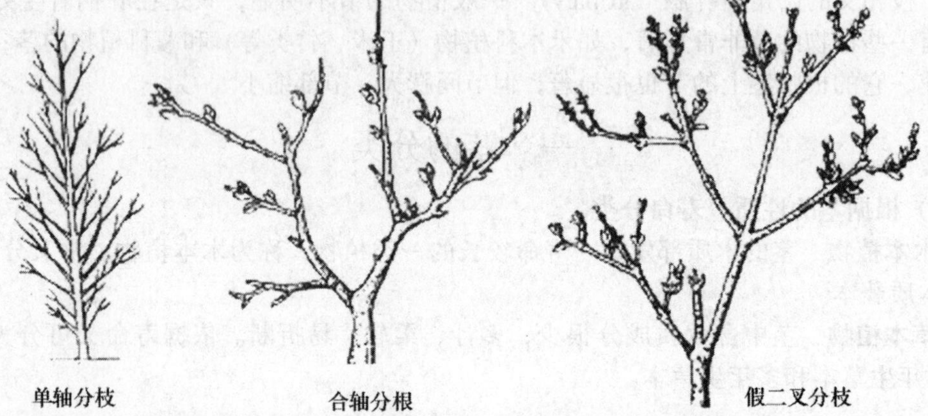

图 1－4　分枝类型

1. **单轴分枝**（monopodial branching）　单轴分枝也称为总状分枝。这种分枝方式的植物，顶端优势明显，主干上虽然也能产生各级分枝，但主干的伸长和加粗比侧枝强的多，主干极显著。一部分被子植物如杨树、山毛榉等，多数裸子植物如油松、水杉、圆柏等属单轴分枝类型。

2. **合轴分枝**（sympodial branching）　主茎的顶芽在生长季节，生长迟缓或死亡，或顶芽分化为花芽，由紧接顶芽下面的腋芽生长，代替原顶芽，如此每年重复生长、延伸主干，这种主干是由许多腋芽发育而成的侧枝联合组成，所以称为合轴分枝。如无花果、梧桐、桃、苹果等。

3. **假二叉分枝**（false dichotomus branching）　假二叉分枝是具有对生叶（芽）的植物，如丁香、茉莉、接骨木、石竹等，在顶芽停止生长或顶芽分化为花芽，由顶芽下的两侧腋芽同时发育成二叉状分枝。如苔藓植物中的石松、卷柏等。

三、茎的变态

大多数观赏植物的茎生长在地面以上，具有节和节间，并在节上生长着叶和芽，芽萌发以后形成枝。但有些植物的茎为了适应不同的功能，形态结构上发生一些变化，还有的茎主要在地下生长和扩展，形成地下茎及其变态。

（一）地上茎的变态（图 1－5）

1. **茎刺**（stem thorn）　茎转变为刺，或称为枝刺。如山楂、酸橙的单刺，皂荚的分枝刺。

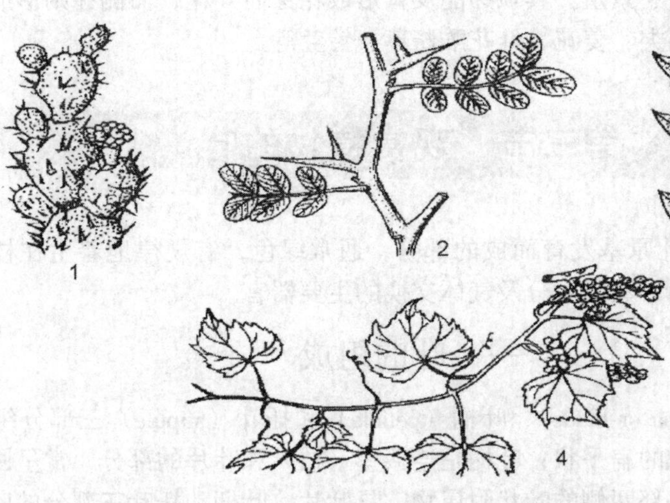

图 1-5　地上茎的变态

1. 肉质茎　2. 茎刺　3. 叶状茎　4. 茎卷须

2. **茎卷须**（stem tendril）　许多攀援植物的卷须是由枝变态而来，用以攀附他物上升。茎卷须又称枝卷须，其位置或与花枝的位置相当（如葡萄），或生于叶腋（如南瓜、黄瓜）。

3. **叶状茎**（phylloid）　由茎转变成叶片状，扁平，呈绿色，能进行光合作用，称为叶状茎（枝）。如假叶树、竹节蓼等。

（二）地下茎的变态（图 1-6）

1. **鳞茎**（bulb）　地下茎短缩为圆盘状的鳞茎盘，其上着生多数肉质膨大的鳞片，整体呈球形，如郁金香、风信子、水仙、百合等。

2. **球茎**（corm）　地下茎短缩膨大呈实心球状或扁球形，其上着生环状的节，节上具褐色膜状物，即鳞叶，如唐菖蒲、香雪兰、番红花、观音兰等。

3. **块茎**（tuberous stem）　地下茎变成膨大呈不规则的块状或球状，其上具明显的芽眼，往往呈螺旋状排列。可分割成许多小块茎，用于繁殖，如马铃薯。但另一类块茎类花卉，如仙客来、球根秋海棠、大岩桐等，其芽着生于块状茎的顶部，须根则着生于块状茎的下部或中部，块状茎能多年生长，但不能分成小块茎用于繁殖，所以有些人把后者划为块根类。

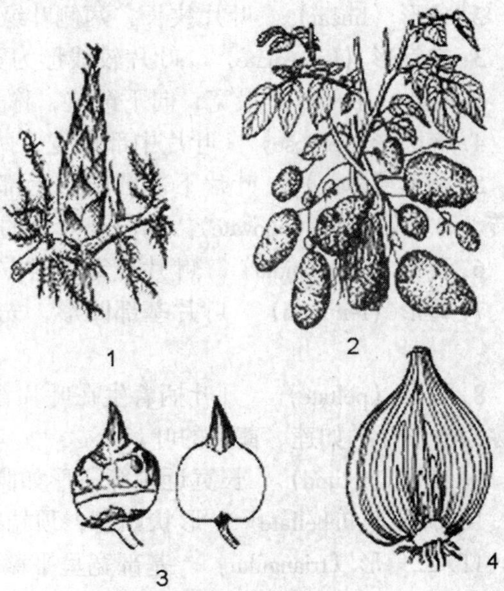

图 1-6　地下茎的变态

1. 根状茎　2. 块茎　3. 球茎　4. 鳞茎

4. **根状茎**（rhizome）　地下茎呈根状肥大，具明显的节与节间，节上有芽并能发生不定根，所以可分割成段用于繁殖。其顶芽能发育形成花芽而开花，而侧芽则形成分枝。如美人蕉、荷花、睡莲、鸢尾类、姜花、红花酢酱草、铃兰等。

第三节 观赏植物的叶

叶（leaf）是由芽的叶原基发育而成的部分，通常绿色，有规律地着生在枝（茎）的节上，是植物进行光合作用、蒸腾水分及气体交换的主要器官。

一、叶的组成

叶一般由叶片（lamina or blade)、叶柄（petiole）和托叶（stipule）三部分组成。叶片是叶的主要部分，常为绿色的扁平状；叶柄是连接茎（枝）和叶片的部分，常呈圆柱状或扁平或具沟槽；托叶是叶柄基部两侧的叶状附属物。具叶片、叶柄和托叶三部分的叶，称为完全叶（complete leaf)，如梨、桃、月季等多数观赏植物。有些植物叶缺少其中的一个或两个部分，称为不完全叶（incomplete leaf)。

二、叶片的形状

叶片的形状主要是以叶片的长宽比和最宽处的位置来决定的。常见的叶片形状有以下几种（图 1－7)。

1. **针形**（acicular **或** acerose） 叶细长，先端尖锐，如白皮松、雪松等植物。

2. **条形**（linear） 叶片狭长，两侧叶缘近平行，如水仙、冷杉的叶。

3. **披针形**（lanceolate） 叶片较线形为宽，中部以下最宽向上渐狭，称为披针形叶，如柳、桃的叶；中部以上最宽，向下渐狭，称为倒披针形叶（oblanceolate)。

4. **椭圆形**（ellipse） 叶片中部最宽，两端较窄，两侧叶缘成弧形，如樟树、苹果等。

5. **卵形**（ovate） 叶片下部圆阔，上部稍狭，如向日葵、芝麻、稠李的叶片。若卵形倒转，称为倒卵形（obovate)，如白三叶草的小叶。

6. **菱形**（rhomboidal） 叶片成等边斜方形，如菱、乌桕的叶。

7. **肾形**（reniform） 叶片基部凹形，先端钝圆，横向较宽，似肾形，如灰杨、冬葵的叶。

8. **盾形**（peltate） 凡叶柄着生在叶片背面的中央或近中央（非边缘)，不论叶形如何，均称为盾形叶，如莲、蓖麻的叶。

9. **圆形**（rotund） 长宽近相等，形如圆盘，如莲叶、圆叶锦葵叶。

10. **扇形**（flabellate） 形状如扇，顶端宽而圆，向基部渐狭，如银杏的叶。

11. **三角形**（triangular） 基部宽呈平截状，三边或两侧边近相等，如加拿大杨。

12. **剑形**（gladiate） 长而稍宽，先端尖，常稍厚而强壮，形似剑，如鸢尾属植物的叶。

13. **钻形（或锥形** awl－shaped） 锐尖如锥或短且窄的三角形状，叶常革质，如柳杉。

14. **鳞形**（squamiform） 叶状如鳞片，如圆柏、柽柳的叶。

15. **矩圆形（或长圆形** oblong） 长 2～4 倍于宽，两边近平行，两端均圆形，如紫穗槐

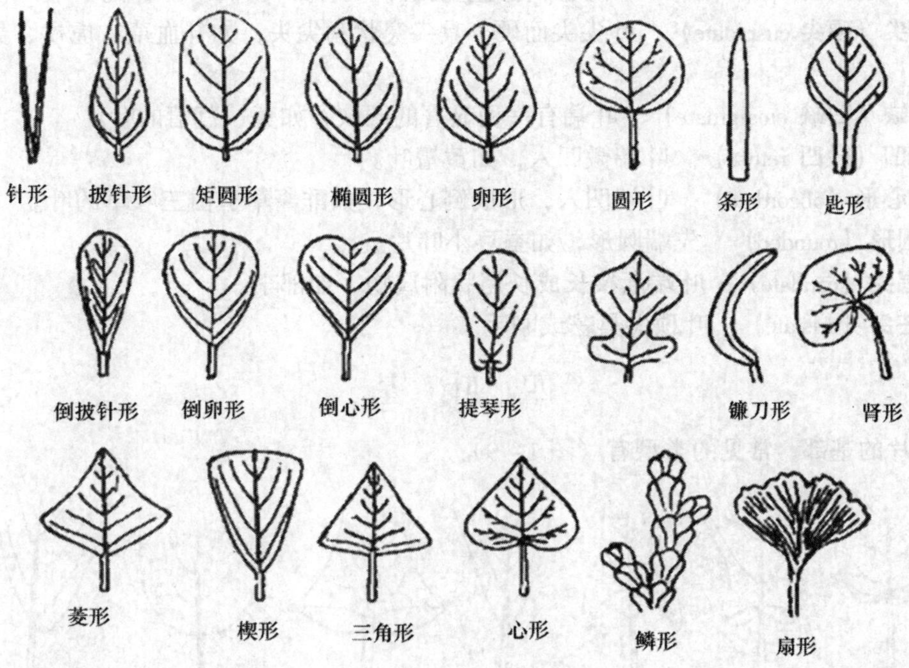

图 1-7　叶片的形状

的小叶。

16. **匙形**（spatulate）　形似勺，先端圆形向基部变狭，如补血草的叶。

17. **心形**（cordate）　与卵形相似，但叶片下部更为广阔，基部凹入，似心形，如紫荆的叶。

三、叶　尖

叶尖指叶片的顶端，常见的形状有（图 1-8）：

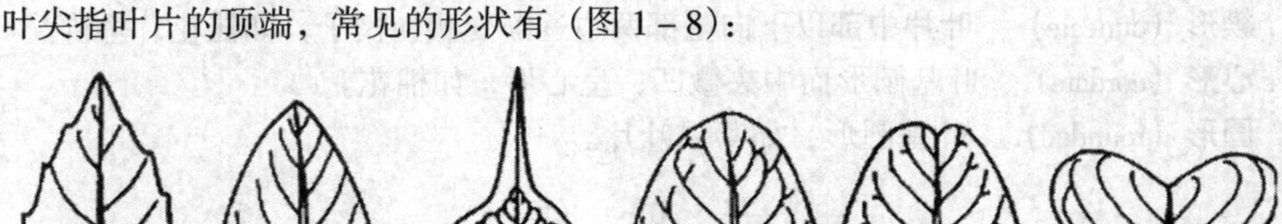

图 1-8　叶尖的形状

1. **渐尖**（acuminate）　叶端尖头稍延长，渐尖而有内弯的边，如榆叶梅、菩提树的叶。
2. **急尖**（acute）　尖头成锐角，叶尖两侧缘近直，如荞麦的叶。
3. **钝形**（obtuse）　叶端钝而不尖或近圆形，如冬青、厚朴的叶。
4. **截形**（truncate）　叶尖如横切成平边状，如鹅掌楸叶。

5. **短尖**（**凸尖** mucronate） 叶尖具有突生的短锐尖，如树锦鸡儿的叶。

6. **骤尖**（**硬尖** cuspidate） 叶尖尖而硬，具尖突状利尖头，如补血草、虎杖、吴茱萸的叶。

7. **微缺**（**凹缺** emarginate） 叶端有一稍显著的凹缺，如苋、苜蓿的叶。

8. **尖凹**（**微凹** retuse） 叶端微凹入，如黄檀叶。

9. **倒心形**（obcordate） 叶端凹入，形成倒心形，如酢酱草、白三叶草的叶。

10. **圆形**（rounded） 先端圆形，如蚕豆小叶片。

11. **尾尖**（caudate） 叶端渐狭长成长尾状附属物，如郁李。

12. **芒尖**（aristate） 叶顶尖具芒或刚毛。

四、叶 基

指叶片的基部，常见的类型有（图1-9）：

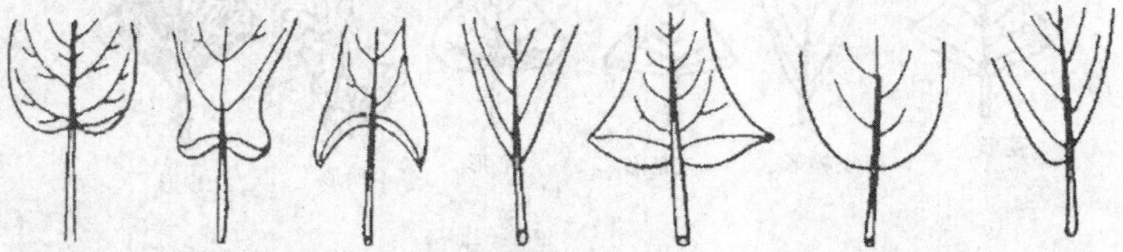

图1-9 叶基的类型

1. **耳形**（auriculate） 叶基两侧的裂片钝圆，下垂如耳，如牛皮消叶片。

2. **箭形**（sagittate） 叶基两侧的小裂片尖锐，向下，形似箭头，如旋花叶。

3. **戟形**（hastate） 叶基两侧的小裂片向外，呈戟形，如菠菜、天剑叶片。

4. **偏斜**（oblique） 叶基两侧不对称，如榆树、朴树叶片。

5. **楔形**（cuneate） 叶片中部以下向基部两边逐渐变狭如楔子，如桂花、垂柳。

6. **心形**（cordate） 叶基圆形而中央微凹，呈心形，如棉花。

7. **圆形**（rounded） 叶基圆形，如苹果叶片。

五、叶 缘

叶缘指叶片边缘的形状，常见的有（图1-10）：

1. **全缘**（entire） 叶缘成一连续的平线，不具任何齿缺，如女贞、玉兰、樟树、丁香等。

2. **波状**（undulate） 叶片边缘起伏如波浪，如茄的叶。

3. **齿状**（dentate） 叶缘齿尖锐，两侧近等边，齿直而尖向外方，如灰藜的叶。

4. **圆齿状**（crenate） 叶缘具圆而钝的齿，如圆叶锦葵、山毛榉的叶。

5. **锯齿**（serrate） 叶缘具尖锐的齿，齿尖朝向叶先端，如苹果、月季等的叶。

6. **重锯齿**（double serrate） 锯齿上复生小锯齿，如榆树、樱草的叶。

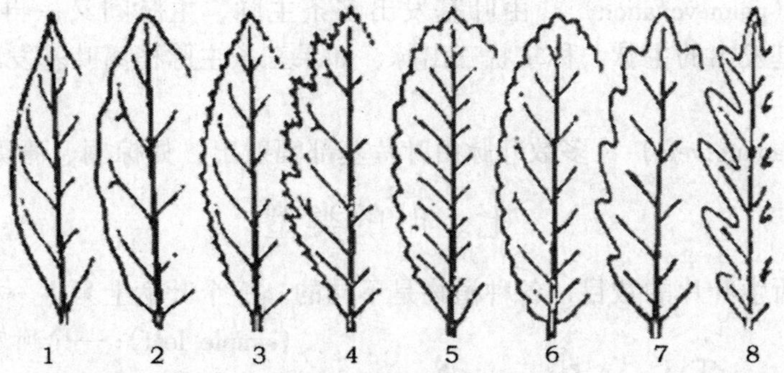

图 1-10　叶缘的形状

1. 全缘　2. 波状　3. 锯齿　4. 重锯齿　5. 齿状　6. 钝齿　7. 浅裂　8. 深裂

7. **叶裂**（leaf divided）　叶片边缘凹凸不齐，凹入和凸出的程度较齿状缘大而深，称为叶裂。叶裂有浅裂、深裂、全裂，如梧桐、三角枫、山楂等。

六、脉　序

脉序（venation）指叶脉的分枝方式。叶脉（vein）是由贯穿在叶肉内的维管束和其他有关组织组成的，是叶内的输导和支持结构，脉序主要有以下几种类型（图 1-11）。

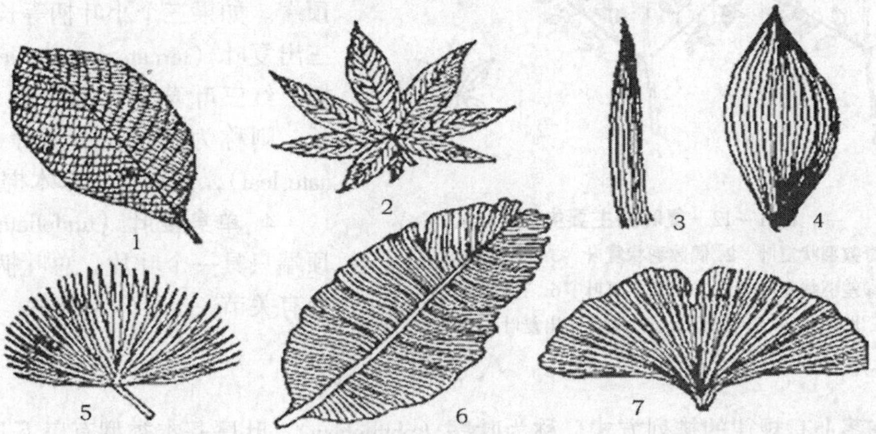

图 1-11　叶脉的类型

1. 羽状网脉　2. 掌状网状　3. 直出平行脉
4. 弧形脉　5. 射出脉　6. 横出平行脉　7. 叉状脉

1. **平行脉**（parallel-veined）　各叶脉平行排列，由基部至顶端或由中脉至边缘，没有明显的分枝，如芭蕉、美人蕉等。

2. **网状脉**（reticulate）　叶脉数回分枝后，连结组成网状。大多数双子叶植物属此类型。依主脉数目和排列方式又分为：

(1) 羽状脉（pinnate venation）　指具一条明显的主脉（中脉），两侧生羽状排列的侧脉，如榆、苹果等多数双子叶植物属此类型。

（2）掌状脉（palm venation） 由叶基发出多条主脉，主脉间又一再分枝，形成细脉。如果具三条自叶基发出的主脉，称掌状三出脉，如果三条主脉稍离叶基发出，则叫离基三出脉。

3. 射出脉（radiate vein） 多数叶脉由叶片基部辐射出，如棕榈、蒲葵等。

七、叶的类型

一个叶柄上所生叶片的数目，各种植物是不同的。一个叶柄上只生一枚叶片，称为单叶（simple leaf）；一个叶柄上生许多小叶，称为复叶（compound leaf）。复叶的主要类型有（图 1－12）：

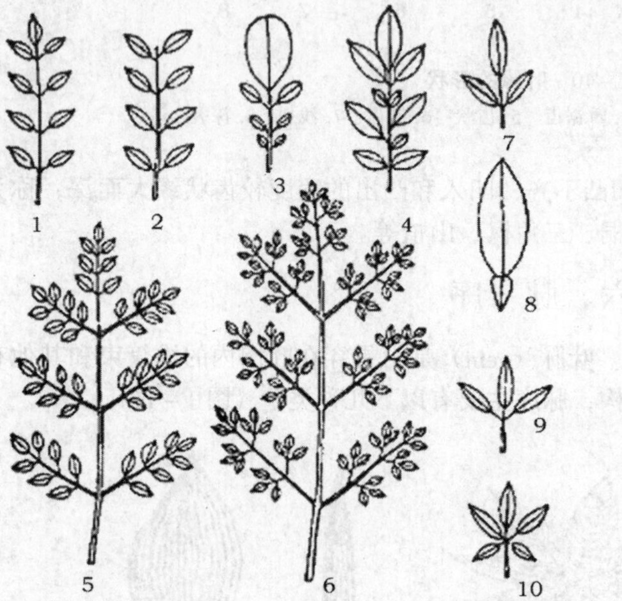

图 1－12 复叶的主要类型

1. 奇数羽状复叶 2. 偶数羽状复叶 3. 大头羽状复叶 4. 参差羽状复叶 5. 二回羽状复叶 6. 三回羽状复叶 7. 羽状三出复叶 8. 单身复叶 9. 掌状三出复叶 10. 掌状复叶

1. 羽状复叶（pinnately compound leaf） 指小叶排列在叶轴的左右两侧，类似羽毛状，如紫藤、月季、槐树等。

2. 掌状复叶（palmately compound leaf） 指小叶生在叶轴的顶端，排列如掌状，如大麻、七叶树、唐松草等。

3. 三出复叶（ternately compound leaf） 指仅有三个小叶集生于叶轴的顶端。如果三个小叶柄等长，称为掌状三出复叶（ternate palmate leaf），如橡胶树、红三叶草等；如果顶端小叶柄较长，则称为羽状三出复叶（ternate pinnate leaf），如苜蓿、草木樨等。

4. 单身复叶（unifoliate） 总叶柄顶端只具一个叶片，总叶柄与小叶连接处有关节。

八、叶 序

叶在茎上有规律的排列方式，称为叶序（phyllotaxy）。叶序基本类型有以下几种（图 1－13）。

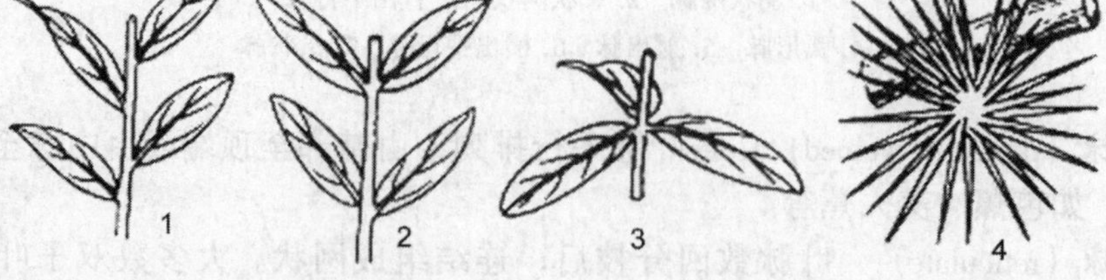

图 1－13 叶序的类型

1. 互生 2. 对生 3. 轮生 4. 丛生

1. **互生**（alternate）　每节上只生1叶，交互而生称为互生，如樟树、悬铃木、菊花等。

2. **对生**（opposite）　每节上生2片叶，相对排列，如丁香、女贞、桂花、石竹等。

3. **轮生**（verticillate）　每节上生3叶或3叶以上，作辐射排列，如夹竹桃、百合、梓树等。

4. **基生**（basilar）　叶着生茎基部近地面处，如蒲公英。

5. **丛生**（fasciculate）　多数叶着生在极度缩短的枝上，如落叶松、银杏。

九、叶的变态

叶的变态类型较多，常见的有（图1－14）：

1. **苞叶**（bract）　生在花或花序下面的变态叶，称为苞叶，有保护花和果实的作用。有些植物的苞片具有鲜艳的颜色和特殊的形态而具有观赏价值，如叶子花、一品红、鸽子树的苞片等。

2. **鳞叶**（scale leaf）　叶的功能特化或退化成鳞片状，称为鳞叶。鳞叶的存在有两种情况：

（1）木本植物的冬芽外的鳞片，常呈褐色，具茸毛或有黏液，有保护芽的作用，也称芽鳞（bud scale）。

（2）地下茎上的鳞叶，有肉质和膜质两类。肉质鳞叶出现在鳞茎上，肥厚多汁，如洋葱、百合的鳞叶；膜质的鳞叶常存在于球茎、根茎上。

3. **叶卷须**（leaf tondril）　叶的一部分变成卷须状，有攀援作用，如豌豆。

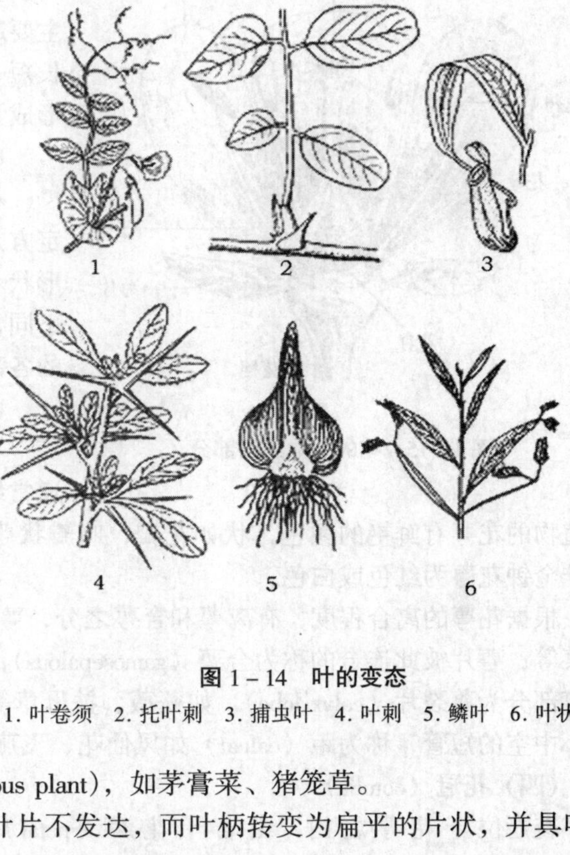

图1－14　叶的变态

1. 叶卷须　2. 托叶刺　3. 捕虫叶　4. 叶刺　5. 鳞叶　6. 叶状柄

4. **捕虫叶**（insect－catching）　有些植物具有能捕食小昆虫的变态叶。具捕虫叶的植物，称为食虫植物（insectivorous plant），如茅膏菜、猪笼草。

5. **叶状柄**（phyllode）　有些植物的叶片不发达，而叶柄转变为扁平的片状，并具叶的功能，如台湾相思树。

6. **叶刺**（leaf thorn）　由叶或叶的部分（如托叶）变成刺，如紫叶小檗。

第四节　观赏植物的花

花（flower）是被子植物所特有的有性生殖器官，从形态发生和解剖结构来看，花是适应生殖的变态短枝，花被和花蕊都是变态的叶。

一、花的组成

一朵典型的花是由花柄、花托、花萼、花冠、雄蕊群和雌蕊群组成（图 1-15）。一朵花中的花萼、花冠、雄蕊、雌蕊四部分均具有，称为完全花（complete flower）；缺少花萼、花冠、雄蕊、雌蕊一至三部分的花，称为不完全花（incomplete flower）；兼有雌蕊和雄蕊的花为两性花（bisexual flower）；只有雌蕊的叫雌花（pistillate flower），只有雄蕊的叫雄花（staminate flower），二者均为单性花（unisexual flower）；一朵花同时具有花萼和花冠的，称为两被花，仅具花萼或花冠的为单被花，二者均无时称无被花。

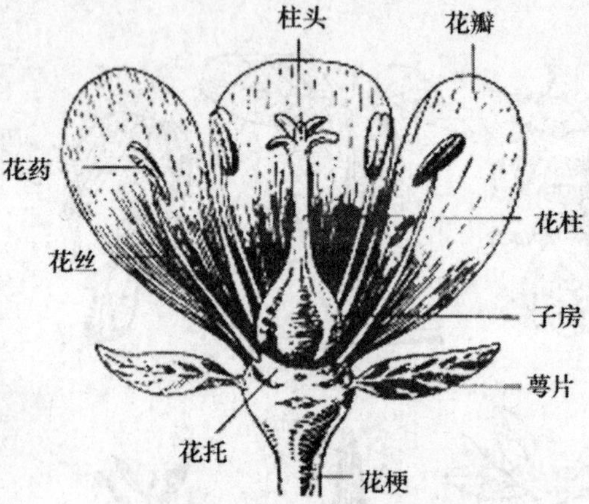

图 1-15 花的基本组成部分

（一）花柄（pedicel）

花柄是着生花的小枝，其结构与茎相似。主要起支持和输送养分和水分的作用。花柄的长短、粗细随植物的种类不同，有的植物甚至形成无柄花。

（二）花托（receptacle）

花柄顶端膨大的部分，花的其它部分按一定方式着生在其上。不同的植物种类其花托的形状不同，花的其他部分在其上排列的方式也不同，如较原始木兰科植物，花托为柱状，花的各部分螺旋排列其上。

（三）花萼（calyx）

花萼由萼片组成，常小于花瓣，质较厚，通常绿色，是花被的最外一轮或最下一轮。有些植物的花萼有鲜艳的颜色，状如花瓣，叫瓣状萼（sepal petaloid），如白头翁花萼淡紫色，倒挂金钟花萼为红色或白色。

根据花萼的离合程度，有离萼和合萼之分，萼片各自分离的称离萼（chorisepalous），如油菜等；萼片彼此连合的称为合萼（gamosepalous），基部连合部分为萼筒（calyx tube），上部分离部分为萼裂片（calyx lobe），如蔷薇、益母草等。有些植物的萼筒下端向一侧延伸形成细小中空的短管，称为距（calcar）如凤仙花、飞燕草等。

（四）花冠（corolla）

花冠位于花萼之内，由若干花瓣（petal）组成。花瓣彼此分离的，称离瓣花（choripetalous flower），如李、杏；花瓣之间部分或全部合生的，称为合瓣花（synpetalous flower），如牵牛、南瓜等。花冠下部合生的部分称花冠筒（corolla tube）；上部分离的部分称为花冠裂片（coralla lobe）。

花冠的形状因种而异，根据花瓣数目、性状及离合状态，花冠筒的长短、花冠裂片的形态等特点，通常把花冠分为以下几种类型（图 1-16）：

1. **十字形**（cruciate） 花瓣四片，分离，相对排成十字形，如十字花科植物的花。

2. **蔷薇形**（rosella） 花瓣五片，分离，每片呈广圆形，无瓣片与瓣爪之分，如蔷薇科的植物。

3. **辐状**（rotate） 花冠筒极短，花冠裂片向四周辐射状伸展，如茄、番茄等。

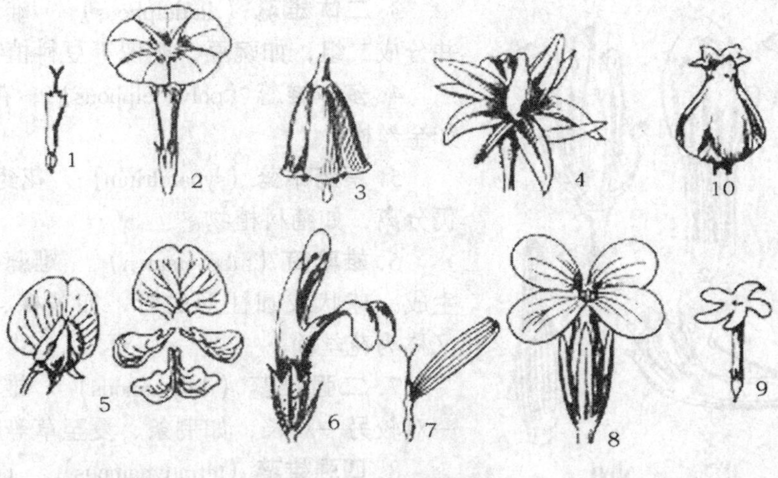

图 1-16　花冠类型

1. 筒状　2. 漏斗状　3. 钟状　4. 轮状　5. 蝶形　6. 唇形
7. 舌状　8. 十字形　9. 高脚碟状　10. 坛状

4. **坛状**（urceolate）　花冠筒膨大为卵形或球形，上部收缩成短颈，花冠裂片微外曲，如柿树、菟丝子的花。

5. **高脚碟状**（salverform）　花冠筒部狭长圆筒形，上部突然水平扩展成碟状，如水仙、丁香、迎春花等。

6. **钟状**（campanulate）　花冠筒阔而稍短，上部扩大成钟形，如桔梗科植物的花。

7. **漏斗状**（infundibuliform）　花冠筒下部呈筒状，向上渐扩大成漏斗状，如牵牛花、田旋花的花。

8. **管状**（tubular）　花冠管大部分呈一圆管状，花冠裂片向上伸展，如醉鱼草的花、向日葵的盘花等。

9. **蝶形**（papilionaceous）　花瓣五片，最上（外）的一片花瓣最大，常向上扩展，叫旗瓣（banner），侧面对应的二片通常较旗瓣小，且不同形，常直展，叫翼瓣（ala），最下面对应的两片，其下缘常稍合生，状如龙骨状，叫龙骨瓣（carina）。如红花槐、紫藤。

10. **唇形**（bilabiate）　花瓣五片，基部合生成花冠筒，花冠裂片稍呈唇形，上面二片合生为上唇，下面三片合生为下唇，如一串红、薄荷等唇形科植物的花。

11. **舌状**（ligulate）　花瓣五片，基部合生成短筒，上部向一侧伸展成扁平舌状，如向日葵的缘花，蒲公英等一些菊科植物的花。

（五）雄蕊群（androecium）

雄蕊群位于花冠的内方，是一朵花内所有雄蕊（stamen）的总称。每个雄蕊由花药和花丝两部分组成：花丝（filament）常细长，基部着生在花托上或贴生在花冠上；花药（anther）是花丝顶端膨大成囊状的部分，内部有花粉囊，可产生大量花粉粒（pollen）。雄蕊的类型因植物种类不同而不同，常见的有（图 1-17）：

1. **离生雄蕊**（apostemonous）　一朵花的雄蕊彼此完全分离，如桃、油菜等。

2. **单体雄蕊**（monadelphous）　雄蕊的花丝合生在一起成一单束，如冬葵等锦葵科植物。

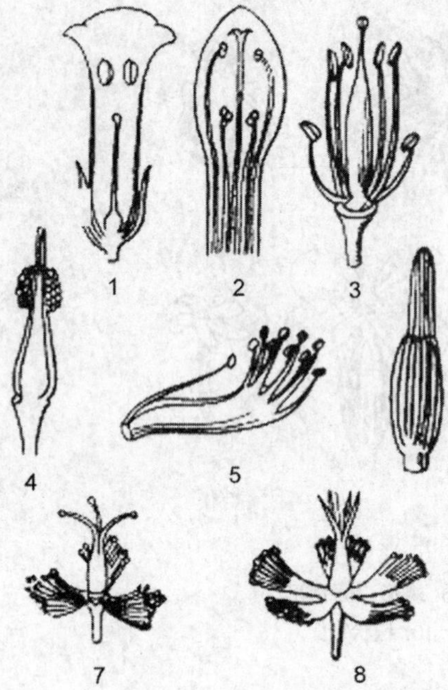

图 1－17 雄蕊类型

1. 无柄雄蕊 2. 二强雄蕊 3. 四强雄蕊
4. 单体雄蕊 5. 二体雄蕊 6. 聚药雄蕊
7. 三体雄蕊 8. 五体雄蕊

3. **二体雄蕊**（diadelphous） 雄蕊的花丝连合并分成二组，如豌豆、刺槐等豆科植物。

4. **多体雄蕊**（polyadelphous） 花丝分成多束，如金丝桃。

5. **聚药雄蕊**（synandrium） 花药合生，而花丝仍分离，如菊科植物。

6. **雄蕊筒**（tube stamen） 雄蕊的花丝完全合生成一球状或圆柱形的管，如苦楝、梧桐等植物，又称为花丝筒。

7. **二强雄蕊**（didynamous） 雄蕊 4 枚，其中一对较另一对长，如荆条、夏至草等唇形科植物。

8. **四强雄蕊**（tetradynamous） 雄蕊 6 枚，其中 4 长、2 短，如十字花科植物。

9. **冠生雄蕊**（epipetalous） 雄蕊着生花冠上，如紫草、益母草等植物。

（六）雌蕊群（gynoecium）

雌蕊群位于花的中央，是一朵花中所有雌蕊的总称，雌蕊（pistil）是由心皮卷合发育而成。每个雌蕊分为柱头、花柱和子房三部分。柱头（stigma）是雌蕊的顶端，是承受花粉粒的地方，常膨大成各种形状或分枝；花柱（style）位于柱头和子房之间，其长短随各种植物而不同，是花粉萌发后，花粉管进入子房的通道；子房（ovary）着生在花托上，是雌蕊基部膨大的部分，有明显的背缝和腹缝，其壁叫子房壁，内腔叫子房室。一朵花中，心皮的数目和离合的不同可形成不同类型的雌蕊（图 1－18）。

图 1－18 雌蕊的类型

1. 离生雌蕊 2～4. 结合程度不同的复雌蕊

1. **单雌蕊**（simple pistal） 由一个心皮构成的雌蕊，胚珠一至多数，如桃、杏。

2. **复雌蕊**（compound pistal） 由两个或两个以上心皮联合而成的雌蕊，它可以是多室或一室，每室一个或多个胚珠，如柳树、梨、向日葵等植物，又称为合生心皮雌蕊。

3. **离生心皮雌蕊**（apocarpous gynoecium）　一朵花中具有多个心皮，但彼此分离，各自形成一个雌蕊，如草莓、铁线莲、毛茛等植物。

二、花序

花在花序轴上排列的方式叫花序（inflorescence）。花序中最简单的是一朵花单独生于枝顶或叶腋，叫单生花（solitary）。多数植物的花是按一定规律排成花序。根据花轴长短，分枝与否，有无花柄及开花顺序等，把花序分为以下几类（图1-19）：

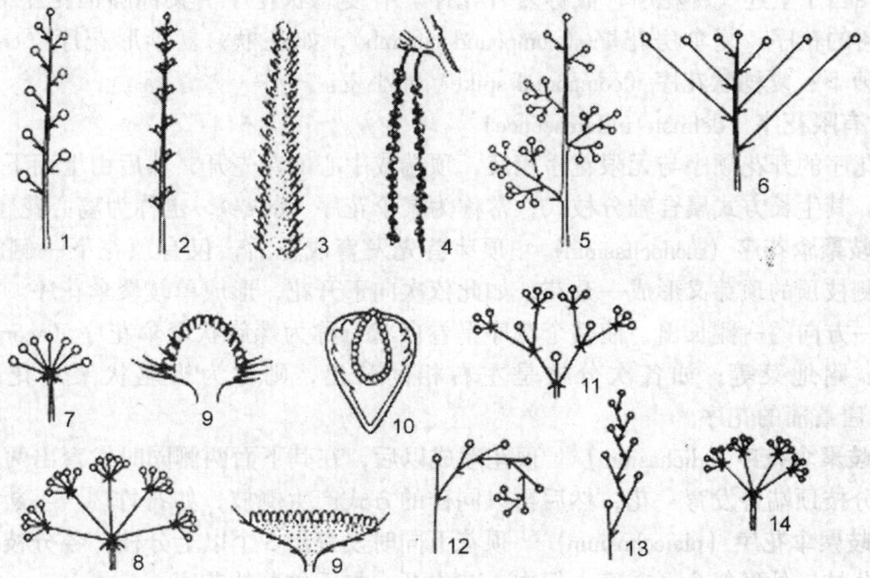

图1-19　花序的类型

1. 总状花序　2. 穗状花序　3. 肉穗花序　4. 柔荑花序　5. 圆锥花序
6. 伞房花序　7. 伞形花序　8. 复伞形花序　9. 头状花序　10. 隐头花序
11. 二歧聚伞花序　12、13. 单歧聚伞花序　14. 多歧聚伞花序

（一）无限花序（indefinite inflorescence）

无限花序的开花顺序是花序轴基部的花先开，渐及上部，花序轴顶端可继续生长、延伸；若花序轴很短，则由边缘向中央依次开花。无限花序的生长分化属单轴分枝式，常称为总状类花序，又称为向心花序。

1. **总状花序**（raceme）　花序轴不分枝而较长，花多数有近等长的小梗，随开花而花序轴不断伸长，如刺槐等。

2. **伞房花序**（corymb）　与总状花相似，但下部花的花柄较长，向上渐短，各花排列在同一平面上，如梨、苹果。

3. **伞形花序**（umbel）　许多花柄等长的花着生在花轴的顶部，如五加科植物的花序。

4. **穗状花序**（spike）　花轴较长，其上着生许多无柄或近无柄的花，如车前、马鞭草。穗状花序轴膨大，肉质化，小花密生于肥厚的轴上，外包大型苞片，则叫肉穗花序（spadix），如香蒲，天南星属的植物。

5. **葇荑花序**（catkin） 许多无柄或具短柄的单性花，着生在柔软下垂花轴上，如杨、柳、桦木等，常无花被而苞片明显，开花或结果后，整个花序脱落。

6. **头状花序**（capitate） 多数无柄或近无柄的花着生在极度缩短，膨大扁平或隆起的花序轴上，形成一头状体，外具形状、大小、质地各式的总苞片，如菊科植物的花序。

7. **隐头花序**（hypanthodium） 花序轴顶端膨大，中央凹陷，许多单性花隐生于花序轴形成的空腔内壁上，如无花果的花序。

以上各类无限花序，花序轴不分枝，称为简单花序。另一些无限花序的花序轴有分枝，每一分枝相当于上述一种花序，故称复合花序。有复总状花序（又称圆锥花序 panicle），如荔枝、槐树的花序；复伞房花序（compound corymb），如花楸；复伞形花序（compound umbel）如胡萝卜；复穗状花序（compound spike）如小麦。

（二）有限花序（definate inflorescence）

有限花序的开花顺序与无限花序相反，顶端或中心的花先开，然后由上而下或从内向外逐渐开放。其生长方式属合轴分枝式，常称为聚伞花序（cyme），也称为离心花序。

1. **单歧聚伞花序**（monochasium） 顶芽首先发育成花后，仅有顶花下一侧的侧芽发育成侧枝，侧枝顶的顶芽又形成一朵花，如此依次向下开花，形成单歧聚伞花序。如各次分枝都是从同一方向的一侧长出，使整个花序呈卷曲状，称为螺旋状聚伞花序（scorpioid cyme），如勿忘草、附地菜等；如各次分枝是左右相间长出，则称为蝎尾状聚伞花序（helicoid cyme），如唐菖蒲的花序。

2. **二歧聚伞花序**（dichasium） 顶花形成以后，在其下面两侧同时发育出两个等长的侧枝，每一分枝顶端各发育一花，然后再以同样的方式产生侧枝，如石竹。

3. **多歧聚伞花序**（pleiochasium） 顶花下同时发育出 3 个以上分枝，各分枝再以同样的方式进行分枝，外形似伞形花序，但中心花先开，如天竺葵的花序。

4. **轮伞花序**（verticillaster） 聚伞花序着生在对生叶的叶腋，花序轴及花梗极短，呈轮状排列，如益母草、地瓜苗等唇形科植物。

在自然界中花序的类型比较复杂，有些植物是有限花序和无限花序混合的，如泡桐的花序是由聚伞花序排列成圆锥花序。

第五节 观赏植物的果

受精作用完成以后，花的各部随之发生显著变化。通常花被脱落，雄蕊与雌蕊的柱头、花柱枯萎，仅子房连同其中的胚珠生长膨大，发育成果实。果实（fruit）包括由胚珠发育的种子和果皮。单纯由子房发育而成的果实叫真果（true fruit），如桃、李、小麦等；有些植物除子房外，花的其他部分也参与果实的形成，这种果实称为假果（pseudocarp fruit），如苹果、梨等。

根据果实的形态结构，可将果实分为以下几类（图 1－20）：

一、聚花果

由整个花序发育而成的果实。花序中的每朵花形成独立的小果，聚集在花序轴上，外形似一果实，如悬铃木、桑树的花序。

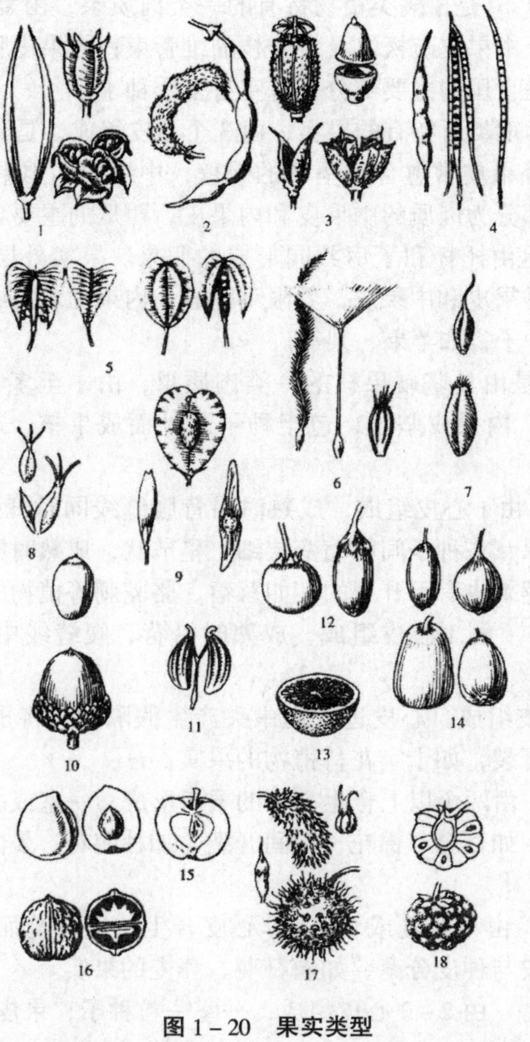

图 1-20　果实类型

1. 蓇葖果　2. 荚果　3. 蒴果　4. 长角果　5. 短角果　6. 瘦果　7. 颖果　8. 胞果　9. 翅果
10. 坚果　11. 双悬果　12. 浆果　13. 柑果　14. 坚果　15. 梨果　16. 核果　17. 聚花果　18. 聚合果

二、聚合果

由一朵花中多数离心皮雌蕊的子房发育而来，每一雌蕊形成一个独立的小果，集生在膨大的花托上。因小果的不同，聚合果可以是聚合蓇葖果，如八角、玉兰；也可以是聚合瘦果，如蔷薇、草莓；或者是聚合核果，如悬钩子。

三、单果

由一朵花的单雌蕊或复雌蕊组成的单子房所形成的果实，称为单果。按果实成熟时果皮的质地、结构等特征，又分为肉质果和干果两类。

1. 浆果（berry）　由单雌蕊或复雌蕊的子房发育而成，外果皮膜质，中果皮和内果皮肉质多汁，内含1粒至多粒种子，如葡萄、枸杞、荔枝。

2. **柑果**（hesperdium） 是柑橘类植物特有的一类肉质果，由复雌蕊发育而成。外果皮革质，分布许多分泌腔；中果皮疏松，具多分枝的维管束；内果皮膜质，分为若干室，向内产生许多多汁的毛囊，是食用的主要部分，每室有多个种子。

3. **瓠果**（pepo） 为瓜类所特有的果实，由3个心皮组成，是具侧膜胎座的下位子房发育而来的假果。花托与外果皮常愈合成坚硬的果壁，中果皮和内果皮肉质，胎座发达。南瓜、冬瓜和甜瓜的食用部分为肉质的中果皮和内果皮，西瓜的主要食用部分为发达的胎座。

4. **梨果**（pome） 是由托杯和子房共同形成的假果。果实外层厚而肉质，主要是花托部分，其内为肉质化的外果皮和中果皮，界限不明显，内果皮木质或革质，中轴胎座，常分隔为5室，每室含2粒种子，如苹果、梨等。

5. **核果**（drupe） 是由具坚硬果核的一类肉质果，由1至多心皮组成，外果皮较薄，中果皮厚，多为肉质化，内果皮坚硬，包于种子之外而成果核，通常含一粒种子，如桃、杏、李等。

6. **荚果**（legume） 由1心皮组成，成熟时沿背腹缝线同时开裂，如豆科植物的果实。其中槐树、苦豆子的荚果，在种子间收缩变狭细，呈节状，成熟时则断裂成具一粒种子的断片，叫节荚（loment）。荚果也有不开裂的，如苜蓿、骆驼刺等植物的果实。

7. **蓇葖果**（follicle） 由1心皮组成，成熟时沿背、腹缝线中其中一个开裂，如飞燕草、马利筋。

8. **角果** 由两个心皮组成，心皮边缘向中央产生假隔膜，将子房分为2室。果实成熟时，沿假隔膜自下而上开裂，如十字花科植物的果实。

9. **蒴果**（capsule） 由两个以上合生心皮的子房形成，一室或多室，种子多数。成熟时的开裂方式有室背开裂，如百合、棉花；室间开裂，如杜鹃花、曼陀罗；孔裂，如罂粟；盖裂，如马齿苋、车前等。

10. **瘦果**（achene） 由单雌蕊或2~3个心皮合生的复雌蕊而仅具一室的子房发育而成，内含一粒种子，果皮与种皮分离，如向日葵、荞麦的果实。

11. **颖果**（caryopsis） 由2~3心皮组成，一室一粒种子，果皮和种子愈合，不能分离，如禾本科植物的种子。

12. **胞果**（utricle） 是由合生心皮形成的一类果实，具一枚种子，成熟时干燥而不开裂，果皮薄疏松地包围种子，极易与种子分离，如灰藜、菠菜。

13. **坚果**（nut） 果皮木质化，坚硬，具一室一粒种子，如夏橡、板栗。

14. **翅果**（samara） 果皮伸展成翅，瘦果状，如单翅的水曲柳，周翅的榆树。

15. **分果**（schizocarp） 由2个以上心皮发育而成，各室含1粒种子，成熟时各心皮沿中轴分开，如蜀葵、锦葵属的植物。

16. **双悬果**（cremocarp） 由2个以上心皮合生的下位子房形成，在果熟时，形成两个分离而悬垂的果瓣（mericarp），如伞形科植物的果实。

第六节　观赏植物的分类

对观赏植物进行分类，目的在于对观赏植物的正确识别和应用。分类的方法很多，如按植物进化关系、亲缘关系进行的植物分类；按品种演化关系进行的分类；按生物学特征、观赏特征、园林用途、自然分布等进行的分类。

一、观赏植物的自然分类

观赏植物的自然分类，又称系统发育分类法（phylogenetic classification），就是根据自然界植物有机体的性状分门别类，并按一定的分类等级和分类原则进行排列，从而建立一个合乎逻辑的、能反映各类植物间亲缘关系的分类系统。

（一）植物界的基本类群

18世纪，瑞典植物学家林奈把生物分为植物界和动物界两界，植物界包括藻类植物、菌类植物、地衣植物、苔藓植物、蕨类植物和种子植物六大类群，这种两界系统至今仍被沿用。

藻类植物、菌类植物、地衣植物结构简单，没有根、茎、叶的分化，在其生殖过程中，不产生胚，称为无胚植物，又称为低等植物；苔藓植物、蕨类植物和种子植物合称为高等植物，它们生殖过程中可产生胚，故又称为有胚植物；蕨类植物和种子植物具有维管束，所以合称为维管束植物；藻类植物和苔藓植物无维管，称为非维管束植物；藻类、苔藓、蕨类植物用孢子进行繁殖，所以称孢子植物，由于不开花、不结果，所以又称为隐花植物；裸子植物和被子植物产生种子，称种子植物；苔鲜、蕨类植物的雌性生殖器官为颈卵器，裸子植物中也有退化的颈卵器，因此，三者合称为颈卵器植物（图1-21）。

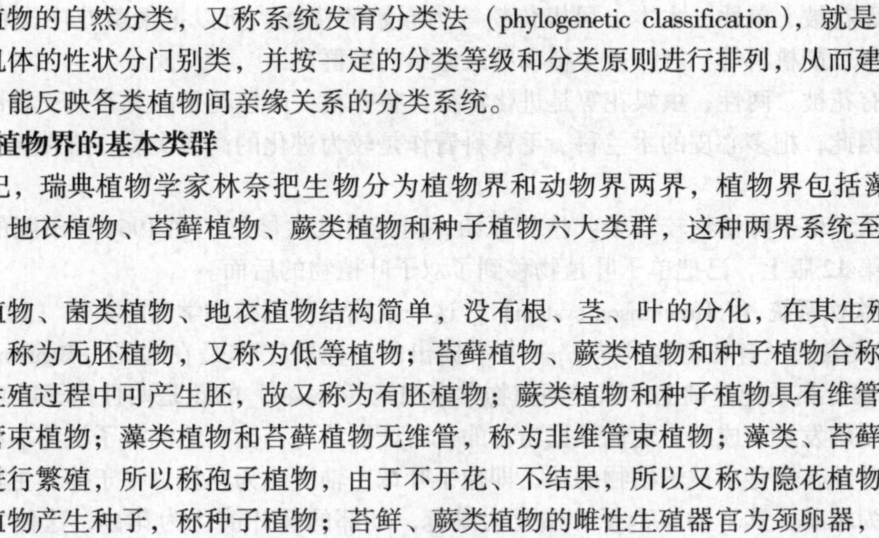

图1-21　植物界的基本类群

（二）被子植物分类系统

自19世纪后半期以来，许多植物分类学家根据各自的系统发育理论，提出了不同的被子植物分类系统，但由于有关被子植物起源、演化知识和证据的不足，所以到目前为止，还没有一个比较完善的分类系统。当前较为流行的有下面几个系统：

1. **恩格勒系统**（A. Engler & Prantl system） 这一系统是德国植物学家恩格勒（A. Engler）和伯兰特（Prantl）于1892年在《植物自然分科志》中发表的，是植物分类学历史上第一个比较完整的自然分类系统。恩格勒系统认为被子植物的花是由单性的孢子叶球演化来的，只含小孢子叶和只含大孢子叶的孢子叶球分别演化为雄的和雌的葇荑花序，进而演化成花。因此，被子植物的花是由花序演化来的，不是一个真正的花，而是一个演化了的花序，这种学说称为假花学说。

这一系统在被子植物亲缘关系上，有以下几个特点：

（1）无花被、单性、木本、风媒传粉等为原始的特征，所以把葇荑花序类植物（杨柳科、桦木科、胡桃科等）当作被子植物中最原始的类群。

（2）有花被、两性、虫媒花等是进化特征，整齐花、两性花是由无花被、单性花逐渐演变而来。因此，把多心皮的木兰科、毛茛科看作是较为进化的高级类型，排在无被花、单性花之后。

（3）认为单子叶植物较双子叶植物原始，但经过几次修订，在1964年出版的《植物分科志要》第12版上，已把单子叶植物移到了双子叶植物的后面。

2. **哈钦松系统**（J. Hutchinson system） 这一系统是英国植物学家哈钦松（J. Hutchinson）于1926年发表的《有花植物科志》一书中提出的。他的工作是在边沁（Bentham）和虎克（Hooker）的分类系统基础上，以美国植物学家柏施（Bessey）的花是两性孢子叶球演化而来的概念为基础发展而成的。他们根据植物的化石证据认为，已灭绝的裸子植物本内苏铁目的两性孢子叶球，演化出被子植物的花，即孢子叶球主轴演化为花托，生于伸长主轴上的大孢子叶演化为雌蕊，其下的小孢子叶演化为雄蕊，下部的苞片演化为花被，这种学说为真花说。

这一系统在被子植物亲缘关系上有以下几个特点：

（1）两性花比单性花原始；花各部分分离、多数的比联合、定数的原始；花各部螺旋状排列的比轮状排列的原始，因此认为木兰目和毛茛目是被子植物中原始的类群，所以排在系统的最前面。

（2）认为被子植物是单起源的，其中的双子叶植物又分别以木兰目和毛茛目为起点，从木兰目演化出一支木本植物，从毛茛目演化出一支草本植物，且这两支是平行发展的。

（3）无被花、单被花是后来演化过程中退化而成的。

（4）单子叶植物起源于双子叶植物的毛茛目，因此将单子叶植物排在双子叶植物后面。

3. **塔赫他间系统**（A. Takhtajan system） 这个系统是前苏联植物学家塔赫他间建立的，从1942年最初发表被子植物各目的系统图解以来，经过多次较大变更而成。这一学说是在真花说的基础上建立起来的。在被子植物亲缘关系上具有以下特点：

（1）认为被子植物起源于种子蕨，草本植物是由木本植物演化而来的。因此，木本植物为原始的类型。

（2）单子叶植物起源于水生双子叶植物类的睡莲目中的莼菜科。

（3）主张被子植物是单起源的，木兰目是最原始的被子植物的代表，由木兰目发展出毛茛目及睡莲目。

(4) 葇荑花序类植物各自起源于金缕梅目。

该系统打破了传统的双子叶植物纲分成离瓣花亚纲和合瓣亚纲的概念，增加了亚纲的数目，使各目的安排更为合理；将原隶属毛茛科的芍药属独立成芍药科等等；吸收了分支学派的一些思想，比原来的系统前进了一步。但不足的是，在该系统中增设了"超目"一级分类单元，科的数目达533科，被称为"分裂派"(spitter)的代表，不利于应用。

4. 克郎奎斯特系统 (A.Cronquist system)　这个系统是美国植物学家克郎奎斯特(A.Cronguist)于1968年出版的《有花植物的演化和分类》一书中公布的，也是在真花说的基础上建立起来的。其主要特点是：

(1) 采用被子植物单起源观点，认为有花植物起源于一类已灭绝的种子蕨。

(2) 被子植物最原始的类型是木兰目，葇荑花序各自起源于金缕梅目。

(3) 单子叶植物起源于类似现代睡莲目的祖先。

(三) 植物分类的阶层系统

植物分类的一项主要工作就是将自然界的植物按一定的分类等级进行排列，并以此表示每一种植物的系统地位和归属。常用的植物分类等级包括界、门、纲、目、科、属、种。在每一个等级之下还可以分别加入亚级，如亚门、亚纲、亚目、亚科、亚属、亚种等；另外，在科以下有时还加入族、亚族；在属以下有时加入组或系等分类等级；种的下面设立亚种、变种和变型。所有这些分类等级构成了植物分类的阶层系统。

种(species)是植物分类鉴定和命名中的基本单位。因为不同专业的生物学家对物种的概念有不同的理解，所以给物种一个确切的定义，是相当困难的。分类学依据表型特征识别和区分物种，把种定义为形态结构相似的个体群；现代遗传学认为物种是一个具共同基因库、与其他类群有生殖隔离的群体；而生态学则认为物种是生态系统中的功能单位，不同物种占有不同的生态位。目前，大家比较一致的看法是："种"是在自然界中客观存在的一种类群，这个类群中的所有个体都有着极其近似的形态特征和生理、生态特性，个体间可以自然交配产生正常的后代而使种族延续，他们在自然界又占有一定的分布区域。

"种"是具有相对稳定性的特征，但它又不是绝对固定，永远一成不变的，它在长期的种族延续中是不断地产生变化的。所以在同种内会发现具有相当差异的集团，分类学家按照这些差异的大小，又在"种"下分为亚种(subspecies)、变种(varietes)和变型(forma)等分类等级。亚种在形态上与种有显著的区别，亦有一定的地带性分布区域，所以又称地理亚种或地理宗；变种是一个种的形态变异，变异比较稳定，即区别特征明显，但在地理上无明显的地带性分布区域，分布范围比亚种小的多，又称为地方宗；变型是形态性状差异比较小的类型，如毛的有无、花的颜色等，看不出有一定分布区，而是零星分布的个体。

(四) 植物的命名

植物种的名称，不但因各国语言而异，即使在同一国家也往往由于不同地区而发生"同物异名"或"同名异物"的现象，对植物研究利用，国际、国内交流等诸多方面带来了不便。1753年瑞典植物学家林奈(C.Linnaeus)在他的《植物种志》中首创了双名法，给每种植物一个统一的科学名称，简称学名。每种植物学名，均由两个拉丁词组成，第一个词是该植物的属名，第二个词是种加词，这两个词组成在一起，就成为该植物的学名。因为是由拉丁文写成的，所以一般又简称为拉丁名。这种双名法比较科学，经国际植物学大会讨论通过后，拟定了统一的"国际植物命名法规"，后经多次国际植物学大会讨论修订而成。

1.《国际植物命名法规》要点 国际植物命名法规是对植物进行命名所依据的法律文件，其主要点是：

(1) 每一种植物只有一个合法的拉丁名，其他名只能作异名或废弃。

(2) 每种植物拉丁学名包括属名和种加词，另加命名人。

(3) 一个植物合法有效的拉丁学名，必须有有效发表的拉丁文描写。

(4) 对于科或科以下各级新类群的发表，必须指明其命名模式才算有效。新科应指明模式属，新属应指明模式种，新种应指明模式标本。

(5) 从某个种群中废弃掉的学名，不能再用于另一种植物。

2. 植物的命名 植物科的名称一般用其代表属的学名的词干加科的词尾 aceae 构成，如松科 Pinaceae、蔷薇科 Rosaceae 等。植物属的名称通常用拉丁文名词，采用单数、第一格的形式，书写时第一个字母大写，后附定名人；属名可来源于产地名、方言、习性等。植物种名采用林奈的双名法命名，即属名 + 种加词 + 命名人。种加词通常用形容词或名词所有格，书写时全部小写；用形容词作种加词时，在拉丁文语法上要求其性、数、格均与属名一致；种加词可用表示植物用途或特征的词，亦可用表示方位、表示原产地，甚至人名。命名人通常以其姓氏的缩写表示，缩写后必须附缩写符号。如油松 *Pinus tabuleformis* Carr. 银杏 *Ginkgo biloba* L.

(五) 植物检索表

标本鉴定（identification）是植物分类学中最基础的、经常性的工作，鉴定植物标本首先要运用正确的形态术语对植物进行描述，然后参考有关植物志或标本馆保存的标本进行鉴定，确定其分类位置。

植物检索表（key）是鉴定植物的工具，检索表编制方法是基于对植物形态的比较，按照划分科、属、种的标准和特征，采用二歧式分类原理，选用一对明显不同的特征，将植物分为两类（如：双子叶类和单子叶类），然后再从每类中找出另外一对相对的特征区分为两类，如此下去，最后分出属、种。

检索表编写的格式常有以下两种：

1. 定距式检索表 每一对相对应的特征，编写同样号码，且在书页左边同样距离处开始描写。如此下去，描写行字数渐少，距离越来越短，直到出现科、属或种为止，最终查出植物的名称。它的优点是将相对性质的特征排列在同样距离，一目了然，便于应用；缺点是如果编排的种类过多，检索表势必偏斜而浪费很多篇幅。下面以木犀科属的检索表为例，说明定距式检索表的格式与要求。

1. 翅果
　2. 羽状复叶 …………………………………………………… 白蜡属 *Fraxinus*
　2. 单叶全缘 …………………………………………………… 雪柳属 *Fontanesia*
1. 非翅果
　3. 蒴果，分裂
　　4. 叶有锯齿，花黄色，枝常拱垂 ………………………… 连翘属 *Forsythia*
　　4. 叶全缘，少数具裂叶，花紫色或白色，枝直立 ……… 丁香属 *Syringa*
　3. 核果或浆果
　　5. 单叶，对生
　　　6. 两性花或杂性花、花冠裂片短

7. 花簇生或成圆锥花序生于叶腋 ………………………………………… 木犀属 *Osmanthus*
7. 顶生圆锥或总状花序 …………………………………………………… 女贞属 *Ligustrum*
6. 花单性异株，花冠裂片细长线形 …………………………………… 流苏树属 *Chionanths*
5. 羽状复叶或三出复叶，对生或互生，稀单叶 ………………………… 迎春花属 *Jasminum*

2. 平行检索表每一相对性状的描写紧紧相接，便于比较，在每一行之末，或为一学名，或为一数字，如此直至终了为止。

1. 翅果 ……………………………………………………………………………………… 2
1. 非翅果 …………………………………………………………………………………… 3
2. 羽状复叶 ……………………………………………………………… 白蜡属 *Fraxinus*
2. 单叶全缘 ……………………………………………………………… 雪柳属 *Fontanesia*
3. 蒴果 2 裂 ……………………………………………………………………………… 4
3. 核果或浆果 ……………………………………………………………………………… 5
4. 叶有锯齿、花黄色、枝常拱垂 …………………………………………… 连翘属 *Forsythia*
4. 叶全缘少数具裂叶，花紫色或白色，枝直立 ……………………………… 丁香属 *Syringa*
5. 单叶，对生 ……………………………………………………………………………… 6
5. 羽状复叶或三出复叶，对生或互生，稀单生 ……………………………… 迎春花属 *Jasminum*
6. 两性花或杂性花，花冠片短 ……………………………………………………………… 7
6. 单性花异株，花冠裂片细长线形 ………………………………………… 流苏树属 *Chionanthus*
7. 花簇生或成圆锥花序生于叶腋 …………………………………………… 木犀属 *Osmanthus*
7. 顶生圆锥或总状花序 ……………………………………………………… 女贞属 *Ligustrum*

二、观赏植物的其他分类

（一）依生物学特性和生长习性分类

1. **一、二年生花卉**（annual and biennial flower）　在一个生长季或两个生长季内完成生活史的花卉。1 年生花卉一般春季播种，夏秋开花结实，如百日草、凤仙花等；二年生花卉一般秋季播种，次年春夏开花，如紫罗兰、羽衣甘蓝等。

2. **宿根花卉**（perennial flower）　冬季地上部分枯死，根系在土壤中宿存而不膨大，来年重新萌发生长的多年生草本花卉，如菊花、芍药、蜀葵、耧斗菜等。

3. **球根花卉**（flowering bulb）　地下部分肥大呈球状或块状的多年生草本花卉。如仙客来、花叶芋、大丽花等。

4. **木本植物**（woody plants）　茎干木质化的一类植物。依茎干的习性可分为：

（1）乔木　地上有明显的主干，侧枝从主干上发出，植株直立高大。有常绿乔木和落叶乔木两类，如鹅掌楸、悬铃木、广玉兰、桂花等。

（2）灌木　地上部分无明显主干和主枝，多呈丛状生长。有常绿灌木和落叶灌木两类，如月季、牡丹、迎春、栀子、茉莉等。

（3）藤本　地上部不能直立生长，茎蔓攀缘在其他物体上，如紫藤、凌霄、常春藤、络石等。

（4）竹类（bamboos）　竹类是园林植物中特殊分支，在形态特征、生长繁殖等方面与其他树木不同，它在园林绿化中的地位及其在造园中的作用也非一般树木所能取代。根据其地下茎的生长特性，有丛生竹、散生竹、混生竹之分。常见栽培的有佛肚竹、凤尾竹、紫竹、刚竹等。

(5) 棕榈类 棕榈类是园林绿化中重要的一类，其生长习性、形态特征与其它植物有明显的差异。常见栽培的有棕榈、椰子树等。

5. **兰科花卉**（orchids） 本类按其性状属于多年生草本植物，因其种类多，在栽培中有其独特的要求，为了应用方便，将其单独列出。兰科植物因其性状和生态习性不同，又可分成中国兰花和西洋兰花两类，如建兰、春兰、卡特兰、兜兰等。

6. **仙人掌及多肉、多浆植物** 这类植物多原产于热带半荒漠地区，它们的茎部变态成扇状、片状、球状或多形柱状，多数种类的叶变态成针刺状。茎内多汁并能贮存大量水分，以适应干旱的环境条件。如仙人掌、蟹爪兰、仙人柱等。

7. **水生花卉**（aquatic flower） 多为宿根草本植物，地下部分多肥大呈根茎状，生长在浅水或沼泽地上，如荷花、睡莲、凤眼莲等。

8. **草坪与地被植物** 从广义的概念上讲，草坪植物（turf grass）也属于地被植物的范畴。随着园艺事业的发展和人们的园林艺术欣赏水平的提高，草坪和地被植物（ground cover plant）已成为现代园林建设中不可缺少的组成部分，在绿化、美化城市、保护和改善环境、为人们创造良好的生活环境方面发挥着重要而不可替代的作用。

9. **蕨类植物**（ornamental ferns） 蕨类植物是高等植物中比较低级而不开花的一个类群。常见栽培的有铁线蕨、凤尾蕨、肾蕨等。

10. **岩生植物**（rock plants） 具有较强抗逆性，植株低矮或匍匐，如偃柏、锦鸡儿、百里香、孔雀草等。

（二）依自然分布分类

1. **热带观赏植物** 本类植物在脱离原产地后，需进入高温温室越冬。如变叶木、红桑、龙吐珠、鸳鸯茉莉等。

2. **热带雨林观赏植物** 要求夏季凉爽，冬季温暖，空气相对湿度在80%以上的荫蔽环境。在栽培中夏季需进入荫蔽养护，冬季需进入高温温室或中温温室越冬。如海芋、热带兰花、龟背竹、鱼尾葵等。

3. **亚热带观赏植物** 喜温暖而湿润的气候条件，冬季要在中温温室越冬，盛夏季节需适当遮荫防护，如山茶、米兰、白兰花等。

4. **暖温带观赏植物** 在我国长江流域及其以南地区均可露地自然越冬，北方可进入低温温室越冬。如映山红、云南素馨、栀子花等。

5. **温带观赏植物** 在我国北方可在人工保护下露地越冬，在黄河流域及其以南地区，均可露地栽培，如月季，牡丹、石榴、碧桃等。

6. **亚寒带观赏植物** 在我国北方可露地自然越冬，如紫薇、丁香、榆叶梅、连翘等。

7. **亚高山观赏植物** 大多原产在亚热带和暖温带地区，但多生长在海拔2 000m以上的高山上。因此，既不耐暑热，也怕严寒。如倒挂金钟、仙客来、朱蕉等。

8. **热带及亚热带沙生植物** 喜充足的阳光、夏季高温而又干燥的坏境条件，常作温室花卉栽培。如芦荟、生石花等。

9. **温带和亚寒带沙生植物** 在我国多分布于北部和西北部的半荒漠中，可在全国各地露地越冬，但不能忍受南方多雨的环境条件，如沙拐枣、麻黄等。

（三）依园林用途分类

1. **庭荫树**（shade trees）　冠大荫浓，在园林中起庇荫和装点空间作用的乔木。庭荫树应具备树形优美、枝叶茂密、冠幅较大、有一定的枝下高、有花果可赏等。常用的庭荫树有垂柳、悬铃木、樟树等。

2. **园景树**（specimen trees）　具有较高观赏价值，在园林绿地中能独自构成景致的树木，又称为孤植树或标本树。常用的园景树有银杏、枫香、玉兰、樟树、雪松等。

3. **行道树**（street trees）　种植在各种道路两侧及分车带的树木总称。主要作用是为车辆和行人庇荫，减少路面辐射和反射光，降温、防风、滞尘、减噪，装饰和美化街景。常用的树种有槐树、银杏、白蜡、樟树等。

4. **花灌木**（flowering shrubs）　花、叶、果、枝或全株可供观赏的灌木。具有美化和改善环境的作用，是构成园景的主要素材，在绿化中常占重要地位。如园林中用于连接特殊景点的花廊、花架、花门，点缀山坡、池畔、草坪、道路的丛植灌木等。主要花灌木有牡丹、丁香、榆叶梅、黄刺玫、连翘、蔷薇、绣线菊、八仙花等。

5. **绿篱植物**（hedge plants）　园林中用于密集栽植形成生篱的植物，多为木本植物如黄杨、女贞、火棘、木槿、紫叶小檗等。

6. **攀缘植物**（climbing plants）　茎蔓细长、不能直立生长，攀附支持物向上生长的植物。主要用于垂直绿化，可植于墙面、山石、枯树、灯柱、拱门、棚架、篱垣等旁边，使其攀附生长，形成各种立体的绿化效果，如蔷薇、紫藤、地锦等。

7. **草坪和地被植物**　从广义的概念上讲，草坪植物（turf grass）也属于地被植物的范畴。但按照习惯，把草坪单独列为一类。

8. **切花花卉**（cut flower）　切花是从植株上剪下的带有茎叶的花枝，常见的切花花卉有唐菖蒲、桔梗、菊花、蜡梅、满天星、月季、马蹄莲、红鹤芋、千日红等。

9. **花坛、盆栽花卉**

（四）依观赏部位和特性分类

1. **观花类**（flowering ornamental plants）　花色鲜艳，花期较长。该类观赏植物花的形状、大小、色彩多种多样，花期差异也较大。

（1）花形（flower shape）　多数植物的花形为常见的钟形、十字形、坛形、辐射形、蝶形等，但也有部分植物的花发生变化形成奇异的花形，如凤仙花、飞燕草具距（花萼），珙桐花之白色巨形苞片等。

（2）花色（flower color）　观赏植物的花色多种多样，但归纳起来有：红色花系，如海棠、桃、玫瑰、一串红、扶桑、榆叶梅、牡丹等；兰紫色花系，如紫丁香、紫玉兰、紫藤、桔梗、鸢尾、泡桐、八仙花、醉鱼草、假连翘等；黄色花系，如迎春花、连翘、黄刺玫、蜡梅、黄木香、金桂等；白色花系，如茉莉、白玉兰、珍珠梅、梨、李、山梅花、女贞、荚蒾等；彩斑类，如三色堇、矮牵牛、香石竹、东方罂粟、瓜叶菊等。

（3）花香（flower scent）　花香大致可分为清香，如茉莉花、蜡梅、香雪兰等；甜香，如桂花；浓香，如白兰花、海桐花；淡香，如玉兰、白玉兰、丁香花等；幽香，如兰花；暗香，如梅花等等。

（4）花期（flowering season）　春季开花的观赏植物有荷苞牡丹、非洲菊、芍药、郁金香、鸢尾、紫丁香、樱花、李、桃、杏、海棠、风信子、榆叶梅等；夏季开花的有石竹、萱草、百合、大花美人蕉、睡莲、夹竹桃、八仙花、珍珠梅、玫瑰等；秋季开花的有翠菊、金莲花、旱金莲、大丽花、小丽花等；冬季开花的有蜡梅、一品红、仙客来、瓜叶菊；四季开花的有四季桂、天竺葵、月季等。

（5）花相　花或花序着生在树冠上的整体表现形貌，特称为“花相”。观赏树木的花相有：

①独生花相　本类较少、形较奇特，例如苏铁类。

②线条花相　花排列于小枝上，形成长形的花枝。由于枝条生长习性之不同，有呈拱状花枝的，有呈直立剑状的，或略短曲如尾状的等等。如连翘、金钟花、珍珠绣球、三桠绣球等。

③星散花相　花朵或花序数量较少，且散布于全树冠各部。衬式星散花相的外貌是在绿色的树冠底色上，零星散布着一些花朵，有丽而不艳，秀而不媚之效，如珍珠梅、鹅掌楸、白兰等。纯式星散花相种类较多，花数少而分布稀疏，若于其后能植有绿树背景，则可形成与衬式花相相似的观赏效果。

④团簇花相　花朵或花序形大而多，就全树而言，花感较强烈，但每朵或每个花序的花簇仍能充分表现其特色。如玉兰、木兰、大绣球等。

⑤覆被花相　花或花序着生于树冠的表层，形成覆伞状。如泡桐、广玉兰、七叶树、栾树等。

⑥密满花相　花或花序密生全树各小枝上，使树冠形成一个整体的大花团，花感最为强烈。如榆叶梅、毛樱桃、火棘等。

⑦干生花相　花着生于茎干上。如槟榔、枣椰、鱼尾葵、山槟榔、水菠萝、可可等。

2. 观果类（plants with ornamental fruits）　果实具有突出的美化作用，其观赏价值体现在形状与色泽两方面：

（1）果实的形状　果实的形状以奇、巨、丰为准。所谓‘奇”，指形状奇异有趣。例如铜钱树的果实形似铜币，象耳豆的荚果弯曲，两端浑圆而相接，犹如象耳一般，腊肠树的果实好比香肠，秤锤树的果实如秤锤一样。所谓“巨”，指单体的果形较大，如柚，或果虽小而果形鲜艳，果穗较大，如接骨木等，均可收到“引人注目”之效。所谓“丰”，乃就全树而言，无论单果或果穗，均应有一定的丰盛数量，才能发挥较高的观赏效果。

（2）果实的色彩　果实的颜色，有着更大的观赏意义，根据颜色不同可分为：

红色　桃叶珊瑚、平枝栒子、南天竹、石榴、樱桃、花楸、火棘等。

黄色　银杏、梨、杏、沙棘、金橘、南蛇藤、木瓜等。

蓝紫色　紫珠、葡萄、酸梅、蓝果忍冬、桂花、十大功劳等。

黑色　女贞、小蜡、鼠李、金银花、黑果忍冬等。

白色　红瑞木、白桑等。

3. 观叶类（foliage plants）　叶的颜色变化极为丰富，有很高的观赏价值，根据叶色的深浅、随季节的变化等特点可以分为以下几种类型：

（1）绿色类　绿色属叶子的基本颜色，绝大多数观赏植物，在年生长周期中的大部分时间内均为绿色的。依叶色的深浅（浓淡）又可分为深绿色，如云杉、侧柏、女贞、桂花、榕树、构树、橡皮树等；淡绿色，如水杉、落叶松、七叶树、玉兰等。

（2）春色叶类和新叶有色类　叶色常因季节的不同而发生变化，春季新发生的嫩叶有显著不同叶色（与其他季节叶色相比）的植物，统称为春色叶植物。如臭椿、三角枫的春叶呈红色，黄连木、石楠、桂花（一些品种）春叶呈紫红色等。许多常绿植物的新叶不限于在春季发生，而不论季节只要发出新叶为非常色的，即可称为新叶有色类，如铁力木、四季桂的一些品种等。

(3) 秋色叶类　凡在秋季叶子颜色能显著变化的植物，均称为秋色叶植物，主要以木本植物为主，草本植物秋季变色的并不多见。秋叶呈红色或紫红色的有鸡爪槭、三角枫、茶条槭、五叶地锦、黄连木、南天竹、花楸、乌桕、山楂等；秋叶呈黄色或褐黄色的有银杏、白蜡、复叶槭、鹅掌楸、槐树、白桦、悬铃木等。

(4) 常色叶类　有些植物的变种或品种，叶常年均为异色（非绿色），而不必待秋季来临，特称为常色叶树。全年呈紫红色的有紫叶小檗、紫叶李、紫叶桃、红枫等；全年叶均为金黄色的有金叶鸡爪槭、金叶女贞、金叶雪松、金叶圆柏等。

(5) 双色叶类　叶背与叶表的颜色显著不同的植物，称为双色叶植物，如银白杨、新疆杨、胡颓子、紫背竹芋等。

(6) 斑色叶类　叶上具有其他颜色的斑点或花纹，如桃叶珊瑚、变叶木、金心黄杨、金边女贞、银边黄杨等。

4. **观芽类**　如银柳等。

5. **观茎类**（plants with ornamental stems）　花、叶观赏价值不高，但枝、茎却有独特的风姿，如光棍树、山影掌、虎刺梅、卫矛、木瓜等。

6. **赏根类**　观赏植物裸露的根部或特化的根系有一定的观赏价值，很早以前，我国就已将此观赏特点用于园林美化和桩景、盆景的培养。尤其是一些多年生的木本植物，如松树、榆树、朴树、梅花、榕树、银杏、山茶、蜡梅等。

7. **赏株形**　树木株形有特点，具观赏价值。常可分为圆柱形、尖塔形、伞形、棕榈形、丛生形、球形、馒头形、拱枝形、苍虬形、风致形等。

（五）依栽培方式分类

1. **露地观赏植物**　在自然条件下，完成全部生长过程。如鸡冠花、芍药、大丽花等。

2. **温室观赏植物**　原产热带、亚热带温暖地区的观赏植物，在北方寒冷地区栽培必须在温室内培养，或冬季需要在温室内保护越冬。如君子兰、花叶芋、一品红、发财树、富贵竹等。

（六）依经济用途分类

药用植物、香料植物、食用植物、油料植物、树脂植物等。

第二章

观赏植物的生长发育规律及繁殖

植物在同化外界物质的过程中，通过细胞的分裂和扩大，导致体积和质量不可逆的增加，称为生长。在其生活史中，建筑在细胞、组织、器官分化基础上的结构和功能的变化，称为发育。生长和发育关系密切，生长是发育的基础。

植物的生长发育存在着明显的周期现象，从生到死的生长发育全过程叫做生命周期。根据生长发育过程的长短，可分成一年生、二年生和多年生植物。在多年生植物的生命周期中又包含着许多个年生长周期，它是指一年内随着气候变化，植物表现出有一定规律性的生命活动过程。

第一节　观赏植物的生长发育规律

一、观赏植物的生命周期

（一）一、二年生观赏植物的生命周期

一年生观赏植物又称一年生草本花卉，其生命周期在一个生长季内完成，也就是从种子萌发至开花、结果、新种子成熟在一年内完成，如鸡冠花、一串红、万寿菊、凤仙花和百日草等。二年生观赏植物又称二年生草本花卉，其生命周期在两个生长季内完成。第一年秋季播种后当年萌发，进行营养生长，长出根、茎、叶，然后越冬；第二年春天进行花芽分化、开花、结果，完成生殖生长，然后死亡，生命结束，如大花三色堇、桂竹香等。二年生观赏植物大多比较喜欢冷凉的气候，不耐酷热。

一、二年生观赏植物的生命周期可分为 4 个时期。

1. **种子发芽期**　从种子萌发至子叶充分展开、第一片真叶出现为种子发芽期。

2. **幼苗期**　从第一片真叶出现至植株进行花芽分化、现蕾为幼苗期。

3. **开花期**　从植株花芽分化、现蕾至花朵盛开、出现幼果为开花期。

4. **结果期**　从幼果出现到果实成熟、生长结束为结果期。

（二）多年生观赏植物的生命周期

多年生观赏植物种类很多，又可将其分为多年生草本观赏植物和多年生木本观赏植物。

1. **多年生草本观赏植物**　多年生草本观赏植物指生命周期在 2 年以上的草本植物，一般多为宿根性的，如香蕉、石刁柏、菊花、芍药和草坪植物等。多年生草本观赏植物播种或栽植后一般当年就可开花结果，当冬季来临时，地上部分枯死，完成一个年生长周期。第二年春暖时，重新发芽生长，进行下一个周期的生命活动，这样不断重复，年复一年。

2. 多年生木本观赏植物 在多年生木本植物中因繁殖方式不同，它们的生命周期也有一定的差异。有性繁殖的多年生木本植物是由种子萌发而长成的个体，其生命周期一般分为幼年期、成年期和衰老期三个阶段。无性繁殖的木本植物是利用营养器官的再生能力培养成的植株，其生命周期中一般都已经通过了幼年阶段，只要生长正常和成花条件具备，随时都可成花。但是在苗木栽植后，树体矮小，没有营养积累，短时间内也不能开花结果，必须经过一段时间的旺盛营养生长期，积累了足够的养分才能正常开花结果。所以，无性繁殖的木本植物的生命周期可划分为营养生长期、成年期和衰老期三个阶段。

二、观赏植物的年生长周期

年生长周期是指每年随着气候变化，植物的生长发育表现出与外界环境因子相适应的形态和生理变化，并呈现出一定的规律性。在年生长周期中，这种与季节性气候变化相适应的植物器官的形态变化时期称为物候期。

年生长周期的变化在多年生植物中比较明显，特别是落叶观赏树木，其年生长周期有明显的生长期和休眠期；常绿树木的年生长周期没有明显的休眠期；二年生植物中有些有明显的休眠期，有些则没有。

(一) 生长期

生长期是植物各部分器官表现出显著的形态特征和生理功能的时期。落叶树木自春季萌芽开始，至秋季落叶为止。在生长期内有萌芽、营养生长、开花坐果、果实发育和成熟、花芽分化和落叶等物候期；常绿树木叶的寿命较长，新叶发芽或落叶交替进行，所以看不到明显的萌芽和落叶。

1. 萌芽与开花期 萌芽期是指从芽开始膨大至第一片幼叶形成为止。开花期是从花蕾开始膨大到花瓣脱落结束。萌芽与开花是树体由休眠期转人生长期的标志，但不同种类萌芽与开花的顺序却是不同的。如梅、桃、杏、白玉兰、金钟花等一些观赏树木，先开花后萌芽；杜鹃花、刺槐、广玉兰等一些观赏树木，是先萌芽后开花或萌芽与开花同时进行。

2. 营养生长期 包括地下部的根系生长和地上部的枝梢生长。根系的生长物候期包括开始活动期、生长高峰期、生长缓慢期和停止活动期。在年周期活动中，根系的长势强弱随土壤温度、水分、养分和土壤通气性而异，并随着季节和地上部物候期的变化而表现为有季节性的变化，一般呈现出2~3次生长高峰。枝梢生长是指叶芽萌发后，从新梢生长开始到生长停止，顶芽形成为止。枝梢的生长可分为开始生长期、旺盛生长期、缓慢和停止生长期及组织成熟期。

3. 花芽分化期 当植物进行一定营养生长，并通过春化阶段及光照阶段后，即进入生殖阶段，营养生长逐渐缓慢或停止，花芽开始分化，芽内生长点向花芽方向形成，直至雌、雄蕊完全形成为止称为花芽分化期。整个花芽分化过程可分为生理分化期、形态分化期和性细胞形成期，三者顺序不可改变，缺一不可。

4. 果实发育期和成熟期 从花的卵细胞受精开始到果实成熟采收为止。它又可分为授粉受精期、果实发育期、果实成熟期和落果期。

5. 落叶期 从开始落叶起到叶全部脱落为止。

(二) 休眠期

休眠期是植物的芽、种子或其它器官生命活动微弱，生长发育表现停滞的时期。休眠是植物为适应不良环境（低温、高温、干旱等）在长期的发育历史中形成的一种特性，如落叶树、宿根花卉落叶后的冬季休眠，主要是对冬季低温形成的适应性。常绿树一般无明显的休眠期，但外界环境条件不良时也可引起短暂的休眠，如低温、高温、干旱等使树体进入休眠状态，一旦不良环境解除，便可迅速恢复生长。

第二节　观赏植物的繁殖

正确的繁殖方法是观赏植物栽培的关键。采用正确的繁殖方法，在适宜的时间繁殖，不仅可以提高繁殖系数，而且可以促进幼苗健壮生长。观赏植物的繁殖方法很多，归纳起来可分为有性繁殖、无性繁殖和组织培养等。

一、观赏植物的有性繁殖

有性繁殖又称种子繁殖或实生繁殖，即用植物的种子进行播种，通过一定的培育过程，得到新植株的方法。种子细小质轻，采收、贮藏、包装、运输和播种均较方便，在较短期内可获得大量幼苗，且实生苗根系发达，生长势旺盛，寿命长，对环境适应能力强，但是用种子繁殖的幼苗遗传性容易分离，往往会失去原有的优良品质或特性。

有性繁殖方法应用范围广泛，适于一、二年生花卉和部分球根、宿根花卉及木本观赏植物。

（一）播种前的种子处理

播种前的种子处理包括种子贮藏、种子消毒、种子催芽等。

1. **种子的贮藏**　种子采收后，由于各种原因而不能立即播种或销售时，就需要贮藏。常用的贮藏方法有自然干燥贮藏、低温干燥贮藏、低温湿藏、浸水贮藏等几种方法。

2. **种子消毒**　种子消毒可起到消毒和保护双重作用。常用的种子消毒方法有硫酸铜溶液浸种、高锰酸钾溶液浸种、甲醛（福尔马林）溶液浸种等。

3. **种子催芽**　种子催芽的目的在于促使种子发芽迅速整齐。有些观赏植物种子发芽较慢，占用播种场地时间较长，给管理及效益带来很多麻烦，所以要针对不同种子的发芽情况，采用不同的处理措施。常用方法有浸种催芽、低温催芽、层积催芽、机械催芽等。

（二）播种时期

播种时期的早晚，直接影响观赏植物生长期的长短和观赏植物的花期和株高。在生产中应根据其生物学特性及应用的时间和目的，结合播种的环境条件灵活掌握，一般可分为四种。

1. **春季播种**　露地一年生草本花卉、多数宿根、球根类花卉和木本观赏植物适于春季播种。春播要适时早播，尽量缩短播种期。一般北方在4月上中旬进行，南方比北方可提前15~30天。有时为了让其提早开花，可在温室、温床、冷床中预先播种育苗，或露地播种用塑料薄膜覆盖保护。

2. **秋季播种**　露地二年生花卉和部分木本观赏植物，一般都在立秋后播种。北方多在9月上、中旬播种，南方在9月下旬至10月上旬播种。

3. **周年播种**　在有条件的温室中，温室花卉一年四季均可播种。冬季播种，温室需保持相对恒温，昼夜温差不宜过大，夏季播种多需要在荫棚内进行或在露地适当遮荫。

4. **随采随播**　对于含水量大、失水后容易丧失发芽力或寿命短、又不耐贮藏的种子最好随采随播。如非洲菊、仙客来、报春、大岩桐、蜡梅、望春玉兰、广玉兰、枇杷等。

（三）播种方法

1. **撒播**　将种子均匀地撒播在苗床土上，对种粒细小、种量较大时多采用此法。为了撒播均匀，可用等量的细沙土与种子混合后再行播种，如四季秋海棠等。播种后用细沙或培养土过筛覆盖，以刚能覆盖种子为度，若覆土过厚，影响出苗。撒播法用种量大，出苗多，幼苗期通风透光不好，易造成徒长，株行距不一致，不易管理。

2. **条播**　即开沟播种。此方法适用于中小粒种子，特别在品种较多，种子数量较少时采用。播种开沟方向以南北向为好，开沟深度依种粒大小而定，大粒种子约为3~5cm，中粒种子2~3cm，小粒种子1~1.5cm，行距依苗木生长速度、育苗年限等确定。

3. **点播**　按一定的株行距挖穴点播。此法适用于种粒大、发芽能力强、幼苗生长壮的种类。一般每穴下种2~3粒，覆土深度为种子直径的2~3倍。

（四）播种后的管理

1. **浇水**　露地播种应提前浇透水，播种后一般不再浇水或少浇水，经常保持适当的土壤湿度，以防板结。温床、冷床和温室盆播者，可以根据土壤湿度情况适时补充水分。

2. **覆盖和遮荫**　播种后为了保持土壤适宜的湿度，防止苗床地表板结，应加盖覆盖物和遮荫保护。常用的覆盖物有玻璃框架、塑料薄膜、稻草、麦秸、树叶等。在幼苗大量出土时，应及时除去覆盖物，并逐渐见光，以避免幼苗黄化、弯苗或出现高脚苗等现象。

3. **间苗**　幼苗出土后，多疏密不均，应及时进行间苗，以保证幼苗有合理的株行距，一定的营养面积及通风透光的条件，使根系均衡发展，幼苗生长健壮。间苗时间及次数以幼苗的疏密、生长速度和抵抗力的强弱而定，其原则是适时间苗，留优去劣，分布均匀，合理定苗。

4. **施肥**　施肥分基肥和追肥两种。

二、观赏植物的无性繁殖

无性繁殖即营养繁殖，是利用植物营养器官（根、茎、叶）的再生能力，通过分株、压条、扦插、嫁接等人工措施，培育新植株的方法。营养繁殖苗的个体发育阶段是建立在所用植物器官或供繁殖部分发育阶段基础之上，所以不需经历实生苗所必须经历的初期阶段，因此比播种繁殖成苗快，开花结果早，遗传变异性小，一般都能保持母本的固有特性。无性繁殖适用于一些不易产生种子和观赏价值较高的珍贵植物品种。

（一）分生繁殖

分生繁殖是最简单可靠的繁殖方法，具有成活率高、成苗快、开花早的特点。但繁殖系数低。分生繁殖依植物种类不同，可分为分株法和分球法。

1. **分株法**　即分割自母株发生的根蘖、走茎、匍匐茎和根茎等，进行栽植形成独立植株的方法（图2-1）。此法适用于丛生萌蘖性强的木本观赏植物及宿根花卉。

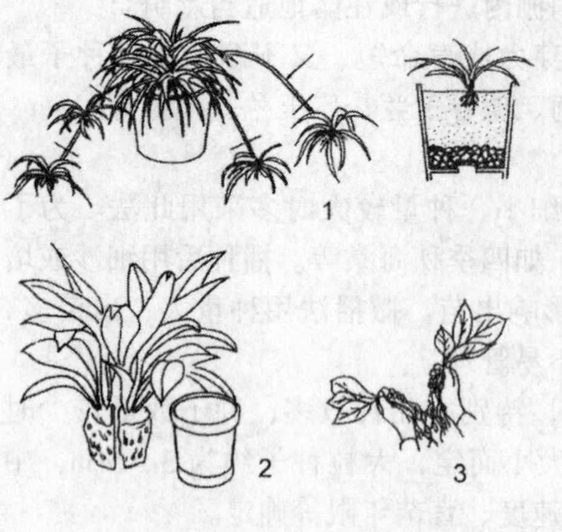

图 2-1　分株繁殖

1. 吊兰分株繁殖　2. 一叶兰分株繁殖
3. 竹芋分株繁殖

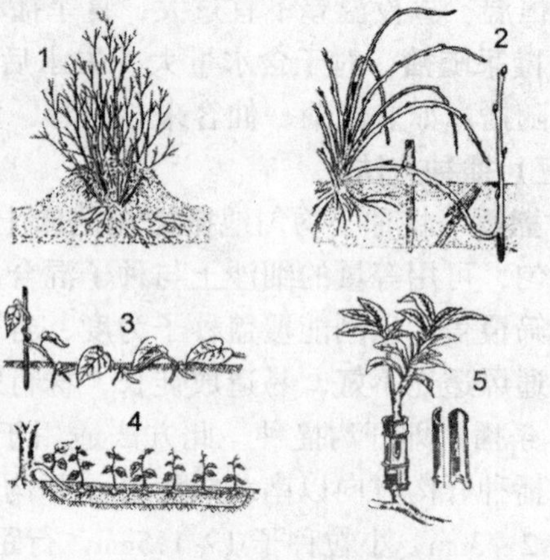

图 2-2　压条繁殖

1. 堆土压条　2～4. 普通压条　5. 空中压条

2. **分球法**　根据球根（茎）自然增殖的习性，将母株所形成的新球分离，另行栽植的方法。此法仅适用于球根花卉。

（二）压条繁殖

压条繁殖是利用植物枝干的生根能力，将母株的枝条压入土中或用培养土等包裹使其生根，然后再与母株割离形成独立植株的方法。此法适用于一些茎节容易发根且扦插不易成活的木本观赏植物。

压条繁殖一般在春季（3～4 月）进行，常绿木本观赏植物亦可在夏季（6～7 月）进行。压条繁殖的方法很多，依其埋条的状态、位置及其操作方法的不同，可分为普通压条法、堆土压条法和空中压条法（图 2-2）。

（三）扦插繁殖

扦插繁殖是利用植物营养器官能产生不定芽和不定根的特性，将根、茎、叶、芽的一部分或全部作为插穗，插入土壤、河沙、蛭石等基质中，在适宜的环境条件下，使其生根、发芽，形成一个完整独立的新植株。扦插繁殖方法具有繁殖材料充足，产苗量大，成苗快，开花早，能保持植物固有的优良品种特性等优点，但扦插苗根系发育较弱，寿命较短。

（四）嫁接繁殖

嫁接繁殖是将优良母体的枝或芽（称为接穗），嫁接到遗传特性不同的砧木上，使其愈合生长成一棵新的植株。被取用的枝或芽称为接穗，承受接穗的部分称为砧木。嫁接具有成苗快、开花早，能保持接穗原品种优良性状，提高对不良环境条件的适应能力等优点。嫁接繁殖适用于扦插或压条不易成活的种类，以及不产生种子或在当地种子不能成熟的珍贵品种。

嫁接的方法很多，因植物的种类和嫁接时间不同，所采用的嫁接方法也不同。通常在观赏植物中应用的有以下几种：

1. **枝接**　又可分为切接法、劈接法、舌接法、靠接法等（图 2-3）。枝接最好的时期，是在春季砧木树液开始流动时，有些花木也可在皮层剥离时进行。

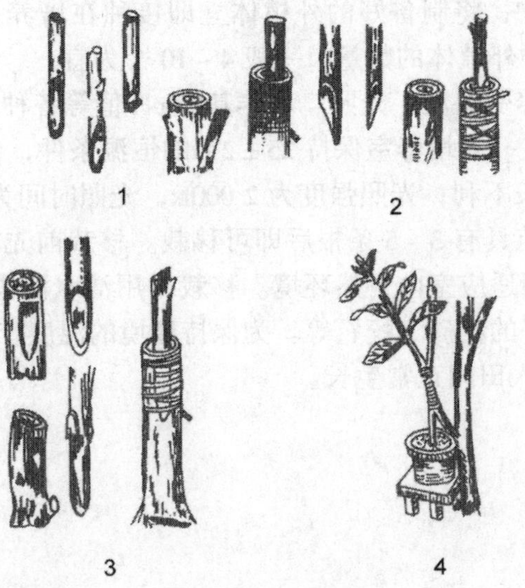

图 2-3　枝接法

1. 切接法　2. 劈接法　3. 插皮舌接法　4. 靠接法

2. 芽接　芽接是利用植物枝条上 1 年生饱满芽作接穗进行嫁接。芽接通常于生长期 6～9 月进行。常用的方法有嵌芽接、"T" 形芽接、方块芽接等。

3. 根接　利用植物根作砧木进行嫁接，多在冬、春季进行。根接的做法与劈接相同，但是嫁接后要在室内用湿沙假植一段时间，待芽萌动抽生出嫩枝后，再移栽到苗圃内或直接上盆。

4. 仙人掌与多肉植物的嫁接　仙人掌与多肉植物大多在温室内养护，在温室条件适宜的情况下，一年四季均可进行嫁接。根据接穗和砧木的不同，大体上可分为平接和劈接。

三、观赏植物的组织培养

植物组织培养是指在无菌条件下，将离体的植物器官、组织、细胞以及原生质体，培养在人工配制的培养基上，并给以适合其生长、发育的条件，使之分生出新植株。组织培养也叫离体培养或试管培养。

1. 培养基的制备　培养基根据其物理性状分为两类，即固体培养基和液体培养基。培养基的主要成分包括各种无机盐（大量元素和微量元素）、有机化合物（蔗糖、维生素类、氨基酸、核酸或其他水解物等）和植物激素。

2. 培养　材料的选取及消毒植物组培用的材料称为外植体，一般分为两类，一类是带芽的外植体，如茎尖、侧芽等，另一类为根、茎、叶等营养器官及花药、胚珠等繁殖器官。带芽的外植体可直接诱导促进丛生芽的大量产生，获得再生植株的成功率高，变异性也较小，易于保留材料的优良特性。因此，在快速繁殖上，最常用的外植体是茎尖，通常切块 0.5cm 左右。

接种前必须对植物材料进行消毒，常用的消毒药剂有漂白粉、升汞等。在材料放入消毒剂之前，先用自来水冲洗或先在 70% 酒精中漂洗一下，则有利于消毒剂渗入植物材料并杀死微生物，消毒后必须用无菌水认真冲洗几次，才能进行接种。

3. 接种 在无菌环境中，将制备好的外植体立即接种在培养基上，根据培养基面积的大小，确定每个容器内接种外植体的数量，一般 4～10 个为宜。

4. 培养 植物组织培养受温度、光照、培养基的 pH 值等各种环境条件的影响，因此需要严格控制培养室的条件。一般培养室保持 25±2℃的恒温条件，低于 15℃使培养物的生长停顿，高于 35℃时亦对生长不利；光照强度为 2 000lx，光照时间为 10～12h。

5. 移栽 当培养的小苗具有 3～5 条根后即可移栽。移栽前先将培养试管苗的瓶子打开几天，使幼嫩的试管苗逐渐适应室内自然环境。移栽时用清水洗去根上的琼脂再栽入盆中，其培养土可选用通气透水好的粗砂、蛭石等。为保持环境的温度，可用塑料薄膜覆盖，在室内保持 10～30 天，即可移入田间正常生长。

第三章
观赏植物与环境

观赏植物与环境是一个相互紧密联系的辩证统一体。任何观赏植物都生存在地球上某一空间，这个空间就是观赏植物生存的环境。各种植物在其漫长的系统发育过程中，通过遗传变异和自然选择，形成了对特定环境条件的适应和需求。

在环境中，对观赏植物生活有直接或间接作用的因子称为生态因子，生态因子可分为气候因子（光能、温度、空气、水分、雷电、风等）、土壤因子（成土母质、土壤结构、土壤理化性质以及土壤微生物等）、生物因子（微生物、植物、动物及人类）和地形因子（地形类型、坡度、坡向及海拔等）等四大类。这些因子综合构成了生态环境，其中对观赏植物生长发育有直接影响的，如光照、温度（热量）、空气、水分、土壤等是观赏植物生存不可缺少的必要条件，而地形则是间接影响植物的生态因子，它通过对各直接生态因子的再分配作用来实现对植物生长的影响。

正确了解和掌握植物与环境有关的相互机理，是观赏植物生产和应用的基本课题。在研究观赏植物与环境关系时，不仅要了解植物本身各方面的特性，还应了解它们生活的环境及它们之间的相互关系。

在了解各生态因素与植物生长的关系之后，我们还应该注意以下几点：

1. 环境因子的综合作用　在实际的植物生长环境中，各生态因子是相互紧密联系的，综合起作用的。生态因子中任何一个因子的变化，都会引起其他因子不同程度的变化。例如，光照强度的变化可引起温度、湿度因子的变化。

2. 环境主导因子　所有生态因子都是植物生活所必需的，但在一定条件下，其中必有1~2个是起主导作用的，这就是主导因子。在植物一生的生长发育过程中主导因子不是固定不变的。

3. 生态因子的不可代替性和可调剂性　生态因子对于植物生长发育都是同等重要的，缺少哪一个都会引起植物正常生活失调，生长受到阻碍或死亡。任何一个生态因子都不能由另一个生态因子来代替。但在一定情况下，某一因子在量上有所不足，可以由其他因子的增加或加强而得到调剂，并仍能获得相似的生态效应。

4. 生态因子作用的阶段性　每一个生态因子，或彼此有关联的若干因子的结合，对同一植物的各个不同阶段所起的生态作用，是不相同的。也可以说植物对生态因子的需要是分阶段的，植物的一生中，并不需要固定不变的生态因子，而是随着生长发育的推移而变化。

第一节　观赏植物与光

光是绿色植物最重要的生存因子，是绿色植物生存的必要条件。光对观赏植物生长发育的影响主要表现在三个方面：光照强度、光照时间和光质。

一、光照强度对观赏植物的影响

光照强度主要影响观赏植物的生长和开花，多数观赏植物只有在充足的光照条件下才能根深叶茂，开出绚丽的花朵。不同种类的观赏植物对光的要求有所不同。花谚曰："阴茶花，阳牡丹，半阴半阳四季兰"。根据观赏植物对光照强度要求的不同，将植物分为以下3类：

1. **阳性植物** 喜光，不耐蔽荫，具有较高的光补偿点，在阳光充足的条件下，才能正常生长发育。若光照不足，则易于徒长，且组织柔软细弱，叶片变淡、发黄，导致开花不良甚至不开花，易染病虫害。多数观花、观果类植物和少数观叶植物属此类，如银杏、白皮松、悬铃木、玉兰、石榴、月季、牡丹、紫薇、海棠、葡萄、一串红、芦荟等。

2. **阴性植物** 具有较强的耐荫能力和较低的光补偿点，在适度蔽荫的条件下生长良好。如果强光直射，则会使叶片焦黄枯萎，长时间会造成死亡。阴性植物主要是一些观叶植物和少数观花植物，如蕨类、八仙花、万年青、文竹、兰花、玉簪、一叶兰等。

3. **中性植物** 该类植物对光照强度的要求介于上述二者之间，一般喜欢阳光充足，但在稍蔽荫时也能正常生长。如白兰花、栀子、珍珠梅、紫藤、丁香、凌霄、七叶树、山茶、杜鹃花、萱草、桔梗等。

植物与光照强度的关系不是固定不变的，随着年龄和环境条件的改变会相应的发生变化，有时甚至变化较大。

二、光质对观赏植物的影响

依据太阳光波长的不同，可以分为短波光（波长390～470nm），极短波光（波长300～390nm）和长波光（波长640～2 600nm）。一般认为短波光可以促进植物的分蘖，抑制植物伸长，长波光可以促进种子萌发和植物的高生长，极短波则促进花青素和色素的形成。

三、光周期作用

光周期是指一日内明暗交替的时数，或指一日内的日照长度。植物的光周期现象是指光周期对植物生长发育的反应，它是植物生育中一个重要的因素，不仅可以控制某些植物的花芽分化和发育开放过程，而且还影响植物的其它生长发育，如植物的分枝习性，块茎、球茎、块根等地下器官的形成以及其他器官的衰老、脱落和休眠。所以，光周期与植物的生命活动有着密切的关系。

通过一系列研究发现，各种植物花芽分化和开放过程所需要的日照时数不同。也就是说各种植物都依赖于一定的日照长度和相应的黑夜长度的相互交替，才能诱导花的发生和开放。依据植物对日照时数的要求划分为长日照植物、短日照植物和中性植物。

1. **长日照植物** 这类植物要求较长时间的光照才能成花，一般要求每天有14～16h的日照。若在昼夜不间断的光照下，能起到更好的促进作用。相反，在较短的日照下，不开花或延迟开花。二年生花卉秋播后，在冷凉的气候条件下进行营养生长，春天长日照下迅速开花。瓜叶菊、紫罗兰于温室内栽培时，通常7～8月播种，早春1～2月便可开花，若推迟至9～10月播种，在春季长日照下也可开花，但因植株未及充分成长而变得很矮小。

2. **短日照植物** 这类植物要求较短的光照才能成花，在每天日照为8～12h的短日照条件下能够促进开花，而在较长的光照下不能开花或延迟开花。一年生花卉在自然条件下，春天播种发芽后，在长日照下生长茎、叶，在秋天短日照下开花繁茂。若春天播种较迟，当进入秋天后，虽植株矮小，但由于在短日照条件下，仍如期开花。如波斯菊通常4月份播种，9月中旬开始开花，株高可达2m左右；如推迟至6~7月份播种，至9月中旬仍可开花，但株高仅1m左右。

3. **中性植物**　这类植物在较长或较短的光照下都能开花，对于光照长短的适应范围较广，在10~16h的光照下均可开花，如大丽花、香石竹、扶桑、非洲紫罗兰等。

第二节　观赏植物与温度

温度是影响观赏植物的重要因素之一，它影响着植物的地理分布，制约着生长发育的速度及体内的生化代谢等一系列生理机制，由于原产地不同，观赏植物对温度的要求有很大差异。一般来说，原产热带地区的植物对温度三基点要求较高，如仙人掌类植物在15~18℃才开始生长，并可以忍耐50~60℃的高温，而原产寒带的植物对温度三基点要求较低，如雪莲在4℃时开始生长，能忍耐-20~-30℃的低温，原产温带地区的植物对温度三基点的要求介于上述二者之间。此外，同一种植物由于所处的发育阶段不同，对温度的要求也不一样，如水仙花芽分化的最适温度为13~14℃，而花芽伸长的最适温度仅为9℃。

一、观赏植物对温度的要求

根据观赏植物对温度的要求不同，一般将植物分为以下3类：

1. **耐寒植物**　这类植物多原产于寒带或温带地区，包括露地2年生草本花卉，部分宿根、球根花卉和落叶阔叶及常绿针叶木本观赏植物。如白皮松、云杉、龙柏、海棠、紫藤、丁香、迎春、金银花、萱草、雏菊、蜀葵、玉簪等；此类观赏植物抗寒力强，可以忍耐-20℃左右的低温，在我国北方大部分地区能够露地自然越冬。

2. **半耐寒植物**　这类植物原产温带和暖温带的地区，其耐寒力介于耐寒性与不耐寒性观赏植物之间，通常要求冬季温度在0℃以上，在我国长江流域能够露地安全越冬，在北方地区稍加保护也可露地越冬。如芍药类、广玉兰、月季、石榴、夹竹桃、桂花、棕榈、菊花、郁金香等。

3. **不耐寒植物**　这类植物原产于热带及亚热带地区，性喜高温，在华南和西南部可露地越冬，其他地区均需温室越冬，故又称温室植物。如南洋杉、橡皮树、一品红、文竹、马蹄莲等。这类观赏植物在生长期间需要高温，不能忍受0℃以下的低温。

观赏植物的耐寒性与耐热力是相关的，一般耐寒性弱的种类耐热力就强，而耐寒性强的种类则耐热力就弱。但也有一些观赏植物既不耐寒，又不耐热，如君子兰、仙客来、倒挂金钟等。

二、温度对观赏植物生长发育的影响

温度过高或过低都将影响植物的正常生长发育。一般讲，观赏植物适宜的生长温度为10~25℃，在此范围内温度越高，光合作用越强，积累的有机物就越多，生长越快。同一种

植物在不同的发育阶段，对温度的要求也不同。如播种以后要求土温偏高些，以利于种子吸收、萌发和出苗。幼苗出土后温度宜略低，防止徒长，当植株进入迅速生长期以后则需要较高温度，以保持旺盛的新陈代谢。在开花阶段温度宜偏低，以使花期延长和生殖生长。

另外，一些观赏植物在个体发育过程中要求必须通过一个低温周期，才能进行花芽分化、现蕾、开花，这个低温周期就叫春化作用，也称感温性。不同植物所要求的低温值和通过的低温时间各不相同。依据要求低温值的不同，可将观赏植物分为三种类型：

1. **冬性植物** 这一类植物春化作用要求的低温值为 0～10℃，在此温度下 30～70 天完成春化阶段。二年生花卉多数为冬性植物。在秋季播种后，以幼苗状态度过严寒的冬季，满足其对低温的要求而通过春化阶段。若在春季气温已暖时播种，便不能正常开花。此外，在早春开花的多年生观赏植物种类，通过春化阶段也要求低温。

2. **春性植物** 这一类植物在通过春化阶段时，要求的低温值为 5～12℃，完成春化作用所需要的时间亦比较短，约为 5～15 天。

3. **半冬性植物** 还有许多种类，在通过春化阶段时，对于温度的要求不甚敏感，这类植物在 15℃的温度下也能够完成春化作用，但是，最低温度不能低于 3℃，其通过春化阶段的时间为 15～20 天。

第三节 观赏植物与水分

水分是植物体的重要组成部分和光合作用的重要原料之一，无论是植物根系从土壤中吸收养分和运输，还是植物体内进行一切生理生化反应都离不开水，水分的多少直接影响着植物的生存、分布、生长和发育。如果水分供应不足，种子不能萌发，插条不能发根，嫁接不能愈合，光合作用、呼吸作用、蒸腾作用就不能正常进行，更不能开花结果，严重缺水时还会造成植株凋萎，以致枯死。反之，如果水分过多，又会造成植株徒长、烂根，抑制花芽分化，刺激花蕾脱落等，不仅会降低观赏价值，严重时还会造成死亡。

根据观赏植物对水分的要求不同，一般将植物分为以下 5 类：

1. **耐旱植物** 这类植物多原产热带干旱或沙漠地区，根系较发达，肉质植物体能贮存大量水分，细胞的渗透压高，叶硬质刺状、膜鞘状或完全退化，如沙枣、胡杨、仙人掌等。在栽培管理中，应掌握宁干勿湿的浇水原则，以免水分过多，造成烂根、烂茎而死亡。

2. **半耐旱植物** 叶片多呈革质、蜡质状、针状、片状或具有大量茸毛，如山茶、杜鹃花、天门冬、梅花、蜡梅等以及常绿针叶植物等，这类植物的浇水原则是干透浇透。

3. **中生植物** 绝大多数观赏植物属于这种类型，常见的有枇杷、紫叶李、月季、国槐、马褂木、悬铃木、茉莉、石榴等。给这类植物浇水要掌握间干间湿的原则。

4. **耐湿植物** 这类植物多原产于热带雨林中或山涧溪旁，喜生于空气湿度较大的环境中，如垂柳、枫杨、水仙、马蹄莲等，在养护中应掌握宁湿勿干的浇水原则。

5. **水生植物** 水生植物根或茎一般都具有较发达的通气组织，它们适宜在水中生长，如荷花、睡莲、王莲等。

第四节　观赏植物与空气

空气对于观赏植物生活也是必不可少的生态因子。植物进行呼吸作用需要氧气（O_2），进行光合作用需要二氧化碳（CO_2）。空气中虽然含氮量很多，但却不能被植物直接吸收，需通过根瘤菌将空气中游离氮气固定后才能利用。

随着全球人口的发展，工业化程度的提高，工业废气的不断排放，空气中有害气体的种类和浓度在不断增加，如二氧化硫、氯化氢、氟化氢、硫化氢、二氧化碳、一氧化碳等，这些有害气体直接危害人类健康，也危害植物的生存，甚至对某些植物的生存往往是致命的。不同植物对有害气体反应不一样，有些植物对有害气体抗性小，而另一些植物具有吸收某些有害气体的能力。根据植物对空气中有毒物质的抗性强弱可将植物分为以下 3 类（表 3－1）：

1. **抗性强的植物**　在一定范围内具有吸毒、吸尘，转化、还原有毒物质，净化大气能力的植物。

2. **抗性弱的植物**　对有毒物和烟尘敏感，在污染环境中生长不良，甚至死亡的植物。

3. **抗性中等的植物**　介于上述二者之间的植物。

第五节　观赏植物与土壤

观赏植物的生长离不开土壤。不同的土壤有不同的物理性质、化学性质、有机质含量、微生物及肥力质量。不同的植物对土壤也有不同的需求和适应。土壤质地是物理性质的主要性状，通常分为沙土、壤土和黏土三大类。多数植物适生于质地适中（不黏也不太松疏）、湿润、空气和水分状况良好的壤土。黏重、板结的土壤为多数植物所忌，沙土不易保水保肥，过于干燥瘠薄，也不适宜多数植物生长。

（一）根据土壤酸碱度而划分的植物类型

1. **酸性土植物**　要求土壤的 pH 值 4.0～6.5，如马尾松、八仙花、杜鹃花、茶花、蕨类植物、野菊、百合、兰科植物等。

2. **钙质土植物**　要求土壤的 pH 值 6.5～7.5，土壤为石灰岩发育的钙质土，如侧柏、柏木、青檀、南天竹、皂荚、花楸、枇杷、黄连木、紫菀、金盏花、郁金香、水仙等。

3. **盐碱土植物**　要求土壤的 pH 值 7.5～8.5，如胡杨、玫瑰、紫穗槐、白蜡、柽柳、梭梭、兰考泡桐、椰子、石竹、天竺葵等。

4. **随遇植物**　对土壤 pH 值的适应范围较大（5.5～8.0），如苦楝、乌桕、木麻黄、刺槐、雏菊、紫罗兰等。

（二）根据对土壤肥力的要求而划分的植物类型

1. **瘠土植物**　能在干旱、瘠薄的土壤中正常生长，如马尾松、油松、刺槐、沙枣、合欢、沙棘、黄连木等，这类植物可作荒山荒坡先锋植物栽植。

表3-1 常见观赏植物对有毒气体的抗性分级表

气体名称	强	中	弱
二氧化硫	苏铁 银杏 侧柏 杨树 刺槐 桑树 无花果 夹竹桃 黄杨 广玉兰 梧桐 紫叶李 月季 桂花 白蜡 石榴 冬青 海桐 沙枣 海州常山 臭椿 鸡冠花 鱼尾葵 蜀葵 石竹 大丽花 菊花 美人蕉 令箭荷花	柳杉 龙柏 白玉兰 紫荆 郁李 南天竹 棕榈 一品红 杜鹃花 茉莉 一串红 桔梗 芭蕉 鸢尾 银边菊 荷兰菊 锦葵 波斯菊	雪松 黑松 水杉 白榆 悬铃木 木瓜 樱花 月见草 瓜叶菊 滨菊 竹类
氟化氢	银杏 白皮松 侧柏 柳杉 龙柏 杜松 罗汉松 构树 桑树 黄连木 丁香 小叶女贞 无花果 木芙蓉 悬铃木 广玉兰 石楠 火棘 山楂 臭椿 杜仲 柿树 枣树 女贞 丝棉木 海桐 珊瑚树 大叶黄杨 蜡梅 石榴 玫瑰 紫薇 山茶 柑橘 棕榈 一品红 秋海棠 凤尾兰 葱兰 大丽花 万寿菊	白榆 枫杨 栓皮栎 樱桃 木槿 海桐 桂花 小叶黄杨 栀子 白蜡 三角枫 核桃 丝绵木 金银花 蜀葵 美人蕉 丝兰 水仙花	扁柏 黑松 雪松 杨树 垂柳 桃树 枇杷 海棠 碧桃 合欢 桂花 杜鹃花 万年青 锦葵 玉簪 凤仙花
氯化氢	苦楝 龙柏 杨树 桑树 无花果 日本樱花 合欢 刺槐 国槐 白蜡 小叶女贞 乌桕 紫叶李 紫薇 栀子 海桐 锦熟黄杨 锦带花 接骨木 棕榈 蜀葵 美人蕉	白榆 女贞 蜡梅 夹竹桃	黑松 雪松 广玉兰
硫化氢	龙柏 罗汉松 白榆 构树 悬铃木 樱花 樱桃 夹竹桃 锦熟黄杨 月季 草莓	石榴 唐菖蒲 旱金莲	桂花 紫菀 虞美人
二氧化碳和酸雨	龙柏 枫杨 构树 桑树 无花果 黄杨 月季 合欢 刺槐 八仙花 香椿 臭椿 乌桕 珊瑚树 棕榈	夹竹桃 迎春	黑松 水杉 白榆 悬铃木

2. **肥土植物** 要求肥沃深厚的土壤，肥力不足则生长不良，甚至死亡，如银杏、冷杉、红豆杉、水青冈、楠木、白蜡、槭树等。

可以说绝大多数植物都喜欢肥沃的土壤，即使为瘠薄植物，在肥土环境中生长更好。

第六节 观赏植物与生物

植物的生活环境里总少不了动物、植物和微生物，它们与植物生活在一起，其关系不外有益和有害两个方面。例如动物能帮助植物传播花粉（主要是昆虫）、传播种子，这是有益的，但植物的害虫会危害枝叶、花果、根等，有些兽类危害幼苗，是有害的；同样微生物既能分解有机物，增加土壤肥力，有的还能形成根瘤、菌根，固定空气中的游离氮，然而不少致病微生物能使植物生病，成为病害。与植物生长在一起的其他植物也存在相互促进或相互抑制的关系，例如共同组成稳定的植被群落，增强对病虫害和其他自然灾害的抵抗能力，增加其周围的空气湿度等是相互依存的促进关系，但植物之间相互竞争，争夺阳光、养分，以及藤本与树木之间的缠绕、绞杀等是相互抑制的。一般来说生活型、生物学和生态学特性越接近的植物，相互间的竞争越激烈，相互抑制的关系越容易发生，反之就能较好地共存，相互间能相互促进。这是我们在园林绿化规划设计时必须考虑的问题。

第四章
观赏植物的装饰与应用

观赏植物的装饰主要指室内外空间的绿化布置，即利用自然界各种各样的植物，依照科学、艺术规律，充分发挥其功能与美化作用，因地制宜地合理布局，以达到舒适、雅致、美观、实用的效果。

第一节　观赏植物的装饰

一、观赏植物室内装饰的基本原则

用植物装饰布置室内，没有固定模式，主要根据空间大小、建筑风格、人们的爱好及利用方式的不同，因地制宜地按照艺术原则进行科学的设计和布局，从而创造出良好的艺术效果。

1. 根据房间的面积和形状布置　不同的室内装饰植物其姿态、色彩、高度各不相同，它的选择应与房间和家具的形状、大小相协调。房间较狭窄时，不宜种植高大、占面积过大的植物，也不宜种过多的悬挂植物，以免产生拥挤、压抑的感觉。应多考虑种一些叶片细小、植株低矮的植物，亦可摆设盆景和插花。在布置时，应采用“点状装饰”，即在适当的地方摆设小型盆花、盆景或插花，起点缀、强化布置作用，达到“以少胜多，以小见大”的效果。

室内面积较宽阔时，可选择植株较高大的热带植物来装饰，如龟背竹、棕榈等；墙壁上可利用蔓性和爬藤植物作为背景，天花板也可用些垂悬花卉。此外，还可利用盆栽植物或爬藤植物把宽阔的室内分隔成几个生活区，也可以垂悬花卉作屏障。角落布置应注意植物安排的立体感，小的植物排在前列，大的植物排在最后，这样就能产生自然森林般的气氛。

植物布置与房间形状和家具摆设也有关系。植物应放在“最佳视点”上，如餐桌和沙发是人们经常休息的地方，盆花安放时就应考虑这些位置的最佳视点；悬吊植物其悬吊的长度、位置也应讲究。

2. 根据房间的基本色调布置　色彩学上把颜色分为暖色和冷色，红、橙、黄、橙黄、玫瑰红等为暖色，给人以温暖、豪华、活泼、激进的感受，如一品红、贴梗海棠等；蓝、绿、紫等为冷色，给人的感受是寒冷、朴素、宁静；黑、白、灰、金、银等为中色。

花卉布置时应考虑色彩的协调与对比，根据房间的墙壁、天花板、地板以及家具和其他摆设物的色彩来选定植物。如房间色调偏“冷”时，可考虑放些暖色调的花卉，以加强房间热烈活泼气氛；房间色调过“暖”时，则可考虑多布置些“冷色花”，给人产生一种宁静安详的感受。绿色和白色或土黄色搭配，显得十分协调、清新；紫色与蓝色、灰色搭配，可以产生豪华感；用黄色来点缀紫色调的房间，具有雅致和宁静感；粉红色和米黄色搭配，可以产生甜蜜、宁静的气氛；黄色与灰蓝搭配在一起，不仅和谐，而且有跃动感；黑、白、灰与蓝或粉红、绿、黄来做无色彩系的陪衬，可产生华丽、雅致的格调。花卉与房间色调的搭配也应根据这些原则选择花色。

3. 根据植物的生长习性布置　按照植物对光照的要求和适应能力，可分为阳性植物，如南洋杉、苏铁、红桑、变叶木等；阴性植物，如蕨类植物、龟背竹等多数室内观叶植物；半阴性植物，如吊兰、网纹草等。阳性植物需要充足的阳光，否则，会造成枝叶徒长，组织柔嫩不充实，叶色变淡发黄，难于开花或花开不好，易遭受病虫危害，在布置时应考虑放在阳台或朝南的窗台；阴性植物在弱光或散射光的条件下，生长良好，可放于大厅的角落。此外，不同观赏植物生长的适宜温度、湿度范围也不同，如兰花、龟背竹等要求空气相对湿度在 80% 以上，应考虑把这些植物布置在浴室或近水池边较为合适。

二、观赏植物装饰方法

室内植物装饰一般以不占用太多面积为准则，没有一定的模式，也不可能千篇一律。根据不同的陈设方式，大体上可分为规则式、自然式、镶嵌式、悬垂式、组合式及瓶栽式等。

（一）规则式

以图案或几何形式进行设计布局，即利用同等体形、同等大小和高矮的植物材料，以行列及对称均衡的方式组织分隔和装饰室内空间，使之充分体现图案美的效果，显示庄严、雄伟、简洁、整齐。这种配置方法适于门厅走廊、展览室及西式客厅或宽敞的居室，对于摆设不太规则的一般居室来说，则有呆板、乏味之感。

（二）自然式

借鉴中国园林设计手法，以突出自然景观为主，进行布局设计。在有限的室内空间内，经过精巧的布置，表现出大范围的景观。也是把大自然精华，经过艺术加工，引入室内，自成一景。选用的植物要反映自然界植物群落之美，可单株、多株点缀，或组织分隔室内空间，模拟自然界的景致而配置。要求不对称、不整齐行列的摆设，使之富有自然情趣及节奏感，置身其中宛如世外桃源。这种配置方法占地面积大，适合于大型公共场所及宾馆布置，把瀑布、山泉、假山、廊、亭引入厅室，制造出如真山真水的境地，产生很好的效果。

（三）镶嵌式

在墙壁及柱面适宜的位置，镶嵌上特制的半圆形盆、瓶、篮、斗等造型别致的容器，栽上一些别具特色的观赏植物，以达到装饰目的。或在墙壁上设计制作不同形状的洞柜，摆放下垂或横生的耐荫植物，形成具有壁画般生动活泼的效果。这种配置手法的特点是不占用室内地面，利用竖向的空间配置植物去装饰室内，适合较狭窄的室内布置。

（四）悬垂式

利用金属、塑料、竹、木或藤制的吊盆吊篮，栽入具有悬垂性能的植物，悬吊于窗口、顶棚或依墙依柱而挂，枝叶婆娑，线条优美多变，点缀了空间，增加了气氛。这种装饰手法和镶嵌式一样，具有不占室内地面的特点，但悬吊的植物会使人产生不安全感。因此，在选择悬吊地点时，应尽量避开人们经常活动的空间。

（五）组合式

灵活地把以上各种方法混用于室内装饰，利用植物的高低、大小及色彩的不同把它们组合在一起，如同插花一样，随意构图，形成一个优美的图画，但要遵循高矮有序，互不遮挡的原则。高大植株居后或居中，矮生及丛生植株摆放前面或四周，以达到层次分明的效果。

（六）瓶栽式

随着室内植物装饰的发展，栽植容器也相应丰富多彩。除盆、槽、箱、篮等外，结合室内特点，瓶栽植物则别具一格。所谓瓶栽，即在各种大小、形状不同的玻璃瓶、透明塑料容器、金鱼缸、水族箱内种植各种矮小的植物以供观赏装饰。瓶栽式花卉可摆放于架、桌、床头，是一种文雅的装饰物，增加生活乐趣。

三、各种场所的绿化装饰

（一）公共场所的绿化装饰

1. 街道及广场　节日街道广场的花卉装饰常将大型盆花配合于高大的标语塔、牌、画像及观礼台的周围，或围绕灯柱、行道树而作装饰。单独的布置，如用常绿树枝及花朵扎制的彩牌楼，鲜花串编的巨大模型、花球及花篮，用大型气球升悬空中或横跨大街挂之，更加渲染了节日的欢庆气氛。

2. 入口广场及建筑周围　入口广场及建筑周围，一般均已有园林绿化布置，花卉装饰主要于节日前后或迎送嘉宾时应用。首先要保证交通方便，不影响视线及室内采光，布置要从整体及远看效果着眼。常用高大的盆树整齐分列广场四周或建筑物前沿，种类不宜多，以体形端正、常绿的盆树为佳，如配合一些观花的盆花，也以形大而整齐、花大色艳为宜。如果使用枝叶碎细的矮小盆花时，一定要品种单一，株型整齐，并成群成片或带状布置，可放于大盆树或灯柱周围，或作道路镶边，或群集组成一个临时“花坛”。

3. 屋顶花园　屋顶绿化是扩大绿化覆盖率的有效措施。屋顶自然环境与地面差异很大，高屋楼顶风大，夏炎冬寒，又干旱，但阳光充足，稍加改造，可行各种绿化装饰，并可结合生产进行育苗，栽种瓜果蔬菜，而对建筑还有冬保温、夏隔热及保护屋顶的作用。因此屋顶绿化是很有发展前途的。

不同平顶式的建筑形式，其结构不尽相同。在绿化装饰之前，首先要了解屋顶的承重量，然后结合需要，科学地布局，以保证其安全。屋顶栽培的基质除用田园土外，多采用无土栽培法，其质轻、卫生、通气好，保水保肥力强，省工省时，如蛭石、珍珠岩等。栽培用的容器，要质轻形美，如瓦盆、木箱、塑料盆，也可做成形状不一的栽培槽，根据设计所选用的植物材料而定，如木本花卉根深而大，草本则小而浅。单植、丛植等方式不一，其容器大小及基质厚薄也相应不同。屋顶绿化的方式，要视其面积大小，使用目的要求而灵活运用。观赏性屋顶花园，结合布置可设荫棚、花架、花台、花池、水池、温室及园林小品等；生产性种植则以促进植物生长为主去创造适宜的条件。

4. 各种会场的绿化装饰　会场的布置形式要根据不同场合作出不同的设计。

（1）政治性、严肃性的会场采用对称均衡的形式进行布置，显示出庄严和稳定的气氛。依会场空间大小，选用比例恰当，体型、大小尺度合适的常绿植物为主调，适当点缀少量色泽鲜艳的盆花，使整个会场布局协调，气氛庄重。

（2）迎、送会场装饰效果要五彩缤纷，气氛热烈。选择比例相同的观叶、观花植物，配以花束、花篮，突出暖色基调，用规则式对称均衡的处理手法布局，形成开朗、明快的场面。

(3) 节日庆典会场应呈现万紫千红，富丽堂皇的景象。选择色、香、形俱全的各种类型植物，以组合式手法布置花带、花丛及雄伟的植物造型等景观，并配以插花、花篮、盆景、垂吊等，使整个会场气氛轻松、愉快、团结、祥和，激发人们热爱生活、努力工作的情感。

(4) 悼念会场以松柏常青植物为主体，配以花圈、花篮、花束，用规则式布置手法形成万古长青、庄严肃穆的气氛。与会者心情沉重，整体效果不可过于冷感，以免加剧悲伤情绪，应适当点缀一些白、蓝、青、紫、黄及淡红的花卉，以激发人们化悲痛为力量的情感。

(5) 文艺联欢会场多采用组合式手法布置，以点、线相连装饰空间。选用植物可多种多样，内容丰富，布局要高低错落有致。色调艳丽协调，并在不同高度以吊、挂方式装饰于空间，形成一个花团锦簇的大花园，使人感到轻松、活泼、亲切、愉快，得到美的享受。

5. 办公场所的绿化装饰

(1) 门洞的绿化装饰　大门是人们进出必经之地，是迎送宾客的场所。因此，绿化装饰要求朴实、大方、充满活力，并能反映出单位的明显特征。门洞布置通常采用规则式对称布置手法，选用体形壮观的高大植物如龙柏、棕榈、南洋杉等，配置于门内外两边，周围以中小型植物月季、一串红等配置2~3层，形成对称整齐的花带、花坛，使人感到亲切明快。

(2) 楼梯的绿化装饰　楼梯是连接上下的垂直走廊，其转角平台处靠角可摆放一盆体形优美、苗条的橡皮树、棕竹、棕榈等植物加以遮挡，或不等高的悬吊1~2盆吊兰、常春藤等植物。在楼梯上下踏步平台上，靠扶手一边交替摆放较低矮的万年青、一叶兰、沿阶草及地被菊等小盆花，给人一种强弱的韵律感；也可利用高矮不同的盆花，自上而下，由低到高地摆放，以示楼梯的高差变化，缓和人们的心理感觉，达到装饰的目的。

(3) 天井的绿化装饰　现代建筑中在适宜的地方留出天井小院，其目的是利于通风透气，若能装饰得当，则可具有室内袖珍花园的效果。其特点是小巧玲珑、别致、多趣，为室内增添生气，提高建筑物的格调。装饰方式多采用山石、水池与植物相配，或组合成盆景形式，也可搭棚架，种植攀援植物，显得生动活泼，别具一格。

(4) 会议室　一般在会议桌面放低矮的插花或盆叶，形体不大但比例适宜，数量不多，美化桌面而不遮挡视线；圆桌可在中央放置一瓶，长桌在中线以适当的距离放置一至三瓶。门的两侧和室的角隅也可以摆设盆叶作呼应，完成全室的整体布置。圆形或椭圆形会议桌中间留出的地面，正宜布置观花和观叶植物，充实空间，成为全室装饰的重点，并有缩短会议人之间距离的作用。在会议室比较宽敞的情形下，会议桌外围常布置一些沙发或坐椅，可在沙发旁边或其间的茶几上适当布置盆花盆叶。

(二) 居住环境的绿化装饰

不同房间其面积大小、用途各不相同，绿化布置应有区别。如在餐桌上摆设一二盆色彩艳丽的花卉，可增强人们的食欲；寝室里，种些色彩柔和、淡雅的花卉，能产生宁静的气氛，有利休息。

1. 客厅　主要摆设有茶几、沙发、电视等，它既是接待客人的地方，又是生活中经常活动、休息的场所。因此，客厅的装饰既要气氛热烈，令客人感受到主人的好客之情，又要把它安排得开阔大方，井然有序。

客厅布置主要因个人的情趣不同而采用不同方式。有人喜欢把客厅布置得具有东方生活情调，墙上有精美的书画，柜上有古董以及一些小玩物，茶几上摆设清心淡雅的东方式插花，客厅角落有古朴苍劲的树桩，在厅角和沙发边上放一两棵大型的植物，如印度橡皮树、变叶木等，或在壁边悬吊几盆悬垂植物如吊兰、铁线蕨等，整个房间给人以幽静清新、朴质大方的感觉。而西方式布置则把房间装饰得大红大绿，热闹非凡，有水生植物、高大的盆栽植物以及空中悬吊类植物，形成深山老林所具有的自然气息，给人以春意浓深、蓬勃向上的感受。

布置客厅时还应适当考虑植物的长度，以产生更为和谐完美的感受；花卉的布置应尽量靠边，客厅中间不宜放置高大的植物；许多家庭客厅连着餐厅，可用植物作间隔，如悬垂绿萝、洋长春藤、吊兰等，或摆上龙血树和印度橡皮树，这样可形成一个绿色垂帘，显得自然、美观、优雅。

2. **书房** 书房的装饰应注意制造一个优雅宁静的气氛。选择花卉不宜过多，且以观叶植物或颜色较浅的盆花为宜，如在书桌案头摆一两盆文竹、广东万年青，书架上方靠墙处摆几盆悬垂植物，使整个书房显得文雅清心。此外，书房还可以摆些插花，色彩不宜过浓，以简洁的东方式插花为宜，也可布置一两盆盆景。

3. **阳台** 阳台的环境条件与房间或室外都不同，一般是水泥结构，吸热快，散热慢，蒸发量大，空气干燥；同时光照条件因朝向而不同。因此，选择阳台花卉要因朝向和面积大小而异。

南向阳台应选择喜光照耐高温的花卉，如月季、茉莉、米兰、三角梅类木本花卉和半支莲、菊花、观赏辣椒、康乃馨等草本花卉以及仙人球、燕子掌、仙人掌、虎刺梅等肉质多汁的植物。还可以种植藤本和攀援花卉，如金银花、牵牛花、茑萝、小葫芦，甚至葡萄、丝瓜等可食性植物。东向阳台或西向阳台，可种植喜光照耐高温的花卉，或对光照要求较强或一般的花卉，如石榴、三角梅、桂花等。北向阳台，宜种植喜半阴或耐荫的花卉，如玉簪、万年青、兰花、君子兰、四季海棠、仙客来、文竹、茶花、含笑、杜鹃花等，以及各种耐荫的微型和小型盆景。

阳台花卉的布置讲究虚实，留出空间，要巧妙地搭配花色，创造活泼、跳跃的色彩韵律。宽度 1.2m 以上的阳台，可设置 1~2 个人工花坛，中部放置较大的种植器，最好是组合式的，两边可置中型花盆或种植器，栏杆外面也可布置半圆形种植器，使阳台成为一个“小小花园”。宽度在 1m 以下较狭窄的阳台，应尽可能利用空间配置棚架来放置容器，使绿化向空间发展，如在阳光充足的铁栅之前，加设套架，用套圈固定种植器，进行栽培；也可以在阳台的一端或两端尽头放置梯架或花盆架，以增加放置花盆的数量。

第二节 盆 花

盆花就是把观赏植物种植在花盆里，是植物装饰的主要形式，特别适合临时性的装饰需要，便于布置及更换，种类及形式多样，成效明显。盆花既可布置于公园、风景区、街道、广场，又可供室内陈列展览，布置会场、宾馆、办公室、居室等处。

一、盆花的种类

常见的盆花种类按其观赏部位的不同，可分观叶、观花、观果等几类。

(一) 观叶植物

观叶植物是盆栽的主要类群，常见栽培的有铁线蕨、凤尾蕨、肾蕨、波士顿蕨、凤梨类、竹竽类、文竹、天门冬、蜘蛛抱蛋、吊兰、万年青、吉祥草、花叶芋、绿萝、龟背竹、广东万年青、春羽、紫锦兰、紫露草、吊竹梅、网纹草、虎尾兰、豆瓣绿、西瓜皮椒草、彩叶草、棕竹、冷水花、南洋杉、苏铁、印度橡皮树、垂叶榕、变叶木、棕榈、棕竹、袖珍椰子、朱蕉、巴西木、常春藤、鹅掌柴等。

(二) 观花植物

常见栽培的有鸡冠花、瓜叶菊、三色草、荷包花、羽叶茑萝、长寿花、报春花、长春花、水仙、君子兰、朱顶红、郁金香、百合类、风信子、玉簪类、仙客来、天竺葵、鹤望兰、金鱼花、马蹄莲、白鹤芋、红鹤芋、秋海棠类、春兰、蝴蝶兰、一品红、龙吐珠、虾衣花、珊瑚花、八仙花、倒挂金钟、一串红、米兰、叶子花、茶花、六月雪等。

(三) 观果植物

栽培较多的有冬珊瑚、观赏椒、月季石榴、金橘等。

(四) 仙人掌及多肉植物

常见栽培的有石莲花、芦荟、虎刺梅、令箭荷花、蟹爪兰、落地生根、金虎、仙人球、仙人掌、昙花、松鼠尾、龙舌兰等。

二、盆花的装饰布置

盆花是植物装饰的主要形式，如何利用盆花进行装饰是决定室内装饰成败的主要因素。

(一) 盆花的组合

不同植物的盆花，其形态、色泽、观赏部位存在差异，在进行装饰时，应根据植物的生长习性和室内环境选用几种盆花，使盆花的组合具有强烈的艺术美。

(二) 花盆的美化

盆的选择既关系装饰效果，又影响着植物的生长。花盆形状、大小多种多样，但就制作的材料来说主要有素烧盆、陶盆、瓷盆、木盆、塑料盆、水泥盆等。选择盆钵时应做到科学性和艺术性的统一，使盆钵的形色与植物的造型色彩既相和谐，又有利于植物的生长。

(三) 立体布置

盆花的布置应注意立体效果，常用的方法有：

1. **悬垂布置**　利用某些半蔓性或蔓性植物的习性，用吊盆悬挂起来进行装饰。这种布置法可改变植物都是向上生长的单调性，使室内布置上下和谐，更富有诗情画意。

2. **攀援布置**　利用蔓性植物的爬攀习性来进行布置。这种布置的方法可以将宽敞的大厅分隔成两部分，并可进行墙面的装饰。在进行墙面装饰时，选择植物色彩应与壁面相协调，如白色的墙面，最好配种深红色、金黄色花以及绿色植物。

3. **花架布置**　利用花架提高花的高度，花架可用木材或金属制成各种形状，多摆设于墙角或阳台。

总之盆花的装饰与布置要因境设花，因境设盆，因境设景。在调和、对比、均衡、韵律等方面，要注意与其他植物装饰以至整个空间布置的关系，把科学性和艺术有机地融为一体。

第三节 插 花

插花是将花朵、叶片、枝条、果实等观赏植物材料，按照一定的艺术构思巧妙组合并插于容器中，使其成为造形优美的花卉装饰品。

一、插花的特点

(一) 有生命的艺术品

插花与绘画、雕塑、书法、建筑等虽同属造型艺术的范畴，但在有生命这一点上有着明显的区别。它以鲜活的植物材料为素材，将大自然的美景和生活中的美，艺术地再现于人们面前，与盆景艺术有异曲同工之妙。

(二) 装饰性强

插花可美化室内环境，无论是办公场所还是居室，陈设一瓶造形优美、色调相宜的插花，会顿觉室内生机勃勃、春意盎然，增添美感和温馨。插花也是探亲访友、迎送宾客最高雅珍贵的礼品，还可为庆典、节日、婚宴等增添热烈欢乐的气氛，给人带来喜悦之情。

(三) 随意性强

插花在花材和花器的选用上，档次可高可低，形式多种多样，常随场合需要而选用。高档的气生兰、鹤望兰、红掌、百合固然很美，而路边的狗尾草、车前草同样可用；番茄、豆角、辣椒、萝卜及各种水果，常是家庭和饭店插花的良好材料。生活中使用的盘、碗、碟、烟灰缸也可用作花器。插花在构思、造形上可简可繁，可以根据不同的场合需要以及作者自己的心愿，进行随意创作和表现。

(四) 时间性强

插花用的花材是截取下来的鲜活植物体的一部分，插成作品后，其观赏期大多只能维持2~3天。因而，要求插花的构思、插作要讯速，插作时间尽量靠近应用时间，如清晨使用，常在头天夜里插作。所以，插花适用于临时性、短时间的花卉布置。一般的插花展览以3天为宜，时间再长，必须更换花材或重新插作。若是经常性的家庭装饰，几天就要重新插作一次，可以不断创作，提高插花艺术水平，熟练插花技巧。

二、插花的分类

(一) 按用途分类

1. 礼仪插花 主要用于喜庆迎送、敬老祝寿、开业典礼、演出成功、社交等礼仪活动，以表达敬重、团结、友爱、欢庆等快乐气氛。因此，要求插花造型简洁整齐，色彩鲜艳，体形较大，多以花篮、花束、花钵、桌饰、瓶花等形式出现，应用于宾馆、饭店和其他公共场所的礼堂、餐厅、会议室及晚会上的献花。制作礼仪插花时，首先熟悉对方的民族风格，恰当地选用宾客们喜爱的花材，使他们感到亲切和敬重。如欧洲一些国家非常喜爱红色的郁金香和红玫瑰；欧美国家的白种人却喜欢白色花朵，如白色百合、乳白色马蹄莲等；法国人则喜欢粉红色和蓝色的花；荷兰人更偏爱橙色和蓝色。我国在祝寿时，常用水仙花表示吉祥如意；百合花表示百事如意；万年青和君子兰表示安祥长寿；牡丹表示富有显贵等。除此之外，还应了解各国忌用花材的习惯，以免引起误解和不愉快。

2. **艺术插花** 以美化装饰环境和陈设在各展览会上供艺术欣赏、活跃文化娱乐活动为主要目的插花，称为艺术插花。艺术插花在选材、构思、造型与布局等方面都有较高的要求。强调每种花材的色调、姿态和神韵，造型主题突出，注重意境，充满诗情画意。因此，艺术插花造型不拘形式，在符合构图法则、顺乎自然的基础上，尽情发挥，构图造型自由活泼，多姿多态，充分表现作者的情感和意趣。

（二）按艺术风格分类

1. **东方式插花** 主要指日本的花道和中国传统的插花艺术。日本式插花，虽然流派颇多，但其基本插法是以3个主枝为骨干，分别代表天、地、人，且各主枝的长度有严格规定。利用这三个主枝的高、低、俯、仰，构成了各种各样的形式，如直立型、倾斜型、下垂型、平面型等。倘感花枝疏少孤寂，可加上其他花朵枝叶作适当的衬托，那些作为衬托的物品，称为“从枝”或“役枝”，使整个构图达到完美的境界。所用的花枝数量虽然不多，却构图自然，体现着东洋思想中所蕴含着的传统文化精神。中国传统插花艺术，亦具有明显的艺术特色，主要体现在以下三个方面：第一，把花材视为有生命、有个性的有机体，因而喜用素雅高洁的花材；特别是中国传统的文人插花，喜欢将花材“人格化”，利用各种传统花材的象征寓意，寄托思想，舒展情怀，创造意象。第二，认为插花与书画、音乐有异曲同工之妙，枝叶抑扬顿挫的韵律可以显示花木生命的脉动和自然界的节奏；在构图上，利用不多的花枝，通过宾主、虚实、刚柔、疏密的对比与配合，求得不对称的平衡，体现出大自然中固有的和谐美，悉心追求诗情画意。第三，把花器视为花作整体生命的一部分，如冬春宜用铜器，夏秋宜用瓷器，牡丹不插竹筒，枯藤不用铜瓶；花有品第，瓶也有性情，必须与时令、节气、花材、环境相配合。

总之，以中、日两国传统插花为代表的东方式插花，其显著特点是花枝较少，选材时重视花枝的美妙姿态和精神风韵，却并不讲究花朵一定要丰满硕大、色彩鲜艳，造型时讲究线条飘逸自然，构图多为不对称的均衡，轻描淡写，清雅绝俗，刻意追求艺术意境，注重自然美的创造。

2. **西方式插花** 一般是指欧美各国传统的插花艺术方式，亦称为“西洋式插花”。它以花多为特点，万紫千红，人见人爱，喜作大堆头插法或线条插法，更有插成图案的基本型式的，如圆形、球面形、三角形、椭圆形等。花材多选用草本花卉，花朵丰满硕大，色彩鲜艳，插花繁密，多彩多姿，注重整体和色彩效果，颜色调和，角度明朗，花枝型样均衡，花器与背景相称，适应环境，花枝与花器有适宜的高度比例等，充满新鲜艳丽的感觉。构图多作规则的几何型或以对称均衡为主，极富装饰性和图案美，意在表现人工美或几何美。

三、插花的基本构图形式

构图形式是指插花作品外部形态轮廓的典型式样。与插花作品的主题相一致。如表现崇高、景仰、节操高洁、蒸蒸日上、顶天立地之类主题，常采用直立型的构图；表现奋勇向前、归心似箭、风吹浪打之类主题，则多用倾斜式的构图；表现大自然优美景色，常用盆景式的构图等。

（一）根据形态轮廓分类

1. **对称式构图形式** 形态轮廓丰满，圆整对称，多为规则的圆形、半圆形、长圆形、扇形、尖塔形、三角形和圆柱形等几何形状。使用花材种类多、数量大，要求色彩华丽，花材插置匀称，视觉中心在作品竖向轴线下部。作品给人以热烈华美、端庄大方的感染，对环境有强烈的烘托、渲染作用。

2. **不对称式构图形式** 形态轮廓变化有致，主从分明，高低错落，俯仰得体，动势呼应，刚柔相济，曲折虚实各得自然之妙。作品清新自然，秀丽多姿，寓意深，耐人品味。一般花材用量少，取材广泛，注重花枝的美妙姿态和神韵，讲求线条美和意境美。

（二）根据主枝在容器中的位置和姿态分类

1. **直立式** 第一主枝近于垂直地插入容器中，第二主枝和第三主枝成一定角度斜插于第一主枝侧面。这种构图形式刚健有力，有挺拔向上的动势，常用以表现具有强烈的尊严感和崇敬感的主题。一般选用竹、苇、水葱、唐菖蒲、银芽柳等线型花材构图。

2. **倾斜式** 第一主枝倾斜插入容器中，第二、三主枝插于其侧面。这种构图形式生动活泼，自然舒展，有一种向倾斜方向伸展的动势。花材多用造型优美的木本枝条，如榆叶梅、连翘、梅花、碧桃、松、柏等。

3. **平展式** 第一主枝近于平伸，第二、三主枝斜插容器中。适于表现行云流水、恬静安适、柔情蜜意等主题，给人以舒展、优美的感受。

4. **下垂式** 第一主枝向下悬垂，第二、三主枝斜插。主要表现第一主枝飘逸流畅的线条美，适于表现悬崖瀑布、近水溅落等主题。多选用蔓性、半蔓性以及枝条修长易于弯曲造型的花材，如南蛇藤、常春藤、紫藤、连翘等。

四、插花的基本步骤

（一）立意构思

插花是具有生命力的艺术品，在进行艺术创作的过程中，立意构思对造型极为重要，对创作一件完美的作品，具有决定性的意义。立意就是确定目的和主题，构思就是根据创作动机，围绕立意主题，结合材料的特点，进行精心组织，形成未来作品的形象。立意构思可以从插花的用途、摆设的环境及作品所要表达的内容和情趣等方面考虑。

（二）选材

1. **花材的分类** 花材多种多样，依花材外部形态可分为4类：

（1）线型花材 外形呈长条状或拱曲斜伸，如唐菖蒲、蛇鞭菊、竹、银芽柳、连翘、迎春等。线型花材在插花构图中常起骨架作用，构成插花作品的基本轮廓。

（2）面型花材 外形呈圆状、块状，如菊花、月季、康乃馨、非洲菊、鸡冠花、八仙花等。面型花材是构图中的主要花材，常插于作品的视觉中心，形成造型丰满的各种花型。

（3）散型花材 外形疏松轻盈，细小，若繁星点点，如补血草类、霞草类、珍珠梅等。常插于主要花材的上面或空隙处，起烘托、渲染、填充作用，有如覆盖一层轻纱、迷雾，若隐若现，增加作品的层次感、朦胧感。

（4）异型花材 花形不规整，外形奇特别致，有人称之特殊形花材。如火鸟蕉、鹤望兰、花烛、兜兰等，都是极为美丽的高档切花。在作品构图中常置于视觉中心部位。

2. **花材的选择** 花材是创作成败的关键，选择花材应遵循以下基本原则：

(1) 根据环境及花器选择花材　客厅摆放的插花应表现出热烈的气氛，有利于创造一种温暖、热情、轻松舒畅的环境，宜选用色彩鲜艳而又不过于刺激、比较柔和的花材；卧室中的插花宜素雅大方、古朴清新，应选用色彩淡雅的花材；书房的环境幽雅娴静，插花宜小巧雅致；喜庆宴会上的插花，为体现热烈欢快的气氛，应选花繁、色艳、叶茂的花材；咖啡屋及小型聚餐，单枝独花更具风韵；大型会场，为表现严肃、庄重的气氛，宜选用具有古朴芳姿的传统花木，如梅、松、竹、蜡梅等。此外，选择花材时，还必须考虑花器的形态、颜色等。

(2) 根据季节选择花材　不同花卉有着不同的生长特性，其姿色的最佳期也不同。如春季选桃花、梅花、玉兰、迎春、牡丹、丁香、水仙、石竹、金鱼草、香石竹等；初夏有百合、美人蕉、月季、鸡冠花、非洲菊等；盛夏天气炎热，花材种类较少，宜选用清淡素雅的花材，使人感觉比较清爽；秋季，为表现秋色及丰收景象，宜用色叶树种的枝叶或果穗、果枝等花材进行插花造型，如红枫、火棘、菊花等；冬季，选水仙、梅花、香石竹、火棘、南天竹、一品红、蜡梅等。

(3) 根据花材的形质特点、寓意选择花材　人们凭借植物的形质特点、习性气质，赋予它们美好的象征意义，用以表达人们的情感和意趣。如牡丹，花大色艳，雍容华贵，是富贵吉祥、繁荣幸福的象征；梅花，凌寒傲雪，具有坚韧不拔的斗争精神；荷花，“出污泥而不染”，洁净清丽，喻为品德高尚，清净无为；兰花，象征忠诚的友情，高雅的情操。

(三) 造型

花材选好后，即可开始插花造型。造型时应精心插作，边插边看，捕捉花材的特点与情感，务求从最完美的角度表现出来。为了使主体突出，应设法把人们的注意力引导到想要表达的主体上，让主题花材位于显眼之处，使插花作品获得共鸣。造型完成之后，还应进行必要的修饰，对整体构图造型进行细心地检查，上下四周仔细观察，以达到完全满意为止。

(四) 命名

命名是作品创作的一个组成部分，对作品有画龙点睛之妙。好的名称可以加强主题表现，传达意境，在作者和观赏者之间架起桥梁，引起共鸣。

五、插花的其他形式

(一) 花篮

花篮是将花材插在篮里进行装饰造型的一种插花艺术。花篮作品作为馈赠亲朋好友的礼品，可以将人们的感情和愿望用鲜花来表达，其格调高雅，融入了赠花者细腻而丰富的感情，令人赏心悦目，难以忘怀，起到了其他礼品难以起到的礼仪效果。花篮应用的范围非常广泛，不但可应用于社交、商业活动，而且越来越成为庆贺生日、新婚道喜、探病访友以及怀念活动不可缺少的礼品。

制作花篮时，首先要突出花篮的特征，花叶不要把花篮全部掩盖。其次，要便于携带。第三，选择合适的花材。喜庆花篮应以红色或色彩鲜丽、热烈欢快的花材为主，也可以根据受赠者的爱好选择一些具有象征意义的花材；探望病人的花篮宜选用色彩艳丽的花材，切忌选用色彩暗淡、苍白的花材；丧事花篮则应以黄、白等素色的花材进行插制等。

花篮的用材非常广泛，如剑兰、玫瑰、月季、山茶、百合、香石竹、郁金香、非洲菊、马蹄莲、蝴蝶兰、满天星、补血草、文竹、天冬草、吊兰、南天竹、蕨类植物等是常用的花材。

（二）花束

经过一定的艺术构思，将花材捆扎成束并包装装饰，用于手持的花卉装饰品，统称花束。花束常用于迎来送往、庆贺等社交礼仪活动以及婚礼装饰，尤其是专为新娘结婚时与婚纱礼服相配的花束，在国际上十分流行，备受现代青年的喜欢。

花束的形式多样，造型各异。常见的有四面观的火炬型花束、半球型花束及单面观的扇型花束、下垂型花束和线条型花束等。用于社交礼仪活动中的花束一般以火炬型花束、半球型花束以及扇型花束为主；新娘捧花一般以半球型花束和下垂型花束为主。

花束的色彩一般鲜艳明快，以达到烘托热烈、欢快等喜庆气氛的目的。新娘捧花的色彩一定要与新娘的打扮、婚礼形式和所穿的礼服颜色相配。中国传统婚礼习俗喜欢红色以示喜庆，西方人则喜爱白色，以示纯洁、至高无上。

（三）胸花

将制作的花戴在胸前，作为装饰的服饰花，统称为胸花。胸花的应用非常广泛，除重大婚宴场合外，还常用于各种重要会议、工程奠基、协议签约、开业典礼及开幕剪彩等。

胸花的花型多为几何形，常见的有圆形、三角形、弯月形等。制作时以一朵主花为焦点，周围配置满天星和小叶片，将花茎屈曲下垂，铺平，剪短后用绿胶带缠绕包裹，扎上蝴蝶结装饰。

胸花一般要求花材的色彩艳丽，有一定的香味，质地柔软、花枝纤细青翠，而且不易凋落、不污染衣服等。常见的胸花花材种类有香石竹、玫瑰、兰花、百合、满天星、文竹等。

第四节　盆景艺术

盆景是以树木、山石为材料，经过艺术加工和精心培养，在盆中集中地、典型地再现大自然神貌的艺术品。

一、盆景艺术的特征

（一）盆景艺术的边缘性

盆景艺术和许多艺术有联系，归纳起来有园林艺术、文学艺术、绘画艺术、雕塑艺术、陶瓷艺术、根雕艺术、书法艺术等。因而，人们称盆景是“无声的诗，立体的画，活的雕塑品”。“立体的画”是指可以从各个方面供人欣赏，随着观赏的角度不同，会出现不同的构图，达到步移景换，俯仰成趣的地步；而“无声的诗”就是它具有诗歌和文学的美好意境，不仅能形象地表现出幽美的自然景色，还能通过这些自然景色抒发出作者的感情，心领神会，耐人寻味，达到“片山有致，寸石生情”的境地。

（二）表现技巧的高度概括性

盆景艺术同园林艺术相比，虽然艺术原理相同，但它是比一般园林小得多的微型景观，它不能像园林那样，以大地为纸来作画，它只能在有限的小小盆盎中作文章，要求“藏参天复地之意于盈握间”，即所谓“一峰则太华千寻，一勺则江湖万里”。

（三）构图的复杂性

盆景不像照相、绘画那样，只在平面上构图，盆景是“立体的画”，不论苏派、扬派、川派、海派、浙派、徽派，还是岭南派，都十分注重立体空间构图，兼顾仰视、俯视、平视、正视和侧视的观赏效果，尤其川派古桩盆景，在空间构图上更是颇费匠心。

(四) 创作的连续性

盆景是有生命的艺术品，因而决定了盆景创作的技术性和连续性，桩景的生命过程也就是桩景的连续创作过程。一幅图画，一座雕塑，创作一经完成，就不再变更了，但盆景中的树木会随时间的推移发生变化，因而决定了其创作过程的长期性和连续性。

(五) 美感的可变性

盆景有点像音乐，给人的美感随时间而变，时移景异，一年四时不同，一日朝夕而变。此外，盆景还可以和舞台布景一样，创造特定的艺术环境，给人以特定的艺术感染，如夏季表现冬景，隆冬表现春色，就是几块石头摆法不一样，也会创造出不同的意境来。

(六) 艺术风格的多样性

由于地域、风土人情、生活习俗和采用材料的不同，加上作者性格和文化素养的差异，在盆景创作上形成了很多个人风格、地方风格和艺术流派。

(七) 浓厚的趣味性

盆景是边缘艺术、高等艺术，因而它给予人们的欣赏趣味也是高级的、含蓄的、多层次的。盆景是自然景色的升华，又是诗情画意的再现，是现实主义和浪漫主义的结合，它给予人们的美感既是自然的，又是艺术的，既是具体的，又是抽象的。因而，它比其他许多艺术形式有更高的艺术魅力。

二、中国盆景分类与形式

随着制作材料日益丰富，艺术加工不断革新，盆景分类要求更为细致。当前，我国盆景分类的方法较多，但没有一个严格的统一标准。通常将盆景分为桩景类和山水类。

(一) 桩景类

桩景亦称树木盆景，它是以树木为主要材料，山石、人物、鸟兽等作陪衬，通过蟠扎、修剪、整形等方法进行长期的艺术加工和园艺栽培，在盆钵中表现旷野巨木葱茏的大树景象。中国树木盆景造形多式多样，各具异趣。

1. **直干式** 主干直立或基本直立。树木长到一定高度进行摘心，使其分枝扩张，雄伟挺拔，层次分明，疏密有致，体现自然界的大树或森林的景观美。常用的树种有金钱松、水杉、榆、九里香、榉、五针松、罗汉松等。

2. **斜干式** 主干倾斜，一般略带弯曲，但又不卧倒，树冠偏于一侧，树势舒展，老干龙钟，枝条纵放，疏影横斜，富于古朴淡雅之趣。所用材料有掘自山野里的老树桩，也有以老梅树加工制作而成者。

3. **卧干式** 主干横倾，全株呈平卧状态，小枝茎均向上生长，姿态古雅独特。配置卧干式树桩，应用长方形盆，使树干偏于一侧，或借助山石加以陪衬，力求姿态均衡美观。常用的树种有雀梅、榆、匍地柏、枸杞等。

4. **曲干式** 树干弯曲向上，有如蟠龙，或如曲蚓，常见的形式取三曲式，形如“之”字。干虽弯曲，但枝叶层次分明，树势分布有序而不紊乱。常用的树种有黄杨、梅、罗汉松等。

5. **悬崖式** 主干倾于盆外，树冠下垂如悬崖状，呈现顽强刚劲的风格。用盆多取高筒式，适于几案陈设。因植株悬垂幅度的大小和程度不同，有大悬崖式、小悬崖式和半悬崖式。

6. **连根式** 多干茎树木粗根裸露而相连，树干高低参差，错落有致，裸根形如龙爪，别有风韵。多选用植株根部易萌发不定芽的树木种类，如福建茶、火棘等。

7. **枝垂式** 利用枝条多而柔软的树种，通过人为加工，使其所有枝条均垂拂盆周，如垂柳姿态。常选用树种有迎春、柽柳、金雀、枸杞等。

8. **提根式** 这类盆景的欣赏以根为主，制作时，先将主根截去，再将粗壮有力的侧根弓曲在表土之上。生长顽健而质朴、极尽苍劲古拙之致。常用的树种有六月雪、紫薇、黄杨等。

9. **枯峰式** 利用某些枯朽斑驳，有洞穴穿孔、看去犹如死树的老桩，其枯干上还有几处生机未断，偶而又能抽生一二新枝，展放绿叶或绽蕾吐花，给人以枯木逢春之感。常用的树种有梅、三角枫、石榴、榉等。

10. **藤蔓式** 利用藤蔓植物作为盆景材料。这类植物往往婀娜多姿，枝叶茂盛而悬垂，青翠欲滴，树冠一般呈伞状，特别是在开花时节，花朵倒悬，分外艳丽。如配以山石、枯干等令其攀援其上，则倚山靠石，益饶幽趣。常用的植物有紫藤、金银花、凌霄等。

11. **吊挂式** 凡是专门用以悬空吊挂，美化室内空间的盆景装饰，概称吊挂式。其造型应做到四面可观，盆具周缘无空虚感。因此，吊挂式的盆景须选用特殊的容器，造型要求精致美观而耐用，悬挂室内，宛如一幅质朴素雅的立体图案，使人有一种清新秀逸的感受。选用的材料应是四面纷披下垂的观花、观叶及藤蔓类植物，如迎春、紫藤、凌霄、长春藤、扶芳藤等。

12. **单干式** 每盆仅种树木一株，只有一个主干，其余均为侧枝及细枝，分布均衡匀称，在外观构图上极为简洁，且又挺秀而庄重。

13. **双干式** 盆景树仍为一株，但却有两个主干，形态造型多样化。双干应有主次之分，或一高一低，或一正一斜，造型气势生动幽雅，富于画意。

14. **多干式** 盆中仅种树木一株，但有自基干分蘖而成的三个以上主干。各干有主次大小之分，均忌平齐等粗，形式雷同。树干要求或直或斜，或正或曲，伸张自如，各有呼应。枝叶应有疏有密，层次清楚。

15. **合栽式** 两株以上的树桩合栽在一起，布局搭配适宜，疏密有间，具有一定的透视感，看去犹如大自然三、五成丛的树木，视野广阔，具有浓郁的山林风味。

16. **六台三托一顶式** 苏派传统树型。树木主干弯成六曲，九个侧枝左右分开，后边扎成三片，即成“六台”后边三片即“三托”，顶端一大片即“一顶”。整株树木分成五片，共计十片，端庄平稳，层次分明。

17. **游龙式** 徽派传统造型。树木主干弯曲如游龙，但多在同一平面上弯曲，宜于正面观赏。常用树种为梅花、碧桃。

18. **疙瘩式** 将盆树幼苗在主干幼嫩时基部打结 1～4 节。常用树种为梅、罗汉松、松树等。

19. **象形式** 利用树干和整个树体形态进行动物形象造型，常用树种有榕树、金弹子、黄杨等。

20. **方拐** 川派造型之一。方拐树干为“方”形的弯，均在同一平面上弯曲。方拐需从幼苗扎起，二三十年才能成形，时间长，难度大。

21. **掉拐**　川派造型之一。主干弯曲是“一弯、二拐、三出、四回、五镇顶”。掉拐不同角度观赏景观不同，正面观一二三道弯，三弯以上不见弯，侧面观则相反，半侧视则五个弯都可看见。

22. **云片**　扬派代表树形。顶片多圆形，中小片掌状，好似蓝天飘浮的薄云。云片一至二层者称之为“台式”，多层者称之为“巧云式”。云片上下错落，层次分明，平整端庄。

(二) 山水类

山水类盆景又可分为水盆型、旱盆型和水旱型三种。水盆型是把山石置于浅口水盆中，盆中盛水不盛土，或者只在山缝中放些土，以植物配件作为点缀，主要用以表现有山有水的自然景观。旱盆型是浅盆中有山石和土而不放水，植物及配件点缀在山石上或土上。水旱型是浅盆中一部分是土壤、山石、树木，而另一部分是水，以山石或树木为主体，配件根据立意巧妙地布置其间，表现内容丰富，富于自然野趣。常见的山水类盆景有以下各式：

1. **独立式**　主体山石在盆中孤峰耸立，最高最大。多采用圆形盆，但不要放在盆的正中或边缘，以免产生呆板和不稳重的状况。如一峰独峙过于单调，可着矮小石料数块加以陪衬，也可在水面或土面配置亭桥、舟帆等配件，增加孤峰广阔的意境。

2. **偏重式**　采用两组山石，分置盆的两端。盆的形状最好选用椭圆形或长方形，两组山石的大小高低应有差别对比，一侧为主，一侧为铺，有所偏重，富于变化。

3. **开合式**　基本形式是三组，宜用椭圆形或长方形的盆，在盆的前方左右各置一组，在两组后方中间再置一组，体量要较前方两组小得多，形成远景。

4. **散置式**　基本形式在三组以上，其中一组应是主体，其它各组作为陪衬，作到客不欺主，客随主行。布局时，有疏有密，形成繁简对比，繁中求简。

5. **重叠式**　山石布局层次要多，造成山重水复或重峦叠嶂的意境，达到有藏有露，露中有藏。

6. **供石式**　供石亦称“摆石”或“孤赏石”。这种石头形态奇妙玲珑，“虽一拳之大，而能蕴千岩之秀”，孤置于古朴素雅的几座上，能起到小中寓大，以少胜多的艺术效果。

三、盆景的制作

(一) 树木盆景的制作

1. **树坯的选择**　无论选择何类树种作为盆景的素材，首先应进行坯料的筛选。坯料来源于两个方面，即山野树坯的采掘和树苗的培育。在采掘野生树坯时，应选择树龄长久，生长旺盛，形态苍古奇特，悬根、露爪的坯料。同时，根据具体坯料的生长特性，确定其采挖方法和时间。自己培育的树坯，在其主干、分枝长到一定程度时再行锯截造型，提根露爪，加工制作后即可栽植于盆中。

2. **树坯的造型**　树坯的造型要因材构思，加工方法有蟠扎法和修剪法。蟠扎法用棕丝或金属丝对树桩进行造型。棕丝蟠扎属传统树桩盆景造型方法，一般将树干或树枝做成半圆型的弯子，重复或变化造型，棕丝的操作有搭丝、翻丝、偷丝、留结等；金属丝的蟠扎是用铜丝或铅丝对树坯进行造型，先将金属丝一端固定在枝干的基部或交叉处，然后紧贴树皮缠绕，边扭曲树枝边缠绕，或左或右，丝与树干枝成45°角。修剪一般是在蟠扎后进行的，有平剪、选剪等，但也有纯粹用修剪法进行造型的。

3. 提根与雕凿 提根通常用深盆高栽雍土、深盆平栽水冲和圆筒沙培等三种方法。其目的是增加树桩盆景的艺术价值和欣赏情趣，使树桩基部显露部分造型有力、稳健的根部在盆的表面，给人以苍古雄奇的审美意境。雕凿是指用雕凿工具对树干或树枝进行加工，甚至劈开树干，使树桩显现在大自然中经风雨雷劈而呈现的苍枯之态，增加枯朽老态之美。

4. 盆钵的配备 树桩盆景的配盆要根据树桩的造型特点来选择，尽量做到盆钵的大小、深浅、款式、色调、质地与树桩造型的协调一致。一般要求用盆要小于景物，高干型及丛林型宜用浅盆，斜干、卧干、曲干宜用中深盆，悬崖式宜用深盆。树石组合类盆景应选用浅盆以利于水面、石材的处理。盆的形状亦应与景物相协调，树木扭曲蜿蜒，虬劲变化，可选用圆盆或椭圆盆；树干刚劲有力则宜选棱角分明的盆钵。

（二）山石盆景的制作

1. 选材 山石材料是山石盆景创作的主要素材，山石种类多，其质地、色泽、纹理都具有天然本质。山石一般分为硬质石料与松质石料两种，硬质石料不易雕琢加工，选择时对其天然形状要求较高。此外，一盆盆景，最好只用一种类别的石料，色彩不可差异太大。

2. 石料加工 具有自然形态的山石虽有一定的形状，但用于盆钵中排列组合时还应根据所造景物加工制作。加工的方法有锯截、雕凿、粘合等，同时还要根据构思排列组合。

3. 选盆 山石盆景留有大量水面，点缀有低矮的散点石和船筏亭台，因此一般选用盆沿极浅的大理石、汉白玉水盆，水盆形状视石材的形状及色彩、造型而定，可选用椭圆形、圆形、长方形等，色彩一般选用白色。

4. 植物、配件的栽种与点缀 配植植物，以叶细枝矮为好，不同景观配不同植物。孤峰式景观，可选用枝干较为苍老粗壮的植物；群峰壁立，选用丛林繁茂的组合型配植；平缓山坡，点缀配植矮小植物。总之，以“起、承、转、结、合”的构成原则配植。配件在山石盆景中起点题或衬托的作用，常见的配件有人物、亭台、楼阁、小桥、宝塔、动物造型等。配件不可堆砌，乱放，要藏露，疏密适度，要讲究“近大远小”的法则和透视关系。

四、盆景的艺术欣赏

盆景欣赏是盆景制作的目的之一。所谓盆景欣赏就是人们带着喜爱的心情，审美的眼光领略盆景趣味的过程。盆景欣赏至少应具备三个要素：欣赏主体，即具有视觉能力的欣赏者，包括他们的生活经验、想象力、思想感情、审美观、欣赏能力、欣赏生理、欣赏心理等；欣赏客体或欣赏对象，即盆景作品中的形、姿、色、意蕴、风格、水平等；主体与客体的必要的相互联系，相互作用。欣赏盆景实际上就是对盆景的审美，盆景的美主要体现在自然美、画境美和意境美等几个方面。

1. 自然美 树木的根、茎、叶、花、果实都有其姿势、形态、颜色、韵味，花果还具有香味，这些树木的天然属性构成了自然美的物质基础。随着季节的变化，树木各部分的形态、色彩会发生变化。春季新芽吐绿，充满生机；夏季花繁叶茂，蓬勃旺盛；秋季果实累累，丰收景象；冬季枝干苍劲，刚毅挺拔。山石的自然美包含其质地、形状、纹理和色泽等，如盆景中表现的桂林山景、云南石林之山景、长江三峡之山景，都能给人以自然美的感受。

2. 画境美 将大自然的山水、树木景色进行高度概括和提炼，并进行艺术的加工，使之成为有主次、有烘托、有聚散、有疏密、有对比、有呼应的多样统一的布局，力求达到凝聚大自然景色的艺术境界。这种大自然的景色经过艺术加工后而产生的美，就是画境美。

3. **意境美**　盆景作为一种艺术，既要具有画境美，更要能表现出深远的意境，也就是要使人们在欣赏的时候，不仅看到了景，而且通过景激发出美的感情，美的意愿，美的理想，从而产生丰富的联想和领受景外之情，达到景有尽而意无穷的境地。意境美使盆景作品耐人寻味，具有百看不厌的魅力。

在盆景的创作中，最难于表现的就是意境美；而在盆景的欣赏中，最需要审美水平的也是意境美。以一盆松树盆景为例，当我们看到了苍翠的新叶，鳞斑的老干时，只是欣赏到了它的自然美；而当我们看到挺拔的主干，苍劲的枝条和矫健的叶片时，我们又欣赏到它的画境美；只有当我们透过外在的画境美，才看到它内在的意境美，即由松树苍劲挺拔的形象，联想到它的“不畏风暴，坚贞不屈”的品格，而受到精神上的鼓舞。联想是对盆景作品的再创作，带有主观的成分，因人而异，是由欣赏者的思想水平、艺术修养、生活阅历等因素来决定的。

第五节　切花保鲜与干花制作

一、切花保鲜

切花即从植株上剪下的带有茎叶的花枝，常作为花卉装饰品的素材。

（一）切花凋萎的主要因素

1. **缺水**　花枝剪切后失去了水源，而蒸腾作用仍继续进行导致水分的不平衡；另一方面由于空气进入切口堵塞导管，伤口产生果胶、单宁等物质，严重地影响了切花的吸水能力，因而使水分失调。

2. **缺乏营养**　花枝剪切后，主要依靠茎中贮藏营养物质进行新陈代谢。切花凋萎是由于呼吸基质的缺乏引起，衰竭的速度取决于茎内养分的贮存量。

3. **乙烯的产生**　花枝剪切后，会产生大量乙烯。乙烯是植物衰老过程中产生的一种气体，它能引起自动催化反应，只要有少量乙烯存在就可以诱发和促使切花中迅速产生大量的乙烯，引起切花过早凋萎。

4. **水质**　水的 pH 值、温度以及含盐量等是影响切花寿命的主要因素。低 pH 值可以改善植物体内水分的平衡，当水中的 pH 值为 4 或小于 4 时，可以抑制细胞繁殖，降低酶的活性，减轻对导管的堵塞，起到延长寿命的作用。温水含有的空气比冷水少，表面应力亦较低，容易被吸收，把切花插入 30～40℃的温水中，可以疏通导管中的气泡，使切花体内输水通畅。一些切花的寿命与水中含的盐分有关，如月季、菊花、石竹等随着水的硬度增加而寿命缩短，水中的低盐量可以延长切花寿命。

（二）防止切花早凋的措施

1. **栽培措施**　①施肥。氮肥过量会使切花瓶插寿命缩短。菊花和菊叶中的干物质，随着氮肥施入量的增加而减少，因此栽培切花菊时应在花蕾现色前停止使用氮肥。钾肥则可使切花瓶插寿命延长，适量的钾肥对切花保鲜极为有利。钾肥可以增强花枝的耐折性及同化物的输送能力，钾肥不足时，植物保水性差，容易萎蔫。氯含量高时，可以促使体内乙烯产生，加速花、叶脱落，因此在使用含氯肥料时要谨慎。施二氧化碳肥，可增强光合作用，提高干物质含量，延长切花瓶插寿命。②灌溉。在切花栽培期间不宜大量灌水，土壤相对干燥，有利于根系发育，延长切花瓶插寿命。收获要适时，以保持切花体内水分的饱和状态。③病虫害防治。受病虫危害的植株，容易产生大量乙烯，因而降低了瓶插寿命。④生长调节剂的使用。菊花在现蕾后3～8周喷洒2.5%的B_9，可以延长切花寿命5天。百合在开花前1～2周，用500～1000μg/g的赤霉酸处理，可延长切花寿命2～3天。

2. **采收处理** ①水中切取。将花枝弯于水中再切离母体，使切口不与空气接触。②浸烫及灼烧。将茎基部浸入沸水中十秒钟或用火灼烧至枯焦，使茎组织液不再外溢，有防止切口梗塞及水质腐败之效，火灼基部也可提高吸水能力。③扩大切口。将茎基部斜切，或将切口纵劈裂成2～4份，嵌入小石粒以撑开裂口，也有用锤击裂基部以增加切口的吸水面。④药剂处理。药剂处理的作用主要在于灭菌防腐，促进吸水，增加营养，抑制枝叶水分蒸腾及防止产生离层而花瓣脱落等。使用方法有切口涂抹、浸渍及配成水养液等。用作涂浸的药剂有薄荷油、樟脑、稀盐酸及生长刺激素等；溶于水养液的有硫磺、硼酸、过锰酸钾、石炭酸、食盐、糖、维生素等。

3. **采收后的保鲜** ①低温贮藏。切花在低温（0℃左右）贮藏，生命活动微弱，呼吸缓慢，能量消耗少，乙烯的产生也受到抑制，从而延缓了衰老过程。同时，在一定程度上能够避免色变、形变以及微生物的侵袭。因此，低温贮藏十分重要，一般切花贮藏温度为2～4℃。②气控贮藏。通过控制氧和二氧化碳的比例，达到降低呼吸，减少养分的消耗。提高二氧化碳含量，不仅可以削弱呼吸作用，也可以抑制乙烯的产生，一般氧的含量应在0.5%～1%，二氧化碳的含量在0.35%～10%，也可以通过输入氮气来达到保鲜的目的。③降压贮藏。把气封贮存室的气压降到标准大气压以下，可以延缓切花衰老过程，与常压下贮存切花相比，瓶插寿命延长。如月季在夏天常压常温下只能贮存4天，在5 332.88Pa 0℃时，为42天；石竹在常压0℃时可贮存20天左右，在低压下贮存50天左右。④抗蒸腾剂的使用。使用抗蒸腾剂是降低切花蒸腾作用的有效措施，可以阻止植物气孔全部张开，减少蒸腾，以达到延长切花寿命的目的。⑤切花保鲜剂的使用。切花在采收以后的保鲜处理中，保鲜剂使用起着决定性作用。不同品种的切花要求不同种类的保鲜剂，应根据切花的种类选择使用。

二、干花制作

干花是干燥后仍然保持观赏性状的植物材料。干花可染成各种色彩，也可漂白或保持自然的枯黄色。干花构成的作品别具一格，而且放置时间较长，不需更换和多加管理，具有良好的发展前途。

将鲜花干燥制成干花的方法较多，有微波干燥、冰冻干燥、真空干燥等，但工艺复杂，又需一定的设备，下面介绍几种简便实用的干花制作方法。

1. **悬挂法** 将花枝、叶枝悬挂空中，放于遮阳、空气流通处，让其自然干燥。

2. **平压法** 主要用于叶片及花冠扁平的花卉的干燥。方法有两种，一是用麻纸吸干鲜花、叶的水分使其干燥，二是用熨斗烫平花片使具干燥。

3. **埋藏法** 用干燥剂将花全部掩埋，充分吸收鲜花水分使其干燥。常用干燥剂有硼酸玉米粉、石胶等。

第五章

观赏植物的配植

观赏植物的配植是指将观赏植物进行科学地、艺术地组合，以满足园林各种功能和审美的要求，创造出优美、实用的园林空间环境，充分发挥园林综合功能和生态效益，使人居自然环境得以美化、改善。

第一节　观赏植物配植的原则

植物配植应依据国家、省、市有关自然资源及自然生态环境保护、绿地系统建设等方针、政策和法规；依据城市或绿地总体规划进行。此外，还应遵循以下原则：

(1) 尊重自然　保护利用　尊重自然，保护自然生态环境，目的只有一个，就是使人类拥有良好的生存和发展空间。人类只有在保护自然生态环境的基础上，合理地开发、利用土地和自然资源，才能达到真正意义上的改善和提高生存与生活环境。植物配植也只有在保护和利用自然植被与地形生境的条件下，才能创造出自然、优美、和谐的园林空间。

(2) 尊重科学　符合规律　尊重科学，特别是要符合生态科学的规律。科学合理地处理好植物个体与个体之间、个体与群体之间、群体与群体之间及个体、群体与环境之间的关系，充分发挥每一种植物在园林环境中的作用，维持或创造各种持久、稳定的植物群落景观，造就和谐优美、平衡发展的园林生态系统。

(3) 因地制宜　适地适物　因地制宜，根据不同的现状和资源条件，设计相应的生境类型，并认真考虑植物的生态习性和生长规律，选择合适的植物种类，充分发挥植物个体、种群和群落的景观与生态效益，并为其他生物的正常生活提供合适的生态环境。

(4) 合理布局　满足功能　从绿地的性质和功能出发，对不同类型的植物景观进行合理布局，满足相应的功能要求。如综合性公园因观赏、活动和安静休息等功能的不同，而设置相应的色彩鲜艳的花坛或花境、大草坪、山水丛林或疏林草地等植物景观。

(5) 种类多样　季相变化　大多数植物其景观随季节的更替而变化。配植应顾及四季景色，应用较多的植物种类，使园林环境在每一个季节都有代表性或有特色的景观。这样，随着时间的推移和季节的交替，呈现出变化丰富的优美景色，展现出大自然赋予绿地空间的无穷魅力。

(6) 密度适宜　远近结合　配植密度的大小，直接影响到植物生长发育，景观效果和绿地功能的发挥。无论是树木，还是花草，都应有适宜的间距和密度。密度过大，加剧竞争，影响个体生长和发育，同时也会降低经济性；密度过小，则又可能影响景观效果和降低生态与使用功能。为了合理利用植物与土地资源，节约成本，配植也常结合近期功能与远期目标，进行动态设计，分步实施。

第二节　观赏植物配植的基本形式

一、乔灌木的配植

在植物的配植中，乔灌木是园林绿化的骨干，比重较大。在造景方面，乔木往往成为园林中的主景，如扶疏的枝叶、潇洒的树姿、秀美的树冠、起伏的林冠线等。灌木在园林景观上主要以花色、芬芳、果实供人近观细赏，它和乔木有机配植可丰富植物景观层次的变化，也常用于组织划分空间。

（一）孤植

树木的单体栽植称为孤植，作为孤植的树木称为孤植树。孤植树是作为园林局部空间的主景构图而设置的，以表现自然生长的个体树木的形态美或兼有色泽美，在功能上以观赏为主，同时也具有良好的遮阳效果。

孤植树一般布置在开阔的空间环境，既保证树木本身有足够的自由生长空间，也要有适宜的观赏视距与观赏空间，人们可以从多个位置和角度去观赏。如开阔的大草坪，开朗的水边、河畔，眺望远景的高山上、广场等，这些空间有天空、水面、草地等低矮或色彩单纯的环境作为背景加以衬托，能充分展示孤植树在体形、姿态、色彩等方面的观赏特色。此外，孤植树还可布置于桥头、岛屿、斜坡、园路尽端、建筑旁等。

孤植树一般要求树木形体高大，树冠开阔，枝叶茂盛，或者树姿奇曲优美、潇洒、开花茂盛、色彩鲜艳，具有浓郁的芳香等。给人以雄奇挺拔、深厚的艺术感染或给人以绚丽缤纷、暗香浮动的美感。常见孤植树有雪松、黄山松、白皮松、香樟、榕树、桂花、白玉兰、悬铃木、七叶树等。

（二）对植

对植是指按一定的轴线关系对称或均衡地配植在其两侧的方式。对植树主要作配景或夹景，以烘托主景或增强景观透视的前后层次和纵深感。

对植有规则对称式和不对称均衡式两种。规则对称式多用于规则式庭园绿地，即采用同一树种，同一规格的树木，依照主景的几何中轴线作对称布置，具有端正、工整的构图美。不对称均衡式多用于自然式或混合式庭园绿地中，在构图中线的两侧不完全对称布置，稍有变化，可用形态相似的不同树种，同种树的树形可以有所变化，植株与中轴线的距离也可不等，位置也稍有错落。在数量上也可有变化，如一株大树与两株一组的稍小树木对植布置。不对称均衡式对植，景观显得自由活泼，能较好地与自然空间环境取得协调。

对植树常应用于园林绿地的路端、建筑入口、公园两侧、规则式花园出入口、桥头与石级两侧、庭院左右等。

对植一般要求树木形态美观、树冠整齐、花叶娇美，或选用可进行修剪的树种进行人工造型，以便从形体上取得规整对称的效果，如龙柏、雪松、桂花、女贞、石楠、海桐等。

（三）丛植

丛植是指由多株乔木或灌木组合的群体配植方式，是园林绿地中植物配植的重要形式。

丛植在强调植物群体美的同时，还要求其单株植物在统一的构图中显示出个体美，使个体和群体互相衬托、对比、相映生辉。

树丛在组成上有单纯树丛和混交树丛两种，从功能上看，有庇荫的、作主景的，还有作配景的等。作为庇荫为主的树丛，宜采用单纯树丛形式，不必配植灌木，树下可设置一些石桌、石凳等，供游人休息之用。而作为园林构图上的主景配植用的树丛，多以乔灌木混交树丛为主，如采取阔叶混交或针阔混交，同时可配植草本花卉及山石，其景观效果更佳。

1. **两株树丛**　两株配植在构图上应遵循统一变化的原则，即两株树的配植首先要给人以和协的美感，在此基础上，两株树还需要有对比变化，使之相映成辉，形成完美的园林构图。根据这一原则，两株丛植的树种最好是一样的，或外观造型上相似的不同树种，同时两株树在大小、树姿、动势等方面有一定程度的差异，会显得生动活泼，景观恬人。如一俯一仰、一左一右、露根藏根、平头锐头、一高一矮、一大一小、分枝相异、小枝联系等。两株树木之间既有变化和对比，又要有联系，相互顾盼，共同组成和谐的景观形象。两株间距要适当，一般以小于矮树冠径为宜，在不影响两株个体正常发育的条件下，尽可能栽得靠近一些。

2. **三株树丛**　三株丛植宜采用同种或两种树木。若为两种树木，应同为常绿或落叶、乔木或灌木，不同树木大小和姿态有所变化。平面布置呈不等边三角形，三株树通常成"2+1"式分组设置，最大和最小靠近栽植成一组，中等树木稍离远些栽成另一组，两组之间具有动势呼应，整体造型呈不对称式均衡。若三株为两种树木，则同种的两株分居两组，而且单独一组的树木体量要小，这样的丛植景观才具有既统一又变化的艺术效果。

3. **四株树丛**　四株树丛宜用一种或两种树木。用一种树木时，在形态、大小、距离上求变化，用两种树木时，则要求同为乔木或灌木。布局时同种树以"3+1"式分组设置，三株中两株靠近，一株偏远，方法同三株组合，单株一组通常为第二大树。整体布局可呈不等边三角形或四边形。选用两种树木时，树量比为3∶1。仅一株的树种，其体量不宜最小或最大，也不能单独一组布置，应与另一种树木进行"2+1"式组合配植。

4. **五株树丛**　五株树丛若为同一树种，则树木个体形态、动势、间距各有不同，并以"3+2"式分组布局为佳，最大树木位于三株一组。三株组与二株各自组合方式同三株树丛和二株树丛。五株树丛亦可采用"4+1"式组合配植，其中单株组树木不能为最大，两组距离不宜过远，动势上要有联系，相互呼应。五株树丛若两种树木，株数比以3∶2为宜，在分组布置时，最大树木不宜单独成组。

树丛配植适用于大多数树种，只要充分考虑环境条件和造景构图要求以及树木形态特征与生态习性，皆可获得优美的树丛景观。常用树种有银杏、雪松、桧柏、白玉兰、紫薇、栾树、七叶树、鸡爪槭、紫叶李、桂花、棕榈、海桐、苏铁、石榴、石楠等。

树丛在园林绿地中应用广泛，可用于草坪、水边、河畔、岛屿、道旁、花境、花坛、树坛以及庭院角隅、建筑一侧，园路转折等处，布局配植自由灵活，形式多样，丰富多彩。

(四) 群植

群植是一种混合种植的配植方式，组成树群的树木数量在20~30株。主要表现群体美，追求群体外貌，以此构成园林之主景。

树群从组成上可分为单纯树群和混交树群两种类型。单纯树群是由一个树种组成，林下可用耐荫的宿根花卉作为地被植物来装点，其景观相对单调。而混交树群是群植的主要形式，其分层结构可分为乔木层、亚乔木层、大灌木层、小灌木层以及多年生草本植被等五个组成部分。其中，乔木层选用的树种，林冠线要丰富，使整个树冠的天际线起伏错落，富于变化；亚乔木层选用的树种，以开花茂盛或色叶树为佳；而灌木层则以花木为主；草本植被选用管理粗放的多年生花卉。在园林构图上，树群中应使高大常绿的乔木居于中间，作为背景，亚乔木在其周围，大小灌木在外缘，这样配植不会相互遮掩，但要注意林缘线的曲折变化。

群植应用于具有足够观赏视距的环境空间里，如近林缘的开朗草坪上、土丘或缓坡地、湖心小岛以及开阔的水滨地段等。观赏视距至少为树群高度的 4 倍或树群宽度的 1.5 倍以上，树群周围具有一定的开敞活动空间。

（五）树林

树林是指成片、成块种植的大面积树木景观。如综合性公园安静休息区休憩林、风景游览区的风景林以及城市防护绿地中的防护林。树林据其结构和树种不同可分为密林、疏林、单纯林和混交林等；根据形态不同，可分为片状树林和带状树林。

1. **密林**　密林是指郁闭度为 70%～100%的树林景观，有单纯密林和混交密林两种。单纯密林具有简洁、壮观的特点，但层次单一，缺乏季相景观变化。因此，在树种选择上应采用生长健壮、适应性强、树姿优美等富于观赏特征的乡土树种；在园林构图上，种植间距应自然稀疏，林缘配植同一树种的孤植树或树丛，丰富林缘线的曲折变化。混交密林具多层结构，形成了不同的植物层次，季相变化颇为丰富，景观华丽多彩。大面积的混交密林多采用片状或块状、带状混交布置，林缘部分结构要突出，同时要有一定的风景透视线，可观赏到林地内幽深的林体景观。

2. **疏林**　疏林的郁闭度为 40%～60%。疏林多为单纯乔木林，也可配植一些花灌木。疏林具有舒适明朗、适合游憩活动的特点，公共庭园绿地中多有应用。如在面积较大的集中绿地中常设计布局疏林，夏日可蔽荫纳凉，冬季也能进行日光浴，还适合林下野餐、打拳练功、读书看报等。疏林根据景观功能和人类活动使用情况不同有疏林草地、疏林花地和疏林广场三种形式。

（六）绿篱

绿篱是由灌木或小乔木以相等的株行距，单行或双行种植形成紧密的绿带形式。绿篱可用来作境界、空间分隔、屏障，或作为花坛、花境、喷泉、雕塑的背景与基础造景内容。

绿篱的分类方法较多。根据高度不同可分为树墙、高篱、中篱及矮篱；根据绿篱修剪与否，可分为整型绿篱和不整形绿篱；若根据其功能及观赏角度来分，绿篱又可以分为常绿篱、花篱、观果篱等类。

二、花卉的配植

花卉是指姿态优美、花色艳丽、花香郁馥、具有观赏价值的草本和木本植物，一般多指草本植物。花卉配植形式多种多样，如花坛、花境、花台、花丛、花池等。

（一）花坛

花坛是指在具有一定几何形轮廓的植床内，种植各种不同色彩的观赏植物，构成一幅色彩鲜明、纹样华丽的图案。它体现的是植物的群体美，而不是植株的个体美。在园林构图中，常作为主景或配景之用。其主要类型有以下几种：

1. **独立花坛**　在园林绿地中作为局部空间构图的一个主景而独立设置于各种场地之中的花坛。独立花坛的外形轮廓一般为规则几何形，如圆形、半圆形、三角形、正方形、方形、椭圆形、五角形、六角形等，其长短轴之比一般小于3:1。独立花坛一般布置于广场中央、道路交叉口、大草坪中央以及其他规则式园林绿地空间构图中心位置。依据景观内容的不同，独立花坛又可分为3种形式，即盛花花坛、模纹花坛和混合花坛。

（1）盛花花坛　是以观花草本植物花朵盛开时的群体色彩美为表现主题的花坛，盛花花坛以色彩设计为主，图案设计处于从属地位。选用草花植物必须是开花繁茂，并以花朵盛开时几乎不见叶子为佳。同时，选用植物还必须花期集中一致，植株高矮也比较整齐，生长势强，花朵色彩明快。盛花花坛可用一种花卉，也可用几种不同色彩的花卉。几种花卉合用时，要求色彩搭配协调，株型相近，花期也基本一致。常用花卉有一串红、福禄考、矮牵牛、金盏菊、孔雀草、万寿菊、雏菊、三色堇、石竹、美女樱、千日红、百日草、滨菊等一二年生草花和风信子、郁金香、球根鸢尾、小菊、地被菊、满天星、四季海棠等球根、宿根花卉。

（2）模纹花坛　模纹花坛又称毛毡花坛、镶嵌花坛、图案式花坛等，是采用不同色彩的观叶或花叶兼美的草本植物以及常绿小灌木等种植组成，以精美图案纹样为表现主题的花坛。模纹花坛有平面模纹花坛和立体模纹花坛两种。选用植物要求植株矮小、萌蘖性强、枝密叶细、耐修剪等。常用植物有五色苋、白草、小叶红、白花紫露草、雪叶莲等。

（3）混合花坛　盛花花坛与模纹花坛相结合的一种花坛形式，其特点是兼有华丽的色彩和精美的图案纹样，观赏价值较高。

2. **花坛群**　由多个个体花坛组成的一个不可分隔的园林构图整体，个体花坛间为草坪或铺装地，并且个体花坛间的组合有一定的规则，表现为单面对称和多面对称，其构图中心可以是独立花坛，还可以是其他园林景观小品，如水池、喷泉、纪念碑、园林雕塑等。在较大规模的铺装花坛群内，还可以设置坐凳、花架等供游人休息之用。花坛群常布置在较大面积的建筑广场中心、大型公共建筑前或规则式园林的构图中心。

3. **带状花坛**　设计宽度在1m以上，长宽比大于3:1的长条形花坛。带状花坛可作为连续空间景观构图的主体景观来运用，具有较好的环境装饰美化效果和视觉导向作用。如较宽阔的道路中央或两侧、规则式草坪边缘、建筑广场边缘、建筑物墙基等处均可设计带状花坛。

（二）花台

花台是在较高的空心台座式植床中填土或人工基质，主要种植园林草花所形成的景观。花台一般面积较小，适合近距离观赏，以表现花卉的色彩、芳香、形态以及花台造型等综合美。

1. **规则形花台**　花台种植台座外形轮廓为规则几何形体，如圆柱形、棱柱形以及具有几何线条的物体形状等。规则形花台常运用于规则式园林绿地的小型活动休息广场、建筑物前、建筑墙基、墙面（又称花斗）、围墙墙头等。

2. **自然形花台**　花台台座外形轮廓为不规则的自然形状，多采用自然山石叠砌而成。我国古典庭园中花台绝大多数为自然形花台。台座材料有湖石、黄石、宣石、英石等，常与假山、墙脚、自然式水池等相结合或单独设置于庭院中。台内种植草本花卉和小巧玲珑、形态别致的木本植物，如沿阶草、石蒜、萱草、松、竹、梅、牡丹、芍药、南天竹、月季、玫瑰、丁香、菊花等；还可适当配置点缀一些假山石，如石笋石、斧劈石、钟乳石等，创造具有诗情画意的园林景观。

(三)花境

花境是以多年生草花为主，结合观叶植物和一二年生草花，沿花园边界或路缘设计布置而成的一种园林植物景观。花境外形轮廓较为规整，内部花卉布置成丛或成片，自由变化。花境植物配植，既要体现花卉自然组合的群体美，又要注意表现植株个体的自然美，尤其是多年生花卉与花灌木的运用，要选择花、叶、形、香等观赏价值较高的种类，并注意高低层次的搭配关系。双向观赏的花境，花灌木多配植于花境中央，其周围配植较高的宿根花卉，最外缘配植低矮花卉，边缘可用矮生球根、宿根花卉或绿篱植物嵌边，提高美化装饰效果；花卉可成块、成带或成片配植，不同种类交替变化。单向观赏花境配植应前低后高，有背景衬托的花境则还要注意色彩的对比。花境常用的植物有大丽花、波斯菊、沿阶草、葱兰、三叶草、金鸡菊、芍药、一叶兰、郁金香、蜀葵、榆叶梅、变叶木等。

三、攀援植物的配植

攀援植物是一类优美的垂直绿化植物，可以丰富立面景观，在城市绿化和园林中应用广泛。常见的配植形式有以下几类：

(1) 附壁式。攀缘植物种植于建筑物墙壁或墙垣基部附近，沿着墙壁攀附生长，创造垂直立面绿化景观。根据攀缘植物习性不同，又分直接贴墙式和墙面支架式两种。常用植物有爬墙虎、五叶地锦、凌霄、络石、金银花、牵牛花、茑萝、藤本月季等。

(2) 廊架式。利用廊架等建筑小品或设施作为攀缘植物生长的依附物，如花廊、花架等。廊架式通常兼有空间使用功能和环境绿化、美化作用。花廊一般选用一种攀援植物，根据廊或架的大小种植一株或数株于边缘地面或种植台中。若为了丰富植物种类，创造多种花木景观，也可选用几种形态与习性相近的植物，如蔷薇科的多花蔷薇、木香、藤本月季等可配植于同一廊架。

(3) 篱垣式。利用篱架、栅栏、矮墙垣、铁丝网等作为攀援植物依附物的造景形式。篱坦式既有围护防范功能，又能很好地美化装饰环境。因此，园林绿地中各种竹、木篱架、铁栅矮墙等多采用攀援植物绿化美化。常用植物有金银花、蔷薇、牵牛花、茑萝、地锦、云实等。

四、草坪植物的配植

草坪是园林绿地的重要组成部分，除具有改善气候、杀菌、滞尘、水土保持作用外，在园林景观方面，又为环境增添了一个绿色的基调，铺设了一张绿色的地毯，绿意清新，生机盎然。同时它还为游人提供了一个良好的户外游憩场所，人们可在此进行散步、野餐、日光浴、欣赏音乐等娱乐活动。

园林草坪的分类方法很多。按用途可分为游憩草坪、观赏草坪、体育草坪等，其中游憩草坪和观赏草坪在园林中运用最多；按草坪植物的组合可分为单纯草坪、混合草坪以及缀花草坪，其中缀花草坪是在以禾本科植物为主的草坪上，混有少量开花艳丽的多年生草本植物，如水仙、石蒜、葱兰、韭兰、酢酱草等，将其疏密有致地分布在草坪上，可起到较好的点缀作用，但缀植范围不宜超过草坪总面积的1/3。

草坪植物配植时，首先根据其用途选择适宜的草种；第二，考虑草坪的坡度要求；第三，结合园林构图要求，将草坪与周围园林环境有机地结合起来，形成旷达疏朗的园林环境，同时还应利用地形的起伏变化，创造出不同的竖向空间境域。

第六章

木本观赏植物

第一节　乔　　木

一、常绿乔木

1. **南洋杉**　图 6－1

学名　*Araucaria cunninghamii* Sweet

科属　南洋杉科，南洋杉属。

形态特征　大乔木，高 60～70m，幼树呈整齐的尖塔形，老树成平顶状。主枝轮生，平展，侧枝亦平展或稍下垂。叶二型，生于侧枝及幼枝上的多呈针状，质软，开展，排列疏松，长 0.7～1.7cm；生于老枝上的则密聚，卵形或三角状钻形，长 0.6～1.0cm。雌雄异株。球果卵形，苞鳞刺状且尖头向后强烈弯曲。种子两侧有翅。

常见的栽培变种有：

银灰南洋杉 cv. Glauca 叶呈银灰色。

垂枝南洋杉 cv. Pendula 枝下垂。

分布与习性　原产大洋洲东南沿海地区，广州、厦门、云南西双版纳、海南等地均有露地栽培；长江以北地区多作温室盆栽。南洋杉为热带树种，最适于冬、夏温暖湿润的亚热带气候环境中生长。较耐荫，不耐干燥、寒冷，抗风力强，生长迅速，易生萌蘖。

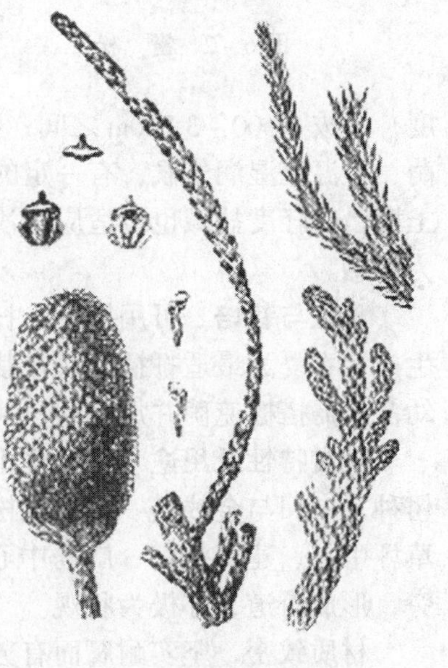

图 6－1　南洋杉

繁殖与栽培　可用播种、扦插繁殖。播种前土壤应经严格消毒，种子需经砂床催芽，或经破壳后播种。扦插繁殖用当年生木质化或半木质化的健壮枝作插穗，扦插后加盖覆膜，保持 75%以上的相对湿度，温度控制在 15～25℃，约经 3～4 个月可生根。翌春、夏间，可将幼苗移栽盆内，并适当庇荫，加强肥水管理。

观赏特性及用途　南洋杉是孑遗植物，也是世界著名的五大庭园观赏树种之一。树形阔大，姿态优美，枝条随风摇动，犹如仙女起舞，适于庭园、公园及公墓中列植或孤植；亦可作园景树、纪念树或行道树；也可作室内盆栽装饰树种。

木材供建筑及家具等用；树皮可提取松脂。

2. 雪松　图6-2

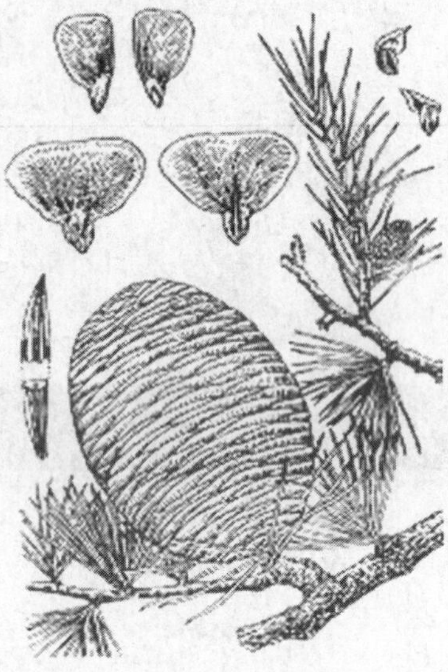

图6-2　雪　松

学名　*Cedrus deodara*（Roxb）Loud.

科属　松科，雪松属。

形态特征　常绿大乔木，高可达50~72m，胸径300cm，树冠塔形。大枝不规则轮生，平展，小枝微下垂，有长短枝之分。叶针形，坚硬，长2.5~5.0cm，叶横断面三角形或四方形；叶在长枝上螺旋状散生，短枝上簇生。雌雄异株，少同株，雌雄球花单生于短枝顶端。球果椭圆状卵形，成熟后果鳞与种子同时散落。种子有宽三角形翅。花期10~11月，球果翌年10月成熟。

雪松的品种与类型很多，主要有：

金叶雪松 cv. Aurea 针叶春季金黄色，入秋变黄绿，冬季转粉绿黄色。

银叶雪松 cv. Argentea 针叶银白色或带蓝色。

弯枝雪松 cv. Robusta 枝条弓状弯曲下垂，叶密生。

垂枝雪松 cv. Pendula 大枝开展而下垂。

分布与习性　原产喜马拉雅山西部（自阿富汗至印度）海拔1 300~3 300m之间；我国引种栽培，现广泛栽植于南北各地园林中。喜光，稍耐荫，喜温凉湿润气候，有一定的耐寒性，不耐水湿。喜土层深厚，排水良好的中性或微酸性土壤，对轻度盐碱也可适应。浅根性，抗风力不强，抗烟害能力差，对二氧化硫、氟化氢极为敏感。

繁殖与栽培　可用播种、扦插繁殖。播种宜在3~4月进行，扦插选用幼年母株上1年生枝，春夏为最适扦插期。在栽培管理中，注意保护中央领导干的顶梢和下部主枝的新梢，幼苗期需搭棚遮荫并加盖塑料薄膜以保持湿度。

观赏特性及用途　雪松主干耸直，侧枝平展，姿态雄伟、优美，是世界著名的庭园观赏树种之一，与金钱松、日本金松、南洋杉、北美红杉合称为世界五大庭园名木。最宜孤植于草坪中央、建筑前庭、广场中心或主要大建筑物的两旁及园门的入口等处。列植于园路两旁，形成甬道，亦极为壮观。

材质致密，坚实耐腐而有芳香，不易翘裂，宜供制家具、造船、建筑、桥梁等用；木材又可蒸制香油，涂抹皮茸，有防水浸之效。

3. 云杉　图6-3

学名　*Picea asperata* Mast.

科属　松科，云杉属。

形态特征　乔木，高45m，树冠圆锥形。树皮灰褐色，呈不规则薄片状剥落，小枝上有木钉状叶枕，小枝基部宿存芽鳞先端反曲。叶四棱条形，长1~2cm，在枝上呈螺旋状排列。雄球花单生叶腋，雌球花单生枝顶。球果圆柱形，长8~12cm，成熟前绿色，成熟时栗褐色；下垂，种鳞宿存。花期4月，球果10月成熟。

常见栽培品种有：

蓝粉云杉 cv. Glauca 叶横断面四棱状，具蓝粉，系德国品种。

分布与习性　产四川、陕西、甘肃等海拔 1 600～3 600 m 山区，目前在北方城市栽培普遍。有一定耐荫性，耐寒，喜冷凉湿润气候，但对干燥环境有一定抗性。喜深厚、排水良好的微酸性沙质土壤。生长缓慢，浅根性，抗风力差。

繁殖与栽培　以播种繁殖为主。通常行春播，高床撒播或条播。幼苗出土后，须搭棚遮荫，入冬前培土或搭风障防寒。幼苗期每 2～3 年移植 1 次，云杉不耐移植，移栽应带土球。

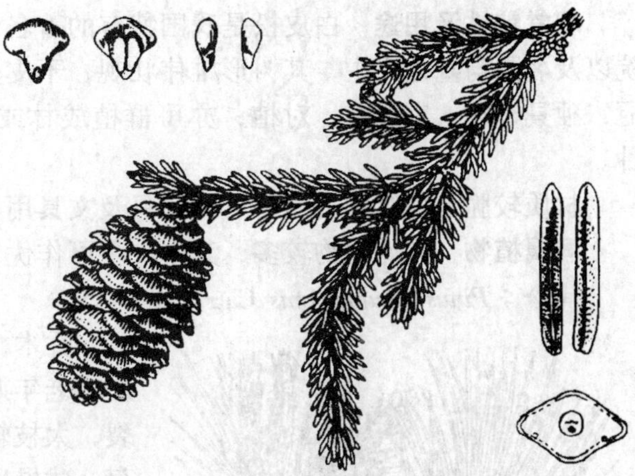

图 6－3　云　杉

观赏特性及用途　云杉树形端正，枝叶茂密，叶色粉蓝，远眺如白云缭绕，苍翠可爱，是重要的庭园绿化及风景林树种。材质优良，可作用材林。

同属植物

青杆　*Picea wilsonii* Mast.　高达 50m，树冠圆锥形。小枝基部宿存芽鳞紧贴小枝。叶较短，长 0.8～1.3（1.8）cm，横断面菱形或扁菱形。球果卵状圆柱形，长 5～8cm，成熟前绿色，熟时黄褐色。分布于内蒙古、河北、山西、甘肃、陕西、青海、湖北、四川等地高山地带。适应力、耐荫性均较强，耐寒，喜凉爽湿润气候，在排水良好、微酸性土壤中生长良好，微碱性土中亦可生长。本种树形整齐，叶较云杉细密，为优美园林观赏树之一。

4. **白皮松**　白骨松　虎皮松　蛇皮松　图 6－4

学名　*Pinus bungeana* Zucc.

科属　松科，松属。

形态特征　乔木，高达 30m，树冠阔圆锥形。树皮淡灰绿色或粉白色，呈不规则鳞片状剥落，1 年生小枝灰绿色，无毛，大枝自近地面处斜出。叶三针一束，长 5～10cm，粗硬，叶鞘早落。雄球花生于当年新枝下部；雌球花生新枝近顶部。球果圆锥状卵形，长 5～7cm，径约 5.0cm，成熟时淡黄色；鳞盾肥厚，鳞脐背生，有刺。种子具短翅，易脱落。花期 4～5 月，球果翌年 9～11 月成熟。

图 6－4　白皮松

分布与习性　白皮松是我国特产树种，也是华北及西北地区的乡土树种，国内许多城市都有栽培。喜光及凉爽干燥气候，幼时稍耐荫，深根性，不耐湿，较耐寒。喜生于排水良好湿润土壤上，在中性、酸性及石灰性土壤均能生长。生长缓慢，寿命长。对二氧化碳及烟尘抗性强。

繁殖与栽培　播种繁殖。白皮松主根长，侧根稀少，移植时应少伤根系，大树移植要带土球。栽植地应选择地势燥、土壤疏松和排水、通气良好的地方，新栽树要立支柱，以防止风吹倒。

观赏特性及用途 白皮松是我国特有的著名观赏树种，我国自古以来即配植于宫庭、寺院以及名园与墓地之中，其树形雄伟壮观，干皮呈斑驳状的乳白色，极其醒目，衬以青翠树冠，独具奇观，宜孤植、对植，亦可群植成林或列植成行，为城市园林绿化的珍贵观赏树种。

材质较脆，但纹理美丽，可供家具及文具用；种子可食。

同属植物 同属植物较多，其中许多可作优良观赏树种，常见的有：

油松 *Pinus tabulaeformis* Carr. 图 6－5

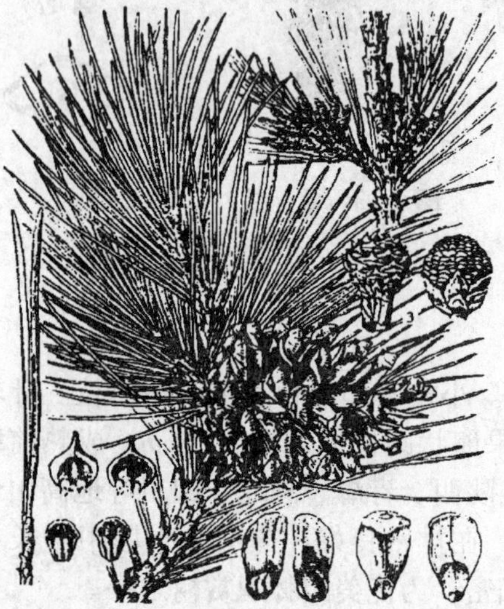

图 6－5 油松

乔木，高可达30m，树冠在壮年期为塔形或广卵形，老年期呈盘状或伞形。树皮灰棕色，呈鳞片状开裂，大枝轮生。针叶二针一束，长10～15cm，叶鞘宿存。球果卵圆形，熟时淡褐黄色，常宿存数年不落；种鳞木质，鳞盾肥厚，横脊显著，鳞脐有刺。种子具翅。我国特有树种，天然分布甚广，北起吉林、辽宁、内蒙古，西到宁夏、青海，东达山东，南至川甘接壤地区，华北为其分布中心。喜光，苗期稍耐荫，适干冷气候，耐干旱、瘠薄土壤，不耐盐碱和水湿，深根性。

油松树干苍劲挺拔，枝繁叶茂，四季常青，树冠青翠浓郁，庄严肃穆，雄伟宏博，特别是百至千年的古树，姿态奇特，枝干斜展婆娑，千姿百态；躯干盘曲，鳞甲灼灼，独具特色。成片栽植，每当微风吹拂，则有如大海波涛之声，俗称“松涛”。与槭树、栎树、侧柏等混植景色更为丰富。油松还适孤植，丛植，可作主景亦可作配景或背景，是公园、庭园绿化的重要观赏树种。

华山松 *Pinus armandii* Franch. 图 6－6

乔木，高达35m，树冠广圆锥形。小枝平滑无毛。叶五针一束，长8～15cm 质柔软，叶鞘早落。球果圆锥状长卵形，长10～20cm，种鳞张开，种子脱落，鳞脐顶生，先端不反卷。种子大，无翅。

产于我国中部至西南部高山地区。阳性树，但幼苗略喜一定庇荫，不耐炎热，喜湿凉湿润气候及深厚而排水良好的土壤。

华山松树干通直，高大挺拔，针叶苍翠，冠形优美，生长迅速是优良的观赏树种。在园林中可用作园景树、庭荫树、行道树及林带树，可丛植或群植，为高山风景区之优良树种，在古迹胜地或陵园内栽植可以壮观瞻。

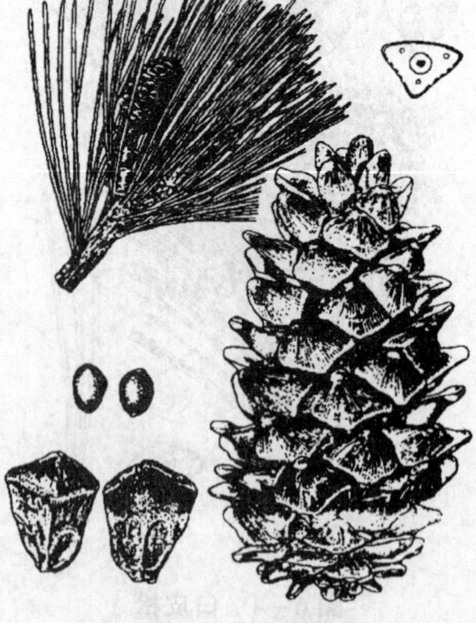

图 6－6 华山松

红松 *Pinus koraiensis* Sieb. et Zucc. 图6－7

乔木，高达50m，树冠卵状圆锥形。树皮红褐色，1年生小枝密被黄褐色或红褐色柔毛。针叶五针一束，长6～12cm，粗硬，叶鞘早落。球果大，卵状圆锥形，长9～14cm，成熟时种鳞不张开，种子不脱落，种鳞先端反卷，鳞脐顶生。种子大，无翅。

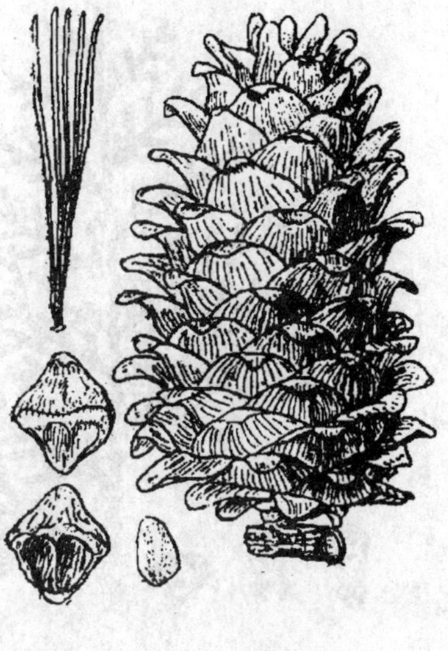

图6-7　红松

产辽宁、吉林及黑龙江省，在长白山、完达山、小兴安岭极多，大兴安岭北部有少量分布；朝鲜、俄罗斯东部及日本北部亦有分布。阳性树，但较耐荫，性喜较凉爽气候，能耐-50℃左右的低温，喜生于深厚肥沃、排水良好而又适当湿润的微酸性土壤上，能稍耐干燥瘠薄土地，也能耐轻度的沼泽化土壤。

树形雄伟高大，宜作北方森林风景区材料，或配植于庭园中。

樟子松 *Pinus sylvestris* L. var. *mongolica* Litv. 图6-8

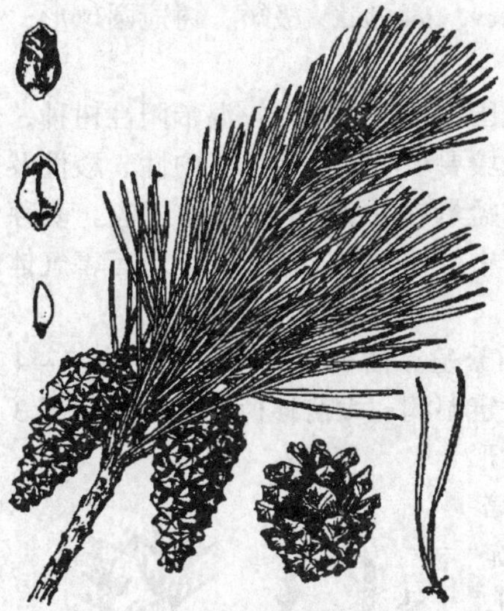

图6-8　樟子松

乔木，高达30m，树冠呈阔卵形。1年生枝淡黄褐色，无毛。针叶二针一束，较短硬而扭曲，长4～9cm，叶鞘宿存。球果长卵形，长3～6cm，果梗向下弯曲，鳞盾长菱形，通常肥厚隆起向后反曲，纵脊及横脊显著，鳞脐小，疣状凸起，有短刺尖，易脱落。种子长扁卵形或扁倒卵形，具翅。

本变种与原种的区别为：叶较宽，树脂较少，鳞背特别隆起并向后反曲。

产于黑龙江大兴安岭海拔400～900m山地及海拉尔以西、以南砂丘地区。蒙古亦有分布。喜光，耐寒（为我国松属中最耐寒的树种），抗旱，适应性强，幼苗不耐荫。深根性，对土壤要求不严，在干燥瘠薄、岩石裸露、坡地、陡坡等地均可生长良好。

樟子松是东北地区主要速生用材、防护林和“四旁”绿化的优良树种之一，亦适合园林观赏等用。

5. 侧柏　扁柏　扁松　扁桧　图6-9

学名　*Platycladus orientalis*（L.）Franco

科属　柏科，侧柏属。

形态特征　乔木，高达20 m，幼树树冠尖塔形，老树广圆形。树皮薄，呈薄片状剥离，生鳞叶小枝排成一平面。叶全为鳞片状，交互对生，紧贴小枝。雌雄同株，球花单生于小枝顶端。球果卵圆形，种鳞木质，厚而扁平，背部上端有一反曲的小尖头，成熟前肉质蓝绿色，被白粉，熟后木质，红褐色，开裂。每种鳞具2粒种子，种子无翅。花期3～4月，球果10～11月成熟。

侧柏经长期栽培，选育出了大量的栽培品种，常见者有：

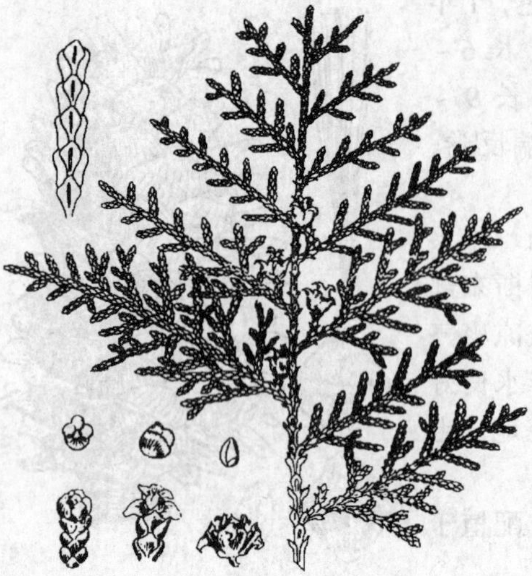

图 6-9 侧 柏

千头柏 cv. Sieboldii 丛生灌木，无明显主干，高 3~5m，枝密生，树冠呈紧密卵圆或球形，叶鲜绿色。

黄金球柏 cv. Semperaurescens 又名金叶千头柏。矮型紧密灌木，树冠半圆形，叶终年金黄色。

金塔柏 cv. Beverleyensis 又名金枝侧柏。树冠塔形，叶金黄色。

洒金千头柏 cv. Aureanana 矮生密丛，树冠圆球至圆卵形，叶淡黄绿色，入冬略转褐色。

金距侧柏 cv. Conspicua 柱状紧密树冠，枝短，叶淡绿色，顶端黄色，美国品种。

北京侧柏 cv. Pekinensis 乔木，枝较长，略开展，小枝纤细，叶甚小，两边彼此重叠，为一优美之品种。

短丛侧柏 cv. Rosedala 极矮，树冠圆球形，生长慢，叶鲜亮，豆绿色，甚小，稀有品种。

分布与习性 我国特产。原产华北、东北，目前全国各地均有栽培。温带阳性树种，幼龄期稍耐荫，能适应干冷及暖湿气候，抗旱性强，对土壤要求不严，适生于中性、酸性及微碱性土。在石灰岩山地，pH 值 7~8 时生长最旺盛，含盐量在 0.2% 左右也能适应。萌芽性强，主根较浅，抗风力弱，侧根须根较发达。生长速度中等偏慢，寿命极长。对有害气体的抗性较强。

繁殖与栽培 以播种繁殖为主，园艺品种多行扦插繁殖。播种与扦插繁殖均在 3~4 月进行，扦插后需搭荫棚遮荫，充分灌水，并经常保持一定湿润；大苗移植在 2 月中旬至 3 月下旬，均须带泥球。幼苗成长后，要分栽培育其良好树形。

观赏特性及用途 侧柏为我国北方应用最广、栽培观赏历史最久的园林树种，其树冠参差，枝叶低垂，宛若碧盖，多配植于陵园墓地、甬道、庙宇和名胜古迹。侧柏亦可用于道路庇荫，或作绿篱，如密植于风景区道旁，加以整形，颇为别致。一些园艺品种有的树冠圆浑丰满，酷似绿球，有的叶色金黄，仿若金沙笼罩，尤为艳丽炫目，适于门庭、纪念性建筑物周围、路口门旁对植。孤植或丛植于花坛、回车岛中心亦甚相宜，若列植成篱，颇为别致。侧柏及其园艺品种对有毒气体具中强度抗性，可作厂区、街道绿化。

材质坚韧致密，耐腐，可供建筑、桥梁等用；叶磨粉作线香原料；种子榨油可食，亦可入药；枝、叶、根、皮等均可入药。

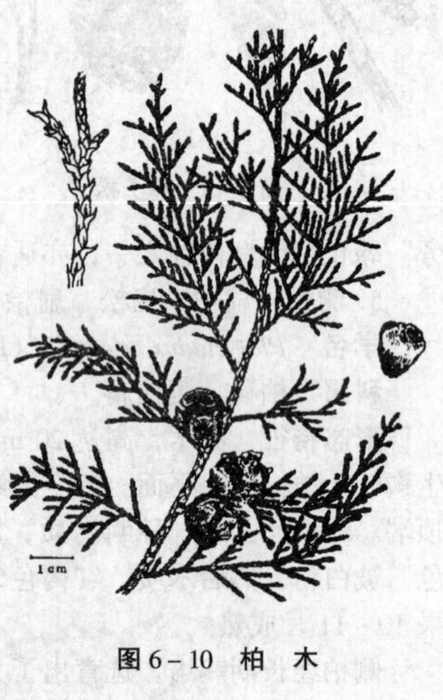

图 6-10 柏 木

6. 柏木 垂丝柏 图 6-10

学名 *Cupressus funebris* Endl.

科属　柏科，柏木属。

形态特征　乔木，高35m，胸径200cm，树冠圆锥形。大枝平展，小枝细长下垂，生鳞叶的小枝扁平，两面同形，均为绿色，较老的小枝圆柱形。鳞叶先端尖，中间之叶背部有纵腺点。雌雄同株，球花单生于小枝顶端。球果卵圆形，径约8~12mm，种鳞4对，盾形，顶部有尖头，熟后木质，褐色，开裂，每种鳞具5~6粒种子。种子两侧有狭翅。花期3月，球果翌年5~6月成熟。

分布与习性　分布很广，以四川、湖北西部、贵州最为习见，是中亚热带石灰岩山地钙质土上的指示性植被。喜温暖湿润的气候，在中性、微酸性及钙质土上均能生长，耐干旱瘠薄。性喜阳，稍耐侧方庇荫。侧根发达，稍耐水湿，抗寒力强，惟易受雪害。耐修剪，萌芽力强。

繁殖与栽培　常用播种繁殖。播种分秋、春季，而以白露前后最适宜。播前先用40℃温水浸种24小时，捞出晾干，条播或撒播，播种量75~100kg/hm^2。覆土厚度以不见种为度，约30天发芽出土。生长期应加强管理。春播苗当年高20~30cm，秋播苗翌年秋季可达50cm以上，即可出圃造林，如作城镇绿化，需分栽培育，大苗移栽须带泥球。

观赏特性及用途　柏木树姿秀丽清幽，树冠整齐，自古栽培观赏，适于成丛配植在山麓坡地、林缘及草坪角隅。在陵园、甬道及纪念性建筑物四周，对植或列植于门庭两边、道路入口两侧，效果不亚于龙柏。若丛植于需要隐蔽遮挡或设障景之处，并于其前配植红枫、杜鹃花，俏丽葱绿，恰到好处。柏木对有害气体抗性较强，可选作厂矿绿化树种。

材质优，具有香气，耐湿抗腐，是良好的建筑、细木工等用材；球果、枝、叶、根均可入药；根、枝、叶可提炼“柏香油”供出口；叶可治烫伤。

7. 圆柏　桧柏　刺柏　图6-11

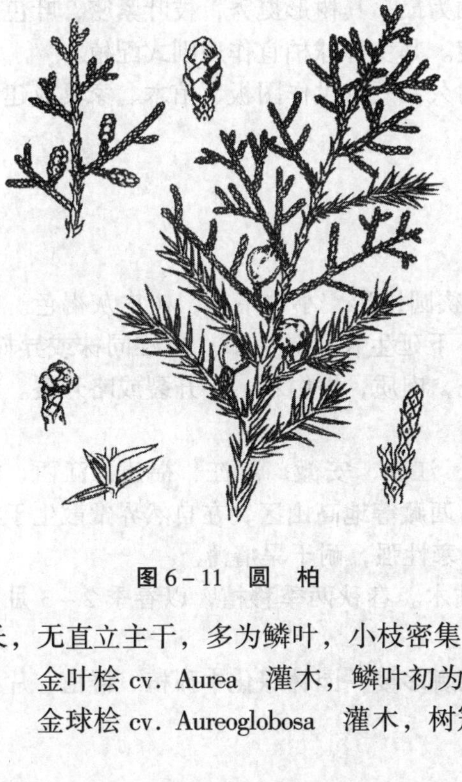

图6-11　圆　柏

学名　*Sabina chinensis*（L.）Ant.

科属　柏科，圆柏属。

形态特征　乔木，高达20m，胸径可达350cm，树冠尖塔形或圆锥形。树皮红褐色，纵裂为条片状剥落。叶二型，鳞叶交互对生，刺叶常3枚交叉轮生，基部下延生长，无关节。雌雄异株，稀同株，球花单生枝顶，雌球花有珠鳞4~8。球果熟时暗褐色，肉质，被白粉，不开裂。种子1~4粒。花期4月下旬，球果翌年10~11月成熟。

栽培历史悠久，栽培品种、变种、变型甚多，常见的有：

龙柏 cv. Kaizuka　树冠窄圆柱状，塔形，分枝低，大枝常有扭转向上之势，小枝密，多为鳞形叶，密集，树冠下部有时具少数刺叶。

匍地龙柏 cv. Kaizuka－procumbens　全株匍地生长，无直立主干，多为鳞叶，小枝密集。

金叶桧 cv. Aurea　灌木，鳞叶初为深金黄色，后渐变为绿色。

金球桧 cv. Aureoglobosa　灌木，树冠球形，枝密生。

球柏 cv. Globosa　矮小灌木，树冠球形，枝密生，多为鳞叶，间有刺叶。

鹿角桧 cv. Pfitzeriana　丛生灌木，主干不发达，大枝自地面向上斜展，状如鹿角分叉，多为鳞叶。

塔柏 cv. Pyramidalis　树冠圆柱状，塔形，枝多贴主干斜生，密集，叶多为刺叶，间有鳞叶。

偃柏 var. *sargentii*　匍匐灌木，小枝直展成密丛状，刺叶常交叉对生，排列紧密，微斜展。

翠柏 var. *uariegata*　丛生灌木，顶端小枝乳白色，叶多为鳞片状。

垂枝圆柏 f. *pendula*　枝长，小枝下垂。

分布与习性　原产我国，广布于东北南部、华北各省，南达长江流域至两广，西至四川、云南等地，现全国各地均有栽培。圆柏为喜光树种，也具一定耐荫性，耐寒，耐热，对土壤要求不严，适应性强，酸性、中性、钙质土及干燥瘠薄地均能生长，但在温凉湿润及土层深厚地区生长快，忌水湿，深根性，萌芽力强，耐修剪，易整形。

繁殖与栽培　原种多用播种繁殖，园艺品种多用扦插、嫁接繁殖。圆柏种皮坚硬，不易透水，其胚又需后熟始能发芽，故播前必须进行催芽处理。出苗后搭棚遮荫，加强肥水管理，再经数次分床培大，可用作庭园绿化。扦插繁殖分休眠枝和半熟枝两种，休眠枝在2月下旬至3月中旬扦插，半熟枝扦插于8月中旬至9月上旬进行。小苗移栽带宿土，大苗须带泥球。

观赏特性及用途　圆柏枝叶密集葱郁，其树形优美，青年期呈整齐之圆锥形，老树则干枝扭曲，奇姿古态，堪为独景，常配植于陵园、甬道、园路转角、亭室附近，列植或丛植或群植于草坪边缘作主景树的背景；或作绿篱柏墙，颇为相宜。本树为我国自古喜用园林树种之一，可谓古典民族形式庭园中不可缺少之观赏树，宜与宫殿式建筑相配合。圆柏对多种有害气体抗性较强，有一定的吸收功能，防尘能力也强，很适城市工矿区绿化。

园艺品种甚多，庭园中常被广泛应用，尤以龙柏为最，其树形挺秀，枝叶紧密，叶色苍翠，稍加整扎，形似宝塔，侧枝扭转，宛若游龙盘旋。其变种球柏宜作规则式配植。

材质致密，坚硬，桃红色，美观而有芳香，极耐久，故宜供作图板、棺木、家具或建筑等材料；种子可榨油。

8. **刺柏**　缨络柏　台湾柏　山刺柏　刺松

学名　*Juniperus formosana* Hayata

科属　柏科，刺柏属。

形态特征　乔木，高达12m，胸径250cm；树冠狭圆锥形，小枝下垂，树皮灰褐色。叶全为刺形，3枚交叉轮生，长1.2～2.5cm，叶基部不下延生长，具关节。雌雄同株或异株，球花单生叶腋，雌球花有珠鳞3枚。球果熟时红褐色，肉质，被白粉，不开裂或略开裂。种子3粒。花期4月下旬，球果翌年10～11月成熟。

分布与习性　我国特有，分布很广。产于台湾、江苏、安徽、浙江、福建、江西、湖北、湖南、陕西、甘肃、青海、四川、贵州、云南、西藏等地高山区，在自然界常散生于海拔1300～3400m石灰岩或石灰质土壤中。性喜光，耐寒性强，耐干旱瘠薄。

繁殖与栽培　用种子或嫁接法繁殖，以侧柏为砧木。春秋两季移植，以春季2～3月为好，需带土球。定植时注意浇水。

观赏特性及用途　树姿潇洒优美，枝条下垂，婀娜多姿，园林绿化中孤植、群植、片植皆可。

材质坚韧致密而有芳香，耐水湿，宜作铅笔、家具、造船等。

9. **广玉兰** 荷花玉兰 图 6-12

学名 *Magnolia grandiflora* Linn.

科属 木兰科，木兰属。

形态特征 乔木，高达 30m，树冠卵状圆锥形。小枝、芽均被锈褐色柔毛。单叶互生，长椭圆形，硬革质，边缘微反卷，表面有光泽，背面密生锈褐色柔毛，叶柄上无托叶痕。花单生于枝顶，荷花状，白色，芳香，径达 20~25cm，花瓣通常 6 枚，少数有 9~12 枚；萼片花瓣状 3 枚；花丝紫色。聚合蓇葖果圆柱状卵形，密被锈色毛，长 7~10cm。种子红色。花期 5~6 月，果期 10 月。

分布与习性 广玉兰原产北美东南部，我国长江流域及其以南常见栽培。喜光，也颇耐荫，喜温暖湿润气候，亦有一定的耐寒力。喜肥沃、湿润而排水良好之酸性或中性土壤，根系发达，幼树生长缓慢。对烟尘及二氧化硫等有害气体有一定的抗性，病虫害少。

图 6-12 广玉兰

繁殖与栽培 可用播种、扦插和嫁接繁殖。播种最好在种子采后即播，或层积沙藏后春播。嫁接以木兰或望春玉兰为砧木。广玉兰不耐移植，通常在 4 月下旬至 5 月，或 9 月移植，并要适当疏枝。

观赏特性及用途 广玉兰树姿雄伟壮丽，叶厚而有光泽，花大芳香，其聚合果成熟后蓇葖开裂露出鲜红色的种子也颇美观。抗污染能力较强，是很好的城市绿化树种之一。最宜单植在宽广开旷的草坪上或配植成观花的树丛，亦可于建筑物前对植，庭园及街头绿地丛植、散植和列植。由于其树冠庞大，花开于枝顶，故在配植上不宜植于狭小的庭院内，否则不能充分发挥其观赏效果。

材质致密坚实，可作装饰物、运动器具及箱柜等；叶入药，主治高血压；花、叶、嫩梢可提取挥发油。

10. **樟树** 香樟 图 6-13

学名 *Cinnamomum camphora*（L.）Presl.

科属 樟科，樟属。

形态特征 乔木，高 20~30m，最高可达 50m，胸径 400~500cm，树冠广卵形。树皮灰褐色，纵裂。单叶互生，卵状椭圆形，长 5~8cm，薄革质，离基三出脉，脉腋有腺体，全缘，两面无毛，背面灰绿色。圆锥花序腋生于新枝，花被淡黄绿色，6 裂。核果球形，径约 6mm，熟时紫黑色，果托盘状。花期 5 月，果期 9~11 月。

分布与习性 樟树为我国特产经济树种，分布长江流域以南各地，栽培区域较广，尤以江西、浙江，福建、台湾等省为多。垂直分布可达海拔 1000m。在自然界多见于低山，丘陵及村庄附近。喜光，稍耐荫，喜温暖湿润气候，不耐寒，以深厚、肥沃、湿润的微酸性黏质土最好，较耐水湿，不耐干旱、瘠薄和盐碱土。主根发达，深根性，能抗风。萌芽力强，耐修剪。有一定抗海潮风、耐烟尘和有毒气体能力，较能适应城市环境。

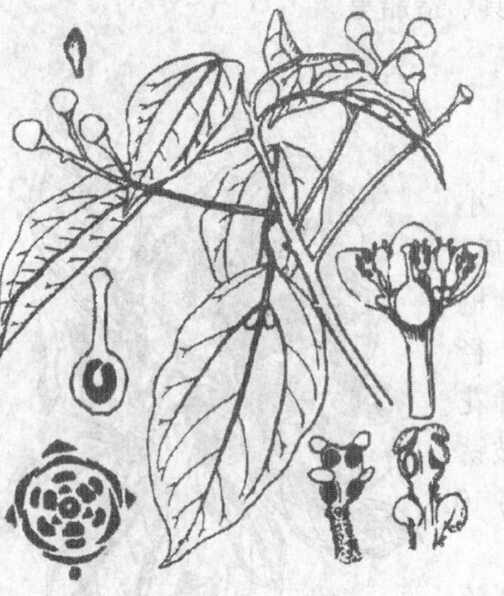

图6-13 樟 树

繁殖与栽培 播种繁殖为主，也可用扦插及分栽根蘖等法繁殖。幼苗喜荫怕冻，冬季要敷草或培土防寒。大苗移植时要注意少伤根，带土球，大树移栽时更应重剪树冠（疏剪枝叶1/2左右），带大土球，且用草绳卷干保湿，充分灌水和喷洒枝叶。移植时间以在芽刚开始萌发时为佳。栽植时不宜过深，以地平为准。

观赏特性及用途 本种枝叶茂密，冠大荫浓，树姿雄伟，是城市绿化的优良树种，广泛用作庭荫树、行道树、防护林及风景林。配植于池畔、水边、山坡、平地无不相宜。若孤植于空旷地，让树冠充分发展，浓荫覆地，效果更佳。在草地中丛植、群植或作背景树都很合适。樟树的吸毒、抗毒性能较强，故也可选作厂矿区绿化树种。

木材致密，有香气，抗虫蛀，供建筑、家具、箱柜等用；全树各部均可提制樟脑及樟油，广泛用于化工，医药、香料等方面，是我国重要出口物资，也是经济价值极高的城市绿化树种。

11. **枇杷** 图6-14

学名 *Eriobotrya japonica*（Thunb.）Ltndl.

科属 蔷薇科，枇杷属。

形态特征 小乔木，高可达10m。小枝、叶背及花序密被锈色绒毛。单叶互生，叶粗大革质，常为倒披针状椭圆形，长12~30cm，锯齿粗钝，羽状侧脉直达齿尖，表面多皱而有光泽。花白色，芳香，成顶生圆锥花序；心皮合生，子房下位，2~5室，每室具2胚珠。梨果近球形或梨形，黄色或橙黄色，径2~5cm。花期10~12月，果期翌年初夏。

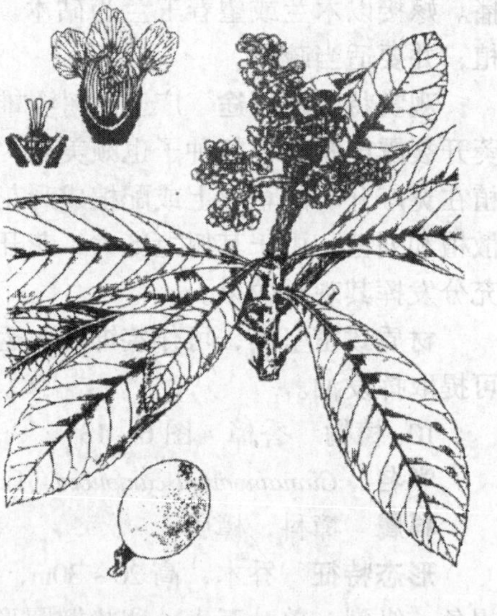

图6-14 枇 杷

分布与习性 原产我国。四川、湖北有野生，南方各地多作果树栽培。喜光，稍耐荫，喜温暖气候及排水良好、富含腐殖质的中性或微酸性的沙质壤土，深根性，生长缓慢，寿命较长。不耐寒，花期忌风，幼果期尤怕霜冻，宜于少风害之地生长。

繁殖与栽培 主要采用播种和嫁接繁殖。播种不宜太深，播后覆土盖草，经常保持土壤湿润，一年生苗高30~70cm，即可移植。嫁接常用切接法，在3月中下旬进行，嫁接成活后注意遮荫、扶干，以免风折。移栽在2月下旬前后，大小苗均需带泥球，栽植地点要选向阳避风处。

观赏特性及用途 枇杷树形整齐美观，叶大荫浓，常绿而有光泽，冬日白花盛开，初夏黄果累累，一般宜丛植或群植草坪边缘、湖边池畔、山麓坡地、阳光充足之处。在江南园林中，常配植在亭、堂、院落之隅，其间点缀山石、花卉，意趣颇佳。对二氧化硫抗性较强，适用于街坊厂矿绿化。

果味鲜美，酸甜适口，上市早，除生食外，还可酿酒或制成罐头；叶晒干去毛后，可供药用，有化痰止咳、和胃降气等效；花为良好的蜜源；木材红棕色，可作木梳、手杖等用。

12. **红豆树**　何氏红豆　鄂西红豆树　图 6－15

学名　*Ormosia hosiei* Hemsl. et Wils.

科属　蝶形花科，红豆树属。

形态特征　乔木，高达 20m，树皮光滑，灰色。奇数羽状复叶互生，叶革质，长 15～20cm，小叶 7～9 枚，长卵形至长椭圆状卵形，叶端尖。圆锥花序顶生或腋生，萼钟状，密生黄棕色毛，花白色或淡红色，芳香；雄蕊 5～10 枚，全分离，长短不一，开花时略突出于花冠。荚果木质，扁平，圆形或椭圆形，长 4～6.5cm，宽 2.5～4cm，端尖。种子扁圆形，1～2 粒，鲜红色而有光泽。花期 4 月。果期 9～10 月。

分布与习性　分布于陕西、江苏、湖北、广西、四川、浙江、福建等省。幼树耐荫，长大后喜光为阳性树种。喜土壤肥沃、水分充足之地，不耐瘠薄、干旱。深根性树种，具根瘤菌，生长速度中等。萌芽力较强，寿命长。

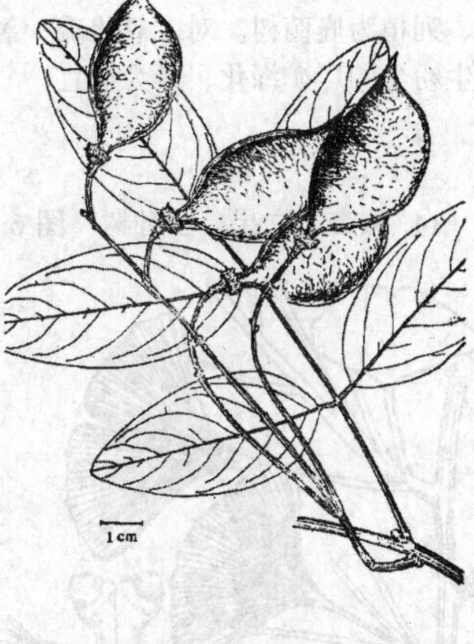

图 6－15　红豆树

繁殖与栽培　播种繁殖。播前应用 40℃温水浸种 2～3 天，播后约月余可发芽。移植需在落叶后至春季芽萌动前进行，尤宜雨后阴天栽植。

观赏特性及用途　本种树冠呈伞状开展，故在园林中可植为片林或作园中荫道树用，种子红色可作装饰品或纪念品用。

木材坚硬，有光泽，花纹美丽，可作高级的室内装饰、工艺雕刻和家具用材，制出的成品胜于红木和紫檀；种皮可作止吐血剂。

13. **女贞**　冬青　蜡树　桢木　图 6－16

学名　*Ligustrum lucidum* Ait.

科属　木犀科，女贞属。

形态特征　乔木，高达 10m。树皮灰绿色，平滑不裂，枝开展，无毛。单叶对生，革质，宽卵形至卵状披针形，长 6～12cm，顶端尖，基部圆形或阔楔形，全缘，有光泽。圆锥花序顶生，长 10～20cm，花白色，几无柄，裂片与花冠筒近等长。核果长椭圆形，蓝黑色。花期 6～7 月，果期 11～12 月。

分布与习性　原产我国长江流域及其以南各省区，日本亦产。喜光，稍耐荫，喜温暖湿润气候，适生于微酸性至微碱性的湿润土壤，不耐瘠薄。生长快，萌芽力强，耐修剪。

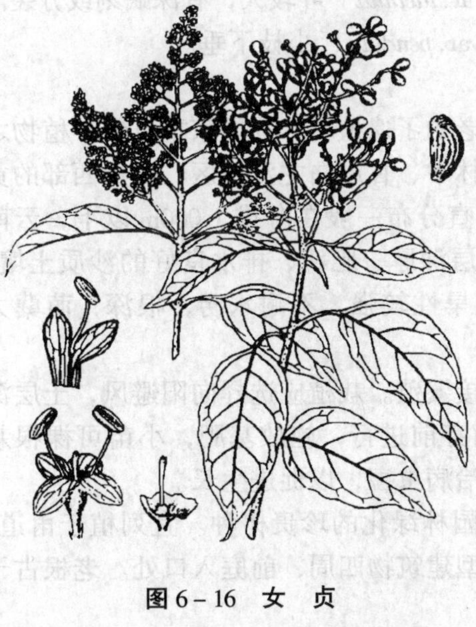
图 6－16　女　贞

繁殖与栽培　播种、扦插繁殖。9 月果熟后采种、晒干，随采随播，发芽率高；也可层积沙藏至翌春3月底至4月初播种。扦插于春、秋季均可，但以春插者成活率较高。大苗移栽要带土球，栽时根系要舒展，栽后连浇3遍水。作绿篱栽植，因生长迅速，1年要修剪2～3次，以保良好形状。

观赏特性及用途 女贞枝叶清秀，终年常绿，夏日满树白花。因生长快速，耐修剪整形，宜作绿篱、绿墙配植，亦可用于隐蔽遮挡，在草坪边缘、建筑物周围、街坊绿地可孤植、列植为庇荫树。对二氧化硫、氯化氢有一定抗性，具有滞尘抗烟功能，在污染源周围和产生粉尘的厂矿绿化，最为适宜。

二、落叶乔木

14. **银杏** 白果 公孙树 图6－17

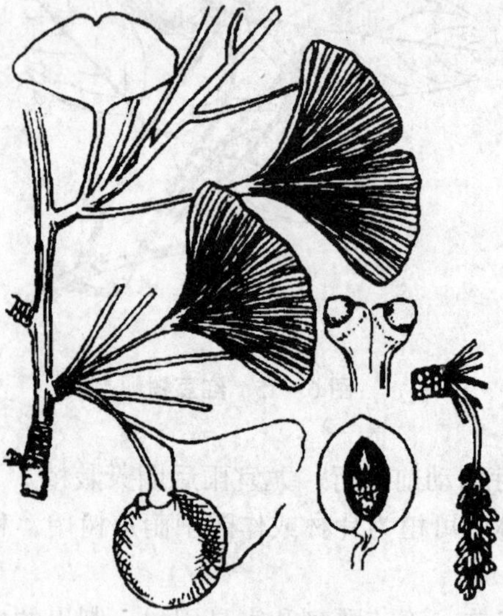

图6－17 银 杏

学名 *Ginkgo biloba* L.

科属 银杏科，银杏属。

形态特征 大乔木，高可达40m，干部直径达300cm，树干端直，树冠广卵形。树皮深灰褐色，纵裂，枝具长枝和短枝。叶扇形，具长柄，在长枝上螺旋状互生，短枝上簇生，入秋叶金黄色。雌雄异株，球花生于短枝叶腋；雄株大枝耸立，雌株则开展或多少下垂。种子核果状，椭圆形或圆球形，外种皮肉质，黄色，具白粉。花期4～5月，种子9～10月成熟。

常见栽培观赏的变种有：

黄叶银杏 var. *aurea* Beiss. 叶鲜黄色。

塔型银杏 var. *fastigata* Rehd. 枝上升成窄尖塔形或圆柱形。

裂叶银杏 var. *lacinita* 叶较大，有深缺刻或分裂。

垂枝银杏 var. *pendula* 小枝下垂。

斑叶银杏 var. *variegata* Carr. 叶有黄色斑纹。

分布与习性 我国特产，是现存种子植物中最古老的孑遗植物，为国家重点保护植物之一。浙江西天目山有野生银杏，浙江瑞安亚热带次生林中、甘肃白龙江林区、四川西部的贡嘎山区及云南腾冲均报道有野生银杏，尚待考证。垂直分布一般在海拔1 000m以下，云南可达海拔2 000m。喜光，耐寒，喜生于温凉湿润，土层深厚、肥沃、排水良好的沙质土壤，酸性、中性、钙质土壤（pH4.5～8.0）均能适应。抗旱性较强，不耐水涝，根深，萌蘖力强，寿命长。对大气污染有一定的抗性。

繁殖与栽培 以播种繁殖为主，也可用扦插、嫁接繁殖。栽植应选择向阳避风，土层深厚肥沃，排水良好的地段。移栽时间宜在落叶后至萌芽前进行，施放基肥，小苗可裸根栽植，大苗宜带土球，栽活后需加强水肥管理，注意防治病虫害，以促进生长。

观赏特性及用途 银杏树姿雄伟，极为壮观，是园林绿化的珍贵树种。宜列植于甬道、广场和街道两侧作行道树，庇荫树或配植于庭园，大型建筑物四周，前庭入口处。老根古干是制作盆景的好材料。

材质坚密细致，富弹性，易加工，是供作家具、雕刻、绘图板、建筑、室内装修用的优良木材；种子含丰富营养可供食用，种仁可入药，有止咳化痰、补肺、通经、利尿之效，捣烂涂于手脚上有治皮肤皴裂之效；外种皮及叶有毒，可杀虫；花是良好的蜜源植物。

15. **金钱松**　图 6－18

学名　*Pseudolarix kaempferi* Gord.

科属　松科，金钱松属。

形态特征　乔木，高达 40m，胸径 100cm，树冠阔圆锥形。树皮赤褐色，呈狭长鳞片状剥离。大枝不规则轮生，平展。叶条形，在长枝上互生，在短枝上 15～30 枚轮状簇生；叶长 2.0～5.5cm，宽 1.5～4.0mm。雄球花数个簇生于短枝顶部，有柄，黄色；雌球花单生于短枝顶部，紫红色。球果卵形或倒卵形，当年成熟，淡红褐色；种鳞木质，卵状披针形，基部两侧耳状，熟时脱落；苞鳞小，不露出。种子卵形，种翅连同种子几乎与种鳞等长。花期 4～5 月，球果 10～11 月上旬成熟。

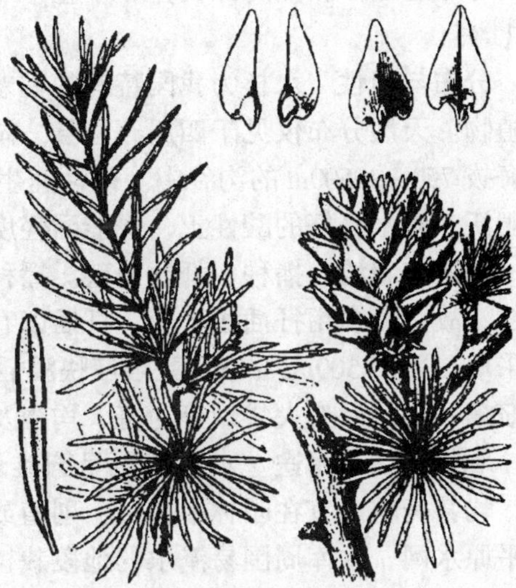

图 6－18　金钱松

常见栽培品种有：

'垂枝' 金钱松　cv. Annesleyana 矮小灌木，高约 2～3m，枝密，侧枝平展，小枝下垂。

'矮生' 金钱松　cv. Dawsonii 树形矮化，高约 0.5～0.6m，树冠圆锥形。

'矮丛' 金钱松　cv. Nana 植株矮而分枝密，高 0.3～1.0m。

分布与习性　特产我国安徽、江苏、浙江、江西、湖南、湖北、四川等省。性喜光，幼时稍耐荫，喜温凉湿润气候和深厚肥沃、排水良好的湿润中性或酸性沙质壤土，不喜石灰质土壤。能耐－20℃的低温。抗风力强，不耐干旱也不耐积水。

繁殖与栽培　播种繁殖，发芽率达 80%以上。移栽或定植时，应在发芽前进行，否则不易成活，为了保护菌根应多带宿土或用菌根土打浆。大面积绿化时，亦可用直播法。

观赏特性及用途　金钱松为珍贵的观赏树木之一，与南洋杉、雪松、日本金松和巨杉合称为世界五大公园树。金钱松体形高大，树干端直，入秋叶变为金黄色极为美丽。可孤植或丛植，常与银杏、柳杉、杉木、枫香、交让木、毛竹等混生能形成美丽的自然景色。

木材较耐水湿，可供建筑，船舶等用；根皮可药用，有止痒、杀虫与抗霉菌之效。

图 6－19　水　杉

16. **水杉**　图 6－19

学名　*Metasequoia glyptostroboides* Hu et Cheng

科属 杉科，水杉属。

形态特征 大乔木，高达35m，胸径250cm，幼树树冠尖塔形，老树广圆形。大枝近轮生，小枝对生。叶交互对生，基部扭转排成二列，呈羽状，条形、扁平、柔软、浅绿色。雌雄同株，雄球花单生于枝顶和侧方，排成总状或圆锥花序；雌球花单生于去年生枝顶或近枝顶。球果近球形，熟时深褐色，下垂。种子倒卵形，扁平，周围有狭翅。花期2~3月，果期11月。

分布与习性 水杉为我国特有的古老稀有珍贵树种，是第四纪冰川期后水杉属惟一的孑遗植物。天然分布仅见于四川石柱县，湖北利川县磨刀溪、水杉坝一带及湖南龙山、桑植等地海拔750~1 500m的沟谷中。阳性速生树种，有一定的耐寒性，喜温暖、湿润的气候和深厚肥沃、排水良好的酸性土，也能耐轻度盐碱。不耐瘠薄、干旱，不耐涝。

繁殖与栽培 播种、扦插繁殖。播种在3月中下旬进行。水杉结实年龄较晚，且种子多瘪粒，故一般多用扦插法繁殖。扦插以春插为主，插穗最好从1~3年生实生苗的一年生枝上采取，并用500μg/g萘乙酸溶液快浸插穗基部，以促生根。水杉苗期主要病虫害为立枯病及蛴螬，定植后有大袋蛾等为害，均当及时防治。

观赏特性及用途 水杉树冠呈圆锥形，树干挺直，姿态优美，叶色秀丽，秋叶转棕褐色，均甚美观。宜在园林中丛植、列植或孤植，宜成片配植在河滩、湖边及沼泽地，尤其适于平原水网、水库周围易淹水的地段栽植。

木材纹理直，质轻软，易加工，油漆及胶接性能良好，适制桁条、门窗、楼板、家具及造船等用，也可做良好的造纸用材。

17. 毛白杨 图6-20

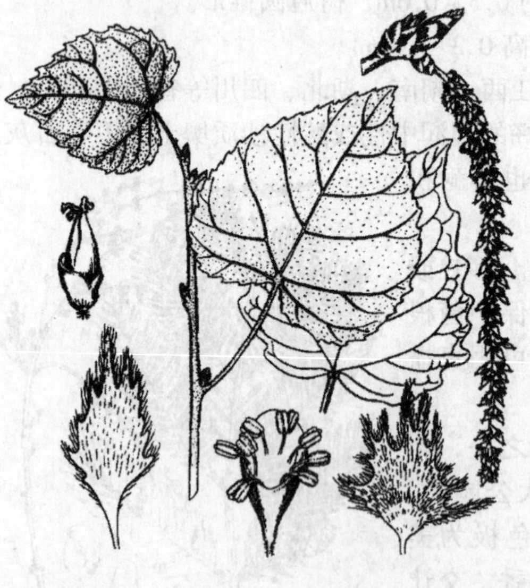

图6-20 毛白杨

学名 *Populus tomentosa* Carr.

科属 杨柳科，杨属。

形态特征 乔木，高达30~40m，树冠卵圆形或卵形。树皮灰绿色至灰白色，老树灰褐色，深纵裂，皮孔菱形。具顶芽，芽鳞数枚，嫩枝初被柔毛，后光滑无毛。长枝之叶三角状卵形，长10~15cm，宽7~13cm，先端渐尖，基部心形或截形，缘具缺刻或锯齿，幼叶下面密被白绒毛，后渐脱落；短枝之叶较小，叶柄扁平。花单性，雌雄异株，柔荑花序下垂；雄花序长10~15cm，花药红色。蒴果2裂。花期3~4月，叶前开放，果期4月下旬。

分布与习性 我国特产，以黄河中下游为分布中心，北至辽宁南部，南达长江下游。喜光及温凉湿润气候，较耐寒。对土壤要求不严，在酸性至碱性土壤上均能生长，但在特别干瘠或低洼积水处生长不良。深根性，根萌蘖性强，生长快，寿命较长。抗烟尘及有毒气体。

繁殖与栽培 常用埋条、扦插、留根、压条、嫁接、分蘖等法繁殖。移栽和定植宜在早春或晚秋，稍深栽。管理中及时摘除侧芽，保护顶芽，促其高生长。常见病虫害有毛白杨锈病、破腹病、根癌病、杨树透翅蛾、潜叶蛾、天牛、蚜虫、介壳虫等，要注意及早防治。

观赏特性及用途　毛白杨树干灰白、端直，树形高大广阔，颇具雄伟气概，大形深绿色的叶片在微风吹拂时能发出欢快的响声，给人以豪爽之感。在园林绿地中很适宜作行道树及庭荫树。若孤植或丛植于旷地及草坪上，更能显出其特有的风姿。在广场，干道两侧规则式列植，则气势严整壮观。毛白杨也是工厂绿化，“四旁”绿化及防护林，用材林的重要树种。木材轻而细密，易加工，可供建筑、家具、胶合板、造纸及人造纤维等用。

同属植物

新疆杨 *Populus alba* L. cv. Pyramidalis Bge.　高达30m，枝直立向上，形成圆柱形树冠。干皮白色至灰白色，光滑。长枝之叶宽卵形，掌状3~5浅裂，长5~10cm，宽3~8cm，先端渐尖，基部圆形、心形或宽楔形，幼时两面被毛，后仅背面被毛；短枝之叶卵圆形或椭圆形，长4~8cm，宽2~5cm；叶缘具不规则齿牙。雄花序长3~6cm，花药紫红色。蒴果2裂。主要分布在新疆，近年中国北方诸省多有引种，生长良好。喜光，耐干旱，耐盐渍。优美的风景树，行道树及“四旁”绿化树种，深受新疆人民的喜爱。材质较好，纹理直，结构较细，可供建筑、家具等用。

18. **垂柳**　水柳　倒柳　图6-21

学名　*Salix babylonica* L.

科属　杨柳科，柳属。

形态特征　乔木，高达18m，树冠倒广卵形。小枝细长下垂，褐色、淡褐色或带紫色。无顶芽，芽鳞1枚。单叶互生，狭披针形或条状披针形，长9~16cm，边缘有细锯齿，叶柄长0.5~1.5cm。花单性，雌雄异株，葇荑花序直立或斜展；花药红黄色；雌花子房腹面仅具1腺体。蒴果。花期3~4月，果期4~5月。

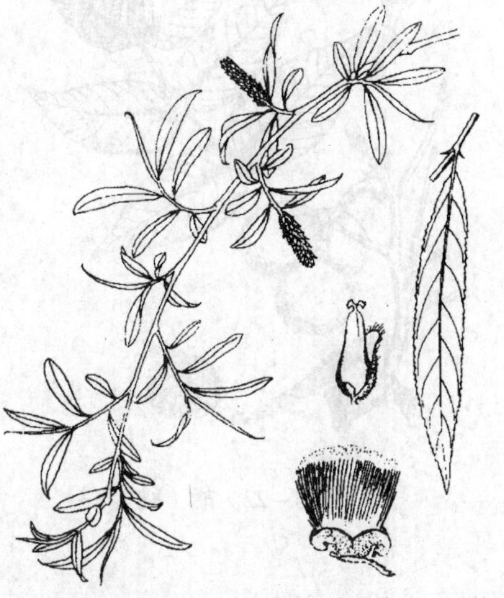
图6-21　垂　柳

分布与习性　主要分布于长江流域及其以南各省平原地区，东北、华北也多栽培。湿生阳性树种，也耐荫，喜温暖湿润气候和肥沃深厚土壤，较耐寒。喜生于河岸两旁湿地，短期水淹不致死亡。发芽早，落叶迟，萌芽力强，生长迅速，寿命较短。

繁殖与栽培　繁殖以扦插为主。于早春进行，插后充分浇水，经常保持土壤湿润，及时抹芽和除草，发根后施追肥3~4次，幼苗期注意象鼻虫、蚜虫、柳叶甲危害。移植宜在冬季落叶后至翌年早春芽未萌动前进行。栽后要充分浇水并立支柱。注意防治蛀干和食叶害虫。

观赏特性及用途　垂柳枝条柔软，纤细下垂，微风吹来，柳丝翩翩起舞，妩媚动人，最适于在河岸、湖边栽植，枝拂湖面，倒影水中，别有风致。江南园林中常与桃树间植，桃红柳绿，柳暗花明，更显春光明媚。北方城市绿化中作行道树，柔枝细叶，自然潇洒，可以柔化建筑物规则式的直线条，从而丰富城市的景观。垂柳喜湿，可选作高水位地段的行道树、庭荫树、防浪护岸树种。对有毒气体有一定抗性，也适于厂矿绿化，但鉴于柳絮飘扬繁多，作为城市行道树或在精密仪器厂附近栽植，以选雄株为好。

同属植物

旱柳 *Salix matsudana* Koidz. 乔木，高达18m，胸径80cm，树冠卵圆形至倒卵形。树皮灰黑色，纵裂。枝条直伸或斜展。叶披针形至狭披针形，长5～10cm，缘有细锯齿，叶柄短，2～4mm。花药黄色；雌花子房背腹面各具1腺体。

常见栽培变种：

馒头柳 cv. Umbraculifera Rehd. 分枝密，端梢齐整，形成半圆形树冠，状如馒头。北京园林中常见栽培，其观赏效果较原种好。

绦柳 cv. Pendula Schneid. 枝条细长下垂，华北园林中习见栽培，常被误认为是垂柳。小枝黄色，叶无毛，叶柄长5～8mm，雌花有2腺体。

龙须柳 cv. Tortuosa (Vilm.) Rehd. 枝条扭曲向上，各地时见栽培观赏。生长势较弱，树体较小，易衰老，寿命短。

19. **胡桃** 核桃 图6－22

图6－22 胡 桃

学名 *Juglans regia* L.

科属 胡桃科，胡桃属。

形态特征 乔木，高达30m，胸径100cm，树冠扁球形。树皮灰白色，老时深纵裂，小枝绿色，粗壮，无毛，髓心片状。奇数羽状复叶，互生；小叶5～9枚，椭圆形至倒卵形，全缘（幼时有锯齿），常具油腺点。花单性，同株；雄花为葇荑花序，雌花1～3朵组成穗状花序。果大形，核果状。花期4～6月，果期9～11月。

分布与习性 原产伊朗，传为汉朝张骞引入。我国从东北南部至华南地区均有分布，但以北方为多见。胡桃喜光，较耐寒（幼时稍差），不耐湿热，对肥力要求较高，不耐瘠薄，喜深厚肥沃、湿润而排水良好的中性或钙质土壤。肉质根，主根深，怕积水。

繁殖与栽培 常用播种法育苗。点播时每穴一粒。播后覆土约6cm，保持土壤适当湿润。也可用嫁接法育苗，砧木用枫杨或胡桃楸。移植应在春季温度转暖后进行。常见的病虫害有黑斑病、木蠹蛾、天牛、介壳虫等，应注意防治。

观赏特性及用途 胡桃树冠庞大，枝叶茂密，绿荫覆地，加之灰白洁净的树干，亦颇宜人，是良好的庭荫树。孤植、丛植于草地或园中隙地都很合适。因其花、果、叶之挥发气味具有杀菌，杀虫的保健功效，也可成片、成林栽植于风景疗养区。

木材坚韧致密，富有弹性，不翘不裂，是优良的军工用材及家具用材；核桃仁是营养丰富的食品及滋补剂，也是优良的食用油之一。

20. **白桦** 图6－23

学名 *Betula platyphylla* Suks

科属 桦木科，桦木属。

形态特征 乔木，高达25m，胸径50cm，树冠卵圆形。树皮白色，纸状分层剥离，皮孔黄色。小枝细，红褐色，无毛，外被白色蜡层。叶三角状卵形或菱状卵形，长 3.5 ~ 9cm，宽 2 ~ 7.5cm，先端渐尖，基部广楔形，缘有不规则重锯齿，无毛或脉腋有毛。果序单生，下垂，圆柱形。坚果小而扁，两侧具宽翅。花期 5 ~ 6 月，果期8 ~ 10 月。

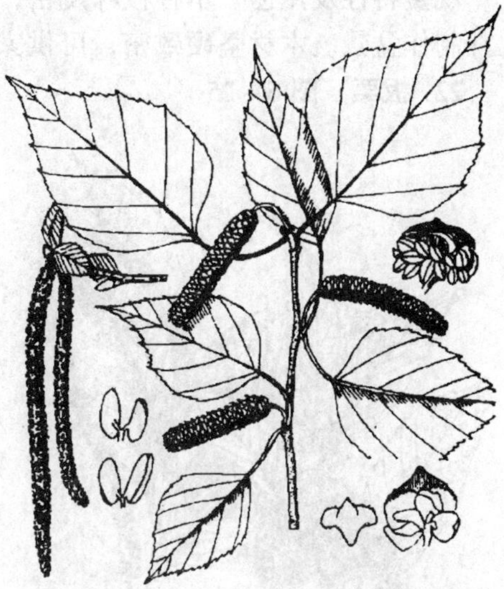

图 6 – 23　白　桦

分布与习性　产于东北大、小兴安岭，长白山及华北高山地区，垂直分布东北在海拔 1 000m 以下，华北为 1 300 ~ 2 700m。强阳性，耐严寒，喜酸性土（pH5 ~ 6），耐瘠薄，适应性强，深根性，生长速度中等，寿命较短，萌芽性强，天然更新良好。

繁殖与栽培　用播种法繁殖。因种子细小，多用床播，播前灌水，覆土 3 ~ 5mm，床面覆盖塑料薄膜以保温湿，待苗出齐后即可撤去薄膜，但需设架遮荫。幼苗生长较慢，需留圃培养5 ~ 6 年，干径 4 ~ 5cm 时方可出圃定植。成片栽植时密度不宜过大。

观赏特性及用途　白桦枝叶扶疏，姿态优美，尤其是树干修直，洁白雅致，十分引人注目。孤植、丛植于庭园、公园之草坪、池畔、湖滨或列植于道旁均颇美观。若在山地或丘陵坡地成片栽植，可组成美丽的风景林。

白桦是中国东北林区主要阔叶树种之一。其木材黄白色，纹理直，结构细，但不耐腐，供制胶合板、造纸、火柴杆及建筑等用；树皮可提取桦油，供化妆品香料用，并含单宁 11%，可提取栲胶。

21. **鹅耳枥**　北鹅耳枥　图 6 – 24

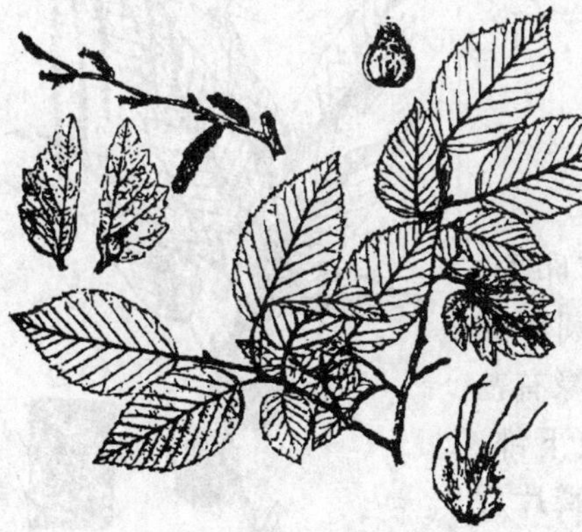

图 6 – 24　鹅耳枥

学名　*Carpinus turczaninowii* Hance

科属　榛科，鹅耳枥属。

形态特征　小乔木或灌木状，高达 5m，树冠紧密而不整齐。树皮灰褐色，浅裂。小枝细，有毛，冬芽红褐色。叶卵形，长 3 ~ 5cm，先端渐尖，基部圆形或近心形，缘有重锯齿，表面光亮，背面脉腋及叶柄有毛，侧脉 8 ~ 12 对。果穗稀疏，下垂；果苞叶状，长卵形，一边全缘，一边有齿；坚果卵圆形，具纵肋，疏生油腺点。花期 4 ~ 5 月，果期 9 ~ 10 月。

分布与习性　广布于东北南部、华北至西南各省，垂直分布为海拔 200 ~ 2 300m。稍耐荫，喜生于背阴之山坡及沟谷中，喜肥沃湿润之中性及石灰质土壤，亦能耐干旱瘠薄。

繁殖与栽培　种子繁殖或萌蘖更新。移栽易成活。

观赏特性及用途 本种枝叶茂密，叶形秀丽，果穗奇特，颇为美观，可植于庭园观赏，尤宜制作盆景。木材坚硬致密，可供家具、农具及薪材等用。

22. **板栗** 图6-25

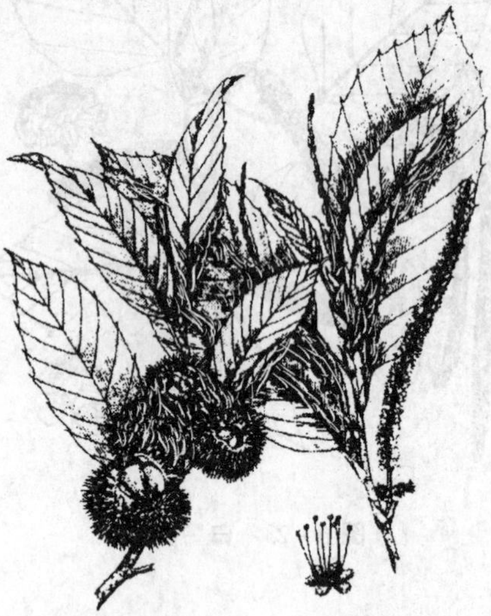

图6-25 板 栗

学名 *Castanea mollissima* Bl.

科属 壳斗科，栗属。

形态特征 乔木，高达20m，胸径100cm，树冠扁球形。树皮灰褐色，交错纵深裂，小枝有灰色绒毛，无顶芽。叶椭圆形至椭圆状披针形，长9~18cm，先端渐尖，基部圆形或广楔形，缘齿尖芒状，背面常有灰白色柔毛。雄花序直立，总苞球形，直径6~8cm，密被长针刺，内含1~3坚果。花期5~6月，果期9~10月。

分布与习性 我国特产树种，栽培历史悠久。现北自东北南部，南至两广，西达甘肃、四川、云南等省区均有栽培，以华北和长江流域栽培较集中。喜光，对土壤要求不甚严，以土层深厚湿润、排水良好、含有机质多的沙壤或沙质土为最好，喜微酸性或中性土壤。深根性树种，根系发达，根萌蘖力强。寿命长，可达200~300年。对二氧化硫、氯气有较强抵抗力。

繁殖与栽培 主要用播种、嫁接法繁殖，分蘖亦可。板栗苗期管理主要是生长季的病虫防治和冬季防寒工作。移栽、定植时应注意少伤根系。

观赏特性及用途 树冠圆广，枝茂叶大，在公园草坪及坡地孤植或群植均适宜，亦可用作山区绿化造林和水土保持树种。

栗果富含淀粉和糖，是优良的干果；木材坚硬耐磨，可供家具、农具等用；树皮、果苞等可提制栲胶；叶可饲养柞蚕，花是良好的蜜源植物。

23. **栓皮栎** 图6-26

图6-26 栓皮栎

学名 *Quercus variabilis* Bl.

科属 壳斗科，栎属。

形态特征 乔木，高达25m，胸径100cm，树冠广卵形。树皮灰褐色，深纵裂，木栓层厚。单叶互生，叶长椭圆形或长椭圆状披针形，长8~15cm，先端渐尖，基部楔形，缘有芒状锯齿，背面被灰白色星状毛。雄花序生于当年生枝下部，下垂；雌花单生或双生于当年生枝叶腋；总苞杯状，鳞片反卷。坚果卵球形或椭球形。花期5月，果期翌年9~10月。

分布与习性 广布于我国东北南部、华北、西北、华南及西南各地。朝鲜、日本亦有分布。喜光，幼苗略耐荫。耐寒，-20℃的低温对其生长无不良影响。在酸性、中性、及石灰性土壤中均能生长，也耐干旱、瘠薄，以深厚肥沃、湿润、排水良好的壤土和沙质壤土最适宜，不耐积水。深根性，抗旱，抗风力强，但不耐移植。萌芽力强。

繁殖与栽培　主要用播种法繁殖，分蘖法亦可。条播行距约20cm，覆土2~3cm，秋播者应适当加厚至4~5cm。移植时应尽量多留根系，仅对太长的主根进行修剪；大苗移栽需带土球，并深栽。

观赏特性及用途　栓皮栎树干通直，树冠雄伟，浓荫如盖，秋季叶色转为橙褐色，季相变化明显，是良好的绿化观赏树种。孤植、丛植，或与其它树混交成林，均甚适宜。因根系发达，适应性强，树皮不易燃烧，又是营造防风林、水源涵养林及防火林的优良树种。

木材坚韧耐磨，可供建筑、家具等用；栓皮可作绝缘、隔热、隔音、瓶塞等原材料；种仁可酿酒；壳斗树皮可提制栲胶。

24. **榆树**　白榆　家榆　图6－27

学名　*Ulmus pumila* L.

科属　榆科，榆属。

形态特征　乔木，高达25m，树冠圆球形。树皮暗灰色，纵裂，粗糙。小枝灰色，细长，排成二列状。叶卵状长椭圆形，长2~6cm，先端尖，基部稍歪，缘有不规则之单锯齿。早春叶前开花，簇生于去年生枝上。翅果近圆形，种子位于翅果中部。花期3~4月，果期4~6月。

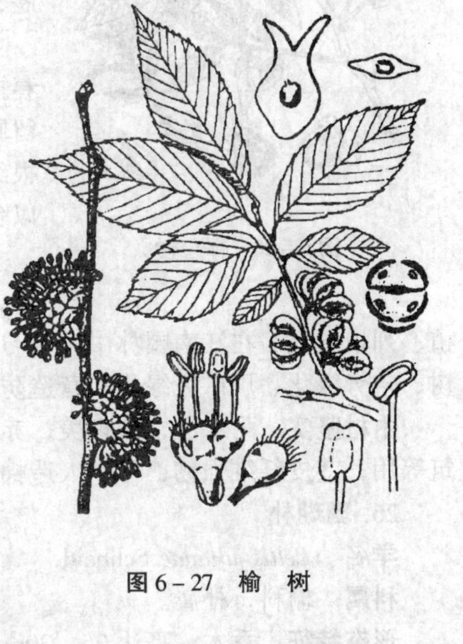

图6－27　榆　树

分布与习性　产于东北、华北、西北及华东等地区，华北及淮北平原地区栽培尤为普遍。喜光，耐寒，抗旱，能适应干凉气候，喜肥沃，湿润而排水良好的土壤，不耐水湿，能耐干旱瘠薄和盐碱土。萌芽力强，耐修剪。主根深，侧根发达，抗风、保土力强。对烟尘及氟化氢等有毒气体的抗性较强。

繁殖与栽培　繁殖以播种为主，分蘖亦可。榆树种子易失去发芽力，宜采后即播，作为城市绿化用苗需分栽培育2~3年方可出圃。苗期管理要注意经常修剪侧枝，以促其主干向上生长，并保持树干通直。榆树常见虫害有金花虫、天牛、刺蛾、榆天社蛾、榆毒蛾等，应注意及早防治。

观赏特性及用途　榆树树干通直，树形高大，绿荫较浓，适应性强，生长快，常栽作行道树，庭荫树、防护林及“四旁”绿化树种。在干瘠、严寒之地常呈灌木状，有用作绿篱者。又因其老茎残根萌芽力强，可自野外掘取制作盆景。在林业上也是营造防风林、水土保持林和盐碱地造林的主要树种之一。

木材坚韧，可供家具、农具、车辆、建筑等用；幼叶、嫩果可食；果、树皮、叶均可入药；又可作重要蜜源树种之一。

25. **榉树**　大叶榉　图6－28

学名　*Zelkova schneideriana* Hand.－Mazz.

科属　榆科，榉属。

形态特征　乔木，高达25m，树冠倒卵状伞形。冬芽卵形，先端不贴近小枝。单叶互生，叶卵状长椭圆形，长2~8cm，具整齐之单锯齿，近桃形，羽状脉。花单性同株，雄花

图6-28 榉 树

簇生于新枝下部，雌花单生或簇生于新枝上部；柱头偏生。坚果小而歪斜，无翅，径2.5~4mm。花期3~4月，果期10~11月。

分布与习性 产淮河及秦岭以南，长江中下游至华南、西南各省区。垂直分布多在海拔500m以下之山地及平原。喜光，喜温暖气候及肥沃湿润土壤，在酸性、中性及石灰性土壤上均可生长。忌积水地，也不耐干瘠。耐烟尘，抗有毒气体，抗病虫害能力较强。深根性，侧根广展，抗风力强。

繁殖与栽培 播种繁殖，秋末采果阴干贮藏，翌年早春播种，当年苗高可达60~80cm。用作城市绿化的苗木应留圃培养5~8年，待干径3cm左右时方可出圃定植。苗木根细长而韧，起苗时应用利铲先将周围根切断方可挖取，以免撕裂根皮。

观赏特性及用途 榉树枝细叶美，绿荫浓密，树形雄伟，观赏价值远较一般榆树为高。在园林绿地中孤植、丛植、列植皆宜。在江南园林中尤为习见，三五株点缀于亭台池边，饶有风趣。同时也是行道树、宅旁绿化、厂矿区绿化和营造防风林的理想树种，又是制作盆景的好材料。

木材坚实，耐水湿，纹理美，赤褐色，有光泽，是贵重用材，可供优良家具及造船、建筑等用；茎皮纤维强韧，可作人造棉及制绳索的原料。

26. 珊瑚朴

学名 *Celtis julianae* Schneid.

科属 榆科，朴属。

形态特征 乔木，高达25~30m，胸径100cm，树冠圆球形。小枝、叶背、叶柄均密被黄褐色绒毛。冬芽小，卵形，先端贴枝。单叶互生，基部全缘，侧脉弧曲向上，不伸入齿端。叶广卵形、卵状椭圆形或倒卵状椭圆形，长6~14cm，锯齿钝。花杂性同株。核果大，径1~1.3cm，熟时橙红色，味甜可食。花期4月，果期10月。

分布与习性 产黄河流域以南各地。喜光，稍耐荫，喜温暖气候及湿润、肥沃土壤，但亦能耐干旱和瘠薄，在微酸性、中性及石灰性土壤上都能生长。深根性，抗烟尘及有毒气体，少病虫害，较能适应城市环境。

繁殖与栽培 播种繁殖，秋播或将种子沙藏至翌年春播。移植在秋季落叶后或春季芽萌动前进行，大苗需带土球，且需对枝叶作适当抽稀。

观赏特性及用途 本种树高干直，冠大荫浓，树姿雄伟，春日枝上生满红褐色花序，状如珊瑚，入秋又有红果，均颇美观。在园林绿地中栽作庭荫树及观赏树，孤植、丛植或列植都很合适，亦可用作厂矿区绿化、街坊绿化及“四旁”绿化树种。

木材坚实，可作器具、家具等用；树皮纤维可制绳索、织袋、造纸和作人造棉原料。

27. 青檀 翼朴 图6-29

学名 *Pteroceltis tatarinowii* Maxim.

科属 榆科，青檀属。

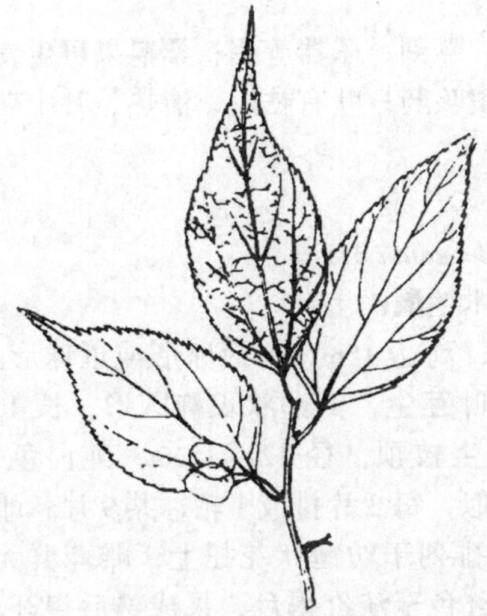

图 6-29　青　檀

形态特征　乔木，高达 20m，胸径 170cm。干皮暗灰色，薄长片状剥落。单叶互生，卵形，长 3.5~13cm；基部全缘，3 主脉，侧脉不直达齿端，先端长尖或渐尖，基部广楔形或近圆形；背面脉腋有簇毛。花单性同株。小坚果周围有薄翅。花期 4 月，果期 8~9 月。

分布与习性　主产黄河及长江流域，南达两广及西南。喜光，稍耐荫，耐干旱瘠薄，常生于石灰岩的低山区及河流溪谷两岸。根系发达，萌芽性强，寿命长。

繁殖与栽培　播种繁殖。移植在秋季落叶后至春季芽萌动前进行，小苗可裸根沾泥浆移植，大苗需带土球并疏剪枝条。

观赏特性及用途　园林中可作庭荫树和绿化造林树种。

木材坚硬，纹理直，结构细，可作建筑、家具、车轴及细木工用料；树皮纤维优良，为制造宣纸原料。

28. **桑树**　家桑　图 6-30

学名　*Morus alba* L.

科属　桑科，桑属。

形态特征　乔木，高达 16m，胸径可达 100cm 以上，树冠倒广卵形。树皮灰褐色，根鲜黄色。叶卵形或卵圆形，长 6~15cm，锯齿粗钝，幼树之叶有时分裂，表面光滑，有光泽，背面脉腋有簇毛。花单性，异株，雌雄花均为葇荑花序。聚花果（桑椹）长卵形至圆柱形，熟时紫黑色、红色或近白色，汁多味甜。花期 4 月，果期 5~6（7）月。

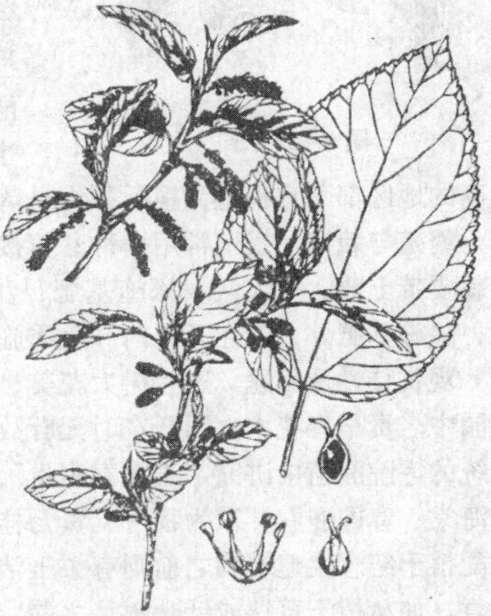

图 6-30　桑　树

分布与习性　原产我国中部，现南北各地广泛栽培，尤以长江中下游各地为多。喜光，喜温暖，耐寒，耐干旱瘠薄和水湿，适应性强，在微酸性、中性、石灰质和轻盐碱（含盐 0.2% 以下）土壤上均能生长，但以土层深厚肥沃、湿润处生长最好。深根性，根系发达，萌芽性强，耐修剪，易更新。抗风力强，对硫化氢、二氧化氮等有毒气体抗性很强。

繁殖与栽培　可用播种、扦插、压条、分根、嫁接等法繁殖。移栽在春、秋两季进行，以秋栽为好。供园林绿化用的苗要进行修枝、抹芽，促使干高，并形成自然广卵形树冠。桑树病虫害较多，常见有桑尺蠖，桑天牛，野蚕及萎缩病等，必须及时防治。

观赏特性及用途　树冠宽阔，枝叶茂密，秋季叶色变黄，颇为美观，适于城市、工矿区及农村四旁绿化。其观赏品种，如垂枝桑（cv. Pendula）和枝条扭曲的龙桑（cv. Tortuosa）等更适于庭园栽培观赏。我国古代人民有在房前屋后栽种桑树和梓树的传统，因此常把“桑梓”代表故土，家乡。

叶饲蚕；树皮纤维可供纺织和造纸原料；木材供家具、雕刻、乐器等用；桑椹果可生食或酿酒，有滋补肝肾、明目、安神等功效；根皮为利尿、镇咳药；叶有祛风、清热、补中功用；桑枝可治高血压、手足麻木等症。

29. **玉兰** 木兰 白玉兰 图 6-31

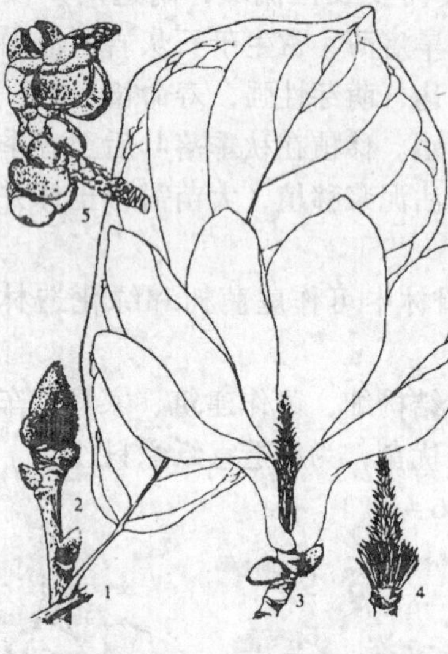

图 6-31 玉 兰

学名 *Magnolia denudata* Desr.

科属 木兰科，木兰属。

形态特征 乔木，高达 15m，树冠卵形或近球形。幼枝及芽均有毛。单叶互生，倒卵状长椭圆形，长 10~15cm。花两性，单生枝顶，径 12~15cm，纯白色，芳香，花萼、花瓣相似，每 3 片排成 1 轮，共 9 片；雌蕊心皮多数，覆瓦状排列于纺锤状花托上，雌蕊群无柄。聚合果圆筒状，红色至淡红褐色，果成熟后裂开。种子 1~2 粒，具鲜红色肉质状外种皮。花 3~4 月，叶前开放，花期 8~10 天，果期 9~10 月。

分布与习性 玉兰原产于我国中部各省，现全国各大城市皆有栽培。阳性树，稍耐荫，喜侧方庇荫的环境，成年大树则喜光，上方庇荫往往无花。最宜在酸性、富含腐殖质而排水良好的土壤上生长，微碱土也可。玉兰为肉质根，故不耐积水，低洼地与地下水位高的地区都不宜种植，根际积水易落叶，或根部窒息致死。

繁殖与栽培 繁殖常用播种、嫁接、扦插、组织培养。玉兰移栽不要伤了肉质根，大苗移栽要带土球，挖大穴，深施基肥，浅栽树，这样可抑制萌蘖，有利生长。欲使其花大香浓，除施基肥外，应在开花前和夏季施以速效肥；花前追肥可促进鲜花怒放。

观赏特性及用途 玉兰树大花美、洁白而芳香，是我国著名的观赏植物和传统花卉，为庭园中名贵早春花木，因开花时无叶故有“木花树”之称。最宜列植堂前、点缀中庭。民间传统的宅院配植中讲究“玉棠春富贵”，其意为吉祥如意、富有和权势。所谓玉即玉兰、棠即海棠、春即迎春、富为牡丹、贵乃桂花。玉兰盛开之际有“莹洁清丽，恍疑冰雪”之赞。如配植于纪念性建筑物之前则有“玉洁冰清”，象征着品格的高尚和具有崇高理想脱却世俗之意。如丛植于草坪或针叶树丛之前，则能形成春光明媚的景境，给人以青春、喜悦和充满生气的感染力。此外玉兰亦可用于室内瓶插观赏。

花瓣质厚而清香，可裹面油煎食用，又可糖渍，香甜可口；种子可榨油；树皮可入药；木材可供制小器具或雕刻用。

同属植物

二乔玉兰 *M. soulangeana* Soul-Bod. 为木兰和玉兰的杂交种，叶形介于两者之间。花大，芳香；萼片 3 个，常为花瓣状，其长度为花瓣之半或近等长，有时为小形绿色；花瓣 6 片，外面基部淡紫色，内面白色。较木兰、玉兰更为耐寒，耐旱。

木兰 *M. liliflora* Desr. 又名紫玉兰。落叶灌木，高 3~5m。大枝近直伸，小枝紫褐色。叶椭圆形或倒卵状长椭圆形，先端渐尖，基部楔形。花大，萼片 3 个，黄绿色，披针形，长约为花瓣1/3，早落，花瓣6片，外面紫色，内面近白色。花期4月。

30. **鹅掌楸**　马褂木　图6－32

学名　*Liriodendron chinense*（Hemsl.）Sarg.

科属　木兰科，鹅掌楸属。

形态特征　乔木，高40m，胸径100cm以上，树冠圆锥状。单叶互生，叶形似马褂，先端平截或微凹，两侧各具1～2裂，长12～15cm。花两性，单生枝顶，黄绿色，外面绿色较多而内方黄色较多；萼片3，花瓣6。聚合果纺锤形，长7～9cm，由具翅小坚果组成。花期5～6月，果期10月

分布与习性　鹅掌楸属在新生代有十余种，到第四纪冰期大部分绝灭，现仅残存鹅掌楸和北美鹅掌楸两种，为世界珍贵树种。鹅掌楸分布于长江以南各省山区，海拔500～1 700m。我国广泛栽培。喜光，幼树稍耐荫，喜温凉湿润的气候，耐寒性强，在－15～－17℃条件下不受冻害。在土层深厚肥沃、湿润、排水良好的酸性或微酸性的土壤上生长良好。不耐水湿和干旱，生长迅速，寿命长。

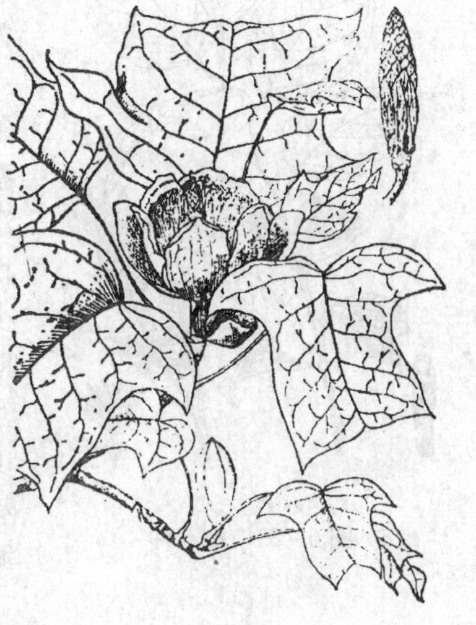

图6－32　鹅掌楸

繁殖与栽培　以播种繁殖为主，扦插次之。因自然授粉不良，种子多瘪粒，应进行人工授粉，发芽率较高。扦插繁殖在3月上、中旬进行，移植在落叶后或早春萌芽前。主要病虫害有日烧病，还有卷叶蛾、樗蚕及大袋蛾危害。

观赏特性及用途　鹅掌楸树形高大，叶形奇特，花如金盏，古雅别致，入秋叶转黄，为著名的秋色叶树种，也是优良的庭荫树树种。丛植、列植、片植于草坪、公园入口两侧和街坊绿地均甚相宜，若以此为上木，配以常绿花木于其下，效果更好。

木材淡红色，材质细致，软而轻，不易干裂或变形，可供建筑、家具及细工用；叶及树皮可入药，主治风湿症。

同属植物

北美鹅掌楸 *L. tulipifera* L.　与鹅掌楸主要区别点是：小枝褐色或紫褐色；叶两侧1～3裂、老叶下无毛无白粉；小坚果先端尖或突尖。

杂种鹅掌楸 *L. chinense* × *L. tulipifera*　叶如母本，背面白粉点小，绿色，无早落叶现象，9月间尚保持满树翠绿。生长势比父母本旺盛，适应平原条件下的能力显著增强。

31. **杜仲**　玉丝皮　思仲　图6－33

学名　*Eucommia ulmoides* Oliv.

科属　杜仲科，杜仲属。

形态特征　乔木，高达20m，树冠圆球形。树皮灰褐色。单叶互生，椭圆形或椭圆状卵形，长6～18cm，边缘有锯齿，上面微皱，叶脉凹陷，深绿色，下面淡绿色，网脉明显，脉上有毛。花单性，雌雄异株，雄花簇生；雌花单生于新梢基部，花与叶同时开放或先叶而开。翅果长椭圆形。花期3～4月，果期9～11月。

分布与习性　杜仲为我国特产树种，分布于中国中部及西部。喜光，稍耐荫，喜温暖湿

图 6-33 杜 仲

润气候，也能耐 -20℃低温。对土壤适应性强，酸性、中性、钙质或轻盐土均能生长，喜生于温暖湿润、土层深厚、疏松肥沃、排水良好、pH 值 5~7.5 的土壤。根系较为发达，萌蘖力强。

繁殖与栽培 主要用播种繁殖，也可采用扦插和压条。播种繁殖，采种后需阴干湿沙层积或装袋干藏，翌年春播，还可利用起苗后的余根进行根插繁殖；也可用枝插法，于5月初扦插。春季裸根移栽，大苗需带土球。栽前挖好定植穴，并施有机肥作基肥，栽后浇透水，水渗后盖少许疏松土，根基培土略高于地面。杜仲病虫害较少，苗期易得茎腐病，应及时防治。

观赏特性及用途 杜仲树干笔直，树姿优美，枝叶繁茂，叶油绿发光，生长迅速，是理想的庭荫树、行道树。丛植坡地、池边或与常绿树混交成林，均甚相宜，也可作城郊行道树。

杜仲是重要的特用经济树种。枝、叶、果、树皮、根皮均可提炼优质硬橡胶（即杜仲胶），是电气绝缘及海底电缆的优质原料；树皮为重要中药材；木材坚实细致，不翘不裂，可供建筑、家具、农具等；种子可榨油。

32. 悬铃木 二球悬铃木 英国梧桐 图 6-34

学名 *Platanus acerifolia* (Ait.) Willd.

科属 悬铃木科，悬铃木属。

形态特征 大乔木，高达 35m。树皮灰褐色至灰白色，呈薄片状剥落。幼枝及叶被淡褐色星状毛。单叶互生，叶掌状 3~5 裂，长 9~17cm，边缘疏生齿牙，中裂片长宽近于相等。花单性同株，头状花序。聚花果球形，常 2 个一串，偶有单生或 3 个一串者，小坚果基部有长刺毛。花期 4~5月，果期 9~10月。

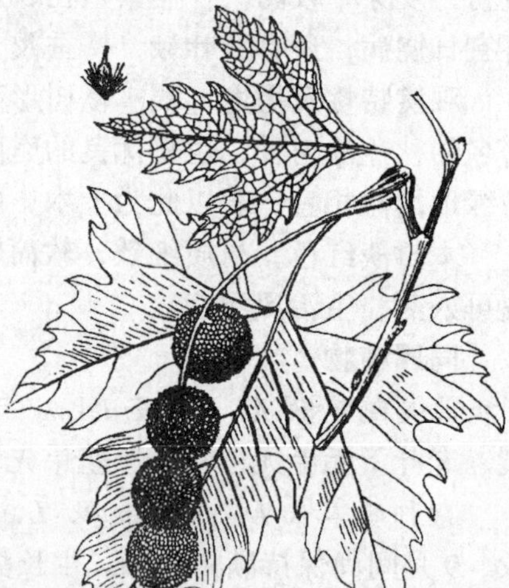

图 6-34 悬铃木

分布与习性 原产欧洲，印度、小亚西亚亦有分布，中国有栽培。二球悬铃木是三球悬铃木与一球悬铃木的杂交种，最早由英国育成，现广植于世界各地，我国以黄河及长江流域栽培较为普遍。喜光，喜温暖湿润的气候，有一定耐寒力，耐干旱、瘠薄，不耐水湿，对土壤要求不严，但以中性或微酸性的肥沃、湿润、深厚、排水良好的土壤生长最好，微碱性或石灰性土壤也能生长，但易发生黄叶病。萌芽力强，耐修剪，抗污染能力强。

繁殖与栽培 播种、扦插繁殖均可，以扦插为主。播种多于 3 月上旬进行，播后约 20 天可出苗，扦插多行春季硬枝扦插，成活率 90%以上。悬铃木根系浅，移栽易成活，但在有大风或台风地区，要注意支撑加固。

观赏特性及用途　悬铃木叶大荫浓。树冠雄伟，抗污染能力强，是较理想的行道树和工厂绿化树种，也是良好的庭荫树，且耐修剪，易造型，深受人们的喜爱。由于幼叶，幼枝及果实上的星状毛脱落时，易引起空气污染，导致粘膜炎，甚至造成肺疾，故不易在幼儿园，疗养院附近应用。

同属植物

三球悬铃木 *P. orientalis* L.　又名法国梧桐。叶掌状5~7深裂，中裂片长大于宽，果序3~6个一串。原产欧洲东南部及亚洲西部，耐寒力较强。

一球悬铃木 *P. occidentalis* L.　又名美国梧桐。叶3~5掌状裂，中裂片宽大于长，果球常单生，偶有2个一串者。原产北美东南部，耐寒力较二球悬铃木差。

33. **山楂**　图6-35

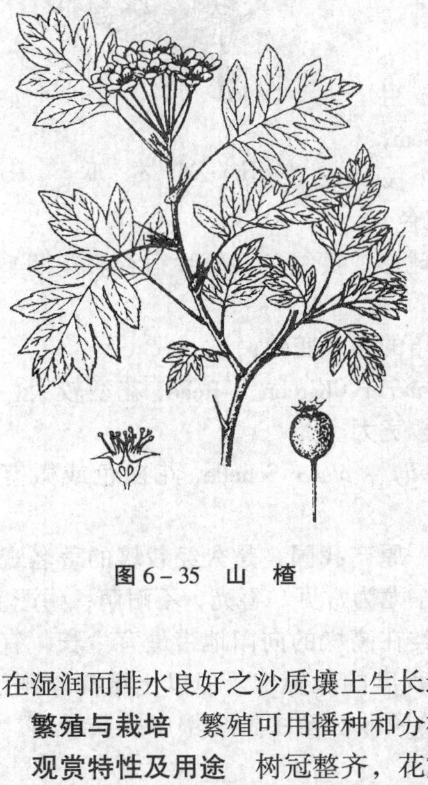

图6-35　山　楂

学名　*Crataegus pinnatifida* Bge.

科属　蔷薇科，山楂属。

形态特征　缘有不规则尖锐锯齿，两面沿脉疏生短柔毛；叶柄细，长2~6cm；托叶大而有齿。伞房花序有长柔毛，花白色，径约1.8cm；心皮1~5，成熟时坚硬骨质。梨果近球形或梨形，径约1.5cm，红色，其上有白色皮孔。花期5~6月，果期10月。

变种：山里红 var. *major* N. E. Br. 又名大山楂，树形较原种大而健壮，叶较大而厚，羽状3~5浅裂，果较大，径约2.5cm，深红色。在东北南部、华北，南至江苏一带普遍作为果树栽培。树性强健，结果多，产量稳定，山区、平地均可栽培。繁殖以嫁接为主，砧木用普通的山楂。

分布与习性　产于东北、华北等地，朝鲜及西伯利亚地区也有。生于海拔100~1 500m的山坡林边或灌丛中。喜光，稍耐荫，耐寒，耐干燥，贫瘠土壤，但在湿润而排水良好之沙质壤土生长最好。根系发达，萌蘖性强。

繁殖与栽培　繁殖可用播种和分株法。播前必需沙藏层积处理。

观赏特性及用途　树冠整齐，花繁叶茂，果实鲜红可爱，是观花、观果和园林结合生产的良好绿化树种。可作庭荫树和园路树，还可作绿篱栽培。

果实酸甜，除生食外，可制糖葫芦、山楂浆、山楂糕等食品；干制后入药，有健胃、消积化滞、舒气散淤之效。

34. **木瓜**　图6-36

学名　*Chaenomeles sinensis* (Thouin) Koehne

科属　蔷薇科，木瓜属。

形态特征　小乔木，高达5~10m。干皮成薄皮状剥落，枝无刺，但短小枝常成棘状，小枝幼时有毛。单叶互生，叶卵状椭圆形，长5~8cm，先端急尖，缘具芒状锐齿，幼时背面有毛，后脱落，革质，叶柄有腺齿。花单生叶腋，粉红色，径2.5~3cm。果椭圆形，长10~15cm，暗黄色，木质，有香气。花期4~5月，叶后开放，果期8~10月。

分布与习性　产于山东、陕西、安徽、江苏、浙江、江西、湖北、广东、广西等省（区）。喜光，喜温暖，但有一定的耐寒性，要求土壤排水良好，不耐盐碱和低湿地。

繁殖与栽培　可用播种及嫁接法繁殖，砧木一般用海棠。生长较慢，10年左右才能开花。一般不作修剪，只除去病枝和枯枝即可。

观赏特性及用途　本种花美果香，常植于室内、庭园供观赏；果实味涩，水煮或糖渍后可食用；入药有解酒，去痰，顺气，止痢之效。

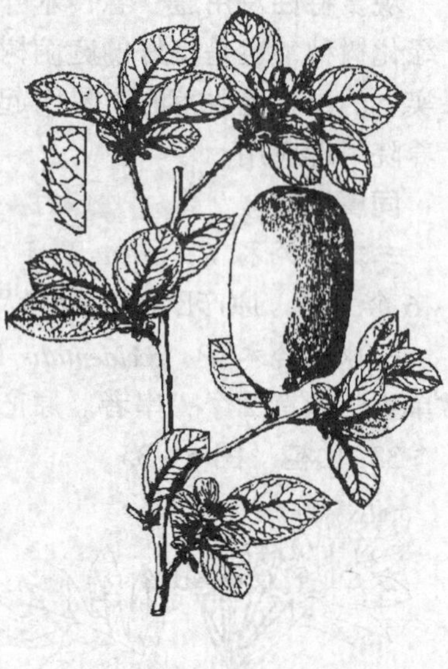

图6-36　木　瓜

35. **海棠花**　图6-37

学名　*Malus spectabilis* Borkh.

科属　蔷薇科，苹果属。

形态特征　小乔木，高达8m，树冠广卵形。小枝粗壮，幼时疏生短柔毛。单叶互生，叶椭圆形，长5~8cm，锯齿紧贴，表面绿色而有光泽，叶柄细长，基部有两个披针形托叶。花5~7朵簇生，伞形总状花序，未开时红色，开后渐变为粉红色，多为半重瓣，也有单瓣者。梨果球形，黄绿色，萼片宿存。花期4~5月，果期9月。

图6-37　海棠花

本种常见栽培的两个变种：

红海棠 var. *riversii*（Kirchn.）Rehd. 花型较大，粉红色，重瓣，叶较宽大。

白海棠 var. *albi - plena* Schelle. 花白色或微有红晕，重瓣。

分布与习性　原产我国，是久经栽培的著名观赏树种，华北、华东尤为常见。喜光，不耐荫，耐严寒、耐干旱。多数种类在高燥的向阳地带最宜生长，有些种类还能耐一定程度的盐碱地。但以土壤深厚肥沃，pH值5.5~7.0的微酸性至中性黏壤中生长最盛。忌水涝，萌蘖力强。

繁殖与栽培　以播种或嫁接繁殖为主，也可分株、压条及根插。嫁接常以野海棠、山荆子等作砧木，枝接、芽接均可，春季树液流动发芽前枝接，秋季7~9月间可芽接，分株、压条和根插均在春季进行。移栽在落叶后至发芽前进行，中小苗留宿土或裸根移植，大苗应带泥球。

观赏特性及用途　为著名观赏花木之一，有“花中神仙”之美誉。海棠种类繁多，树形多样，叶茂花繁，丰盈娇艳，可地栽装点园林，可在门庭两侧对植，或在亭台周围、丛林边缘、水滨布置。海棠不仅花色艳丽，其果实亦玲珑可观，每当冬末春初，大雪纷飞、在一片银装素裹的世界里，庭园中有几株挂满红色小果的海棠，为园林冬景增色。又因其对二氧化硫有较强的抗性，故适用于城市街道绿地和厂矿区绿化。

同属植物　我国海棠资源比较丰富，同属我国约有20余种，多数可以观赏，城市中常见栽培者有：

垂丝海棠 *M. halliana*（Voss.）Koehne　树冠疏散，叶狭长，质较厚，缘齿细而钝，表面暗绿常带紫晕，萼片先端钝，花梗细长下垂，色红艳，果倒卵形。其变种有：

重瓣垂丝海棠 var. *parkmanii* Rehd.　花近似重瓣，色红艳。

白花垂丝海棠 var. *spxntanaea* Rehd.　花朵较小，略近白色。

湖北海棠 *M. hupehensis*（Pamp.）Rehd.　乔木，枝坚硬开张，幼枝被柔毛，后脱落。与垂丝海棠极相似，主要区别在于叶缘具细锐锯齿，萼片先端尖，花柱3，果椭圆形。

西府海棠 *M. micromalus* Makin.　树姿端直，小枝紫色，叶宽质薄，缘齿尖锐，花梗略短而不下垂。花初放色浓如胭脂，及开渐淡，耐寒力强。

苹果 *M. pumila* Mill. 图6-38

乔木，高达15m。小枝幼时密生绒毛，后变光滑。叶椭圆形至卵形，长4.5~10 cm，先端尖，缘有圆钝锯齿，幼时两面有毛，后表面光滑。伞房花序，花白色带红晕，径3~4cm；萼片宿存；花药黄色；花柱5，基部合生；梨果。温带果树，要求比较冷凉和干燥的气候，喜阳光充足，以肥沃深厚而排水良好的土壤为最好，不耐瘠薄。定植后3~5年开始结果，树龄可达百余年。嫁接繁殖。开花时节颇为可观，果熟季节，累累果实，色彩鲜艳，深受广大群众所喜爱。为我国北方最主要的经济果树之一，品种多，产量大而集中，在国民经济中占相当的比重。果形大而色美，含多种营养，适生吃及加工，号称“果中之王”。

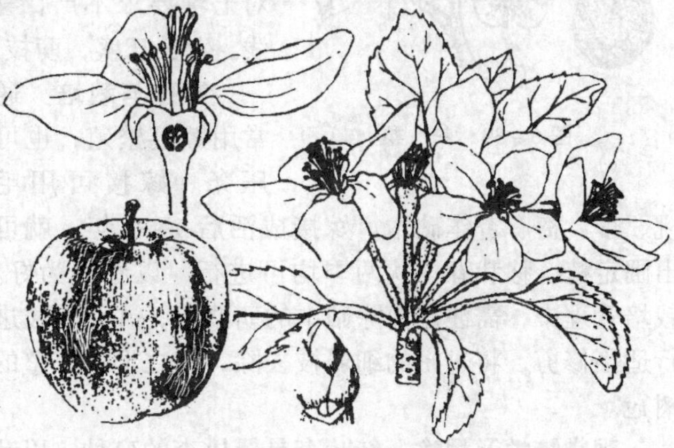

图6-38　苹　果

36. **白梨**　图6-39

学名　*Pyrus bretschneideri* Rehd.

科属　蔷薇科，梨属。

形态特征　乔木，高5~8m。小枝粗壮，幼时有柔毛。叶卵形或卵状椭圆形，长11cm，有刺芒状尖锯齿，齿端微向内曲，幼时两面有绒毛，后变光滑；叶柄长2.5~7cm。伞形总状花序，花白色，径2~3.5cm；花萼脱落；花药红色；花柱分离；梨果卵形或近球形，皮孔点较多。花期4月，果期8~9月。

分布与习性　原产中国北部，河北、河南、山东、山西、陕西、甘肃、青海等省皆有分布。栽培遍及华北、东北南部、西北及江苏北部、四川等地。性喜干燥冷凉，抗寒力较强，喜光，对土壤要求不严，以深厚、疏松、地下水位较低的肥沃沙质壤土为最好，开花期忌寒冷和阴雨。

繁殖与栽培　繁殖多用杜梨为砧木进行嫁接。栽培管理与苹果相似，但较为容易。

观赏特性及用途　春天开花，满树雪白，树姿也美，因此在园林中是观赏结合生产的好

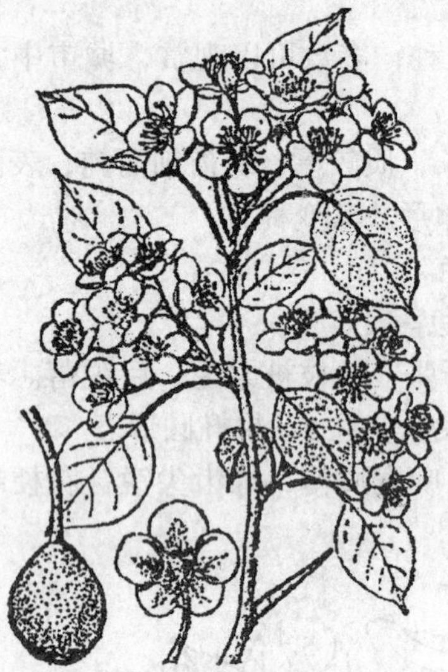

图6-39 白 梨

树种。

果除鲜食外，还可制梨酒、梨干、梨膏、罐头等。

37. **红叶李** 紫叶李 图6-40

学名 *Prunus cerasiicra* Ehrh. cv. *Atropu-rpurea* Jaeq.

科属 蔷薇科，李属。

形态特征 小乔木，高达8m。小枝光滑。单叶互生，卵形至倒卵形，长3~4.5cm，紫红色，缘有细重锯齿。花两性，淡粉红色，直径约2.5cm，常单生。核果球形，暗红色。花期3~4月，果期7月。

分布与习性 红叶李为亚洲西南部所产樱李的栽培变种，我国各地多有栽培。喜光，喜温暖湿润气候，较耐湿，对土壤要求不严，喜肥沃、湿润的中性或酸性土。根系较浅，生长旺盛，萌枝力较强。

繁殖与栽培 通常用嫁接繁殖，也可压条。嫁接可用毛桃、李、梅、杏作砧木。嫁接成活后1~2年，就可出圃定植。移栽春、秋两季均可进行，以春季为好。栽培管理中，需注意剪除砧木的萌蘖条，并对长枝进行适当修剪，将过密的细弱枝去除，使之形成完整的树冠。

观赏特性及用途 红叶李是樱桃李的变种，以叶色闻名，红叶李在整个生长期满树红色，尤其春、秋两季叶色更艳，园林中常作观叶风景树。宜布置在草坪角隅、叉路口、建筑入门及园路旁、广场等处，有常绿树种作背景衬托效果更好。

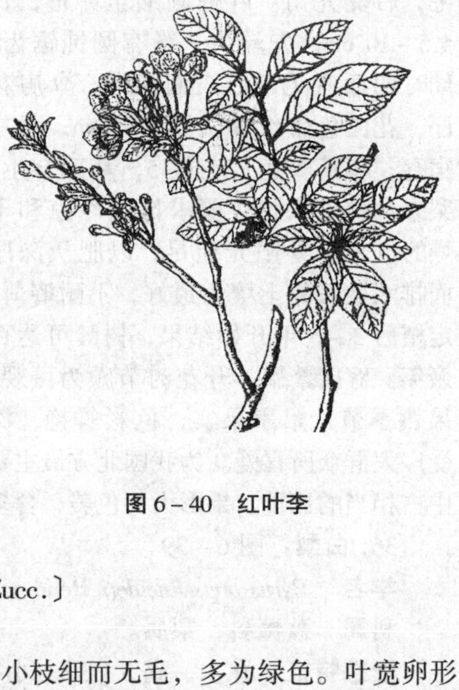

图6-40 红叶李

38. **梅花** 图6-41

学名 *Armenica mume* Sieb.〔*Prunus mume* Sieb. et Zucc.〕

科属 蔷薇科，杏属。

形态特征 乔木，高达10m。老枝褐紫色，纵裂，小枝细而无毛，多为绿色。叶宽卵形或卵形，长4~10cm，先端渐尖或尾尖，基部宽楔形，缘有细锯齿。花单生或2朵簇生，淡粉或白色，有芳香，在冬春季叶前开放。核果近球形，密被细毛，径2~3cm，核面有凹点甚多。果期5~6月。

园林中常见变种、变型及品种很多，根据陈俊愉主编的《中国梅花品种图志》，按进化与关键性状，新的分类系统分为3系5类16型。并通用雅名（Fancy Name）命名。

（1）真梅系（Eumume Series）具典型梅枝，梅叶及梅花，花托正常，味芳香，多生长旺盛。包括以下3类：

①直枝梅类（Upright Mei Group）枝直上或斜伸，不扭曲，包括以下7型：

江梅型（Single Flowered Form）生长势旺，开花多，花单瓣，呈红、白、粉等单色，萼绿

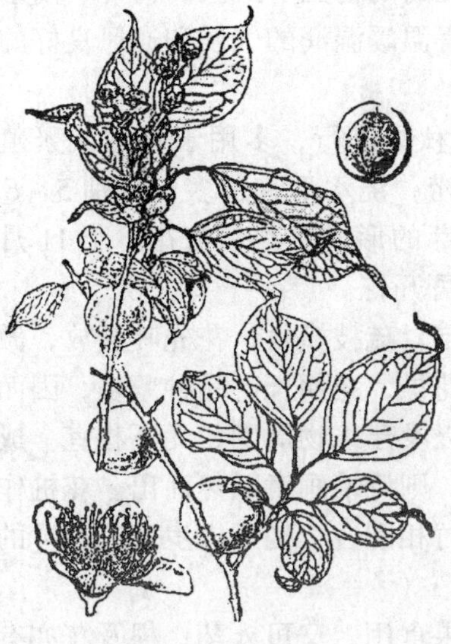

图6-41　梅　花

色或紫色。有‘大叶猪肝’、‘寒红’、‘早桃’等品种。

宫粉型（Pink Double Form）花多重瓣或复瓣，呈深或浅粉红色，或杂色，萼紫色。有‘别角晚水’、‘大富粉’、‘大羽’等品种。

玉蝶型（Albo plena Form）花重瓣或复瓣，白色，萼绛紫色。有‘北京玉蝶’，‘小玉蝶’等品种。

黄香型（Flavescens Form）花重瓣或复瓣，淡黄色，味芳香。有‘黄山黄香’等品种。

绿萼型（Green Calyx Form）绿萼白花，单瓣或复瓣。有‘小绿萼’，‘二绿萼’等品种。

洒金型（Versicolor Form）花单瓣或复瓣，红、白两色具条纹、斑点。有‘复瓣跳枝’、‘单瓣跳枝’等品种。

朱砂型（Cinnabar Purple Form）花单瓣、复瓣或重瓣，紫红色，枝内新生木质部呈淡暗紫红色。有‘鸟羽玉’、‘红须朱砂’等品种。

②垂枝梅类（Pendulous Mei Group）枝条下垂或斜垂，形成独特的树势，花开时朵朵向下。包括以下4型：

单粉垂枝型（Simplex Pendant Form）花单瓣，粉红或近白色。有‘单粉垂枝’一个品种。

白碧垂枝型（Viridiflora Pendant Form）花重瓣或复瓣，白色，萼绿色。有‘单碧重枝’等品种。

残雪垂枝型（Albiflora Pendant Form）花复瓣，白色，萼绛紫色。有‘残雪’一个品种。

骨红垂枝型（Atropurpurea Pendant Form）花单瓣，紫红色，萼酱紫色，有‘骨红垂枝’一个品种。

③龙游梅类（Tortuous Draogn Group）枝条自然扭曲如龙，树势奇特。仅有1型。

玉蝶龙游型（White Tortuous Form）花复瓣，白色。仅有‘龙游’一个品种。

(2）杏梅系（Bungo Series）枝、叶似杏，花托肿大，梗短，味不香或微杏花香。仅有1类。

④杏梅类（Apricot Mei Group）包括以下3型：

单杏型（Simplex Apricot Mei Form）花单瓣，枝、叶甚似杏。有‘单瓣杏梅’一个品种。

丰后型（Feng Hou Form）枝、叶介于梅与杏之间，叶形大，表面略有毛，花多复瓣或重瓣，红、粉或白色，花大型。有‘丰后’等品种。

送春型（Spring Over Form）叶中等大，表面多无毛，花多重瓣，红色，中大，有‘送春’一个品种。

(3）樱李梅系（Blireiana Series）枝、叶似红叶李，开重瓣紫红色大花，与叶同放，花梗长，花托不肿大，具红叶李花香味。仅有1类。

⑤樱李梅类（Blireiana Group）有1型。

美人梅型（Meiren Mei Form）花复瓣，淡紫色，花梗紫红色呈垂丝状。有‘美人梅’一个品种。

分布与习性　梅花原产我国中部及西南部山区，长江流域、黄河以南可露地越冬，现我国南北各地均有栽培。我国广东的罗浮山、杭州的孤山、无锡的梅园、武汉的梅岭、南京的梅花山、四川的成都、重庆均为赏梅盛地。梅花喜阳光，喜温暖湿润的气候和通风良好的环境。对土壤要求不严，耐干旱、瘠薄，不耐涝。

繁殖与栽培 播种、嫁接或扦插繁殖均可。播种一般秋季进行，多用于育种或繁殖砧木。嫁接可用杏、梅或山桃实生苗，芽接或切接。梅花怕涝，浇水不宜过多，特别5~6月花芽形成之前，要注意控制水分，并增施肥料，以促进花芽的形成。盆栽梅花可于11月下旬移入低温温室，春节前半个月提高温度至20℃，春节即可开花。

观赏特性及用途 梅花为我国传统名花之一，苍劲古雅，疏枝横斜，花先叶开放，傲霜斗雪，树姿、花色、花态、花香俱佳，加之栽培容易，开花早，花期长，品种繁多，因而被广泛应用。孤植、丛植于庭园、绿地、山坡、岩间、池边以及建筑物周围，无不相宜。成片群植犹如香雪海，景观更佳，如与苍松、翠竹、怪石搭配，则诗情画意跃然而出。花桩作成树桩盆景，虬枝屈曲，古雅风致，盎然可爱。也可与松、竹相配合，构成“岁寒三友”的景观，还是盆景，插花的良好材料。

材质坚韧富弹性，可供雕刻、算珠及各种细木工用；果食用，又可入药；根及花亦有解毒活血之效。

39. **桃** 图6-42

图6-42 桃

学名 *Amygdalus persica* Linn.

〔*Prunus persica*（L.）Batsch〕

科属 蔷薇科，桃属。

形态特征 小乔木，高达8 m。小枝红褐色或褐绿色，无毛，芽密被灰色绒毛。叶椭圆状披针形，长7~15cm，缘有细锯齿，两面无毛或背面脉腋有毛；叶柄有腺体。花单生，径约3cm，粉红色，近无柄，萼外被毛。果近球形，径5~7cm，表面密被绒毛。花期3~4月，先叶开放，果期6~9月。

桃的品种，我国约有1 000种，按观赏价值和果实品质分为观赏桃和食用桃两类，观赏桃的主要变种和变型有：

碧桃 var. *duplex* Rehd. 花淡红，重瓣。

白花碧桃 f. *alba-plend* Schneid. 花白色，重瓣。

红花碧桃 f. *camelliaeflora* Dipp. 花深红色，重瓣。

洒金碧桃 f. *versicolor* Voss 花复瓣或近复瓣，白色或粉红色，同一株上花有二色，或同朵花上有二色，乃至同花瓣上有粉、白二色。

紫叶桃 f. *atropurpurea* Schneid. 叶为紫红色，花单瓣或重瓣，淡红色。

垂枝碧桃 var. *pendula* Dipp. 枝下垂，花重瓣。

寿星桃 var. *densa* Mak. 树形矮小紧密，节间极短，花多重瓣，有红花寿星桃和白花寿星桃等品种，适宜盆栽。

分布与习性 原产中国，在华北、华中、西南等地山区仍有野生桃树。喜光，耐旱，喜夏季高温，有一定的耐寒力。喜肥沃、排水良好的土壤，碱性土、黏重土均不适宜。不耐水湿，忌洼地积水处栽培。根系较浅，须根发达，寿命较短。

繁殖与栽培　嫁接繁殖。砧木一般用毛桃实生苗。秋播或砂藏后春播。移栽、定植可在早春或秋冬落叶后进行，幼龄苗可裸根蘸泥浆移栽，大苗、大树、名贵的种必须带土球移栽。移栽不宜过深，要施足基肥。以观赏为目的的桃花的修剪需注意控制树冠内部枝条，使透光保持良好。

观赏特性及用途　桃花很早就受到人们的欣赏，专供观赏的桃花更是花大色艳，娇妍媚人，为园林中不可缺少的春季花木。开花时红霞耀眼，芳菲满目，与柳树配在一起，桃红柳绿相映成趣，春色明媚。在湖滨、溪流、道路两边以及公园草地、庭园等处都宜栽种，也可盆栽、切花及制作桩景。

食用桃为著名果品；桃仁为镇咳祛痰药；花、枝、叶、根亦可药用；木材坚实致密，可作工艺用材。

40. 樱花　图 6－43

学名　*Cerasus serruiata*（Lindl.）G. Don

〔*Prunus serrulata* Lindl.〕

科属　蔷薇科，樱属。

形态特征　乔木，高 15～25m。树皮带暗褐色，光滑具横纹，老时粗糙。叶片多卵形，长 6～12cm，先端尾状，单或重锯齿，齿端短刺芒状。花呈伞房状总状花序，有长柄，花白色或淡粉色，径 2.5～4cm；萼筒钟状，无毛，萼裂片有细锯齿；花瓣顶端常内凹。核果球形。花期 3～4 月，先叶开放或与叶同放，果期 7 月。由于品种不同，花期亦有差异。

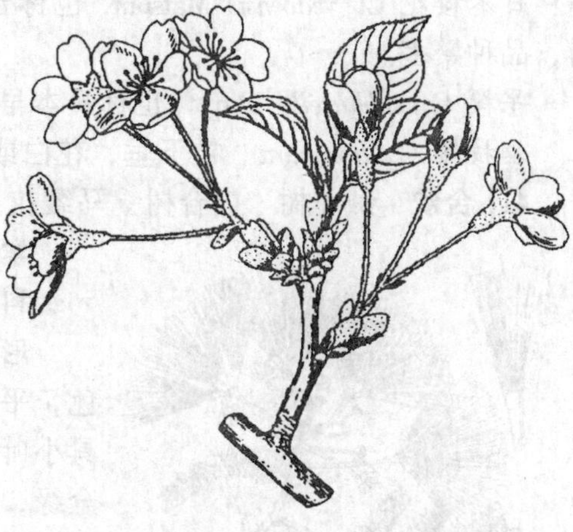

图 6－43　樱　花

常见栽培的变种、变型有：

山樱花 var. *spontanea* Wils. 花单瓣，较小，径约 2cm，白色或粉红，花梗及萼无毛，2～3 朵总状花序。

毛樱花 var. *pubescens* Wils. 叶之两面、叶柄、花梗及花萼均多被毛。

重瓣白樱花 f. *albo－plena* Schneid. 花白色重瓣，栽培广泛。

重瓣红樱花 f. *rosea* Wils. 花粉红色，重瓣。

红白樱花 f. *albo－rosea* Wils. 花重瓣，花蕾淡红色，开后变白色，有 2 个叶状心皮夹其中。

瑰丽樱花 f. *saperba* Wils. 花甚大，淡红色，重瓣，花有长梗。

垂枝樱花 f. *pendula* Bean. 枝开展而下垂，花粉红色，瓣多至 50 枚以上。

分布与习性　产于黑龙江、河北、山东、河南、江苏、浙江、安徽、江西、湖南、贵州等，生于海拔 500～1 500m 山谷林中或栽培。日本、朝鲜亦产。温带树种，喜光及空气湿度大的环境，有一定的耐寒力。喜深厚、肥沃、富含腐殖质、排水良好的土壤，不耐水湿，不耐盐碱土，pH 值 5.5～6.5 左右为好。根系较浅，对烟尘、有害气体及海潮风抵抗力均较弱。

繁殖与栽培　嫁接繁殖，亦可扦插。嫁接可用适应性强的单瓣樱花或樱桃的实生苗作砧木，于3月下旬切接或8月下旬芽接，接活后经3~4年的培育即出苗圃。扦插在春季用硬枝，夏季用嫩枝。移植在落叶后至萌芽前进行，栽植后除幼树适当修整外，大树尽量少修剪。

观赏特性及用途 是著名的春季花木，春日繁花竞放，浓艳喜人。散植草坪、溪边、林缘、坡地，花时香雪满树，醉人心目，公园游步道两侧与庇荫树掺杂配植，亦甚相宜。若以常绿树搭配，对比鲜明，尤具特色。

日本樱花与此类同，花期稍晚，日本惯于成片群植。晚樱花重瓣而大，长柄下垂，花团锦簇，色彩艳丽，散植、群植或单一配植均佳。通常泛称樱花的除了本种外，还有其他种。我国栽培较多，是城市绿化的主要观赏树种，日本更为普遍。

同属植物

日本晚樱 C. *lannesiana* Wils. 叶缘有长芒状重锯齿，花大，重瓣，具芳香，花色不一，花梗也有色，品种达50种以上。

日本樱花 C. *yedoensis* Matsum. 也称吉野樱、东京樱，花朵纷繁，花态美丽，单瓣或重瓣，品种繁多。

早樱 C. *subhirtella* Miq. 也称日本早樱，开花早，桃红色。

垂枝樱 C. *ltosakura* 枝下垂，花白或淡红色。

41. 合欢 绒花树 夜合树 马缨花 图6-44

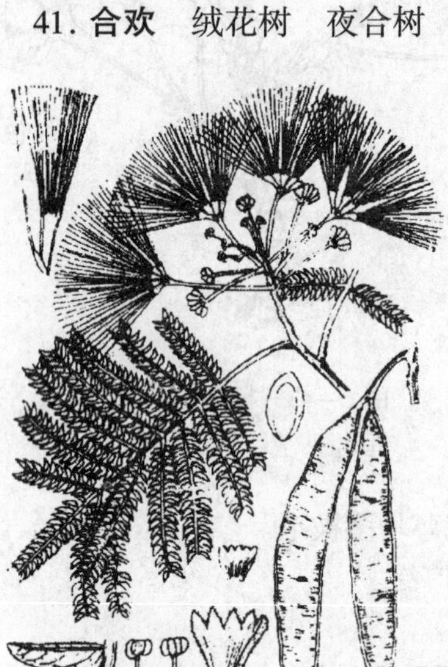

图6-44 合 欢

学名 *Albizzia julibrissin* Durazz.

科属 含羞草科，合欢属。

形态特征 乔木，高6~16m，树冠扁圆形。树皮灰色，平滑。二回偶数羽状复叶，互生，羽片4~12对，各具小叶10~30对，小叶镰刀形或窄矩形，长6~12mm，全缘，中脉紧靠边缘，白天展开，夜晚闭合。头状花序，多数簇生叶腋或密集于小枝先端而呈伞房状；萼片及花瓣均黄绿色；雄蕊多数，花丝细长，粉红色，如绒缨状。荚果扁平，边缘波状。花期6~8月，果期10月。

分布与习性 原产我国黄河、长江及珠江流域各省区，现各地栽培普遍。合欢为热带、亚热带、温带树种，能适应多种气候条件。喜光，对土壤适应性强，喜生于湿润、肥沃和排水良好的土壤，也耐瘠薄和沙质土壤。耐盐碱，但不耐涝。具根瘤菌，有改良土壤之效。萌芽力中等，不耐修剪。对氯化氢、二氧化氮抗性强，对二氧化硫有一定抗性。

繁殖与栽培 主要用播种繁殖。10~11月采集果实，摊晒脱粒，干藏至翌年3~4月条播。为使主干通直，提高其分枝部位，育苗时应适当密植，并及时修剪侧枝，或对第一年的弱苗进行截干，促其生长粗壮，主干通直。移植宜在芽萌动时进行，大苗要带土球，并设立支架，以防风吹倒。

观赏特性及用途 合欢树姿优美，叶形纤细似羽，昼开夜合，十分新奇，绿荫如伞状，夏日盛开粉红色花，宛若红缨，有色有香，能形成轻柔舒畅的气氛。宜作庭荫树、行道树，配植于溪边、池畔、水滨河岸最为相宜。在公园草坪丛植数株，绿荫覆地，尤具特色。合欢对氯化氢、二氧化氮抗性强，对二氧化硫有一定抗性，是街坊绿地、工厂、矿山优良的绿化树种。

树皮及花入药，能安神、活血、止痛；嫩叶可食，老叶浸水可洗衣；木材纹理通直，质地细密，经久耐用可供制造家具、农具、车船用。

同属植物

山合欢 *Albizzia kalkora*（Roxb.）Prain.　又名山槐、白合欢。乔木，高4～15m。羽片2～3对，小叶5～14对，长1.5～4.5cm，宽1～1.8cm，两面密生短柔毛。头状花序多数排成顶生的伞房状或2～3个侧生于叶腋。花有花梗，花丝白色。荚果深棕色，疏生短毛。分布于华北、华东，华南、西南等地区，东南亚地区也有，可作行道树及植于山林风景区。

42. **皂荚**　皂角　图6－45

学名　*Gleditsia sinensis* Lam.

科属　云实科，皂荚属。

形态特征　乔木，高达15～30m，树冠扁球形。枝刺圆而有分歧。1回羽状复叶，小叶6～14枚，卵形至卵状长椭圆形，长3～8cm，叶端钝而具短尖头，叶缘有细钝锯齿。总状花序腋生，花萼、花瓣各为4；雄蕊6～10，分离。荚果较肥厚，直而不扭转，长12～30cm，黑棕色，被白粉。花期5～6月，果期10月。

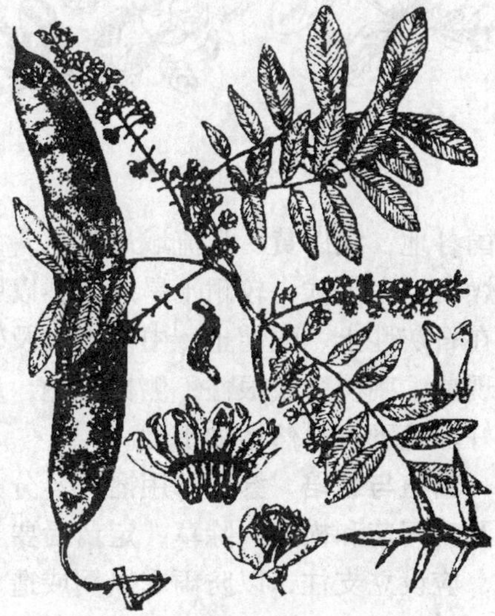

图6－45　皂　荚

分布与习性　分布极广，中国北部至南部以及西南均有分布。多生于平原，山谷及丘陵地区，但在温暖地区可分布在海拔1 600m处。性喜光而稍耐荫，喜温暖湿润气候及深厚肥沃土壤，但对土壤要求不严，在石灰质及盐碱性土壤甚至黏土或砂土上均能正常生长。深根性树种。生长速度较慢，播种后约经7～8年可开花结果，结实期长达数百年。

繁殖与栽培　用播种法繁殖。因种皮厚，发芽慢且不整齐，故在播种前1个多月进行浸种，每隔4～5日换水一次，待种子充分吸水种皮变软时与湿沙层积，待种衣开裂后播种。幼苗培养期间应注意修枝，使长成通直之主干。对一年生小苗，在华北北部于冬季应培土防寒。

观赏特性及用途　树冠宽广，叶密荫浓，宜作庭荫树及"四旁"绿化或造林用。

果荚富含胰皂质，故可煎汁代替肥皂用，种子榨油，皂刺入药，木材坚硬不易加工，耐腐耐磨，可作桩柱及车辆用。

43. **刺槐**　洋槐　图6－46

学名　*Robinia pseudoacacia* L.

科属　蝶形花科，刺槐属。

形态特征　乔木，高10～25m，树冠椭圆状倒卵形。树皮灰褐色，纵裂；小枝褐色，枝

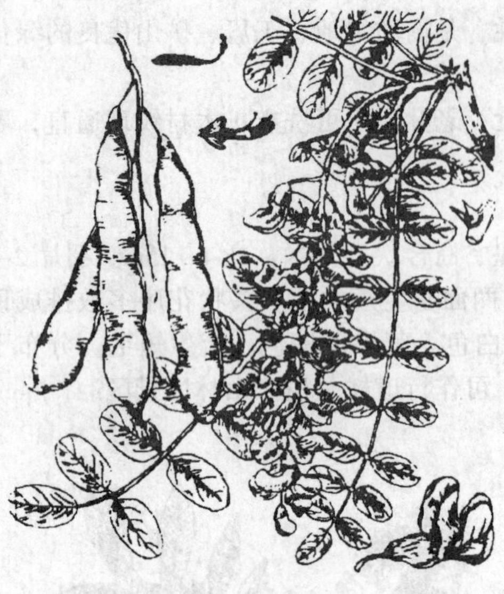

图 6-46 刺 槐

条具托叶刺，柄下芽。奇数羽状复叶，小叶 7～19，椭圆形至卵状长圆形，长 2～5cm，叶端钝或微凹，有小尖头。腋生总状花序，花冠蝶形，白色，芳香；雄蕊 10，二体（9+1）。荚果扁平，长 4～10cm，熟后开裂。花期 5 月，果期 10～11 月。

常见栽培的变型有：

无刺槐 f. *inermis*（*Mirb*.）Rehd.　树冠开阔，树形帚状，高 3～10m，枝条硬挺而无托叶刺。中国在青岛首先发现，用作庭荫树和行道树。扦插繁殖。

球槐 f. *umbraculifera*（DC.）Rehd.　又名伞槐、球冠无刺槐。树冠呈球状至卵圆形，分枝细密，近于无刺或刺极小而软。小乔木，不开花或开花极少，基本不结实。插枝或根插法繁殖。

分布与习性　原产北美，现欧、亚各国广泛栽培。19 世纪末先在中国青岛引种，目前已遍布全国各地，尤以黄、淮流域最常见，多植于平原及低山丘陵。强阳性树种，不耐庇荫，喜较干燥而凉爽气候，较耐干旱瘠薄，以肥沃、湿润，排水良好的冲积砂质壤土上生长最佳。亦能在石灰性土、酸性土、中性土以及轻度盐碱土上正常生长，地下水位过高易引起烂根和枯梢现象。刺槐为浅根性，侧根发达，萌蘖性强，寿命较短，自水平根系上可生出萌蘖，故在良好环境下可自然增加密度。

繁殖与栽培　繁殖可用播种、分蘖、根插等法，而以播种为主。幼苗生长迅速，出苗后应及时间苗和松土、除草，定苗后要及时除蘖及修剪，以促使树干和树冠的形成。大苗定植后，应设立支柱，以防雨季风倒或造成根部摇动。生长季中，应注意防治紫纹羽病及种子害虫。

观赏特性及用途　刺槐树冠高大，叶色鲜绿，每当开花季节绿白相映非常素雅而且芳香宜人，故可作庭荫树及行道树。因其抗性强、生长迅速，故又是工矿区及荒山荒地绿化的先锋树种。

木材坚硬，可作建筑、家具等用；种子含油量约 12%，可制肥皂业和油漆原料；花可浸膏用作调香原料，又是良好的蜜源植物。

44. **槐树**　国槐　图 6-47

学名　*Sophora japonica* L.

科属　蝶形花科，槐属。

形态特征　乔木，高达 25m，胸径 150cm，树冠圆形。干皮暗灰色，小枝绿色，皮孔明显。奇数羽状复叶互生，小叶 7～17 枚，卵形至卵状披针形，长 2.5～5cm，叶先端尖锐，花冠蝶形，浅黄绿色，排成圆锥花序；雄蕊 10，离生。荚果串珠状，肉质，长 2～8cm，熟后不开裂或延迟开裂。花期 6～7 月，果期 10 月。

常见栽培变种有：

龙爪槐 var. *pendula* Loud.　又称垂槐。枝扭转下垂，树冠如伞，姿态别致。园林中多有栽植。

紫花槐 var. *pubescens* Bosse.　小叶 15～17 枚，叶背有蓝灰色丝状短柔毛，花的翼瓣和龙骨瓣常带紫色，花期较迟。

五叶槐 var. *oligophylla* Franch.　又名蝴蝶槐。小叶 3～5 簇生，顶生小叶常 3 裂，侧生小叶下部常有大裂片，叶背有毛。

分布与习性　原产我国北部，北自辽宁，南至广东、台湾，东自山东，西至甘肃、四川、云南均有栽植。温带树种，喜光，稍耐荫，能适应干冷气候。喜生于土层深厚、湿润肥沃、排水良好的沙质壤土，在中性土、石灰质土及微酸性土均可生长，在轻度盐碱土（含盐量 0.15%）也能正常生长，但低洼积水处常落叶死亡。深根性，根系发达，抗风力强，萌芽力亦强。寿命长。

图 6－47　槐　树

繁殖与栽培　繁殖以播种法为主，园艺变种采用嫁接法。采种后砂藏或干藏，行春播。槐树顶端芽密节短，易使苗干弯曲，要育成主干挺直的优质壮苗，需行平茬养干。用于城市绿化，一般要培育 5 年以上形成良好的树形后才可出圃，槐树性强健，大树移植易成活。病虫害主要有苗木腐烂病、槐尺蠖等，均较易防治，。

观赏特性及用途　槐树树冠宽广，姿态优美，绿荫如盖，历来作城市庭荫树和行道树。由于耐烟毒能力强，又是厂矿区的良好绿化树种。寿命长，北方颇多古树。龙爪槐枝蟠曲下垂，姿态古雅，对植门前、庭前两旁或孤植于亭台山石一隅，雅趣横生，是中国庭园绿化中的传统树种之一。五叶槐叶形奇特，宛若千万支绿蝶栖止于树上，堪称奇观，但宜独植而不宜多植。

槐树木材坚韧、稍硬，耐水湿，富弹性，可供建筑、车辆、家具、雕刻等用；花富蜜汁，是夏季的重要蜜源树种；花蕾、果实、树皮、枝叶及根均可入药；花蕾也可作黄色染料。

45. **臭椿**　樗　图 6－48

学名　*Ailanthus altissima* Swingle

科属　苦木科，臭椿属。

形态特征　乔木，高达 30m。树皮灰白色或灰黑色，平滑，枝干粗大。叶痕大，倒卵形，内有 9 维管束痕。奇数羽状复叶，互生，小叶 13～15，卵状披针形，长 4～15 cm，先端渐长尖，基部有 1～2 对腺齿，中上部全缘。花杂性异株，圆锥花序顶生，花色白而稍带绿色。翅果，扁平，熟时褐黄色或淡红褐色。花期 5～7 月，果期 9～10 月。

分布与习性　东北南部、华北、西北至长江流域各地均有分布。阳性树种，喜光，耐寒，耐旱，但不耐水湿，长期积水会烂根致死。耐中度盐碱土，根系发达，

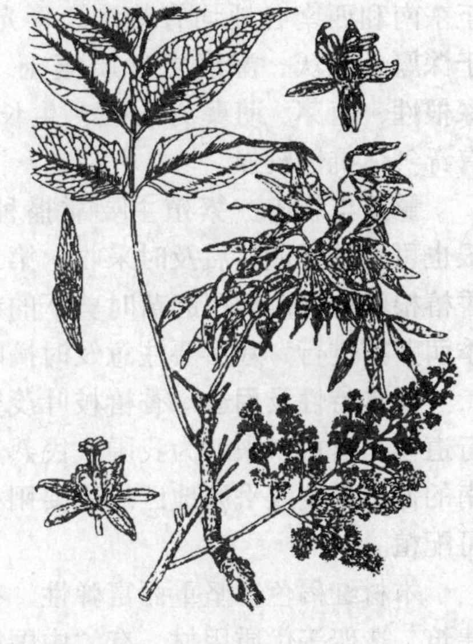

图 6－48　臭　椿

但抗风力差，枝干易被风吹折。生长快，萌芽性强，病虫害少。对烟尘与二氧化硫的抗性较强。

繁殖与栽培 用播种法繁殖，春季3月上中旬条播。移栽一般在春季苗木上部壮芽膨大呈球状时进行，并要适当深栽。臭椿虫害主要有樗蛾，危害臭椿的叶子，可用敌敌畏喷杀，或用人工捕捉。

观赏特性及用途 臭椿的树干通直而高大，树冠圆整如半球状，叶大荫浓，秋季红果满树，颇为壮观，是一种很好的观赏树和庭荫树。在印度、英国、法国、德国、意大利、美国等国常作行道树用，颇受赞赏而称为“天堂”树。抗烟能力强，是工矿区绿化的良好树种。适应性强、萌蘖力强，故为山地造林的先锋树种，也是盐碱地的水土保持和土壤改良用树种。

木材轻韧有弹性，硬度适中，不易翘裂，可制农具、家具、建筑等；木材的纤维较长，故为造纸的上等材料；种子可榨油；根皮可入药，叶可养樗蚕。

46. **香椿** 图6-49

学名 *Toona sinensis*（A. Juss.）Roem.

科属 楝科，香椿属。

形态特征 乔木，高达25m。树皮暗褐色，条片状剥落，小枝粗壮。叶痕大，扁圆形，内有5维管束痕。偶数（稀奇数）羽状复叶互生，有香气，小叶10~20枚，长椭圆形至广披针形，长8~15cm，先端渐长尖，基部不对称，全缘或具不明显钝锯齿。花两性，复聚伞花序，白色，有香气；雄蕊5，花丝分离。蒴果长椭圆形，5瓣裂。种子一端有膜质长翅。花期5~6月，果期9~10月。

图6-49 香 椿

分布与习性 原产我国中部，现辽宁南部、华北至东南和西南各地均有栽培。喜光，不耐庇荫，适生于深厚、肥沃、湿润之砂质壤土，有一定的耐寒力。深根性，萌芽、萌蘖力均强，生长速度中等偏快。对有毒气体抗性较强。

繁殖与栽培 繁殖主要靠播种，分蘖、扦插、埋根也可。种子成熟后及时采收，第二年春天条播，播前用温水浸种能提早发芽，出苗整齐。香椿根蘖性强，利用起苗时剪下的粗根，截成10~15cm长进行埋插，很易成苗。移栽在春季萌芽前进行，栽后要注意及时摘除萌条。

观赏特性及用途 香椿枝叶茂密，树干耸直，树冠庞大，嫩叶红艳，是良好的庭荫树及行道树。自古以来就为我国人民熟知和喜爱的特产树种，栽培历史悠久，是华北、华中与西南的低山丘陵及平原地区的重要用材及四旁绿化树种。在庭前，院落、草坪、斜坡、水畔均可配植。

木材红褐色，坚重而富弹性，有光泽，纹理直，结构细，不翘不裂而耐水湿，是家具、建筑、造船等优质用材，有“中国桃花心木”之美称；其嫩芽，嫩叶可作蔬菜食用，别具风味。

47. **楝**　苦楝　楝树　图 6－50

学名　*Melia azedarach* L.

科属　楝科，楝属。

图 6－50　楝

形态特征　乔木，高 15～20m，树冠近于平顶。树皮暗褐色，浅纵裂。小枝粗壮，皮孔多而明显。2～3 回奇数羽状复叶，小叶卵形至卵状长椭圆形，长 3～8cm，先端渐尖，基部楔形或圆形，缘有锯齿或裂。花两性，成圆锥状复聚伞花序，淡紫色，有香味，雄蕊 10～12，花丝合生成筒状。核果近球形，径 1～1.5cm，熟时黄色，宿存树枝，经冬不落。花期 4～5 月，果期 10～11 月。

分布与习性　产于华北南部至华南，西至甘肃、四川、云南均有分布。喜光，不耐庇荫，喜温暖湿润气候，耐寒力不强，华北地区幼树易遭冻害。稍耐干旱，瘠薄，也能生于水边，但以在深厚、肥沃、湿润处生长最好。萌芽力强，抗风，生长快。对二氧化硫抗性较强，但对氯气抗性较弱。

繁殖与栽培　繁殖多用播种法。11 月采种，浸水沤烂后捣去果肉，洗净阴干后贮藏在阴凉干燥处，在暖地冬播或春播均可，播前用水浸种 2～3 天可使出苗整齐。苗木根系不甚发达，移栽时不宜对根部修剪过度，移栽以春季萌芽前随起随栽为宜，秋冬移栽易发生枯梢现象。

观赏特性及用途　楝树是华北南部至华南，西南低山、平原地区，特别是江南地区的重要四旁绿化及速生用材树种。树形优美，叶形秀丽，春夏之交开淡紫色花朵，颇为美丽，有淡香，宜作庭荫树及行道树。在草坪孤植，丛植，或配植于池边、路旁、坡地都很合适。加之耐烟尘，抗二氧化硫，因此也是良好的城市及工矿区绿化树种。

木材轻软，纹理直，易加工，可供家具、建筑、乐器等用；树皮、叶和果实均可入药，有驱虫、止痛等功效；种子可榨油，供制油漆、润滑油等。

48. **火炬树**　鹿角漆　图 6－51

学名　*Rhus typhina* L.

科属　漆树科，盐肤木属。

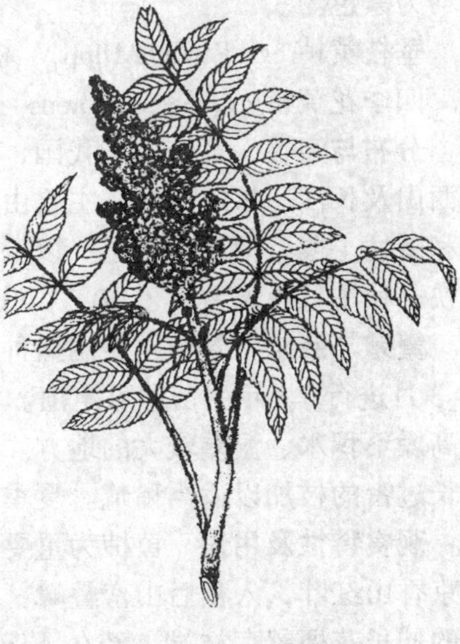

图 6－51　火炬树

形态特征　小乔木，高达 8m 左右，分枝少。小枝粗壮，密生长绒毛。奇数羽状复叶，互生，小叶 19～23（11～31），长椭圆状披针形，长 5～13cm，缘有锯齿，先端长渐尖，背面有白粉，叶轴无翅。花雌雄异株，顶生圆锥花序，密生有毛。核果深红色，密生绒毛，密集成火炬形。花期 6～7 月，果期 8～9 月。

分布与习性　原产北美洲，现欧洲、亚洲及大洋洲许多国家都有栽培。我国华北、西北等许多省市有栽培。喜光，适应性强，抗寒，抗旱，耐盐碱。根系发达，萌蘖力特强。生长快，但寿命短，约15年后开始衰老。

繁殖与栽培 常用播种繁殖，也可用分蘖或埋根法繁殖。种子在播前用90℃热水浸烫，除去蜡质，再催芽，可使出苗整齐。火炬树寿命虽短，但自然根蘖更新非常容易，只需稍加抚育，就可恢复林相。

观赏特性及用途 本种因雌花序和果序均红色且形似火炬而得名，即使在冬季落叶后，在雌株树上仍可见到满树"火炬"，颇为奇特。秋季叶色红艳或橙黄，是著名的秋色叶树种。宜植于园林观赏，或用以点缀山林秋色。近年在华北、西北山地推广作水土保持及固沙树种。

木材黄色而具绿色花纹，可作细木工及装饰用料；树皮内层可作止血药；种子榨油。

49. **黄栌** 图6-52

学名 *Cotinus coggygria* Scop.

科属 漆树科，黄栌属。

形态特征 小乔木或灌木，高达5~8m，树冠圆形。小枝紫褐色，被蜡粉。单叶互生，通常倒卵形，长3~8cm，先端圆或微凹，全缘，叶柄细长。花小，杂性，黄绿色，成顶生圆锥花序，果序长，有多数不孕花的紫绿色羽毛状细长花梗宿存。核果小，扁肾形，红色，无毛。花期4~5月，果期6~7月。

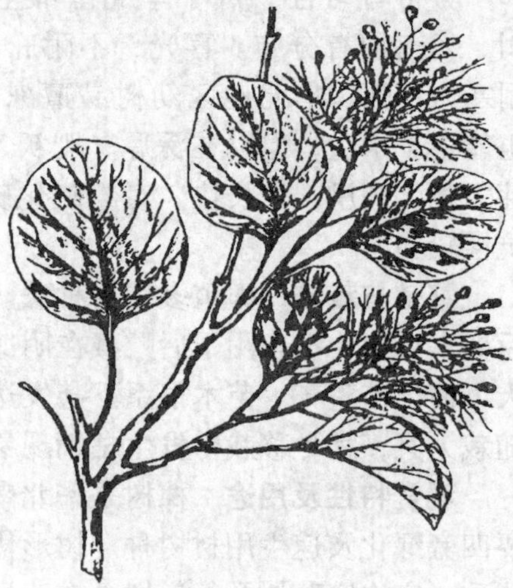

图6-52 黄 栌

变种及品种有：

红叶黄栌 var. *cinerea* 叶卵圆形至倒卵形，两面有毛，下面尤密。

毛黄栌 var. *pubescens* Engl. 叶背面为蓝绿色，小枝及叶脉上均生有短毛，叶多近圆形。

紫叶黄栌 var. *purpurens* Rehd. 嫩叶萌发至落叶全年均为紫色。

垂枝黄栌 cv. Pendula Dipp. 枝条下垂，树冠伞状。

四季花黄栌 cv. Semperflorens 连续开花直至入秋，可常见观赏粉紫红色羽状物。

分布与习性 黄栌原产我国，广布于华北、西北、西南各省区，是著名的红叶树种。北京西山及长江三峡之红叶，主要由其组成。温带喜光树种，亦耐半荫，耐寒，耐旱，也耐瘠薄和碱性土壤，但不耐水湿。以深厚、肥沃且排水良好之沙质土壤最为适宜。萌蘖力强，生长快。秋季昼夜温差大于10℃，叶色变红。

繁殖与栽培 繁殖主要用播种，也可用插根或分株，栽培变种及品种多用嫁接。播种于2~3月进行，3年生苗即可定植。根插、分株宜在春分前后，根尚未生长时进行。栽培地应选高燥不积水、温差较大的地方。黄栌栽培容易，管理简便，每年春季萌动前修去枯枝，对生长过密的枝加以适当稀疏。夏季雨水过多，易发生白粉病，应注意防治。

观赏特性及用途 黄栌为重要的观赏红叶树种，秋季变红，鲜艳夺目，由本种所构成的北京香山红叶，入秋后山峦叠嶂，层林尽染，景色如画，令人忘归。初夏花后有淡紫色羽毛状的伸长花梗留存枝端，经久不落，若成片植，远远看去，如万缕罗纱缭绕林间，仿若烟树，最宜在城郊山地、水库周围营造大面积风景林。在园林中亦可丛植于土丘、山坡及草坪，亦可混植于其它树群，若以常绿树种作衬托，则为园林增色不少。

木材可提制黄色染料；树皮及叶可提制栲胶；枝叶入药，能消炎，清湿热。

50. 丝棉木　白杜　明开夜合　图 6－53

学名　*Euonymus bungeanus* Maxim.

科属　卫矛科，卫矛属。

形态特征　小乔木，高达 6～8m，树冠圆形或卵圆形。小枝细长，绿色，无毛。单叶对生，卵形至卵状椭圆形，长 5～10cm，先端急长尖，基部近圆形，缘有细锯齿，叶柄细长 2～3.5cm。花 3～7 朵成聚伞花序，淡绿色，径约 7mm，花部 4 数。蒴果粉红色，径约 1cm，4 深裂。种子具桔红色假种皮。花期 5～6 月，果期 10 月。

图 6－53　丝棉木

分布与习性　产东北（小兴安岭以南）、华北、华中、华东，南至福建，生于路旁、山坡林缘。喜光，稍耐荫，耐寒，耐干旱，也耐水湿，以肥沃、湿润而排水良好之土壤生长最好。根系深而发达，能抗风，根蘖萌发力强，生长速度中等偏慢。对二氧化硫的抗性中等。

繁殖与栽培　繁殖可用播种、分株及硬枝扦插等法。种子采收晾干，收藏至翌年 1 月初，用 30℃温水浸种 24 小时，后混沙堆置背阴处，上覆湿润草帘防干，至 3 月中旬将种子倒至背风向阳处，并适当补充水分催芽，4 月初即可播种。一般采用条播，覆土厚约 1cm。当年苗高可达 1m 以上。

观赏特性及用途　本种枝叶秀丽，粉红色蒴果悬挂枝上甚久，亦颇可观，是良好的园林绿化及观赏树种。宜植于林缘、草坪、路旁、湖边及溪畔，也可用作防护林及工厂绿化树种。

树皮及根皮均含硬橡胶；种子可榨油，供工业用；木材白色，细致，可供雕刻等细木工用。

51. 鸡爪槭　图 6－54

学名　*Acer palmatum* Thunb.

科属　槭树科，槭树属。

形态特征　小乔木，高可达 8～13m，树冠伞形。树皮平滑，枝开张，小枝细长。单叶对生，通常掌状 7 深裂，裂缘有重锯齿。花杂性，伞房花序，花小，紫红色。双翅果，两翅展开成钝角，幼时紫红色，成熟时棕黄色。花期 5 月，果期 9 月。

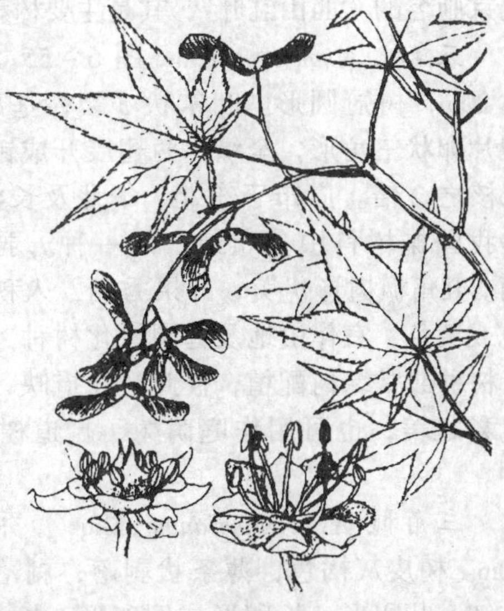

图 6－54　鸡爪槭

变种和变型很多，常见栽培的有：

紫红叶鸡爪槭 f. *atropurpureum*（Vanh.）Schwer. 又名红枫。高不足10m，枝条紫红色，叶分裂稍深裂，春秋鲜红、盛夏紫红，极美丽，果较鸡爪槭稍大。

金叶鸡爪槭 var. *aureum* 又名黄枫。叶全年金黄色。

细叶鸡爪槭 var. *dissectum*（Thunb.）Maxim. 又名羽毛枫。枝条开展下垂，叶掌状7～11深裂，裂片有皱纹。

深红细叶鸡爪槭 cv. Ornatum（Carr.）Schwer 又名红叶羽毛枫。枝条开展下垂，叶细裂，嫩芽初呈红色，后变紫色，夏日橙黄色，入秋逐渐变红。

条裂鸡爪槭 cv. Linearilobum 叶深裂几达基部，裂片线形，缘有疏齿或近全缘。

深裂鸡爪槭 var. *thunbergii* 又名蓑衣枫 小叶鸡爪槭。叶较小，掌状7深裂，基部心形，裂片较窄，缘有尖锐重锯齿，先端长尖。

分布与习性 原产我国长江流域，北达山东，南至浙江。喜凉爽湿润气候，较耐荫，在高大树木庇荫下长势良好。喜湿润、肥沃土壤，对酸性、中性及石灰质土均可适应。夏季易罹日灼、旱害。

繁殖与栽培 播种繁殖，其变种常用嫁接繁殖。10月采种，略晒去翅，即行秋播或湿砂层积。春播行于2月，条播、覆土、盖草。移栽应选择阴湿肥沃之地，在落叶期进行，大苗带泥球。园艺变种嫁接用2～3年生鸡爪槭作砧木，枝接在春季当砧木芽膨大时进行，切接或腹接。

观赏特性及用途 鸡爪槭树姿优美，叶形秀丽，秋叶红艳，其园艺品种甚多，均为珍贵的观叶佳品。无论栽植何处，无不引人入胜。在园林中植于溪边、池畔、路隅、墙垣，红叶摇曳，颇有自然淡雅之趣。槭类中的一些小叶树种可以盆栽，制成盆景，是树桩盆景的珍贵材料。

同属植物 与鸡爪槭同属植物有200余种，我国有140余种，多数可以观赏，园林中常见栽培的有：

元宝槭 A. *truncatum* Bunge 乔木，叶掌状深裂或浅裂，裂片全缘，入秋后，叶变红色，北京驰名的“西山红叶”，其是主要树种之一。

五角枫 A. *mono* Maxim. 图6－55 乔木，高可达20m，树冠圆形。叶掌状5裂，基部常为心形，裂片卵状三角形，全缘。两翅展开成钝角，长约为果核之2倍。广布于东北、华北及长江流域各省，是我国槭树科中分布最广的一种。弱阳性，稍耐荫。五角枫树形优美，叶果秀丽，入秋叶色变为红色或黄色，宜作山地及庭园绿化树种，与其他秋色叶树种或常绿树配植，彼此衬托掩映，可增加秋景色彩之美，也可用作庭荫树、行道树或防护林树种。

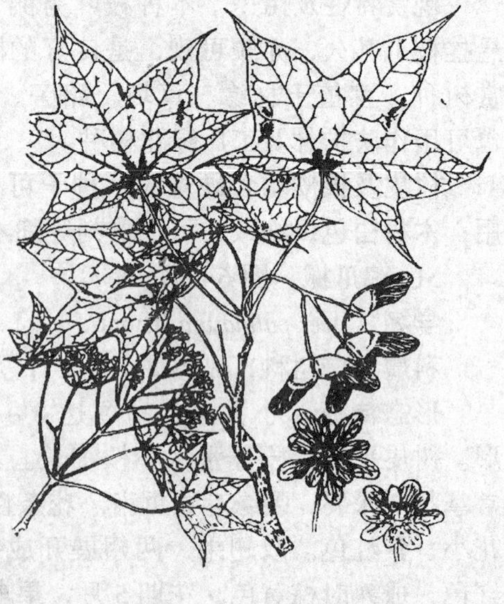
图6－55 五角枫

三角枫 A. *buergerianum* Miq. 乔木，高可达20m。树皮灰褐色，薄条状剥落，剥落后光滑。小枝细。叶卵形、长卵形或倒卵形，长4～10cm，先端3浅裂，有时不裂，裂片全缘或上部疏生浅齿，背面有白粉。两翅展开成锐角，果核隆有角棱。树干高耸，气势雄伟，冠如华盖，浓荫覆地，入秋叶转红色，美丽动人，为秋色叶树种。

52. **七叶树**　梭椤树　图 6－57

学名　*Aesculus chinensis* Bunge

科属　七叶树科，七叶树属。

形态特征　乔木，高可达 27m，树冠庞大，呈圆球形。树皮灰褐色，老时不规则片状剥落，小枝粗壮，栗褐色，光滑无毛。掌状复叶对生，小叶 5～7，倒卵状长椭圆形，长 8～16cm，先端渐尖，基部楔形，边缘具钝尖细锯齿。花小，白色，成直立密集圆锥花序，近圆柱形。蒴果倒卵形，顶扁平略凹下，褐黄色，径 3～4cm。种子 1～2 粒，形如板栗，种脐大。花期 5 月，果期 9～10 月。

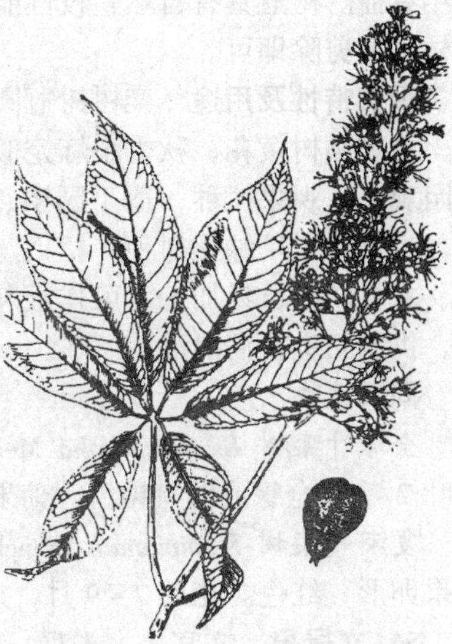

图 6－57　七叶树

分布与习性　原产我国黄河流域，东部各省均有栽培。喜光及温暖气候，稍耐荫，也能耐寒。要求深厚肥沃、湿润而排水良好的土壤。深根性，萌芽力不强，生长速度中等偏慢，寿命长。

繁殖与栽培　常用播种繁殖。种子不耐贮藏，受干易失去发芽力，一般成熟后随采随播。幼苗需适当遮荫。定植应在深秋落叶后至翌春发芽前进行。栽植中，注意切勿损伤主枝和根系，以免破坏树形和影响成活。因树皮薄，易受日灼，深秋及早春要在树干上刷白，在北方冬季对幼苗采取用稻草包干等防寒措施。主要虫害有刺蛾、大蓑蛾和天牛。

观赏特性及用途　七叶树树干耸直，树冠开阔，树姿雄伟，叶大而形美，初夏又有白花开放，蔚然可观，是世界著名的观赏树种之一，最宜栽作庭前树及行道树用。

木材细致、轻软，不耐腐朽，可供小工艺品及家具等用材；种子可入药，有理气解郁之效，榨油可供制肥皂等。

53. **栾树**　灯笼树　图 6－58

学名　*Koelreuteria paniculata* Laxm.

科属　无患子科，栾树属。

形态特征　乔木，高达 15m，树冠近圆球形。树皮灰褐色，细纵裂，小枝无顶芽。奇数羽状复叶，有时部分小叶深裂为不完全的二回羽状复叶，小叶 7～15 枚，卵形或卵状披针形，长 5～10cm，缘有不规则粗锯齿。大型圆锥花序顶生，花杂性，花瓣 5～4，大小不等，金黄色。蒴果三角状卵形，状似灯笼，果皮膜质，熟时桔红色或红褐色，3 瓣裂。花期 6～7 月，果期 9 月。

图 6－58　栾　树

分布与习性　原产我国北部和中部，而以华北较为常见。我国各地园林中有栽培。速生树种，喜光，稍耐荫，喜湿润的气候，但对寒冷和干旱有一定的忍耐力。在微酸与微碱性的土壤上都能生长。深根性，萌蘖力强。对二氧化硫有较强的抗性。

繁殖与栽培 主要用播种繁殖，可于秋季采种后直接播种，也可将种子用湿砂层积后于次年春播。树冠具有自然整枝性能，不必多加修剪，任其自然生长，仅于秋后将枯、病枝及干枯果穗剪除即可。

观赏特性及用途 栾树树冠圆球形或伞形，枝叶茂密而秀丽，春季嫩叶红色，入秋叶黄色，夏季满树黄花，秋季小灯笼似的蒴果，悬挂满树，红艳夺目，观赏价值极高。是常见的庭园观花、观果树种，适于园中、池畔及路旁或草地中栽植。宜作庭荫树、行道树和风景树，也可作工厂绿化树种。

木材较脆，易加工，可作板料，器具等；叶可提制栲胶；花可作黄色染料；种子可榨油，供制肥皂及润滑油。

同属植物

全缘叶栾树 *K. integrifolia* Merr. 又名黄山栾、山膀胱。二回羽状复叶，羽片3~5对，小叶7~9，全缘或偶有锯齿。蒴果椭圆状球形，橙红色。花期8~9月，果期10~11月。

复羽叶栾树 *K. bipinnata* Franch 二回羽状复叶，羽片5~10对，小叶5~15，缘有锯齿。蒴果卵形，红色。花期7~9月，果期9~10月。

54. 文冠果 文官果 木瓜 图6-59

学名 *Xanthoceras sorbifolia* Bge.

科属 无患子科，文冠果属。

形态特征 小乔木或灌木，高达8m。树皮灰褐色，条裂，小枝幼时紫褐色，被毛。奇数羽状复叶，互生，小叶9~19，对生或近对生，长椭圆形至披针形，长3~5cm，缘有锯齿。花杂性，整齐，顶生总状花序；花瓣5，整齐，白色，基部有由黄变红之斑晕。蒴果椭圆形，果皮木质，熟时3瓣裂。花期4~5月，果期8~9月。

图6-59 文冠果

分布与习性 分布于东北西南部至华中地区，在黄土高原丘陵沟壑地由低山至海拔1 500m地带常可见到。喜光，较耐严寒，耐旱性强，在沙荒、石砾地、粘土及轻盐碱土上均能生长，但以深厚，肥沃、湿润而通气良好的土壤生长最好。深根性，主根发达，萌蘖力强，生长快，3~4年生即可开花结果。

繁殖与栽培 主要用播种法繁殖，分株、压条和根插也可。一般在秋季果熟后采收，取出种子即播，也可用湿沙层积贮藏越冬，翌年早春播种。幼苗期要稍加遮荫，雨季要注意排涝，防止倒伏，4~5年生苗可出圃定植。

观赏特性及用途 本种花序大而花朵密，春天白花满树，且有秀丽光洁的绿叶相衬，更显美观，花期可持续20余天，并有紫花品种，是优良的观赏树种。在园林中配植于草坪、路边、山坡、假山旁或建筑物前都很合适，也适于山地、水库周围风景区大面积绿化造林，能起到绿化，护坡固土作用。

种仁含油 50%~70%，油质好，是重要木本油料树种，可供食用和医药、化工用；种子嫩时白色，甜香可食，味如莲子；木材坚实致密，褐色，纹理美，可制家具、器具等；花为蜜源，嫩叶可代茶。

55. **糠椴**　大叶椴　辽椴

学名　*Tilia mandshurica* Rupr. et Maxim.

科属　椴树科，椴树属。

形态特征　乔木，高达 20m，树冠广卵形至扁球形。一年生枝黄绿色，密生灰白色星状毛，二年生枝紫褐色，无毛。单叶互生，广卵形，长 7~15cm，先端短尖，基部歪心形或斜截形，叶缘锯齿粗而有突出尖头，表面近无毛，背面密生灰色星状毛；叶柄长 4~8cm，有毛。花黄色，7~12 朵成下垂聚伞花序；苞片倒披针形，长 8~14cm，被毛。果近球形，径 7~9mm，密被黄褐色星状毛。花期 7~8 月，果期 9~10 月。

分布与习性　产于东北、内蒙古及河北、山东等地。在东北小兴安岭及长白山林区海拔 200~500m 落叶阔叶混交林中习见。喜光，也较耐荫，耐寒性强，喜冷凉湿润气候及深厚、肥沃的微酸性、中性和石灰性土壤。深根性，萌蘖性强，不耐烟尘。

繁殖与栽培　多用播种繁殖，分株、压条也可。种子有很长的后熟性，采收后需沙藏 1 年（甚至长达 410 天）度过后熟期后始可播种。幼苗畏日灼，需进行适当遮荫，4~5 年生苗高达 2m 左右即可出圃定植，定植后应注意及时剪除根蘖，并逐步提高主干高度。常见病虫害有吉丁虫及鳞翅目昆虫的幼虫危害，老树易生腐朽病，均应及时防治。

观赏特性及用途　本种树冠整齐，枝叶茂密，遮荫效果良好，花黄色而芳香，是北方优良的庭荫树及行道树种，但目前城市绿地及园林中应用尚少。

木材较轻软，易加工，不翘不裂，可作胶合板、家具、铅笔杆，造纸等用；树皮纤维可代麻用；花供药用，有发汗、解热等功效；花内含蜜，是良好的蜜源植物。

56. **梧桐**　青桐　图 6-60

学名　*Firmiana simplex*（L.）W. F. Wight

科属　梧桐科，梧桐属。

形态特征　乔木，高 15~20m，干挺直，树冠圆形。树皮光滑，灰绿色，侧枝近轮生，小枝粗壮。叶 3~5 掌状裂，长 15~20cm，裂片全缘，基部心形，叶柄约与叶片等长。花单性或杂性，顶生圆锥状花序，花小，黄绿色，无花瓣。花后心皮分离成 5 蓇葖果，在成熟之前裂开，果瓣叶状。种子球形，着生果瓣的边缘。花期 6~7 月，果期 9~10 月。

分布与习性　原产中国及日本，华北至华南，西南各省区广泛栽培。暖温带阳性树种，喜肥沃、湿润、排水良好、含钙质丰富的土壤。根肉质，不耐涝，在高温季节积水 3~5 天即可烂根死亡。侧芽萌发力弱，不耐修剪。春季发叶较晚，而秋天落叶早，故有“梧桐一叶落，天下尽知秋”之说。生长尚快，寿命较长。对多种有毒气体都有较强抗性。

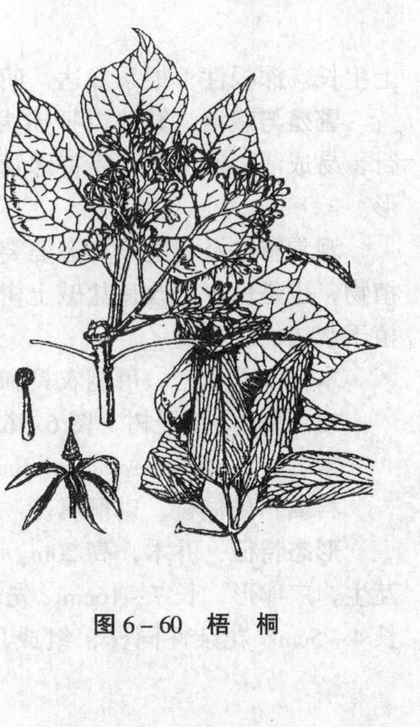

图 6-60　梧　桐

繁殖与栽培 常用播种繁殖。9月采种，湿砂层积，2~3月行条播，第二年春季分栽培养，3年生苗木即可出圃定植。大树易栽，也易成活，栽后宜立支柱。害虫有刺蛾、卷叶虫和梧桐木虱等，木虱还会产生白絮状分泌物，飞落时易污染环境，应注意防治。

观赏特性及用途 梧桐树干端直，叶翠枝青，亭亭玉立，绿荫深浓，树皮光滑绿色，洁净可爱。《群芳谱》中有"梧桐皮青如翠，叶缺如花；妍雅华净，赏心悦目，人家斋阁多种之"记载，可见梧桐很早就被植为庭园观赏树。我国长江流域各省栽培尤多，取其枝叶繁茂，夏日可得浓荫。适于草坪、庭院、宅前、坡地、湖畔孤植或丛植，在园林中与棕榈、修竹、芭蕉等配植尤感协调，且颇具我国民族风味。梧桐也可栽作行道树及居民区、工厂区绿化树种。

木材轻韧，纹理美观，可供乐器、箱盒、家具等用材；种子可炒食及榨油；叶、花、根及种子等均可入药，有清热解毒、祛湿健脾等效。

57. **柽柳** 三春柳 西湖柳 观音柳 图6-61

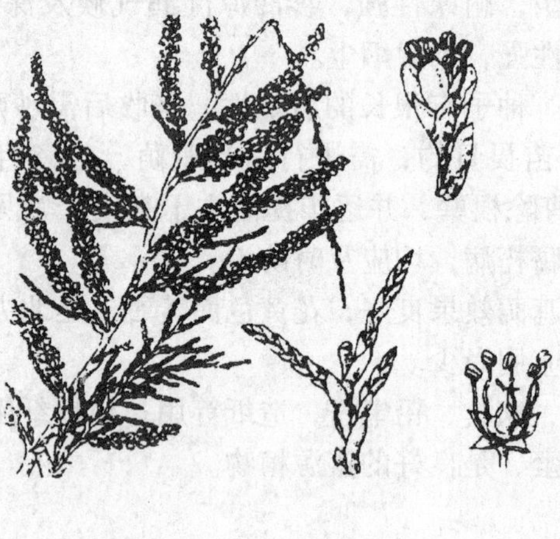

图6-61 柽柳

学名 *Tamarix chinensis* Lour.

科属 柽柳科，柽柳属。

形态特征 小乔木或灌木，高5~7m。树皮红褐色，枝细长而常下垂，带紫色。叶小，多为鳞形，长1~3mm，叶端尖。花小，两性；总状花序侧生于去年生枝上者春季开花，总状花序集成顶生大圆锥花序者夏、秋开花；花粉红色，萼片、花瓣及雄蕊各为5，柱头3，棍棒状。蒴果3裂，长3.5mm。夏秋开花，果期10月。

分布与习性 原产中国，分布极广，自华北至长江中下游各省，南达华南及西南地区。喜光，耐寒，耐热，耐烈日曝晒，耐干又耐水湿，抗风又耐盐碱土，能在含盐量达1%的重盐碱地上生长。深根性，根系发达，萌芽力强，耐修剪和刈割，生长较快。

繁殖与栽培 繁殖以扦插为主，也可用播种、分株、压条等法。移植可在春秋两季进行，易成活。定植后不需特殊管理，在园林中栽植者可适当整形修剪以培育和保持优美的树形。

观赏特性及用途 姿态婆娑、枝叶纤秀，花期很长，可作篱垣用。又是优秀的防风固沙植物，也是良好的改良盐碱土树种，在盐碱地上种柽柳后可有效地降低土壤的含盐量。亦可植于水边供观赏。

木材坚重致密，可制农具和工具柄；树皮含鞣质，可制栲胶用；嫩枝及叶可入药。

58. **珙桐** 鸽子树 图6-62

学名 *Davidia involucrata* Baill.

科属 珙桐科，珙桐属。

形态特征 乔木，高20m。树冠呈圆锥形，树皮深灰褐色，呈不规则薄片状脱落。单叶互生，广卵形，长7~16cm，先端渐长尖，基部心形，缘有粗尖锯齿，背面密生绒毛，叶柄长4~5cm。花杂性同株，组成顶生头状花序；花序下有2片大形白色苞片，卵状椭圆形，长8～15cm，中上部有疏浅齿，常下垂，花后脱落；花瓣退化或无；雄蕊1～7；子房6～10室。核果椭圆形，长3～4cm，密被锈色皮孔。种子3～5。花期4～5月，果期10月。

变种：光叶珙桐 var. *vilmoriniana*（Dode）Wanger. 叶仅背面脉上及脉腋有毛，其余无毛。

分布与习性　中国特产，是第四纪冰川后孑遗树种，产湖北西部、四川、贵州及云南北部，生海拔1 300～2 500m山地林中。喜半荫和温凉湿润气候，略耐寒，喜深厚肥沃、湿润而排水良好的酸性或中性土壤，不耐炎热和阳光曝晒。浅根性，根孽力强。

繁殖与栽培　用种子繁殖，在播前应将果肉除去，并行催芽处理，否则常需至第二年才能发芽，幼苗期应设荫棚。本种早已引入欧洲，在西欧及北欧均生长良好，开花繁盛。

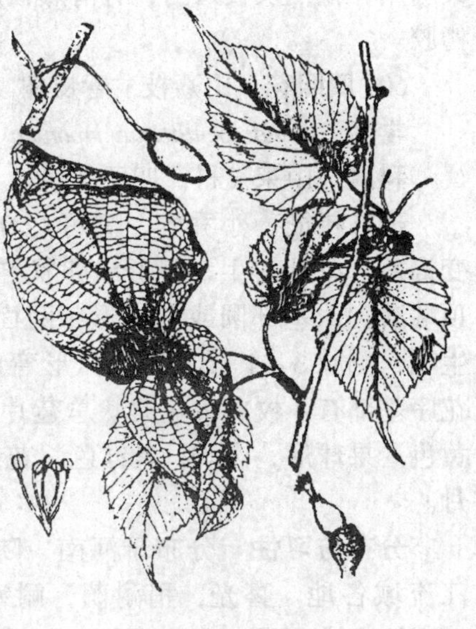

图6-62　珙　桐

观赏特性及用途　珙桐为驰名世界的珍贵观赏树种。树形高大，端整美观，花序及苞片奇特而美丽，开花时白色的苞片远观似许多白色的鸽子飞栖树端，蔚为奇观，故有“鸽子树”之称。宜植于温暖地带的较高海拔地区的庭院、山坡、休疗养所、宾馆、展览馆前作庭荫树，并有象征和平的含意。

木材结构细致，均匀，供雕刻、玩具及美术工艺品等用材；根皮、树皮及果实含生物碱，有抗癌作用。

59. 刺楸　图6-63

学名　*Kalopanax pictus*（Thunb.）Nakai

科属　五加科，刺楸属。

形态特征　乔木，高达30m。树皮深纵裂，枝具粗皮刺。单叶互生，掌状5（～7）裂，长宽约7～25cm，裂片三角状卵形，先端尖，缘有齿，叶柄较叶片长。复伞形花序顶生，花小而白色。浆果近球形，径约5cm，熟时蓝黑色，端有细长宿存花柱。花期7～8月，果期9～10月。

分布与习性　我国从东北经华北、长江流域至华南、西南均有分布。喜光，稍耐荫，喜土层深厚、湿润的酸性土或中性土，耐寒，抗旱。深根性，萌孽性、适应性强，生长快，抗病虫害能力强。

繁殖与栽培　用播种及根插法繁殖。移植在秋季落叶后至春季发芽前进行，小苗带宿土、大苗带土球。

观赏特性及用途　本种叶大干直，树形颇为壮观，并富野趣，宜自然风景区绿化时应用，也可在园林作孤植树及庭荫树栽植，又是低山区重要造林树种。

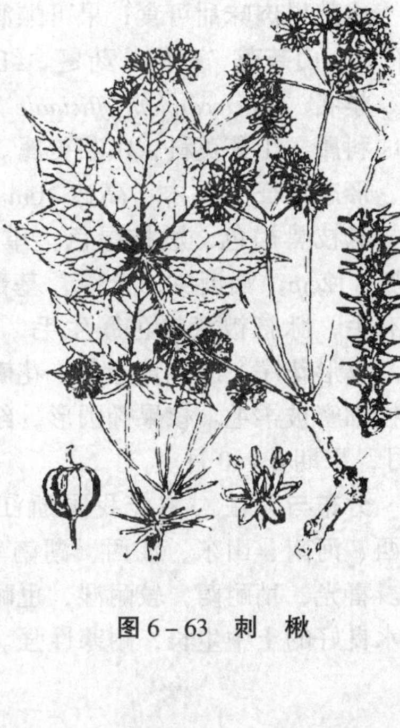

图6-63　刺　楸

木材坚实，纹理细致而有光泽，耐磨，供建筑、家具等用；根皮及枝入药，有清热祛痰，收敛镇痛之效；种子含油供工业用；树皮和叶可提取栲胶。

60. 四照花 山荔枝 青皮树 石枣 图 6-64

学名 *Dendrobenthamia japonica* var. *chinensis* Fang

科属 山茱萸科，四照花属。

形态特征 小乔木，高可达 9 米。小枝细，绿色后变褐色。单叶对生，卵形或卵状椭圆形，长 5.5~12cm，顶端渐尖，基部圆或宽楔形，两面有短毛，在脉腋处簇生毛，侧脉 3~4（5）对，弧形弯曲。头状花序近球形，花序基部有 4 枚白色花瓣状总苞片，椭圆状卵形；花小，黄色。果球形，肉质，紫红色。花期 5~6 月，果期 8~9 月。

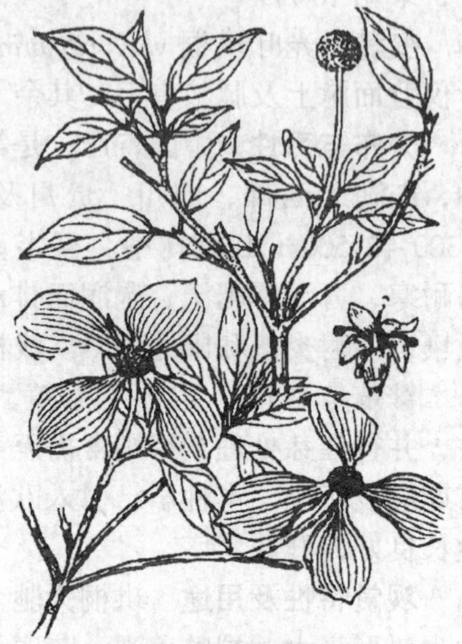

图 6-64 四照花

分布与习性 分布于河南、陕西、甘肃东南部及长江流域各地。喜光，稍耐荫，耐寒，喜温暖阴湿环境，对土壤要求不严，以土层深厚、排水良好而肥沃的土壤为宜，萌芽力较差。

繁殖与栽培 常用扦插和分蘖法繁殖，也可用播种、压条、嫁接等法。移植在秋季落叶后至春季芽萌动前进行，定植时施基肥，栽后浇透水，隔 3 天再浇透水一次，以后注意除草松土。四照花树形整齐，萌芽力稍差，不宜重剪。

观赏特性及用途 四照花树姿端庄优美，花期洁白总苞宛似蝴蝶覆盖满树，秋季叶果双红竞艳，是观姿、观叶、观花、观果的树种，适用于园林和居住区栽种，可配植于路边、池畔，也可孤植于堂前，丛植于草坪；以常绿树为背景，其景观效果使人留恋不已，也是“四旁”绿化的好树种。

成熟果肉味甜可食；果可酿酒。

61. 山茱萸 萸肉 药枣 红枣皮 图 6-65

学名 *Macrocarpium officinale* Nakai

科属 山茱萸科，山茱萸属。

形态特征 乔木，高达 10m。树皮灰褐色，片状剥裂。老枝黑褐色，嫩枝绿色。单叶对生，卵状椭圆形，长 5~12cm，端渐尖，全缘，基部宽楔形或稍圆，叶两面有毛，脉腋被淡褐色簇生毛，侧脉 6~8 对，略呈弧形。伞形花序，总苞黄绿色，花瓣舌状披针形，金黄色，花梗细密被柔毛。核果椭圆形，红色至紫红色。花期 3~4 月，果期 8~10 月。

分布与习性 主产我国浙江、安徽、陕西、甘肃、山西、河南、山东、江西、湖南、湖北、四川等地有栽培。喜光，稍耐荫，较耐湿，也耐旱，喜在肥沃、湿润、排水良好的土中生长，耐寒性强。

图 6-65 山茱萸

繁殖与栽培　播种繁殖。移植在秋季落叶后至春季芽萌动前进行，移植时小苗带宿土、大苗带土球。

观赏特性及用途　山茱萸早春小花金黄一片，入秋叶色鲜艳，果实紫红，均有观赏价值，可种植于园林中作为观赏树，也是制作盆景的材料。

果肉可入药，即中药的"茱萸肉"，为重要的补血剂和强壮剂。

62. **柿树**　朱果　猴枣　图 6-66

学名　*Diospyros kaki* Thunb.

科属　柿树科，柿树属。

形态特征　乔木，高达 15m，树冠圆锥形。树皮暗灰色，呈长方形小块状开裂。单叶互生，质厚，椭圆状卵形或倒卵形，长 6~18cm，表面暗绿色，有光泽。花雌雄异株或杂性同株，单生或聚生于新枝叶腋，花冠钟状，初为乳白色，后转乳黄色。浆果扁球形，橙黄色。花期 5 月，果期 9~10 月。

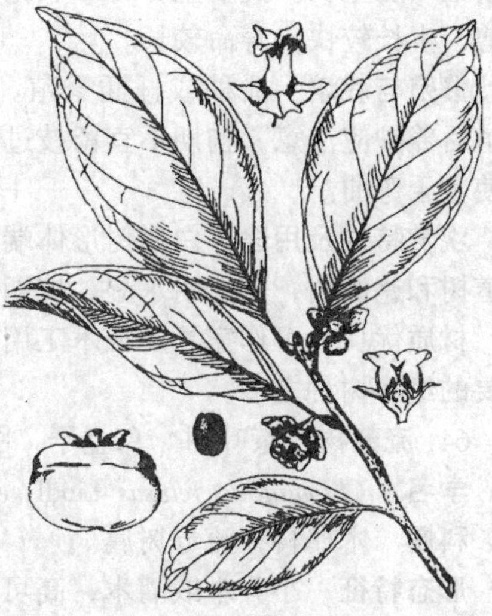

图 6-66　柿　树

分布与习性　原产我国，分布极广，北自长城以南至长江流域以南各地均有栽培。阳性树，喜温暖亦耐寒，以深厚肥沃、排水良好富含有机质的壤土或黏性土最适宜。也耐轻微盐碱土，但不喜沙质土。深根性，根系发达，萌芽力强，寿命较长。

繁殖与栽培　常用嫁接繁殖，北方以君迁子作砧木，南方则用野柿、油柿或老鸦柿。柿树富含单宁，嫁接愈合较难，故春季树液开始流动时是枝接成活率最高时期，芽接则以开花时最适宜。当年枝接苗可达 50cm，翌年春季分栽培大，大苗移植需带泥球。

观赏特性及用途　柿树枝繁叶大，广展如伞，秋时叶红，丹实似火，是观叶、观果俱佳的树种。园林中可孤植、群植于草坪周围、湖边、池畔、园路两旁及建筑物附近，无不相宜。

木材坚韧，不翘不裂，供家具及细木工用材；果实可食用或加工成柿饼、柿面、酿酒、制醋；柿蒂、根皮入药。

63. **白蜡树**　青榔木　白荆树　图 6-67

学名　*Fraxinus chinensis* Roxb.

科属　木犀科，白蜡属。

形态特征　乔木，高达 15m，树冠卵圆形。树皮黄褐色，冬芽褐色或黑色。奇数羽状复叶，对生，小叶 5~9 枚，通常 7 枚，卵圆形或卵状椭圆形，长 3~10cm，先端渐尖，缘有齿及波状齿，表面无毛，背面沿脉有短柔毛。花两性或单性，雌雄异株，圆锥花序侧生或顶生于当年生

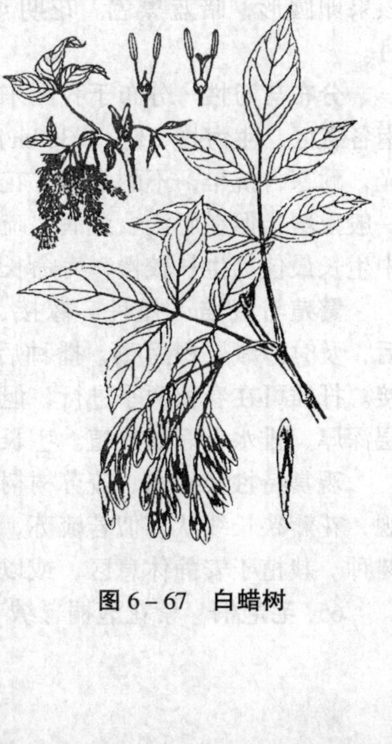

图 6-67　白蜡树

枝上，大而疏松，花序间无叶，花萼钟状，4深裂，无花瓣。翅果倒披针形，翅在果顶端伸长。花期3~5月，果期10月。

变种：大叶白蜡树 var. *rhynchophylla*（Hance）Hemsl. 又名花曲柳，小叶通常5枚，宽卵形或倒卵形，顶生小叶特宽大，锯齿钝粗或近全缘。

分布与习性 产东北中南部、华北、黄河流域，长江流域及华南、西南。喜光，稍耐荫，喜温暖湿润气候，颇耐寒，喜湿耐涝，也耐干旱。对土壤要求不严，碱性、中性、酸性土壤上均能生长。抗烟尘，对二氧化硫、氯气、氟化氢有较强抗性。萌芽、萌蘖力均强，耐修剪，生长较快，寿命较长。

繁殖与栽培 播种或扦插繁殖。幼苗移后生长缓慢，不宜每年移植，4~5年可出圃，定植后养护应注意，初期不宜留枝过高，也不宜再去下枝，以免徒长，上重下轻，易遭风折或使主干弯曲。

观赏特性及用途 白蜡树形体端正，树干通直，枝叶繁茂而鲜绿，秋叶橙黄，是优良的行道树和遮荫树，其又耐水湿，抗烟尘，可用于湖岸绿化和工矿区绿化。

材质优良，可作家具及细木工用材；枝可编筐；枝、叶放养白蜡虫，制取白蜡，是我国重要的经济树种之一。

64. **流苏树** 茶叶树 乌金子 图6-68

学名 *Chionanthus retusus* Lindl. et Paxt.

科属 木犀科，流苏树属。

形态特征 小乔木或灌木，高可达20m。树干灰色，细碎块薄片爆裂，大枝皮常纸状剥裂，开展。单叶对生，卵形至倒卵状椭圆形，长3~10cm，先端钝圆或微凹，全缘或有时有小齿。花两性或单性，雌雄异株，聚伞状圆锥花序大而松散，生侧枝顶端，花萼4裂，花冠白色，4深裂，裂片线形下垂，微有香气。核果卵圆形，暗蓝黑色。花期4~5月，果期9~10月。

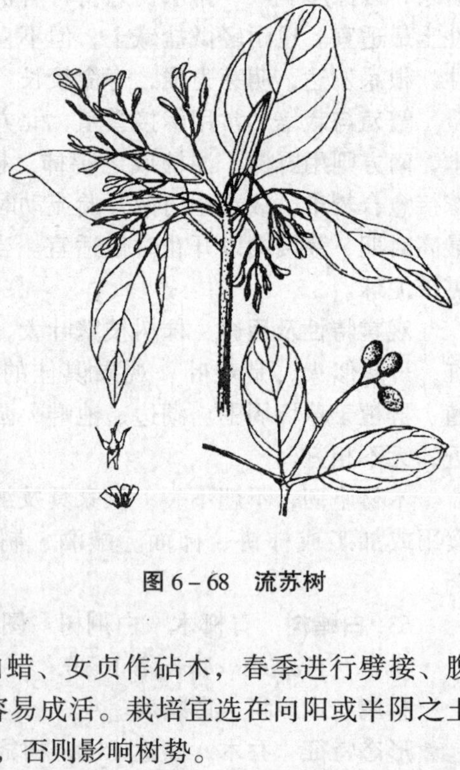

图6-68 流苏树

分布与习性 分布于我国东北、华北、华东、华南各省区。生海拔200~3 300m间的河边和山坡。喜光，耐寒，抗旱，不耐水涝，花期怕干旱风。能适应一般土壤，但在肥沃、湿润、疏松、排水良好的土壤中生长最佳。生长较慢，寿命长。

繁殖与栽培 播种、嫁接、扦插法繁殖。采种后，及时沙藏层积后熟，播种后遮荫保湿，嫁接以白蜡、女贞作砧木，春季进行劈接、腹接。扦插可在春秋两季进行，但以6~7月嫩枝扦插容易成活。栽培宜选在向阳或半阴之土层深厚、排水良好处栽植。生长缓慢，不宜过度修剪，否则影响树势。

观赏特性及用途 流苏树树形优美，枝叶繁茂，盛花时满树白花，似白雪压树，蔚为奇观，花瓣狭长线状，似若流苏，清丽宜人，秀丽可爱，花期可达20天左右，是优美的观赏树种。栽植于安静休息区，或以常绿树衬托列植，都十分相宜。

65. **毛泡桐** 紫花泡桐 绒毛泡桐 桐 图6-69

学名　*Paulownia tomentosa*（Thunb.）Steud.

科属　玄参科，泡桐属。

形态特征　乔木，高15m，树冠宽大圆形。树干耸直，小枝粗壮，幼枝被腺毛。单叶对生或轮生，阔卵形或卵形，长20～29cm，宽15～28cm，先端渐尖或锐尖，基部心形，全缘或3～5裂，叶背面被毛。聚伞状圆锥花序，花两性；花萼5裂，浅钟形，裂至中部，外面被毛；花冠4～5裂，常二唇形，紫色；2强雄蕊。蒴果卵圆形，长3～4cm，宿萼不反卷。花期4～5月，果期8～9月。

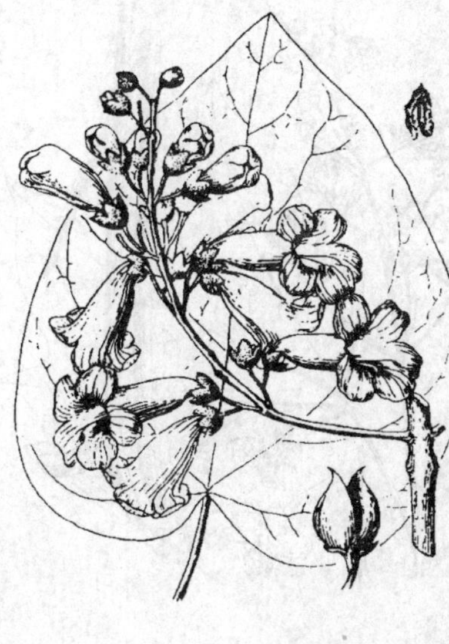

图6－69　毛泡桐

分布与习性　主产黄河流域，北方各省普遍栽培，是本属植物中最耐寒的一种。强阳性树种，不耐庇荫，根系近肉质，怕积水而较耐干旱。在土壤深厚肥沃、湿润、疏松的条件下，生长迅速，不耐盐碱。根系发达，分布较深。对二氧化硫、氯气、氟化氢、硝酸雾的抗性均强。

繁殖与栽培　用留根、埋条、埋根和播种繁殖，而以埋根、播种为主。埋根在3月初进行，播种于2、3月进行，播前浸种催芽，播后覆盖，出苗后浇水须勤。大苗移植时要做到深挖浅栽，以埋至离根颈深10～15cm为好。泡桐病害有丛枝病等，应及时剪除并烧毁病枝或用药剂防治。

观赏特性及用途　毛泡桐树干端直，树姿优美，花大而美，色彩绚丽，春天繁花似锦，夏日绿树成荫，宜作行道树、庭荫树；又叶大被毛，能吸附尘烟，抗有毒气体和净化空气，适于工矿绿化。在北方平原实行农桐间作，可达到粮丰林茂，是重要的速生用材、“四旁”绿化及结合生产的优良树种。

材质好，为胶合板、箱板、乐器、模型等之良材，也可供外贸出口；叶、花、种子均可入药，又是良好的饲料和肥料。

同属植物　广泛应用于栽培观赏的还有：

楸叶泡桐 P. *catalpifolia* Gong Tong　似楸树叶，花序有明显总梗，花萼浅裂1/3～2/5，花冠淡紫色，果纺锤形。

兰考泡桐 P. *elongata* S.Y.　花序有明显总梗，花萼浅裂1/3～2/5，花冠紫至粉白，筒内散布紫斑，果卵状。

四川泡桐 P. *fargesii* Franch.　序无总梗或下部有短总梗，花萼裂近一半，不脱毛，花冠白至紫，果椭圆。

白花泡桐 P. *fortunei*（Seem.）Hemsl.　叶背被绒毛，花冠白色内具紫色斑点，果椭圆形。

66. **梓树**　图6－70

学名　*Catalpa ovata* D. Don

科属　紫葳科，梓树属。

形态特征　乔木，高达20m，树冠开展。树皮灰色或灰褐色，纵裂或有薄片剥落，幼枝带紫色，稍有毛。单叶对生或轮生，阔卵形，长10～30cm，不分裂或掌状3～5浅裂，下面

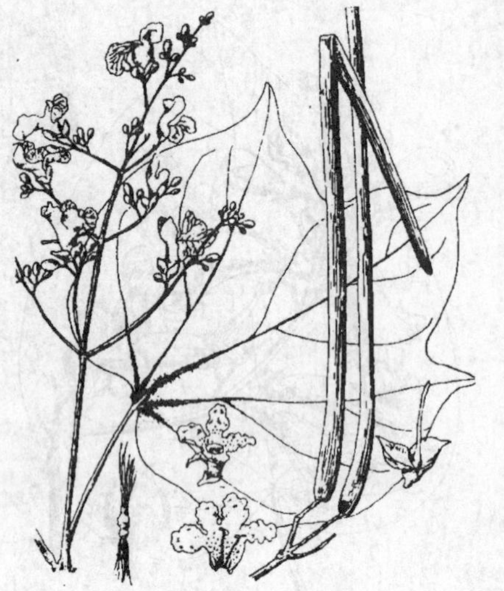

图6-70 梓 树

基部脉腋有紫色腺斑。圆锥花序顶生，花萼2裂，花冠二唇形，淡黄色，内有黄色条纹及紫色斑点，雄蕊2。蒴果细长如筷，冬季悬垂不落。花期5~6月，果期9~10月。

分布与习性 分布广，东北、华北、华南北部均有分布，以黄河中下游为分布中心。喜光，喜温暖湿润气候，稍耐荫，颇耐寒，在暖热气候下生长不良。深根性，不耐干旱瘠薄，能耐轻盐碱土，喜深厚肥沃的土壤。对氯气、二氧化硫及烟尘有较强的抗性。

繁殖与栽培 以播种繁殖为主，也可扦插。播种繁殖于11月采种干藏，翌春4月条播，扦插繁殖于6~7月，采当年生半木质化枝条作插穗，插后保温保湿，并遮荫，约20天即可生根。移栽定植宜在早春萌芽前进行。梓树易受吉丁虫及天牛危害，应注意及时防治。

观赏特性及用途 梓树树冠宽大，春日花朵繁盛，妩媚悦目，果实悬垂如豇豆，可作优良行道树、庭荫树及村旁、宅旁绿化材料。古人在房前屋后种植桑树、梓树，“桑梓”即意故乡。材质轻软，可供家具、乐器、棺木等用。

第二节 灌 木

一、常绿灌木

67. **苏铁** 铁树 凤尾蕉 凤尾松 避火蕉 图6-71

学名 *Cycas revoluta* Thunb.

科属 苏铁科，苏铁属。

形态特征 常绿棕榈状木本植物，茎高达5m。叶羽状，长达0.5~2.4m，厚革质而坚硬；羽片条形，长达18cm，边缘显著反卷。雄球花长圆柱形，小孢子叶木质，密被黄褐色绒毛，背面着生多数药囊；雌球花略呈扁球形，大孢子叶宽卵形，有羽状裂，密被黄褐色绒毛，在下部两侧着生2~4个裸露的直立胚珠。种子倒卵形或近球形，微扁，熟时橘红色。花期6~7月，种子10月成熟。

分布与习性 原产于我国南部，在福建、台湾、广东各省均有分布。日本、印度尼西亚及菲律宾亦产。喜温暖湿润气候，不耐寒。生长缓慢，寿命可达200余年。在华南10年生以上的树几乎每年开花；北方偶见开花。

图6-71 苏 铁

繁殖与栽培　可用播种、分蘖、埋插等法繁殖。播种法：在秋末采种贮藏，翌年5月上旬播种，苏铁必须在30℃的高温下才能萌芽出苗，因此不要播种太早，培养2~3年后可以移植。分蘖法：自根际割下小蘖芽培养。埋插法：将其茎干切成厚约10~15cm的厚片，埋于砂壤中，待四周发生新芽后，即另行分栽。

观赏特性及用途　苏铁树形古朴，主干粗壮，坚硬如铁，叶锐如针，洁滑有光，四季常青，是庭院、室内常见的大型盆栽观叶植物。亦适于花坛中心和广场、宾馆、酒楼、会议厅堂等公共场所摆设。

种子入药，有治痢疾、止血、止咳之效，亦可食用；茎内淀粉可供食用（称“西米”）。

同属植物

台湾苏铁 *C. taiwanensis* Carr.　杆高1~3.5m，羽状叶长1.8m，小叶90~144对。种子熟时呈红褐色。产台湾、广东、福建等省。

攀枝花苏铁 *C. panzhihuaensis* L. Zhou et S. Y. Yang　树干圆柱形，高2.5~4m。叶的羽状裂片宽4~7mm；胚珠和种子的外种皮具分离而易碎的薄纸质外层，为金黄色至桔红色。分布于四川。

云南苏铁 *C. siamensis* Miq　树干矮小，高0.3~1.8m。基部膨大成盘状茎，干茎粗大。羽片薄革质而较宽，宽1.5~2.2cm，边缘平，基部不下延。分布于广西、云南等地。

海南苏铁 *C. hainanensis* C. J. Chen　羽状叶长约1m，叶柄两侧密生刺，刺长约3~4mm；羽状裂片条形，革质，基部两侧不对称，中脉隆起。分布于海南岛，多作庭院树。

68. **南天竹**　天竺　图6-72

学名　*Nandina domestica* Thunb.

科属　小檗科，南天竹属。

形态特征　常绿灌木，高达2m。丛生而少分枝。2~3回羽状复叶，互生，小叶椭圆状披针形，长3~10cm，薄革质，全缘，两面无毛。顶生圆锥花序；花小，白色。浆果球形，鲜红色。花期5~7月，果期10~11月。

常见栽培的变种有：

玉果南天竹 var. *leucocarpa*　小叶翠绿色，入冬不转红，果黄绿色。

锦丝南天竹 var. *capillaries*　叶细如丝。

紫果南天竹 var. *porphyrocarpa*　又称五彩南天竹，矮小，叶狭长而密，叶色多变，果紫色。

图6-72　南天竹

分布与习性　原产我国及日本，现国内外庭园广泛栽培。喜温暖多湿且通风良好的半阴环境，也喜肥沃、湿润而排水良好的土壤。较耐寒，对水分要求不严，生长较慢。

繁殖与栽培　以播种、分株繁殖为主，也可扦插。果实成熟时随采随播，芽萌动前或秋季分株，新芽萌发前或夏季新梢停止生长时扦插。栽培土壤要保持一定湿润，花期浇水不要过多，以免引起落花。

观赏特性及用途 南天竹茎干丛生，枝叶扶疏，秋冬叶色变红，且红果累累，经久不落，为赏叶观果的优良树种。宜丛植于庭院房前，草地边缘或园路转角处。北方多盆栽观赏。又可剪取枝叶和果序瓶插，供室内装饰用。南天竹老桩常制作盆景，苍劲古雅，堪为上品。

根、叶、果均可入药，果为镇咳药，根、叶强筋活络、消炎解毒。

69. **十大功劳** 狭叶十大功劳 图6－73

图6－73 十大功劳

学名 *Mahonia fortunei*（Lindl.）Fedde.

科属 小檗科，十大功劳属。

形态特征 常绿灌木，高达2m。奇数羽状复叶，互生，小叶7～11，侧生小叶狭披针形至披针形，长8～12cm，革质而有光泽，缘有刺齿6～13对，小叶均无叶柄，花黄色，总状花序4～8条簇生。浆果近球形，蓝黑色，被白粉。花期8～9月，果期10～11月。

分布与习性 原产我国，分布于四川、湖北、浙江等省。耐荫，喜温暖气候及肥沃、湿润、排水良好的土壤，较耐寒。

繁殖与栽培 播种、扦插或分株繁殖。种子采后即可播种；2～3月硬枝扦插，梅雨季节嫩枝扦插，插后要及时庇荫，适量浇水；夏季扦插可采用全光照喷雾育苗。春秋雨季均可移植，植株需留宿土或带土球。

观赏特性及用途 十大功劳枝干挺直，叶形奇异，黄花成簇。可点缀于假山上或岩隙、溪边，也可在北门口、宙下种植及林荫下配植。盆栽可用于会场布置，室内装饰。

全株供药用，有清凉、解毒，强壮之效。

同属植物 阔叶十大功劳 *M. bealei*（Fort.）Carr. 小叶厚革质，7～15，宽而短，由下向上渐次增大，边缘反卷，有2～8刺锯齿。叶色清秀，果色艳丽，为观赏树木之珍品。花期11月至翌年3月，果期4～8月。

70. **海桐** 海桐花 七里香 山矾 图6－74

学名 *Pittosporum tobira* Ait.

科属 海桐花科，海桐属。

形态特征 常绿灌木，高2～6m，树冠圆球形。单叶互生，或为轮生状，厚革质，倒卵状椭圆形，长5～12cm，先端圆钝，基部楔形，边缘反曲，全缘，无毛，上面深绿色而有光泽，背面苍白色。顶生伞房花序，花小，芳香，白色或淡黄绿色。蒴果卵形，长1～1.5cm，有棱角，熟时三瓣裂；种子鲜红色。花期5月，果期10月。

图6－74 海 桐

栽培变种有：银边海桐 cv. Variegatum 叶缘有白斑。

分布与习性 产我国长江流域及东南沿海各省（区），朝鲜、日本亦有分布。喜光，略耐荫；喜温暖湿润气候及肥沃湿润土壤，耐寒性不强，华北地区不能露地越冬。对土壤要求不严，黏土、沙土及轻盐碱土均能适应。萌芽力强，耐修剪，生长快。抗海潮风及二氧化硫等有毒气体能力较强。

繁殖与栽培 常用播种繁殖，也可扦插。10～11月采收果实，因种子外有黏汁，要用草木灰拌搓脱粒，随即播种，需盖草防冻，或洗净后阴干沙藏，至翌年2～3月播种。海桐生长强健，栽培容易，小苗移栽可蘸泥浆或带宿土，大苗移栽要带土球。移栽时间在春季3月间进行，也可在秋季10月前后进行。

观赏特性及用途 海桐枝叶茂密，树冠球形，下枝覆地；叶色浓绿而有光泽，经冬不凋，初夏花朵清丽芳香，入秋果熟开裂时露出红色种子，也颇美观，是城市园林中常用的观叶树种。通常可作绿篱栽植，也可孤植、丛植于草坪边缘、林缘或对植于门旁、列植路边。因有抗海潮风及有毒气体能力，故又为海岸防潮林、防风林及厂矿区绿化的重要树种，并宜作城市隔噪声和防火林带的下木。

木材可作器具。其叶可代矾染色，故有“山矾”之别名。

71. **火棘** 火把果 救军粮 图6－75

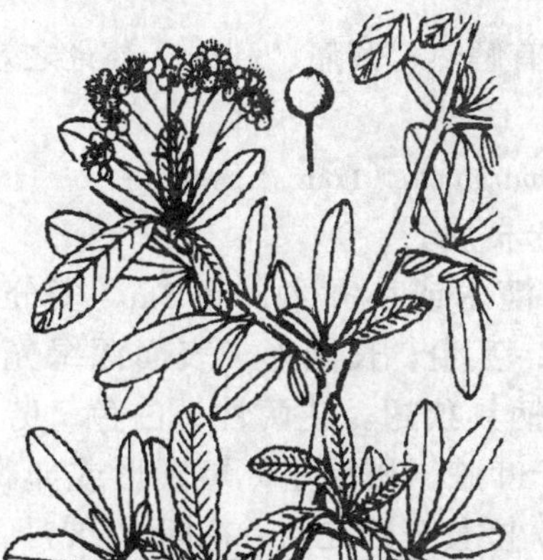

图6－75 火 棘

学名 *Pyracantha fortuneana*（Maxim.）Li

科属 蔷薇科，火棘属

形态特征 常绿或半常绿灌木，高3m。枝条拱形下垂，侧枝短，先端成刺。单叶互生，倒卵形至长圆形，先端圆钝或微凹，偶具短尖头，基部契形，叶缘有钝锯齿。复伞房花序，花白色。梨果近球形，红色。花期3～5月，果期8～11月。

分布与习性 产于陕西、甘肃及黄河以南地区。性喜温暖湿润、阳光充足，稍耐荫，略耐寒，耐干旱瘠薄。萌芽力强，生长快，耐修剪。宜疏松肥沃、排水良好的土壤。

繁殖与栽培 以播种、扦插、压条等法繁殖。秋季果熟采收后堆放，待果肉发软时，在水中揉搓，除去皮肉，得纯净种子，即可播种；或沙藏至翌年春播。扦插宜于春、秋季硬枝扦插，也可在晚夏用当年生枝条进行嫩枝扦插，生根率更高。移栽应在早春或秋冬进行。

观赏特性及用途 火棘枝叶茂盛，白花繁密，入秋果红如火，且留存枝头甚久，密密层层，压弯枝梢，经冬不落，是露地栽植观花、观果和作观果盆景的好材料。

果实可鲜食或酿酒，或舂拦掺在面粉中作糕点。

72. **石楠** 千年红 扇骨木 枫药 图6－76

学名 *Photinia serrulata* Lindl.

科属 蔷薇科，石楠属。

形态特征 常绿灌木或小乔木，高达12m。小枝灰褐色，无毛。单叶互生，革质，长椭圆形，长 8～20cm，先端尖，基部圆形或广楔形，缘有细锯齿，幼叶红色，后渐变为绿色而具光泽。复伞房花序顶生，花小，白色。梨果球形，成熟时红色。花期 5～7 月，果期 9～10 月。

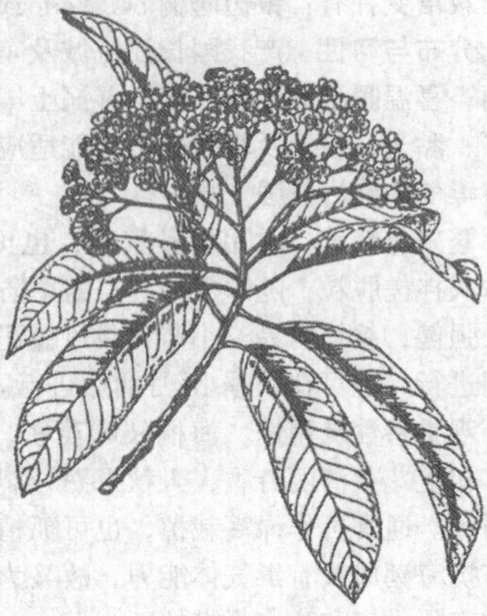

图 6－76 石 楠

分布与习性 原产我国中部和南部，日本、印度尼西亚也有分布。喜光，稍耐荫，喜温暖气候，能耐短期－15℃低温，较耐干旱、瘠薄，不耐水湿，抗污染能力强。

繁殖与栽培 以播种为主，也可扦插、压条繁殖。播种可在 11 月份采种，将果实堆放后熟，捣烂洗净，晾干沙藏至翌年春播；扦插多于 7～9 月进行，以踵状扦插成活率较高；压条于秋季进行。栽培过程中，一般不需修剪，也不需要特殊管理。

观赏特性及用途 石楠树形端正，枝叶浓密，早春嫩叶鲜红，秋冬红果满枝，十分美丽。园林中宜丛植或列植，或基础栽植。

种子可榨油；根皮提制栲胶；根、茎、叶均可入药，有解热、镇痛、利尿、补肾之效。

73. **金橘** 罗浮 牛奶金柑 金枣 图 6－77

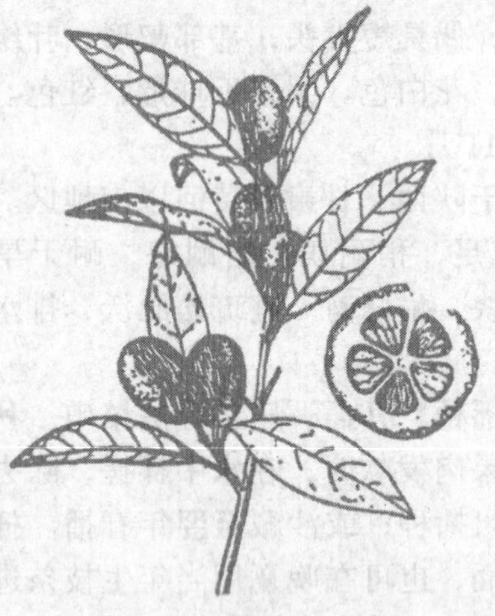

图 6－77 金 橘

学名 *Fortunella margarita*（Lour.）Swingle

科属 芸香科，金橘属。

形态特征 常绿灌木或小乔木，高 3m。多分枝，通常无刺。单身复叶，互生，长圆形，表面深绿光亮，背面散生油腺点，叶柄具狭翅。花两性，白色，芳香；单花或 2～3 朵集生于叶腋。柑果小，矩圆形或卵状椭圆形，长 2.0～3.5cm，橙黄至橙红色。花期 5～8 月，果期 11～12 月。

分布与习性 原产我国南部，广布于长江流域及以南的广东、广西、福建、江西、浙江等地。亚热带树种。喜温暖湿润和日照充足的环境，不耐寒，较耐旱，稍耐荫，喜生于土层深厚肥沃、排水良好而带酸性的沙质壤土。

繁殖与栽培 常用嫁接繁殖。砧木用枸橼、酸橙或本砧的实生苗。采用的方法有枝接、芽接和靠接。枝接在 3～4 月用切接法；芽接在 6～9 月进行；盆栽靠接法也用得较多，在 6 月进行。砧木要提前 1 年盆栽，也可用地栽砧木。金橘多行盆栽。

观赏特性及用途 金橘四季常青，树形优美，夏日小型白花如玉，香气袭人，秋冬灿灿金果，玲珑娇小，点缀于绿叶之中，可谓碧叶金丸，扶疏长荣，惹人喜爱，为我国传统盆栽珍品。可配置于庭院前或门侧，使冬景生辉。列植于花坛中心或散植于草坪边缘也很美观。

果实可生食或制蜜饯，含有大量维生素 C，又可入药，有生津、止咳之效。

74. **一品红**　象牙红　老来娇　猩猩木　圣诞花

学名　*Euphorbia pulcherrima* Willd.

科属　大戟科，大戟属。

形态特征　常绿或半常绿灌木。茎直立而光滑，质地松软，髓部中空，植物体具乳汁。单叶互生，卵状椭圆形至阔披针形。开花时枝顶的节间变短，上面簇生出红色的苞片，向四周放射而出，苞片和叶片相似，较狭，小花顶生在苞片中央的杯状花序中，雌雄同株，雌花单生于花序的中央，雄花多数，均无花被。蒴果。花期 12 月至翌年 3 月，在北方盆栽多不结实。

一品红的园艺品种很多，近年培育出的四倍体新品种，观赏价值比原有二倍体的更高，茎粗壮，叶宽阔，“花”更大。在品种分类上，以茎的高矮可分为高型（宜作切花）和矮型（宜盆栽）；以自然花期分早花种（11 月中、下旬开花）、中间种（12 月上旬开花）和晚花种（12 月中旬开花）。目前普遍采用按苞片的颜色分类，大致上分为红苞、粉苞、白苞和重瓣一品红。目前流行的新品种有：自由 Freedom、彼得之星 Peterstar、成功 Success、倍利 Pepride、圣诞之星 Winter Rose 等。

分布与习性　原产墨西哥和中美洲及热带非洲。在我国南方可露地栽培，有时能长到 3～4m，在北方多为盆栽。喜温暖湿润的环境，不耐寒，适宜生长的温度，白天为 20℃，晚间为 15℃。一品红属典型的短日照阳性植物，在短日照条件下才能进行花芽分化，不耐荫，对土壤要求不严，耐干旱、瘠薄，但喜酸性土壤，pH 值 5.5～6.0 时最适宜生长。

繁殖与栽培　主要采用扦插繁殖。一品红开花以后，即进入半休眠状态。为了采取插条，把植株放在 2～3℃的环境里，保持适当的干燥状态。到 3 月份时，提高温度和浇水量，打破休眠，并取出植株，除去部分老根和盆土，换肥沃的新土，浇足水分，放置在较高温度的室内，促使萌发生长。4～5 月即可采条扦插，扦插时期决定于栽培目的，如果作为切花栽培，扦插时期应早于盆栽观赏者，一般 4 月下旬至 7 月下旬均可进行。盆栽者以 7 月扦插较为适宜。一品红移栽后温度应控制在白天 26～29℃，夜间 18℃。

观赏特性及用途　一品红自然开花期在元旦和圣诞节前夕，以其独特娇艳的色泽，替厅堂生辉，使居室增彩。花大、红艳，花期长，优美大方，是很受欢迎的盆花，也是国庆节的重要用花。在华南和西南暖和地方，可作花坛材料，花篱风景树或庭园种植，控制花期，新年供应，是园艺上一类重要花卉。

75. **雀舌黄杨**　细叶黄杨　图 6－78

学名　*Buxus bodinieri* Levl.

科属　黄杨科，黄杨属。

形态特征　常绿小灌木，高通常不及 1 m。分枝多而密集。叶较狭长，倒披针形或倒卵状长椭圆形，长 2～4cm，先端钝圆或微凹，革质，有光泽，两面中肋及侧脉均明显隆起；叶柄极短。花小，黄绿色，呈密集短穗状花序，其顶部生一雌花，其余为雄花。蒴果卵圆形，

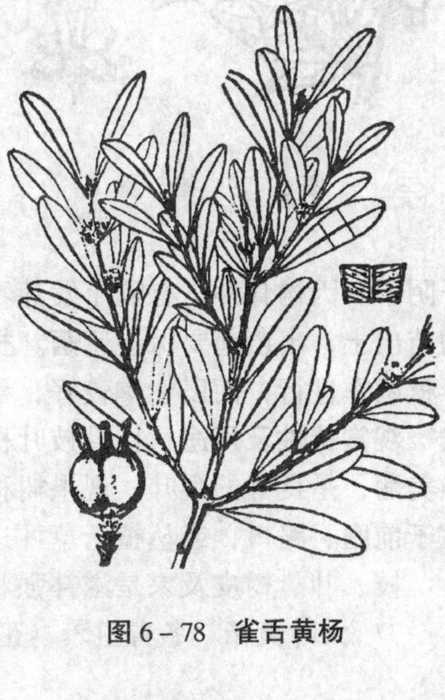

图 6－78　雀舌黄杨

顶端具3宿存之角状花柱，熟时紫黄色。花期4月，果期7月。

分布与习性 产于华南。喜光，亦耐荫，喜温暖湿润气候，常生于湿润而腐殖质丰富的溪谷岩间；耐寒性不强。浅根性，萌蘖力强；生长极慢。

繁殖与栽培 以扦插繁殖为主，也可压条和播种。硬枝扦插在3月芽萌动以前进行，以基部带踵插效果较好；嫩枝扦插6月中下旬至9月上旬均可进行，而以梅雨季扦插成活率最高。移栽在春秋两季均可，幼苗需带土球。

观赏特性及用途 本种植株低矮，枝叶茂密，且耐修剪，是优良的矮绿篱材料，最适宜布置捷纹图案及花坛边缘。若任其自然生长，则适宜点缀草地、山石，或与落叶花木配植。也可盆栽，或制成盆景观赏。

同属植物 常见栽培观赏的还有：

黄杨 *B. sinica*（Rehd. et Wils）Cheng. 枝叶较疏散，叶倒卵形、倒卵状椭圆形至广卵形，通常中部以上最宽。花簇生叶腋或枝端，黄绿色。

锦熟黄杨 *B. sempervirens* L. 小枝密集。叶椭圆形至卵状长椭圆形，中部或中部以下最宽。花簇生叶腋，淡绿色。

76. **构骨** 猫儿刺 老虎刺 鸟不宿 图6-79

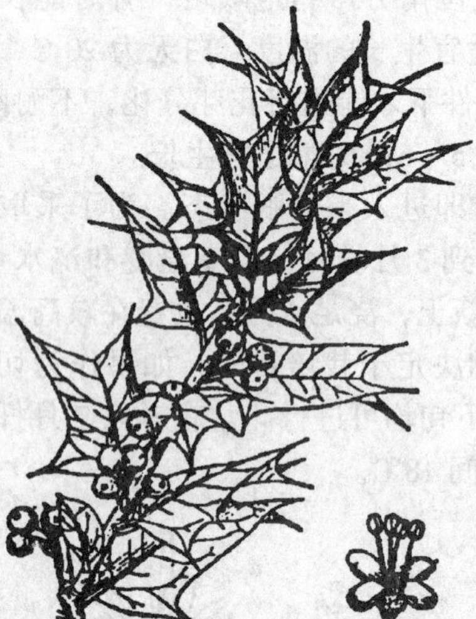

图6-79 构 骨

学名 *Ilex cornuta* Lindl.

科属 冬青科，冬青属。

形态特征 常绿灌木或小乔木，高3~8m。树皮灰白色，光滑；枝开展而密生。叶硬革质，矩圆状四方形，长4~8cm，宽2~4cm，顶端大并有3枚大尖硬刺齿，中央1枚向背面弯，基部两侧各有1~2枚大刺齿，叶表深绿而有光泽。花小，黄绿色，簇生于2年枝叶腋。核果球形，熟时鲜红色。花期4~5月，果期10~11月成热。

常见的变种有：无刺构骨 var. *fortunei* S. Y. Hu 和黄果构骨 cv. Luteocarpa。前者叶缘无刺齿，后者果暗黄色。

分布与习性 产我国长江中下游各省，朝鲜亦有分布。喜光，稍耐荫，喜温暖气候及肥沃、湿润而排水良好的微酸性土壤，耐寒性不强，适应强，对有害气体有较强抗性。生长缓慢，萌蘖力强，耐修剪。

繁殖与栽培 可用播种和扦插等法繁殖。播种于秋季果熟后采收，堆放后熟，待果肉软化后捣烂，淘出种子阴干。因构骨种子有隔年发芽习性，故生产上常采用低温湿沙层积至翌年秋播，第三年春幼苗出土，出苗前要保湿遮荫。扦插一般多在雨季用嫩枝带踵扦插，成活率较高。移栽可在春秋两季进行，而以春季较好，移时须带土球。

观赏特性及用途 构骨枝叶稠密，叶形奇特，深绿光亮，入秋红果累累，经冬小凋，鲜艳美丽，是良好的观叶、观果树种。宜作基础种植及岩石园材料，也可孤植于花坛中心、对植于前庭、路口，或丛植于草坪边缘。果枝可供瓶插，经久不凋。

枝、叶、树皮及果是滋补强壮药；种子榨油，供工业用。

77. **大叶黄杨** 冬青卫矛 正木 图6-80

学名　*Euonymus japonicus* Thunb.

科属　卫矛科，卫矛属。

形态特征　常绿灌木或小乔木。小枝稍呈四棱形，青绿色。单叶对生，革质有光泽，椭圆形至倒卵形，长3~6cm，先端钝圆或急尖，缘具浅钝锯齿。聚伞花序腋生，花绿白色。蒴果，扁球形，粉红色，熟时4瓣裂，假种皮桔红色。花期5~6月，果期9~10月。

常见的栽培变种有：

金边大叶黄杨 cv. Ovatus Aureus 叶缘金黄色

金心大叶黄杨 cv. Aureus 叶中脉附近有金黄色的条纹，有时叶柄及枝端也变为黄色。

银边大叶黄杨 cv. Albo-marginatus 叶缘白色。

银斑大叶黄杨 cv. Latifolius Albo-marginatus 叶阔椭圆形，银边甚宽。

斑叶大叶黄杨 cv. Duc d' Anjou 叶较大，深绿色，有灰色和黄色斑。

图 6-80　大叶黄杨

分布与习性　原产我国中部和日本南部，现各省均有栽培。喜光，也能耐荫，喜温暖湿润的气候，较耐寒，但温度低于-17℃左右即受冻害，喜肥沃的土壤。生长快，寿命长，萌芽力强，极耐修剪整形。对各种有毒气体及烟尘均有较强的抗性。

繁殖与栽培　扦插、嫁接、压条、播种法繁殖均可，一般以扦插为主。硬枝扦插可在春秋两季进行，嫩枝扦插在夏季进行。移植宜在3~4月进行，小苗可裸根或蘸泥浆移栽，大苗移栽或远距离运输需带土球，栽植在春季进行成活率最高。

观赏特性及用途　大叶黄杨枝叶浓密，嫩叶翠绿而有光泽，且有花叶变种，是美丽的观叶树种，常用作绿篱及境界树，修剪后多用于规则或对称配植，或植于花坛中心，也可自然式配植在草地边缘，作为背景树，花叶变种宜盆栽，用于室内或会场装饰。

78. **山茶花**　山茶　茶花　图 6-81

学名　*Camellia japonica* L.

科属　山茶科，山茶属。

形态特征　常绿灌木或小乔木，高2~10m。单叶互生，厚革质，卵形、椭圆形或倒卵形，长5~11cm，先端短钝渐尖，基部楔形，缘有细锯齿，叶表有光泽。花单生或对生于枝顶或叶腋，红色，径6~12cm，无梗，花瓣5~7，但亦有重瓣的，花瓣近圆形，顶端微凹；萼密被短毛，边缘膜质；花丝及子房均无毛。蒴果近球形，径2~3cm，种子椭圆形，深褐色。花期2~4月，果期9~10月。

常见的变种有：

白山茶 var. *alba* Lodd.　花白色。

图 6-81　山茶花

白洋茶 var. *alba - plena* Lodd. 花白色，重瓣，6～10轮，外瓣大、内瓣小，呈规则的覆瓦状排列。

红山茶 var. *anemoniflora* Curtis 花红色，花型似秋牡丹，有5枚大花瓣，雄蕊有变成狭小花瓣者。

紫山茶 var. *lilifolia* Mak. 花紫色；叶呈狭披针形，有似百合的叶形。

玫瑰山茶 var. *magnoliaeflora* Hort. 花玫瑰色，近于重瓣。

重瓣花山茶 var. *polypetala* Mak. 花白色而有红纹，重瓣；枝密生，叶圆形，扦插易生根。

金鱼茶（鱼尾山茶）var. *spontanea* f. *trifida* Mak. 花红色，单瓣或半重瓣，叶端3裂如鱼尾状，又常有斑纹，为观赏珍品，可扦插繁殖。

朱顶红 var. *chutinghung* Yu 花型似红山茶，但呈朱红色，雄蕊仅余2～3枚。

鱼血红 var. *yuxiehung* Yu 花色深红，花形整齐，花瓣覆瓦状排列，有时外轮的1～2瓣带白斑。

什样锦 var. *shiyangchin* Yu 花色粉红，常有白色或红色的条纹与斑点，花形整齐，花瓣呈覆瓦状排列。

分布与习性 产中国和日本。我国各地均有栽培，中部及南部露地栽培，北方则盆栽，温室越冬。山茶适合于温暖气候，喜肥沃湿润、排水良好的微酸性土壤，可耐 -10℃的低温，但酷热及严寒均不适宜；稍耐荫。

繁殖与栽培 常用扦插、嫁接、播种等法繁殖。扦插在6月中旬梅雨季和8月上旬至9月初最为适宜；嫁接以5～6月为好，常用靠接、枝接和芽接。播种主要是培育砧木和新品种，应随采随播。栽培山茶以秋植比春植为好。

观赏特性及用途 山茶是我国十大名花之一。叶色翠绿而有光泽，四季长青，花大色艳，花姿多变，耐久开放，品种繁多，花期长。其开花期正值其它花较少的季节，故更为珍贵。常用于庭园及室内装饰。

花及根均可入药，有清热、敛血之效，可治吐血、血崩、白带等症。种子含油45%以上，榨油可食用。

79. 桂花 木犀 岩桂 金粟 图6-82

学名 *Osmanthus fragrans*（Thunb.）Lour.

科属 木犀科，木犀属

形态特征 常绿灌木至小乔木，高达12m。芽叠生。单叶对生，长椭圆形，长5～12cm，先端尖，基部楔形，全缘或上半部有细锯齿。花小，黄白色，具浓香，簇生于叶腋或成聚伞状。核果椭圆形，紫黑色。花期9～10月，果期翌年4～5月。

常见的变种有：

金桂 var. *thunbergii* Makino 花黄色，秋季开花。

银桂 var. *latifolius* Makino 花近白色，秋季开花。

丹桂 var. *aurantiacus* Makino 花桔红色或橙红色，秋季开花。

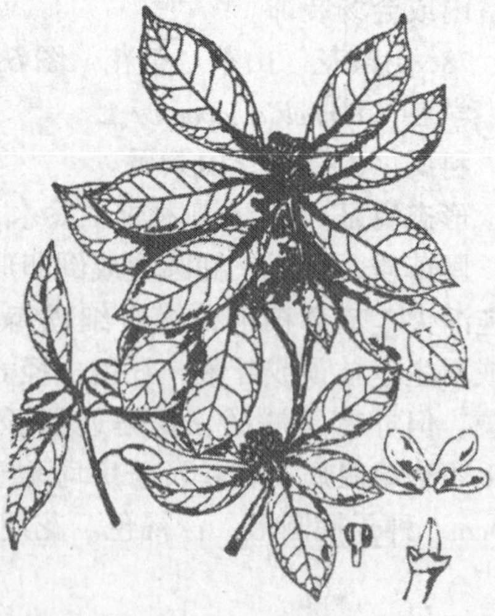

图6-82 桂 花

四季桂 var. *semperfloreus* Hort. 花白色或黄色。花期很长，可自5~9月连续开花数次。

分布与习性 原产于我国西南部，现长江流域广泛栽培，北方多盆栽。喜光，稍耐荫，喜温暖和通风良好的环境，不耐寒。喜湿润及排水良好的沙质壤土，忌涝地和黏重土壤。萌芽力强，耐修剪，寿命较长。对二氧化硫、氯气等有害气体抗性较强。

繁殖与栽培 用播种、嫁接、压条、扦插繁殖均可，以无性繁殖为主。嫁接时用小叶女贞、小蜡树作砧木，扦插于春秋两季进行，以梅雨季节成活率最高。栽植后要多施追肥，以农家肥为最好，可在花芽形成前施追肥，并勤浇水，盆栽尤其要注意浇水。

观赏特性及用途 桂花是我国十大名花之一，其四季常青，花期正值中秋，香飘数里，芳香四溢，可谓“独占三秋压群芳”，是我国人民喜爱的传统园林花木。在古式庭园中，常对植于台前廊后，现代园林中常植于草坪、空地，亦可作行道树或绿篱，与山石、松柏配置，效果亦很好。

花极香，可作香料或提取芳香油。花、果、枝、叶均可入药，花可散寒破结，化痰止咳；果可暖胃、平肝、散寒；枝、叶可暖胃止痛；根可祛风湿、散寒。

80. **夹竹桃** 柳叶桃 半年红 图6-83

图6-83 夹竹桃

学名 *Nerium indicum* Mill.

科属 夹竹桃科，夹竹桃属。

形态特征 常绿直立大灌木，高达5m。枝条灰绿色。单叶轮生，稀对生，窄披针形，长11~15cm，具柄，全缘，革质。聚伞花序顶生；花冠深红色或粉红色，单瓣5，喉部具5片撕裂状的副花冠，有时重瓣15~18，组成3轮。蓇葖果细长；种子长椭圆形，具白色绵毛。花期6~10月，果期10月。

常见栽培的变种有：‘白花’夹竹桃 cv. Paihua 花白色。

分布与习性 原产于伊朗、印度、尼泊尔，现广植于世界热带地区。我国长江以南各省区广为栽植，北方各省栽培需在温室越冬。喜光，喜温暖湿润气候，不耐寒；耐旱力强，抗烟尘及有毒气体能力强，对土壤适应性强，碱性土上也能正常生长。性强健，管理粗放，萌蘖性强，病虫害少，生命力强。

繁殖与栽培 繁殖以压条法为主，也可用扦插法，水插尤易生根。压条于雨季进行，把近地表的枝条割伤表皮压入土中，约经2个月后生根，即可与母株分离。水插法生长季中都可进行，剪取30~40cm长枝条，在下端用小刀劈开4~6cm，插入盛水玻璃杯中，春、秋季温度适宜，约2~3周就能长根。

观赏特性及用途 花色绮丽，或粉红，犹如桃花，丰润而艳丽；或纯白，皑皑如雪，晶莹照人，自古以来为人们所欣赏。常植于公园、庭院、街头、绿地等处；枝叶繁茂、四季常青，是极好的背景树种，也是工矿区和铁路站台绿化装饰的优良树种。

夹竹桃可提取强心剂，叶、花、树皮都可入药，植株有毒，应用时应注意。

81. **栀子** 黄栀子 山栀 图6-84

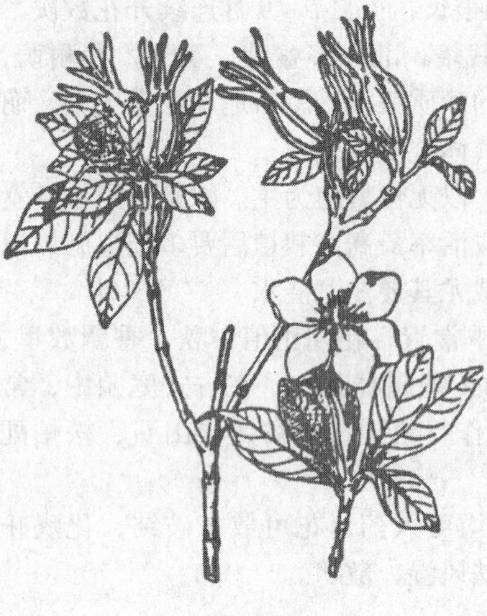

图6-84 栀 子

学名 *Gardenia jasminoides* Ellis.

科属 茜草科，栀子属。

形态特征 常绿灌木，高1~3m。干灰色，小枝绿色，有垢状毛。单叶对生或3叶轮生，长椭圆形，长6~12cm，端渐尖，基部宽楔形，全缘，无毛，革质而有光泽。花单生枝端或叶腋，花萼5~7裂，裂片线形，花冠高脚碟状，端常6裂，白色，浓香，花丝短，花药线形。果卵形，具6纵棱，顶端有宿存萼片。花期6~8月，果期10月。

常见栽培观赏的变型、变种有：

大花栀子 f. *grandiflora* Makino. 叶较大；花大而重瓣，径7~10cm，芳香。

水栀子 var. *radicana* Makino. 又名雀舌栀子，植株较小，枝常平展匍地。叶小而狭长，花也较小。

分布与习性 产于长江流域，我国中部及中南部都有分布。喜光也能耐荫；喜温暖湿润气候，耐热也稍耐寒（-3℃），喜疏松、湿润、肥沃、排水良好的酸性壤土，是典型的酸性土指示植物，也耐干旱瘠薄；萌蘖力、萌芽力均强，耐修剪。抗二氧化硫能力较强。

繁殖与栽培 常用扦插、压条繁殖。栀子的枝条很容易生出根来，南方暖地常于3~10月，北方则常5~6月间扦插；水插法远胜于土插，成活率接近100%。压条繁殖于4月进行，在成年树上选2~3年生健壮的枝条压条，约经1个月即生根，可从下部切离母株，带土定植。移栽宜在梅雨季进行，植株需带土球。

观赏特性及用途 栀子叶色亮绿，四季常青，花大洁白，芳香馥郁，又有一定耐荫和抗有毒气体的能力，故为良好的绿化、美化、香化的材料，可成片丛植或配置于林缘、庭前、院隅、路旁，植作花篱也极适宜，作阳台绿化，盆花、切花或盆景都十分相宜，也可用于街道和厂矿绿化。

花含挥发油，可作调香剂；果实可作黄色染料；根、花、种子入药，主治传染性肝炎、跌打损伤、牙痛、口舌生疮、心烦不眠、吐血等。

82. **珊瑚树** 法国冬青

学名 *Viburnum awabuki* K. Koch

科属 忍冬科，荚蒾属。

形态特征 常绿灌木或小乔木，高达10m。树皮灰褐色而平滑，全株无毛。单叶对生，叶厚革质，长椭圆形，长5~15cm，全缘或近先端边缘有不规则波状钝齿，表面深绿色而有光泽，背面苍白色，侧脉4~5对；叶柄锈褐色。圆锥花序顶生，花小，白色，芳香。核果椭圆形，红色。花期5~6月，果期9~10月。

分布与习性 产于我国华南、华东、西南各省（区），华南及华北南部有栽培。日本、印度也产。喜光，稍能耐荫；喜温暖，不耐寒；喜湿润肥沃的土壤，喜中性土，在酸性和碱性土中也能适应；对有毒气体氯气、二氧化硫抗性较强，对汞和氟有一定的吸收能力，耐烟尘，抗火力强。根系发达，萌芽力强，生长较快，耐修剪。

繁殖与栽培　播种和扦插繁殖，以扦插为主。扦插在6月中旬用半熟枝，成活率高，9月上旬秋插发根慢，越冬时易受冻害。播种在10月下旬采种，堆放后熟，洗净阴干，湿沙层积或冬播，早春播种在5月下旬出土，幼苗畏强日照，应及时遮荫，当年苗高10cm左右。移植在3~4月进行，需带泥球。

观赏特性及用途　珊瑚树枝茂叶繁，终年碧绿光亮，春日开以白花，深秋果实艳红，累累垂于枝头，状如珊瑚，极为美观。园林中可丛植墙角，草坪，或作基础栽植和高篱栽植。因抗污染、耐火力强，为工矿区绿化及森林防火的良好树种。

二、落叶灌木

83. **牡丹**　富贵花　木芍药　花王　洛阳花　图6-85

学名　*Paeonia suffruticosa* Andr.

科属　毛茛科，芍药属。

形态特征　落叶灌木，高达2m。枝条从地面丛生而出，分枝粗而短，节部和叶痕明显。肉质根系，无横生侧根。二回三出复叶，互生，纸质，具长柄，小叶广卵形至卵状长椭圆形，先端3~5裂，基部全缘，背面有白粉。花单生枝顶，大型，径10~30cm；花型多种；花色丰富，有紫、深红、粉红、白、黄、豆绿等色。蓇葖果，密生黄褐色毛，具数枚大粒种子，黑色。花期4~5月，果期9月。

常见栽培的有：

矮牡丹 var. *spontanea* Rehd.　高0.5~1m。叶片纸质，叶背及叶轴有短柔毛，顶端小叶宽椭圆形，长4~5.5cm，3深裂，裂片再浅裂。花白色或浅粉色，单瓣型，直径约11cm。特产于陕西延安一带山坡疏林中。

图6-85　牡　丹

寒牡丹 var. *hiberniflora* Maklno　叶小。花白色或紫色，小形，直径8~10cm。本变种的习性是极易促成开花。

牡丹的品种十分丰富，在《洛阳牡丹记》中载有40余品种，在《群芳谱》中载有183个品种，现在约有500多个品种。

牡丹的品种分类有多种方法，常见的有以下几种：

按花色分类：

白花种：‘白玉’、‘宋白’、‘崑山夜光’等。

黄花种：‘姚黄’、‘御衣黄’、‘大叶黄’等。

粉花种：‘大金粉’、‘瑶池春’、‘粉二乔’等。

红花种：‘胡红’、‘秦红’、‘状元红’等。

紫花种：‘魏紫’、‘葛巾紫’、‘墨魁’等。

绿花种，‘豆绿’、‘娇容三变’等。

按花期分类：

早花种：‘大金粉’、‘白玉’、‘赵粉’等。

中花种：‘蓝田玉’、‘二乔’、‘掌花案’等。

晚花种，‘葛巾紫’、‘豆绿’、‘昆山夜光’等。

按花型分类：各国有许多分法，繁简不一，但基本上均是按照花瓣层数、雌雄蕊的瓣化程度及花朵外形来分类的，现举一繁简居中的例子如下：

（1）单瓣类：花瓣1~3轮，雌雄蕊无瓣化现象。

（2）复瓣类：花瓣在3轮以上，雌雄蕊无瓣化现象或仅有少数外围的雄蕊瓣化，有明显花心。

a. 荷花型：内外轮花瓣均较宽大。

b. 葵花型：内层花瓣明显变小，花朵全体较荷花型为扁平。

（3）重瓣类：花瓣多轮，雌雄蕊瓣化程度更为进展。

a. 金环型：在内外轮花瓣之间存有一环未瓣化的雄蕊。

b. 楼子型：外轮花瓣宽大而较平展，内轮花瓣狭长紧密而高突，形成一圆球状；全花形似在一个浅碗中托出一个花球状。

c. 绣球型：雌雄蕊大部或全部瓣化，内外轮花瓣之大小区别不大，全花形似一个丰满的花球。

分布与习性 原产于我国西部及北部，栽培历史悠久。目前以山东菏泽、河南洛阳、北京等地最为著名，秦岭、嵩山等地有野生。牡丹对气候要求比较严格，“宜冷畏热，喜燥恶湿，栽高敞向阳而性舒”基本概括了牡丹的生态习性，总的来说性喜温暖、干凉、阳光充足及通风干燥的独特环境。颇能耐寒，能耐－20℃低温，很不耐热，日平均气温超过27℃，极端最高气温超过35℃，生长不良，枝条皱缩，叶片枯萎脱落。喜深厚肥沃而排水良好之砂质壤土。肉质根系，萌蘖力强，容易分株，但不耐移植。

繁殖与栽培 常采用分株、嫁接和播种等法繁殖。分株繁殖是先将4~5年生的大丛牡丹整株挖出，去掉根上附土，放阴凉处晾2~3天，待根稍变软后视其相互连接的情况，找出容易分离之处，用手掰开或用刀劈开，然后栽植。嫁接繁殖多以芍药根作砧木，选用大株牡丹根际上萌发的新枝或枝干上1年生的短枝作接穗，用劈接或嵌接法进行嫁接。播种繁殖用于培育新品种，种子九分成熟时采收即播种。牡丹为肉质根，栽植时要选择疏松、肥沃、深厚的沙质壤土，并选择地势高燥、排水良好的地方。栽植宜在中秋，俗称“牡丹生日”。

观赏特性及用途 牡丹是我国的传统名花。株形端庄，枝叶秀丽，花姿典雅，花色鲜艳，白、黄、粉、红、紫、墨绿、蓝色一应俱全，更兼具芳香，姿色俱超群不凡，远在唐代就已赢得了“国色天香”的赞誉。“花开花落二十日，一城之人皆若狂”，便是当时的首都长安在观赏牡丹时盛况空前的真实写照。千百年来，牡丹以其雍容华贵的绰约风姿，深为我国人民所喜爱，被尊为群芳之首、百花之王和中国名花之最，歌咏传记，不胜枚举。

牡丹在造园中具有重要地位。庭园中多种植于花台之上，称为“牡丹台”，若在山旁、树周，分层栽植，配以湖石，颇为别致。若成畦栽植，护以低栏，其间缀以湖石，亦甚优美。多数公园则别辟一区，以牡丹为中心，以叠石、树木、草花相互配合，构成以牡丹为主景的园中之园，称为“牡丹园”。牡丹盆栽应用更为灵活方便，可以在室内举办牡丹品种展览，也可在园林中的主要景点摆放，还可成为居民室内或阳台上的饰物。牡丹还可作切花栽培，经催延花期可以四季开放。

根皮称丹皮，有解热镇痛，抑制病菌，降低血压等效。叶可作染料，花可浸酒及提制香精，种子可榨油。

84. **紫叶小檗**　红叶小檗　图 6-86

学名　*Berberis thunbergii* DC. f. *atropurpurea* Rehd.

科属　小檗科，小檗属。

形态特征　落叶丛生灌木。小枝红褐色，有沟槽，刺常不分叉。单叶在幼枝上互生，在短枝上簇生，叶片倒卵形或匙形，长 0.5~2cm，全缘，上面紫红色，下面粉蓝色。伞形花序有花 1~5 朵，花浅黄色。浆果椭圆形，长约 1cm，熟时亮红色。花期 5~6 月，果期 9 月。

分布与习性　原产于我国东北南部、华北及秦岭，现全国各地普遍栽培。喜光，耐半荫，耐旱，耐寒。对土壤要求不严，但以在深厚肥沃、湿润而又排水良好的沙质壤土上生长最好。生长快，萌芽力强，耐修剪，耐移植。

繁殖与栽培　以播种、扦插繁殖为主。播种繁殖在 10 月底至 11 月初采收果实，将种子果肉洗净阴干后冬播，或与湿沙混合贮藏至翌年春播。扦插繁殖多在 6~8 月进行嫩枝扦插。播种幼苗高 6cm 左右时进行间苗或移栽。移栽在春季 3 月进行，移栽时要留宿土或带土球，裸根移栽也可，但要保持根系完整。

图 6-86　紫叶小檗

观赏特性及用途　紫叶小檗枝叶常年紫红，花朵繁密，果实鲜红亮丽，是优良的观叶观果和刺篱材料，也是目前各地广泛栽培应用的彩叶树种之一。

同属植物　约有 500 种，我国有 200 种，常见栽培观赏的有：

刺檗 *B. vulgaris*　小枝黄色，叶纸质，秋冬叶鲜红色。总状花序下垂，具花 10~14 朵，果实洋红色或紫红色。

锥花小檗 *B. aggregata*　是小檗中主要的观果观叶种，落叶或半常绿灌木，分枝密。圆锥花序密集，花浅黄色，浆果红色。

黄芦木 *B. amurensis*　观果种，叶较大，果红色。

庐山小檗 *B. virgetorum*　枝灰黄色，有棱，刺单一，总状花序，花黄色，3~10 朵一束。

85. **太平花**　京山梅花　图 6-87

学名　*Philadelphus pekinensis* Rupr.

科属　虎耳草科，山梅花属。

形态特征　丛生落叶灌木，高达 3m。1 年生枝紫褐色，2 年生枝皮剥落。单叶对生，卵状椭圆形，长 3~6cm，基部广楔形或近圆形，三出脉，缘疏生小齿，叶柄带紫色。总状花序具花 5~9 朵；花乳白色，微香。蒴果陀螺形。花期 6 月，果期 9~10 月。

常见的变种有：

毛太平花 var. *brachybotrys* Koehne　又称“宝仙”，小枝及叶两面均有硬毛，叶柄通常绿色，花序通常具

图 6-87　太平花

5朵花，短而密集，产陕西华山。

毛萼太平花 var. *dascalyx* Rehd. 花托及萼片外有斜展毛，产山西及河南西部。

分布与习性 原产中国北部及西部，北方各地庭院常有栽培。喜光，耐寒。对土壤适应性强，能在干旱瘠薄的坡地上生长，不耐水涝。宜排水良好、富含腐殖质的土壤，耐轻碱土。

繁殖与栽培 可用播种、扦插、分株、压条等法繁殖。播种法于10月采果，日晒开裂后，筛出种子，密封干藏一冬，翌年清明前后取出，混入细沙撒播。因种子细小，常采用盆播或箱播。扦插以嫩枝扦插最易生根，也可硬枝扦插。嫩枝扦插多于5~6月进行。分株繁殖可在早春挖掘根蘖苗直接定植，根系须带土团；也可秋季挖取根蘖苗，埋土假植，翌春方可定植。

观赏特性及用途 太平花枝繁叶茂，花色素雅，清香宜人，多朵聚集，花期较长，颇为美丽。宜丛植于草地、林缘、园路拐角和建筑物前，也可作自然式花篱或大型花坛之中心材料。在古典园林中于假山石旁点缀，尤为得体。太平花在我国栽培历史很久，宋仁宗时始植于宫庭，据传宋仁宗赐名“太平瑞圣花”，相传至今。

86. 八仙花 绣球紫阳花 图6-88

图6-88 八仙花

学名 *Hydrangea macrophylla*（Thunb.）Seringe

科属 虎耳草科，绣球花属。

形态特征 落叶灌木，高达3~4m。小枝粗壮，皮孔明显。单叶对生，大而有光泽，倒卵形至椭圆形，长7~15（20）cm，具粗锯齿，叶柄粗壮。花两性，成顶生伞房花序，径可达20cm；几乎全为不育花，扩大之萼片4，卵圆形，白色、粉红色或蓝色。花期6~7月。

栽培变种和品种很多，常见的有：

蓝边八仙花 var. *coerulea* 花两性，深蓝色，边缘花为蓝色或白色。

大八仙花 var. *hortensis* 花为全不孕性，萼片广卵形，全缘。

紫茎八仙花 var. *mandshurica* 茎暗紫色或近于黑色，近于全不孕性花。

齿瓣八仙花 var. *macrosepala* 花白色，花瓣边缘具齿牙。

银边八仙花 var. *maculata* 叶缘为白色，花序具可孕性及不孕性花。

分布与习性 产我国江南各地，北方多栽培观赏。喜荫，忌强光直射，不耐干旱；喜温暖，不耐寒。喜酸性土，在减性土中生长不良，枝叶发黄，宜腐殖质丰富、湿润而又排水良好的土壤。土壤酸碱度对花色影响很大，酸性土多为蓝色，碱性土则为红色。萌蘖力强。

繁殖与栽培 可用分株、压条、扦插繁殖。分株宜在早春萌发前进行，将已生根的枝条与母树分离。压条可在梅雨期前进行，翌春与母树切断分栽。扦插除冬季外随时可以进行，初夏用嫩枝更易生根，插穗要具2~3节，摘除下部叶片，以减少水分散失。插后要半遮荫，并保持较高的空气湿度。栽培应选择在阴处，经常保持土壤湿润，但也不宜浇水过多。

观赏特性及用途 八仙花碧叶葱葱，清雅柔和，繁英如雪，聚集如球，花色能蓝能红，艳丽可爱，宜配植在林缘或门庭入口处，对植于乔木之下，或列植成花篱、花境，更觉悦目怡神。盆栽可供室内欣赏，也可用于工厂绿化。

87. **蜡梅**　蜡梅　黄梅　香梅　图6－89

学名　*Chimonanthus praecox*（L.）Link

科属　蜡梅科，蜡梅属。

形态特征　落叶灌木，高达3m。幼枝微具四棱。单叶对生，叶片半革质，椭圆形至椭圆状披针形，长6～20cm，全缘，表面粗糙。花单生叶腋，径约2.5～4cm，花被外轮蜡黄色，中轮有紫色条纹，具浓香。果托坛状；小瘦果种子状，栗褐色，有光泽。花期12～3月，果期7～8月。

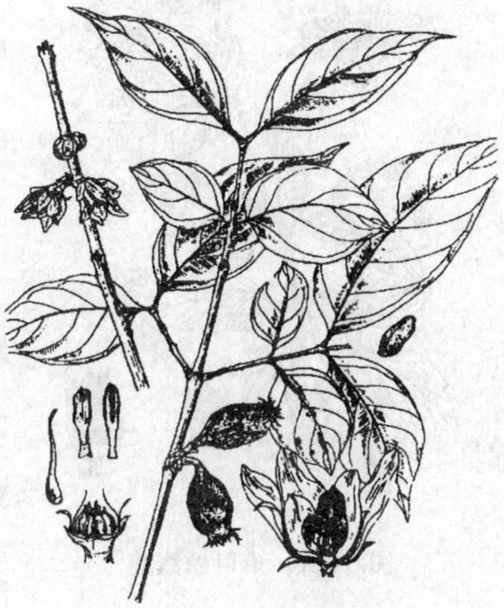

图6－89　蜡　梅

常见的变种有：

狗牙蜡梅 var. *intermedius* Mak.　叶比原种狭长而尖。花较小，花瓣长尖，中心花瓣呈紫色，香气弱。为蜡梅的半野生类型。

罄口蜡梅 var. *grandiflorus* Mak.　叶较宽大，长达20 cm。花较大，径3～3.5cm，外轮花被片淡黄色，内轮花被片有浓红紫色边缘和条纹。

素心蜡梅 var. *concolor* Mak.　内外轮花被片均为纯黄色，香味浓。较为名贵，江南多栽培。

小花蜡梅 var. *parviflorus* Turrill　花小，径约0.9cm，外轮花被片黄白色，内轮有浓红紫色条纹，栽培较少。

此外，还有紫花蜡梅 var. *patens* Turrill 等变种，每一变种均包含了丰富的栽培品种和品系，如素心蜡梅中有“扬州黄”、“杭州黄”、“十月黄”、“吊金钟”等，罄口蜡梅中有“虎蹄”、“乔种”等。它们在花色，着花密度、花期、香气及生长习性等方面各有特点。

分布与习性　原产我国湖北、陕西等省，北京以南各地广泛栽培。性喜光，稍耐荫，有一定耐寒力。耐干旱，忌水湿。宜土层深厚、排水良好的沙质壤土，在黏土中生长不良，耐肥力强，不耐盐碱。寿命长。

繁殖与栽培　以嫁接、分株繁殖为主，也可播种、扦插繁殖。嫁接以狗蝇蜡梅或蜡梅实生苗作砧木，于早春进行切接。播种繁殖可于7～8月采种后立即播种，也可将种子干藏至翌春播种；播前用30～40℃温水浸种催芽，然后条播。扦插繁殖多于夏季进行嫩枝扦插。为了加速成苗还常采用分株繁殖。移栽在春季萌芽前进行，小苗裸根蘸泥浆，大苗带土球移栽。

观赏特性及用途　蜡梅花开于寒月早春，花黄如蜡，清香四溢，为冬季观赏佳品。蜡梅配植于公园绥地、庭园窗前、墙隅、坡上、水畔俱宜，如以松、竹、垂柳为背景，效果极佳；作为盆花、桩景和瓶花亦独具特色。我国传统上喜用天竺与蜡梅相搭配，可谓色、香、形三者相得益彰，极得造化之妙。

鲜花可提取芳香油，花烘制后为名贵药材，有解暑生津之效；采花浸生油中，称“蜡梅油”可敷治水火烫伤，茎、根亦可作镇咳止喘药。

88. **麻叶绣线菊**　石棒子　麻叶绣球　图 6-90

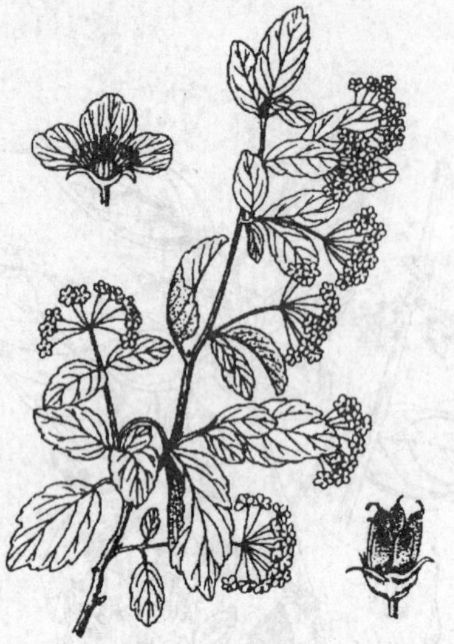

图 6-90　麻叶绣线菊

学名　*Spiraea cantoniensis* Lour.

科属　蔷薇科，绣线菊属。

形态特征　落叶丛生灌木，高达 1.5m。枝细长，拱形下垂。单叶互生，菱状矩圆形，长 3~5cm，叶缘自近中部以上有缺刻状锯齿，表面暗绿色，背面青蓝色，基部楔形。伞形花序，花较多，白色；雄蕊多数。花期 4~5 月，果期 7~9 月。

常见变种、杂交种有：

重瓣麻叶绣线菊 var. *lanceolata* Zabel　叶披针形，仅先端具少数稀疏锯齿，花重瓣。

'杂种'绣线菊 *S.* × *vanhouttei* Zabel 是麻叶绣线菊与三桠绣线菊的杂交种，较似前种，叶菱状卵形，长 2~3.5cm，叶背青蓝色，5~6 月开花。各地常有栽培。

分布与习性　原产福建、广东、广西、江西，河北、河南、陕西等地均有栽培，日本亦有分布。喜光，稍耐荫，较耐寒；耐干旱，忌湿涝。喜肥，在疏松肥沃、排水良好的酸性、中性土壤中均可生长。

繁殖与栽培　常用分株、扦插和播种繁殖。分株在 2~3 月间进行，可结合移植，从母株上分离出萌蘖条，短截后分栽。扦插可用嫩枝和硬枝插，嫩枝扦插于夏季进行，硬枝扦插在早春或晚秋进行。播种繁殖应于 9 月采种后即播或贮藏至翌年春播。移植在落叶期进行，一般幼苗需带宿土，大苗需带土球。

观赏特性及用途　麻叶绣线菊翠叶青青，晚春繁花皑皑；秋叶橙黄色，亦粲然可观。可丛植于池畔、山坡、路旁、崖边。普通多作基础种植用，或在草坪角隅应用。

89. **珍珠梅**　华北珍珠梅　图 6-91

学名　*Sorbaria kirilowii*（Regel）Maxim.

科属　蔷薇科，珍珠梅属。

形态特征　落叶丛生灌木，高 2~3m。奇数羽状复叶，互生，小叶 13~21，卵状披针形，长 4~7cm，缘具重锯齿，无毛。大型圆锥花序顶生，密集；花小，白色，蕾时如珍珠，雄蕊 20，与花瓣等长或稍短。蓇葖果长圆柱形，花柱和萼片宿存；种子细小。花期 6~8 月，果期 9~10 月。

分布与习性　原产我国华北、西北、华中等省区。性强健，喜光，能耐荫，耐寒，对土壤要求不严，但在深厚、肥沃的沙质土壤中生长更佳。生长快，萌蘖性强，耐修剪。

图 6-91　珍珠梅

繁殖与栽培　常用分株和扦插繁殖。分株一般在落叶后至发芽前进行，结合苗木移栽，从母株根部掘起根蘖苗，2～3枝一束，栽植于挖好的穴中即可，分栽成活率高。扦插繁殖，多于早春3月进行硬枝扦插。移栽在春、秋或雨季进行均可。

观赏特性及用途　珍珠梅树姿秀丽，花序繁茂，花蕾白亮如珠，夏日开花似梅，衬以清秀的绿叶，潇洒雅致，花期长，是夏季优良的庭院观赏灌木。

90. 平枝栒子　铺地蜈蚣　小叶栒子　图6－92

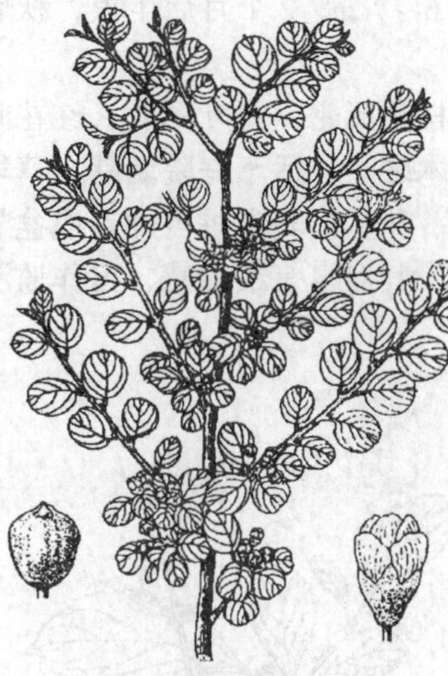

图6－92　平枝栒子

学名　*Cotoneaster multiflora* Bge.

科属　蔷薇科，栒子属。

形态特征　落叶或半常绿匍匐小灌木，高不足1m。枝水平开张成整齐二列，小枝紫红色。单叶互生，近圆形至倒卵形，长5～14mm，全缘，有光泽。花单生或2朵并生，粉红色。梨果近球形，鲜红色。花期5～6月，果期9～10月。

分布与习性　产于陕西、甘肃、湖北、湖南、四川、贵州、云南等省，现各地普遍栽培。性喜光及空气湿润环境，耐半荫，较耐寒，耐干旱瘠薄，但不耐涝。要求疏松肥沃、排水良好的沙质壤土。耐修剪。

繁殖与栽培　以播种和扦插繁殖为主，也可压条。播种在10月采种，可采后即播，也可将种子混3倍湿沙，低温层积沙藏至翌年春季播种。播前可用清水浸种1～2天，条播，覆土2～3cm，播后覆塑料薄膜或稻草遮荫保湿，约20天发芽。扦插繁殖春、夏均可，以夏季嫩枝扦插成活率最高。

观赏特性及用途　平枝栒子枝叶平铺，宛若蜈蚣，春末粉红色的小花密满枝头，秋冬红果累累，经久不凋，是优良的观枝、观叶、观花、观果灌木。也常作地被植物栽植，或作观果盆景。

91. 贴梗海棠　铁角海棠　皱皮木瓜　图6－93

学名　*Chaenomeles spciosa*（Sweet）Nakai

科属　蔷薇科，木瓜属。

形态特征　落叶灌木，高达2m。枝开展，有刺。单叶互生，卵形至椭圆形，长3～8cm，基部楔形，缘具尖锐锯齿，托叶大，肾形或半圆形，缘具尖锐重锯齿，无叶柄，似抱茎。花3～5朵簇生于2年生枝上，花梗极短似无，贴枝而生，花朱红、粉红或白色，先于叶或与叶同时开放，萼筒钟状，无毛，萼片直立。梨果球形或卵形，径4～6cm，黄色或黄绿色，芳香，果梗短或近无梗。花期3～4月，果期9～10月。

常见的变种有：白花种 var. *nivalis*、玫瑰种 var. *rosa*、朱红种 var. *sanguinea*、矮生种 var. *pygmaea* 等。

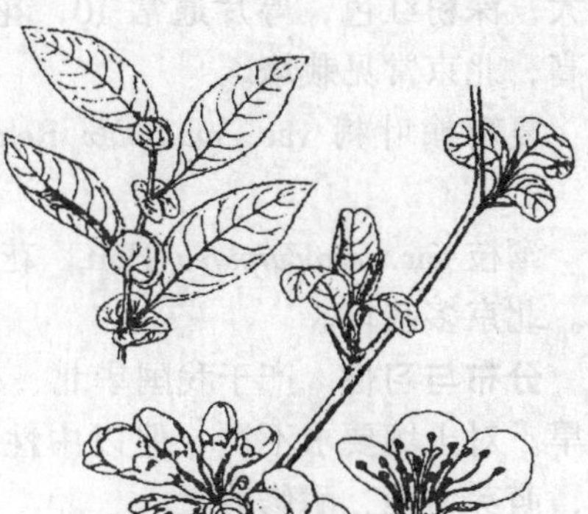

图6－93　贴梗海棠

分布与习性　原产我国华北南部、西北东部和华中地区，现南北各地均有栽培。喜光，有一定耐寒力，华北地区都能露地过冬。对温度反应很敏感，同一地方，栽在背风向阳的比背阴处要提前4~6天开花。对土壤要求不严，耐轻度盐碱，但不耐水涝，忌湿耐旱。

繁殖与栽培 常用分株、扦插和压条繁殖。分株繁殖春秋两季进行均可，一般多于春季土壤解冻后进行，结合移栽，将母株挖出分割，然后分别移栽。扦插繁殖硬枝、嫩枝均易成活。压条繁殖多在早春进行，选粗壮的枝条压入土中，埋深6~7cm，2个月后生根，秋后或翌春与母株分割移栽即可。

观赏特性及用途 贴梗海棠有“花中神仙”之美称。其株丛紧密，花叶同放，红花间绿叶，明媚夺目，秋果黄绿，久香不散，是早春著名的观赏灌木之一。适于庭院墙隅、草坪边缘、树丛周围、池畔溪旁丛植，也可在常绿灌木前植成花篱、花丛。其老桩可加工成盆景。

果实可食用，也可入药，可治咳嗽、腰酸腿痛等。另外，其对臭氧最敏感，可作监测环境的树种。

92. **榆叶梅** 榆梅 小桃红 图6-94

学名 *Prunus triloba* Lindl.

科属 蔷薇科，李属。

形态特征 落叶灌木或小乔木，高2~5m。枝紫褐色。单叶互生，宽椭圆形至倒卵形，先端渐尖有时3裂，缘有不等的粗重锯齿。花腋生，先叶开放，粉红色或近白色，花柄极短。核果橙红色，近球形，径1~1.5cm，有毛，味酸苦。花期4~6月，果期6~7月。

常见变种有；

截叶榆叶梅 var. *truncata* Kom. 叶先端截形，3裂。东北、华北各地栽培供观赏。

重瓣榆叶梅 var. *plena* Dipp. 花大，径达3cm或更大，深粉红色，萼片通常10，花瓣很多。观赏价值很高，北京常见栽培。

复瓣榆叶梅 var. *multiplex* Rehd. 花复瓣，粉红色。

鸾枝 var. *atropurpurea* Hort 花单瓣或重瓣，紫红色。北京多栽培。

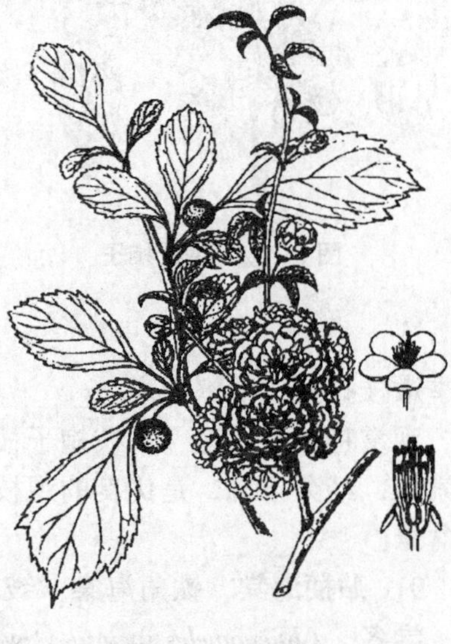

图6-94 榆叶梅

分布与习性 产于我国华北、东北，南到江苏、浙江，现各地均有栽培。喜光，耐寒，耐旱。对土壤要求不严，但以中性至微碱性而疏松肥沃的沙壤土为佳，不耐水涝。根系发达，萌芽力强，耐修剪。

繁殖与栽培 常用嫁接和播种繁殖。嫁接多选用1~2年生的毛桃、山杏或梅实生苗作砧木。枝接在春季进行，芽接可在7~8月进行。播种可在种子成熟后秋播，亦可沙藏后春播，在实生苗中可发现各种变异，从中选出优良的单株。栽植在秋季落叶后至早春季萌芽前进行。如果要移植成龄植株，可在前一年秋季两面断根，促发须根，春季移栽成活高。

观赏特性及用途 榆叶梅叶似梅，枝叶茂密，花繁色艳，果熟丹实满枝，宛若悬枝，别具风格，是花、果俱佳的观赏灌木。宜栽于公园草地、路边，或庭园中的墙角、池畔。也适宜盆栽和作切花。

93. **郁李**　雀梅　寿李　图 6-95

学名　*Prunus japonica* Thunb.

科属　蔷薇科，李属。

形态特征　落叶灌木，高达 1.5m。枝干常簇生成丛，小枝纤细，弯曲而接近地面。单叶互生，叶披针状卵形，先端长尖，基部圆形，缘有锐重锯齿，入秋叶转紫红色。花单生或 2~3 朵簇生，粉红至近白色，与叶同放。核果球形，深红色。花期 3~4 月，果期 6 月。

常见栽培的变种有：

长梗郁李 var. *nakai*（Levl.）Rehd.　花梗细长，花密集、艳丽。

红花重瓣郁李 cv. Rose-plena 花玫瑰红色，重瓣，与叶同放或稍早于叶开放。

图 6-95　郁　李

分布与习性　产于我国中部各省（区）。日本、朝鲜亦有分布。喜光，耐寒，耐旱。不畏烟尘。对土壤要求不严，惟以石灰岩山地生长最盛。萌蘖力强，易更新。

繁殖与栽培　播种、分株、扦插繁殖均可。播种于 6 月上旬采种，堆熟后将种子洗净阴干，至秋季播种，或将种子作低温沙藏至翌年春播。分株，一般在春季结合移栽进行。也可分蘖繁殖。扦插在 2~3 月间进行，由于枝条易生不定芽，用根插繁殖，效果很好。移植在落叶后至萌芽前进行，需带宿土。

观赏特性及用途　郁李是花果俱美的观赏花木，适于群植，宜配植在阶前、屋旁、山岩坡上，或点缀于林缘、草坪周围。也可作花境、花篱。

果可食及酿酒。种仁药用，作利尿剂，治慢性便秘、腹水、孕妇浮肿等症。

同属植物　同属作为观赏栽培的近似种有麦李 *P. glandulosa* Thunb. 与郁李主要区别在于叶片较狭长；花叶同放。主要变型有白花重瓣麦李 *f. albo-plena* Koehne 花密集，白色，重瓣。红花重瓣麦李 *f. sinensis* Koehne 花密集，玫瑰红色，重瓣，花叶同时开放。

94. **缫丝花**　刺梨　图 6-96

学名　*Rosa roxburghii* Tratt.

科属　蔷薇科，蔷薇属。

形态特征　落叶或半常绿灌木，高达 2.5m。茎有微弯扁而成对的皮刺。羽状复叶，互生，小叶椭圆形或椭圆状长圆形，具细尖锯齿，下面沿中脉常被小刺，网脉

图 6-96　缫丝花

明显，叶柄及叶轴疏生皮刺。花两性，单生或2~3朵集生于短枝顶端，重瓣或半重瓣，淡红色或粉红色，微芳香，径4~6cm，花梗、花托、萼片均密被刺毛。蔷薇果扁球形，径3~4cm，红色，密被刺毛，果梗也被刺毛。花期5~7月，果期8~10月。

常见变型有：

单瓣缫丝花 f. *normalis* Rehd. et Wils.　花单瓣。

分布与习性　产于河南、陕西、甘肃及华中、华南、西南。生于山区、溪边、灌丛中。适应性强，耐寒，耐旱，对土壤要求不严，但以疏松、肥沃、微酸性土壤最为适宜。

繁殖与栽培　用播种和扦插繁殖。种子采收后秋播，也可沙藏至翌年春播；扦插于早春至初夏进行，可用1年生枝作插穗，成活率很高。

观赏特性及用途　刺梨花盛开时，满树粉红，微飘芳香，果熟之日，黄艳艳，刺密密，系一观花观果兼备的良好观赏灌木。宜对植庭园路旁或加以修剪成为刺篱，兼具花篱及果篱之效果，亦可丛植于院落角隅，为一良好之隔离栽植材料。

果实含Vc2%，用以酿酒或生产饮料，亦可药用。叶代茶，根皮及茎皮可提制栲胶。种子榨油，供工业用。

95. **月季**　月月红　四季花　图6-97

学名　*Rosa chinensis* Jacq.

科属　蔷薇科，蔷薇属。

形态特征　落叶灌木，高1~2m。茎上有倒钩皮刺，奇数羽状复叶，小叶3~9，多为5，宽卵形至卵状长圆形，长2.5~6cm，先端尖，边缘有锐锯齿；托叶大部分与叶柄贴生；叶柄及叶轴上常散生皮刺和毛腺。花单生或成聚伞花序，顶生；径4~5cm，红色、粉红色至白色，有香味。蔷薇果球形，红色，无毛。花期4~11月，果期9~11月。

图6-97　月　季

常见栽培的变种、变型有：

紫月季 var. *semperflorens* (Curtis) Koehne　茎较纤细，常带紫红晕，有刺或近于无刺，小叶较薄，常带紫晕。花多单生，紫色至深粉红色，花梗细长且常下垂。

小月季 var. *minima* Voss　植株矮小，多分枝，高一般不过25cm，叶小而狭，花亦较小，径约3cm，玫瑰红色，单瓣或重瓣。

绿月季 var. *viridiflora* Dipp.　花淡绿色，花瓣呈带锯齿之狭绿叶状。

变色月季 f. *mutabilis* Rehd.　花单瓣，初开时硫黄色，渐变橙色、红色，后为暗红色，径4.5~6cm。

现代月季栽培品种已达20 000多种，而且还在不断增加，多为我国月季传入欧洲后，与各种蔷薇属植物杂交而成。栽培的品种大致分为6大类，即杂种香水月季、丰花月季、壮花月季、微型月季、藤本月季和灌木月季。灌木月季类是一个庞大的类群，几乎包括5类所不能列入的各种月季。

分布与习性　原产我国华中、西南地区，现在全国南北各地栽培普遍。月季性喜温暖、日照充足、空气流通、排水良好的环境。对土壤要求不甚严，但以疏松、肥沃、富含有机质、微酸性的壤土较为适宜。耐旱，不耐涝，不耐蔽荫，较耐寒。花蕾发育忌强光照，生长发育的最佳温度白天20～25℃，夜间12～15℃。

繁殖与栽培　主要用扦插、嫁接法繁殖，也可采用压条、分株等法繁殖。扦插多在春季或雨季进行。春季扦插选用冬季修剪下的健壮、腋芽饱满的1年生枝条做插条，插条沙藏越冬，3月份进行扦插；夏季扦插插条选当年生半木质化的枝条。嫁接繁殖常采用枝接和芽接，枝接在春季3月进行；芽接在6～10月进行，砧木用蔷薇扦插苗。移栽月季要在春季3月份芽萌动前进行。

观赏特性及用途　月季是世界上栽培最广泛、品种最繁多的木本花卉，被称为“花中皇后”，是我国传统名花之一，其花枝招展，花色艳丽，芳香馥郁，花期极长，是园林布置的好材料，宜作花坛、花境及基础栽培用，在草坪、园角角隅、庭院、假山等处配植也很合适，又广泛用作盆花及切花。

花可提取芳香油，供制香水及糕点。花蕾及根药用，可活血、消肿。

96. **黄刺玫**　刺玫花　硬皮刺玫　图6－98

学名　*Rosa xanthina* Lindl.

科属　蔷薇科，蔷薇属。

形态特征　落叶丛生灌木，高1～3m。小枝褐色，有硬直皮刺，无刺毛。奇数羽状复叶，互生，小叶7～13，广卵形至近圆形，长0.8～1.5cm，先端钝或微凹，缘有钝锯齿，背面幼时微有柔毛，但无腺。花单生，黄色，重瓣或单瓣，径约4.5～5cm。蔷薇果球形，红黄色。花期4～5月，果期7～8月。

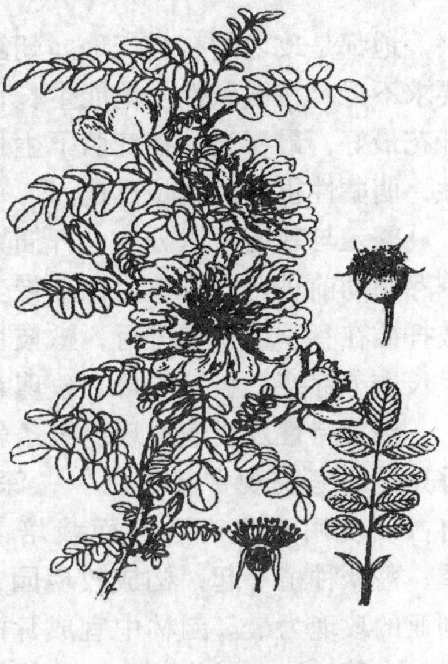

图6－98　黄刺玫

分布与习性　产于我国东北、华北至西北。朝鲜也有分布。性强健，喜光，耐寒，耐旱，耐瘠薄。

繁殖与栽培　繁殖多用分株、压条及扦插法，但以分株繁殖为主，宜于早春萌芽前进行，分株时先将枝条重剪，然后连根挖起，用刀将根劈开即可定植，栽后需加强水肥管理。花谢后宜将残花连同部分过老枝重剪。

观赏特性及用途　黄刺玫黄花绿叶，绚丽多姿，于桃李争艳之后，独放异彩。盛花时，花满枝梢，浓香袭人。确有“朵朵精神叶叶柔，雨晴香拂醉人头”的情趣。春天开金黄色花朵，而且花期较长，实为北方园林春景添色不少。宜于草坪、林缘、路边丛植，也可作绿篱及基础种植。

花香味浓，可提取芳香油。果可食、制果酱及酿酒。茎皮纤维是纸浆及纤维板的制作原料。

97. **玫瑰**　梅桂　徘徊花　图6－99

学名　*Rosa rugosa* Thunb.

科属　蔷薇科，蔷薇属。

形态特征　落叶直立丛生灌木，高达2m。茎枝灰褐色，密生刚毛与倒刺。奇数羽状复叶，互生，小叶5～9，椭圆形至椭圆状倒卵形，长2～5cm，缘有钝齿，上面亮绿色，下面

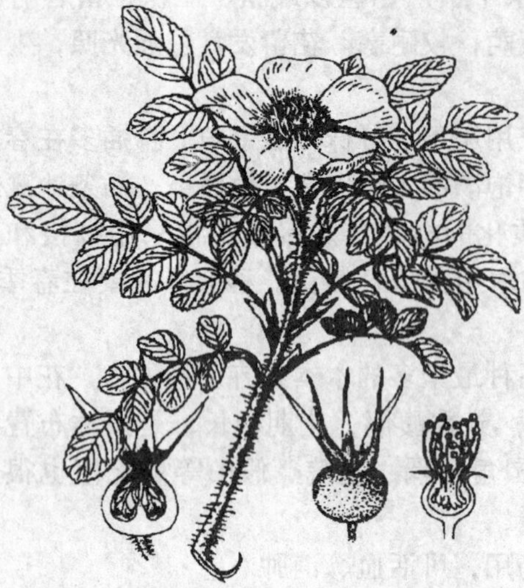

图6-99 玫 瑰

灰绿色，被柔毛或刺毛，叶柄及叶轴疏生小皮刺及腺毛，托叶大部与叶柄连合，具细锯齿。花单生或数朵聚生，紫红色，芳香，花梗密被绒毛、腺毛和刺毛。蔷薇果扁球形，砖红色。花期5~6月，果期9~10月。

常见变型有：

紫玫瑰 f. *typical* 花玫瑰紫色。

红玫瑰 f. *rosea* 花玫瑰红色。

白玫瑰 f. *alba* 花白色。

重瓣紫玫瑰 f. *plena* 花玫瑰紫色，重瓣，香气馥郁，品质优良，多不结实，各地广为栽培。

重瓣白玫瑰 f. *albo-plena* 花白色，重瓣。

分布与习性 原产于我国北部地区，各地普遍栽培，以山东、江苏、浙江、广东为多，山东平阴，北京妙峰山涧沟、河南商水县周口镇及浙江吴兴等地都是玫瑰的有名产地。朝鲜、日本及欧美均有栽培。温带树种，耐寒，耐旱，对土壤要求不严，在微碱性土地能生长，在富含腐殖质、排水良好的中性或微酸性轻壤土上生长和开花最好，最喜光，在庇荫下生长不良，开花稀少，不耐积水，受涝则下部叶片黄落。浅根性，萌蘖性很强，生长迅速。

繁殖与栽培 以分株、扦插繁殖为主，也可嫁接、播种、压条。分株在秋季落叶后或春季芽萌动前进行，将整个株丛带土挖出，分隔几份后即可定植。扦插用硬枝、嫩枝均可。硬枝扦插在春季或秋季进行，嫩枝在6月中下旬进行。嫁接可用野蔷薇或七姊妹等做砧木，在生长季节芽接、枝接均可。玫瑰栽植以秋季为好，可裸根定植，株行距60~100cm。

观赏特性及用途 玫瑰枝条软而多刺，花数朵簇生，娇艳芬馥，色媚而香，是形、色、香具佳的庭院观赏花木之一，深受人们喜爱。自古玫瑰用于生产香料而栽培，国外常与月季、蔷薇种植一起，构成玫瑰园，其中以保加利亚的玫瑰为最。园林中宜成片配植于草坪边缘，山麓坡地，或作花坛、花篱之用。

玫瑰花含芳香油0.03%，是各种高级香水、香皂等化妆品中不可缺少的原料，也是调配多种花香型香精的主剂，亦用于食用香精，为世界性名贵香料之一。花及根入药，有理气活血、收敛作用。果实含Vc0.58%，供食品及医药用。另外，花还可制玫瑰茶、玫瑰浆等。

98. **鸡麻** 山葫芦 水葫芦杆 图6-100

学名 *Rhodotypos scandens* (Thunb.) Mak.

科属 蔷薇科，鸡麻属。

形态特征 落叶灌木，高2~3m。枝开

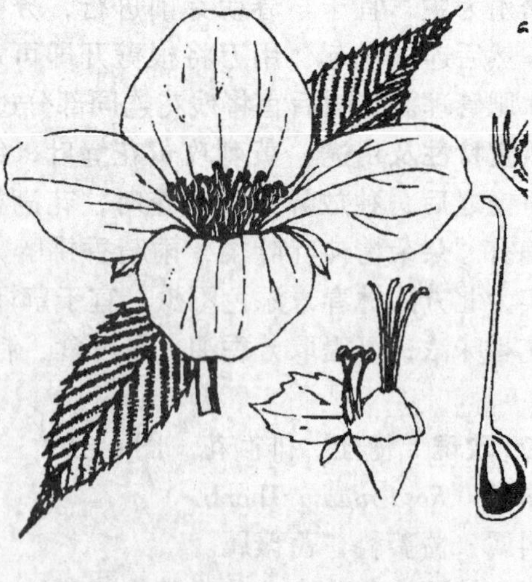

图6-100 鸡 麻

展，紫褐色，无毛。单叶对生，卵形至卵状椭圆形，长 4～9cm，先端渐尖，基部宽楔形或圆形，缘具不规则尖锐重锯齿，表面皱。花两性，单生新枝顶端，副萼 4，条形或披针形；花瓣 4，近圆形，白色。核果 4，倒卵状椭圆形，长约 8mm，黑色，有光泽。花期 4～5 月，果期 9～10。

分布与习性　产于辽宁、山东、河南、陕西、甘肃、安徽、江苏、浙江、湖北等省；日本也有栽培。生于海拔 800m 以上阳坡旷野，山坡疏林下或灌丛中。

繁殖与栽培　繁殖多用分株法。

观赏特性及用途　一般栽培于庭园观赏。果及根可药用，为滋补强壮剂。

99. **棣棠花**　黄榆梅　棣棠　清明花　图 6－101

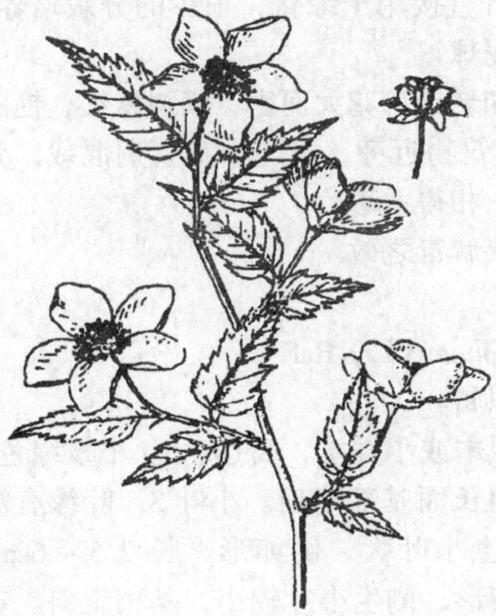

图 6－101　**棣棠花**

学名　*Kerria japonica*（L.）DC.

科属　蔷薇科，棣棠花属。

形态特征　落叶灌木，高达 1.5～2.0m。小枝纤细，绿色，光滑有棱。单叶互生，卵形至三角状卵形，长 4～8cm，先端渐尖，缘有尖锐重锯齿。花金黄色，单生于侧枝顶端。瘦果黑色，生于盘状花托上，萼片宿存。花期 4～6 月，果期 7～8 月。

常见变型有：

重瓣棣棠花 f. *pleniflora*（Witte）Rehd.　花黄色，重瓣。观赏价值更高，并可作切花材料，在园林、庭院中栽培更普遍。

金边棣棠花 f. *aureo－variegata* Rehd.　叶具深黄色边缘。

玉边棣棠花 f. *picta*（Sieb.）Rehd.　叶具白色边缘。

分布与习性　原产于我国和日本，秦岭以南分布较多。喜温暖湿润及半阴环境，不耐寒，在华北地区须选背风向阳处栽植，较耐水湿。宜疏松肥沃、湿润而又排水良好的中性土壤，在略偏碱的土壤和半遮荫的地方生长也较好。

繁殖与栽培　棣棠多采用分株繁殖，于晚秋或早春进行；也可用硬枝或嫩枝分别于早春、晚夏扦插。若要大量繁殖原种，则可采用播种法。因花芽是在新梢上形成，故宜隔二三年剪除老枝一次，以促使发新枝，多开花。

观赏特性及用途　棣棠枝青叶翠，花色金黄；若植于水池岸边、假山石旁或草地一隅，可夏观金花、冬赏翠枝，是优良的观花、观枝灌木。

花及枝药用，可消肿、止痛、止久咳、助消化；萌条髓心可催乳、利尿。

100. **紫荆**　满条红　荆树　图 6－102

图 6－102　**紫　荆**

学名　*Cercis chinensis* Bge.

科属 苏木科，紫荆属。

形态特征 落叶灌木或小乔木，枝干丛生。单叶，互生，叶近圆形，长6~14cm，先端急尖，基部心形，全缘，掌状脉。花紫红色，先叶开花，4~10朵簇生于2~4年生枝上。荚果条形，扁平，沿腹缝线有窄翅。花期4月，果期10月。

变型有：白花紫荆 f. *alba* P. S. Hsu 花白色。

分布与习性 分布广，产华北、西北至华南、西南。喜光，有一定耐寒性，不耐涝。一般土壤均能适应，然以肥沃的微酸性沙壤土上长势最盛。萌蘖性强，耐修剪。

繁殖与栽培 以播种繁殖为主，也可分株、压条、扦插等。10~11月采种，干藏，冬播或早春播种，若延迟播种，可在播前用温水浸种24小时，条播，播后踏实，播种量45kg/hm^2左右。分株通常在春季芽萌动前进行，根系较好的可直接用于绿化，根少的分栽培养。移栽适期在落叶后或萌芽前，冬季不宜移栽，大苗需带泥球。

观赏特性及用途 紫荆花期早，早春繁花簇生枝间和老干，花大而密，满树紫红，艳丽可爱，俗称“满条红”。在园林中多丛植于草坪边缘或建筑物近旁，可与白花紫荆混栽，紫白相间，效果更佳；如与黄刺玫并植，开花时金紫相映，相得益彰。

树皮、根入药，有利尿，活血行气，消肿止痛，祛瘀解毒之效。

101. **枸桔** 图6-103

图6-103 枸 桔

学名 *Poncirus trifoliate*（L.）Raf.

科属 芸香科，枳属。

形态特征 落叶灌木或小乔木，高达7m。小枝绿色，稍扁而有棱角，枝刺粗长而基部略扁。小叶3，叶缘有波状浅齿，近革质，顶生小叶大，倒卵形，长2.5~6cm，叶端钝或微凹，叶基楔形；侧生小叶较小，基稍歪斜。花白色，单生叶腋，叶前开放，径3.5~5cm；雌蕊绿色，有毛。柑果球形，径3~5cm，黄绿色，具芳香。花期4月，果期10月。

分布与习性 原产我国中部，在黄河流域以南地区多有栽培。喜光、喜温暖湿润气候，较耐寒，能耐-20~-28℃的低温。喜微酸性土壤，不耐碱。生长速度中等。发枝力强，耐修剪。

繁殖与栽培 常用播种繁殖，也可用扦插及分株繁殖。因种子干藏时易失去发芽力，故多连同果肉一起贮藏或埋藏，翌春播前再取出种子即刻播下。扦插多在雨季进行。移植宜于晚春，在芽开始萌动时进行。

观赏特性及用途 枸桔枝条绿色而多刺，春季叶前开花，秋季黄果累累十分美丽；在园林中多栽作绿篱或屏障树用，由于耐修剪，故可整形为各式篱垣及洞门形状，既有范围园地的功能，又有观花赏果的观赏效果，是良好的观赏树木之一。

幼果切片晒干为“枳实”，熟果去籽弃瓤晒干称“枳壳”，均为中药，有消食、健胃理气、止痛之效。种子含油率约20%，可榨油供制肥皂及作润滑油用。花期长，是优良的蜜源树种。

102. **木槿**　图 6-104

学名　*Hibiscus syriacus* L.

科属　锦葵科，木槿属。

形态特征　落叶灌木或小乔木，高 2~6m。分枝多，稍披散。叶菱状卵形，不裂或中部以上三裂。花大，钟形，直径 5~8cm，单生叶腋，单瓣或重瓣，有紫、粉红、白色，朝开暮萎。蒴果矩圆形。花期 6~9 月，果期 9~10 月。

常见栽培观赏的变种有：

重瓣白木槿 var. *albo-plena*　花重瓣，白色。

重瓣紫木槿 var. *amplissimus*　花重瓣，紫色。

分布与习性　产于我国，北自辽宁，南达广东，西及四川、陕西，东至东南沿海各省均有分布。喜光，稍耐荫；喜温暖湿润气候，耐寒性不强；耐干旱及贫瘠土壤。萌蘖性强，耐修剪，易整形。对二氧化硫、氯气抗性较强。

图 6-104　木　槿

繁殖与栽培　用扦插、压条、播种等法繁殖，以扦插为主。木槿扦插繁殖简便易活，硬、软枝插均易生根。移植在落叶期进行，通常带宿土。如果作为绿篱栽植，当小苗长到适当高度时要进行修剪，如作为观花的宜养成乔木形树姿。

观赏特性及用途　木槿枝叶繁茂。夏、秋炎热时开花，花期长达 4 个月。在园林中常用作花篱、绿篱，因枝条柔软，作围篱时可进行编织。也可丛植或单植点缀庭园。通过修剪可养成乔木形树姿。开花时满树花朵，娇艳夺目，甚为壮观。它对 SO_2、Cl_2 等有害气体抗性较强，又有滞尘功能，可作有污染源的工厂和街坊的绿化树种。

全株各部均可入药，有清热、凉血、利尿等功效；茎皮纤维可作造纸原料。

103. **结香**　图 6-105

学名　*Edgeworthia chrysantha* Lindl.

科属　瑞香科，结香属。

形态特征　落叶灌木，高 1~2m。枝条粗壮柔软，常三叉分枝，棕红色。单叶互生，长椭圆形，常集生于枝顶，全缘。头状花序腋生，花序梗粗，被毛；花黄色，先叶开放，芳香，花被筒长瓶状，被绢状长柔毛。核果卵形，通常包于花被基部，状如蜂窝，果皮革质。花期 3~4 月，果期 7~8 月。

常见栽培的变种有：

红花结香 cv. Sanguinea 花橘红色，观赏价值极高。

分布与习性　原产我国，分布于长江流域以南各省及河南、陕西和西南等地区。暖温带树种，各地多有栽培。喜湿润凉爽气候，在富含腐殖质而湿润的山地黄壤生长繁茂，中性壤土亦能适应。肉质根，怕积

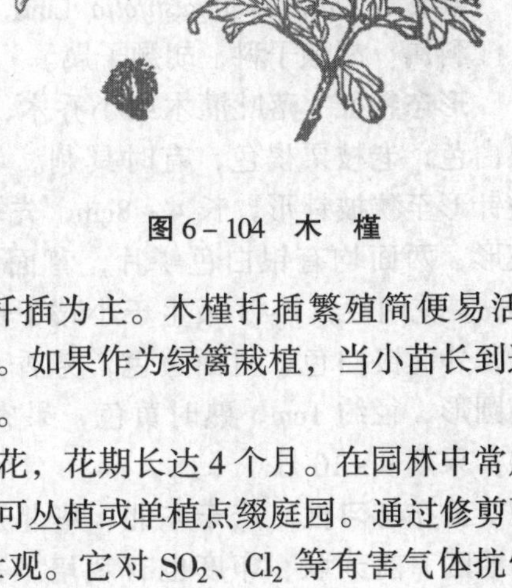

图 6-105　结　香

水。性颇耐寒，生长季节长，久旱会出现萎叶。

繁殖与栽培 用扦插和分株繁殖。扦插一般在2月下旬至3月上旬进行。插穗选1年生枝干的中、下部分，插后约60天发根，5月下旬搭荫棚越夏。分株在春季展叶前进行，截断萌蘖条与母株相连的根，即可用于绿化。移植在冬、春季进行，一般可裸根移植，成丛大苗宜带泥球。

观赏特性及用途 结香枝条柔软，花香浓郁为其两大特色，是我国庭园中常见的早春花木。园林中适宜孤植、列植、丛植于庭前、道旁、墙隅，或点缀于假山岩石之间，也可盆栽，进行曲枝造型。

全株入药，能舒筋接骨、消肿止痛；茎皮可造纸及人造棉。

104. **沙枣** 桂香柳 银柳 图6-106

学名 *Elaegnus angustifolia* Linn.

科属 胡颓子科，胡颓子属。

形态特征 落叶灌木或小乔木，高5~10m。幼枝银白色，老枝栗褐色，有时具刺。单叶互生，椭圆状披针形至狭披针形，长4~8cm，先端尖或钝，基部广楔形，两面均有银白色鳞片，背面更密，叶柄长5~8mm。花两性，1~3朵生于小枝下部叶腋，花被筒钟状，外面银白色，里面黄色，芳香，花柄甚短。坚果椭圆形，径约1cm，熟时黄色，果肉粉质。花期5~6月，果期9~10月。

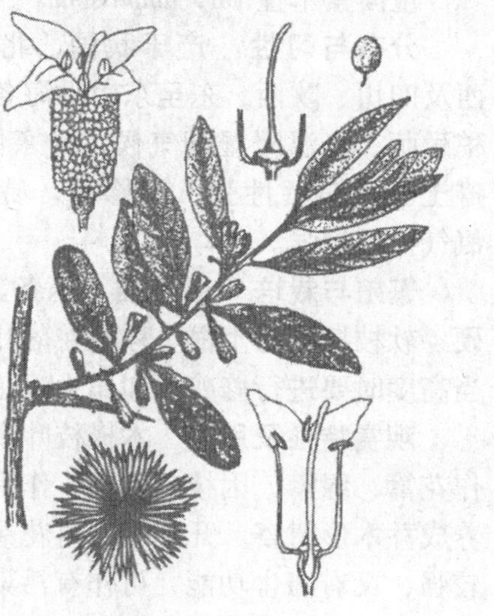

图6-106 沙 枣

分布与习性 产于东北、华北及西北，地中海沿岸地区，前苏联、印度也有栽培。喜光，抗风沙，耐干旱又耐盐碱，对硫酸盐抗性强，对氯化物抗性弱；喜疏松的土壤，不喜透气不良的黏重土壤。生长快，生活力强，栽后4~5年可开花结实，10年后进入结实盛期；寿命可达100年。

繁殖与栽培 用播种繁殖，也可用扦插法繁殖。果实于10月成熟后采下晒干，经碾压脱去果肉后获得种子，可直接秋播或干藏至翌年春播，春播前应行浸种催芽，每亩播40kg；当年苗高可达30cm以上。

观赏特性及用途 沙枣叶形似柳而色灰绿，叶背有银白色光泽，是个颇有特色的树种。由于具有多种抗性，最宜作盐碱和沙荒地区的绿化用，宜植为防护林。西北地区亦常用作行道树。

沙枣花、果、枝、叶、树皮均可入药，可治烧伤、慢性支气管炎、神经衰弱等症。果生食，也可酿酒、酿醋、制蜜饯等。枝叶可作饲料，花为优良蜜源，并可提制香精。树干可割采沙枣胶，能代阿拉伯胶及黄芪胶。

105. **紫薇** 痒痒树 百日红 满堂红 图6-107

学名 *Lagerstroemia indica* L.

科属 千屈菜科，紫薇属。

形态特征 落叶灌木或小乔木，高达7m。树皮呈片状剥落，干光滑，枝干多扭曲，小

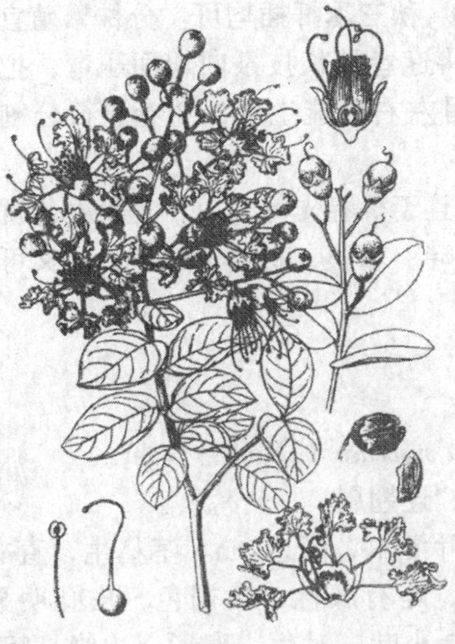

图 6-107　紫　薇

枝四棱形，通常有狭翅。单叶对生或近对生，纸质，椭圆形、阔长圆形或倒卵形。圆锥形花序着生于当年生枝条顶端，花鲜淡红色，花瓣边缘呈皱状波。蒴果，近球形。花期6~9月，果期9~12月。

常见的变种有：

银薇 var. *alba* Nichols. 花白色或微带淡堇色；叶色淡绿。

翠薇 var. *rubra* Lav. 花紫堇色；叶色暗绿。

红薇 var. *amabilis* Makino 花桃红色。

分布与习性　原产于我国华东、华中、华南及西南各省，各地普遍栽培。喜温暖，稍耐寒，喜阳稍耐荫，耐旱不耐涝。喜生于肥沃、深厚的沙壤土和石灰性土壤。萌蘖性强，生长较慢，寿命长。对二氧化硫、氟化氢及氯气等抗性强。

繁殖与栽培　常用播种、扦插及分株法繁殖。常于春季播种，当年小苗需防寒越冬。扦插可在早春用硬枝插或6月用嫩枝扦插，插后注意湿度与庇荫，成活率较高。分株应在早春萌芽前进行。

观赏特性及用途　树姿优美，树皮光滑洁净，花色艳丽，花期很长，有“紫薇花开半年长”之誉，并在少花季节夏秋开放，诗赞“盛夏绿遮眼，此花红满堂”。常植于建筑物前、院落内、池畔、河边、草坪旁及公园中小径两旁均很相宜，也常用于建专类园，独具特色，是作盆栽和盆景的好材料。

树皮、叶及花为强泻剂；根和树皮煎剂可治咯血、吐血、便血。

同属植物　50余种，我国有16种，观赏价值较高的有大花紫薇 *L. speciosa* Pers.　花序及花朵均较大，花色艳丽。其他尚有浙江紫薇、福建紫薇、广东紫薇、绒毛紫薇等。

106. **迎春花**　迎春金　腰带　图 6-108

学名　*Jasminum nudiflorum* Lindl.

科属　木犀科，茉莉属。

形态特征　落叶灌木，高0.4~5m。枝条细长，拱形下垂，绿色，四棱形。三出复叶，对生，小叶卵形至矩圆状卵形，长1~3cm，先端短渐尖或钝尖，全缘。花单生去年生枝叶腋，早春先叶开放，金黄色，花冠高脚蝶状。花期2~4月。

分布与习性　原产我国北部和中部各省，华北地区栽培普遍。喜光，稍耐荫，较耐寒，北京地区可露地越冬。喜湿润，耐干旱而怕积水。对土壤要求不严，耐碱性土，宜疏松肥沃、湿润而又排水良好的土壤。根部萌发力强，枝端着地部分极易生根。

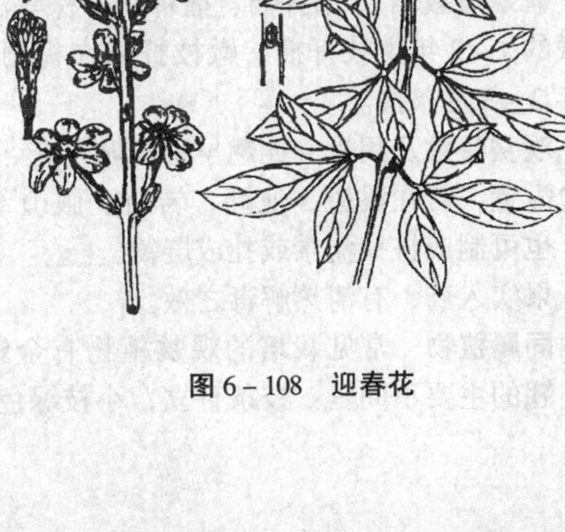

图 6-108　迎春花

繁殖与栽培 主要用扦插、分株、压条繁殖。春、夏、秋三季扦插均可。分株繁殖宜于春季萌芽前进行，极易成活。压条繁殖在3~6月均可，将迎春的长枝条向地面压弯，把接触地面的部分埋入土中3~4cm深，经常保持湿润，1个月左右即能生根，翌春进行分割移植。迎春栽培管理容易，移栽在早春进行，带宿土。

观赏特性及用途 株丛紧密，枝叶鲜绿，花色金黄，且于早春先叶开放，是早春优良的观花灌木。适于庭园应用，可作花篱、绿篱，也可植于池畔、水滨、斜坡及悬崖上。又可做各式盆景，而以悬崖式、半悬崖式盆景更有观赏价值。

叶、花入药，有活血败毒、消肿止痛之效。

107. **连翘** 黄花杆 黄金条 图6-109

图6-109 连 翘

学名 *Forsythia suspensa*（Thunb.）Vahl.

科属 木犀科，连翘属。

形态特征 落叶灌木，高达3m。茎丛生，直立；枝开展，拱形下垂，略有藤性，黄褐色，皮孔明显，节间中空。单叶或3小叶，对生，卵形，边缘具粗锯齿。花通常单生，稀3朵腋生，花冠金黄色，花萼4深裂，与花冠筒等长或稍长，花冠筒内有橘红色条纹。蒴果卵圆形，2裂。花期3~4月。果期8~9月。

常见栽培变种有：

紫枝连翘 var. *atrocaulis* 枝条紫色。

单花连翘 var. *decipiens* 花单生，深紫色。

三叶连翘 var. *fortunei* Rehd. 直立灌木，枝条拱形或开展，叶在长枝上通常3小叶或3裂，花冠小，裂片扭曲。

毛叶连翘 var. *pubescens* 嫩叶两面有短毛，嫩叶带紫色。

垂枝连翘 var. *sieboldii* Zabel 分枝极细而下垂，通常达地面，宜攀援在它物上，极为优美。

花叶连翘 var. *variegata* 叶片有黄色斑点，花深黄色。

分布与习性 原产我国及朝鲜，我国南北各地都有分布。喜温暖湿润气候，也耐寒，喜光，略耐荫，不择土壤，以石灰岩形成的钙质土最好，耐干旱瘠薄，但怕水渍，根系发达。

繁殖与栽培 用扦插、播种、分株等法繁殖，以扦插为主。宜在春季2~3月，用预先贮藏的1~2年生枝扦插，嫩枝扦插在梅雨季进行。播种繁殖可在秋季采种后，洗净干藏，翌年2~3月条播。

观赏特性及用途 连翘早春先叶开花，满枝金黄，在园林中适宜宅旁、亭阶、墙篱下和路边配置，若在溪边、池畔、岩石、假山下栽种，亦甚相宜。它根系发达，可作护堤树栽植，也可制成桩头盆景或扎成屏篱。

果实入药，有清热解毒之效。

同属植物 常见栽培的观赏植物有金钟花 *F. viridissima* Lindl. 在华东地区栽培普遍，与连翘的主要不同是：枝条直立，小枝绿色，呈四棱形，节间髓呈薄片状，叶的中脉和支脉在叶面上凹入，在叶背上隆起，花大而美丽，先叶开放略迟，萼片约为花冠筒长度一半。

108. **紫丁香**　丁香　华北紫丁香　图 6-110

学名　*Syringa oblata* Lindl.

科属　木犀科，丁香属。

形态特征　落叶灌木或小乔木，高达 5m。假二叉分枝。单叶对生，广卵形，通常宽度大于长度，宽 4~10cm，先端渐尖，基部心形或截形，全缘。花两性，聚伞圆锥花序顶生或侧生；花冠漏斗状，4 裂，紫色；雄蕊 2，花药黄色。蒴果长圆形。花期 4~5 月，果期 9~10 月。

常见的变种有：

白丁香 var. *alba* Rehd. 花白色，叶较小，背面有柔毛。

紫萼丁香 var. *giraldii* Rehd. 花序和花萼紫蓝色，花序和花梗具腺毛，叶背有柔毛。

佛手丁香 var. *plena* Hort. 花白色，重瓣。

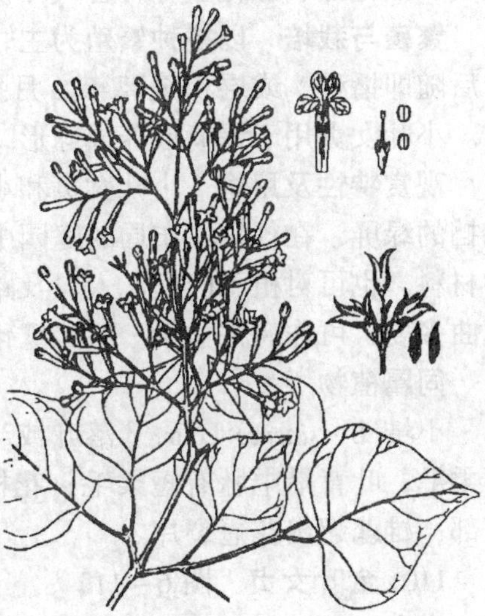

图 6-110　紫丁香

分布与习性　主产于我国东北、华北及西北山地等，长江以北各地普遍栽培。喜光，稍耐荫，耐寒，耐干旱瘠薄，忌低洼积水。对土壤要求不严，除强酸性土外，各类土壤均能正常生长，但在疏松肥沃、湿润而又排水良好的土壤中生长旺盛。萌蘖力强，耐修剪。

繁殖与栽培　可用播种、扦插、嫁接、分株等方法繁殖。播种于 9~10 月果实成熟后迅速采集，干藏至翌春 3 月下旬至 4 月初播种。扦插多于花后 1 个月进行，若在早春进行硬枝扦插，需在前一年秋季落叶后，采集成熟枝条，并沙藏一冬，否则不易生根。华北地区嫁接多以小叶女贞或水蜡做砧木，采用芽接或枝接。幼苗冬季需掘起假植，翌春栽植。移栽应于春季 3 月上中旬进行，可裸根移植。

观赏特性及用途　紫丁香是属于我国传统的花卉之一，其姿态秀丽，叶形优美，花色柔和淡雅，芳香袭人，也是国内外庭园中不可缺少的春季观赏花木之一。宜植于草坪、院落、风景区、工厂区，可达到绿化、美化、香化的良好效果。

花可提取芳香油，也可入药，主治胃寒呕逆、吐泻、脘腹作痛。

109. **小叶女贞**　图 6-111

学名　*Ligustrum quihoui* Carr.

科属　木犀科，女贞属。

形态特征　落叶或半常绿灌木，高 2~3m。枝条铺散，小枝具短柔毛。单叶对生，薄革质，椭圆形至倒卵状长圆形，全缘，略向外反卷，叶柄有短柔毛。花两性，圆锥花序长，顶生；花白色，芳香，无梗，花冠裂片与

图 6-111　小叶女贞

筒部等长；花药超出花冠裂片。核果宽椭圆形，紫黑色。花期7~8月，果期10月。

分布与习性 产于我国中部、东部和西南部。喜光，稍耐荫，萌枝力强，对二氧化硫、氯气、氟化氢、氯化氢等有害气体抗性均强。

繁殖与栽培 以播种繁殖为主，亦可扦插。播种可于11月采种，堆放后熟，取净种阴干后随即播种，或层积至翌年2月播种。休眠枝扦插在2~3月进行，半熟枝扦插于6~7月。小叶女贞用于绿篱或养成球形，必须经常整形修剪。

观赏特性及用途 小叶女贞和小蜡枝叶稠密，耐修剪整形，最适宜作绿篱、绿墙和隐蔽遮挡的绿屏，在规则式布局的庭园中，可整修成长、短、方、圆各种几何圆形，作模纹花坛的材料。也可对植于门庭、入口及路边，在山石小品中作衬托树种，亦甚得体。老干古根，虬曲多姿，可作树桩盆景。对二氧化硫等有害气体抗性较强，可用工厂绿化。

同属植物

小蜡 *L. sinense* Lour. 落叶或半常绿灌木。小枝密生短柔毛；叶背沿中脉有短柔毛；花梗明显，花冠裂片长于筒部；雄蕊超出花冠裂片。

110. 金叶女贞 图6-112

学名 *Ligustrum* × *vicaryi*

科属 木犀科，女贞属。

形态特征 半常绿小灌木，高2~3m。单叶对生，薄革质，椭圆形至倒卵状长圆形，长1.5~3.5cm，全缘，金黄色。圆锥花序顶生；小花白色，花冠裂片4，有香气。浆果状核果宽椭圆形，蓝黑色。花期6~7月，果期10月至翌年3月。

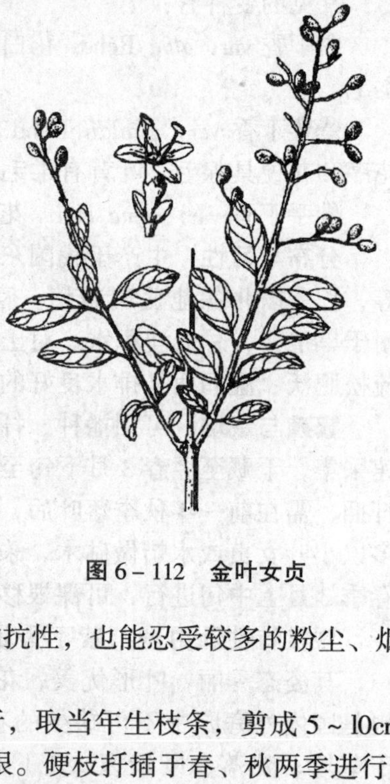

图6-112 金叶女贞

分布与习性 我国南北各地广泛栽培应用。喜温暖湿润环境，喜光，稍耐荫；较耐寒，北京地区可安全越冬，但落叶。不耐干旱瘠薄，宜肥沃深厚、微酸性至微碱性的湿润土壤。对二氧化硫、氯气、氟化氢及铅蒸汽均有较强的抗性，也能忍受较多的粉尘、烟尘污染。萌枝力强，耐修剪。

繁殖与栽培 常用扦插繁殖。嫩枝扦插于6~10月进行，取当年生枝条，剪成5~10cm长的枝条作插穗，插于沙床内，遮荫保湿，约20天左右生根。硬枝扦插于春、秋两季进行，但没有嫩枝扦插生根成活率高。移栽最好选阴天或晴天的傍晚进行，栽后及时浇水，光照较强时，须适当遮荫缓苗。

观赏特性及用途 金叶女贞为小叶女贞之栽培变种，金叶女贞枝叶秀丽、叶色金黄，是优良的彩叶绿化树种。

111. 海州常山 臭梧桐 图6-113

学名 *Clerodendrum trichotomum* Thinb.

科属 马鞭草科，赪桐属。

形态特征 落叶灌木或小乔木，高达8m。幼枝多少具黄褐色短柔毛。单叶对生，阔卵形至三角状卵形，长5~16cm，先端渐尖，基部截形或宽楔形，全缘或有波状齿。花两性，伞房状聚伞花序顶生或腋生；花萼紫红色，花冠白色或带粉红色。浆果状核果，近球形，包

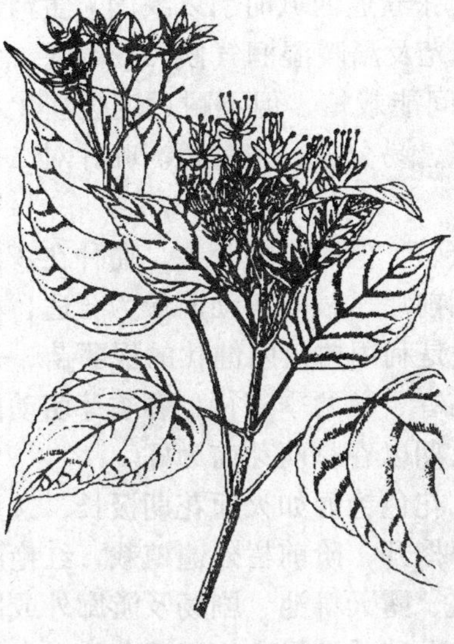

图6-113　海州常山

藏于增大的宿存花萼内，成熟时呈蓝紫色。花期6~10月，果期9~11月。

分布与习性　产我国东北南部、华北、西北东部、华东、中南及西南各省区。朝鲜、日本、菲律宾亦产。喜凉爽、湿润、向阳的环境，稍耐荫，有一定耐寒性，耐干旱瘠薄，但不耐积水，一般土壤均可生长，但在疏松肥沃、排水良好的土壤中生长旺盛。耐盐碱性较强，萌蘖性强。

繁殖与栽培　常用播种或分株繁殖。播种繁殖可于秋季采后即播，或经层积沙藏后翌春播种。因其易萌蘖，以采用分株繁殖较为简便，分株繁殖于秋后或早春3月进行。移栽定植应在春季3~4月进行。

观赏特性及用途　海州常山花时白色花冠后衬紫红色花萼，果时增大的紫红色宿存萼托以蓝紫色亮果，甚为美观，且其花果期长，是深秋观花、观果的优良花木。

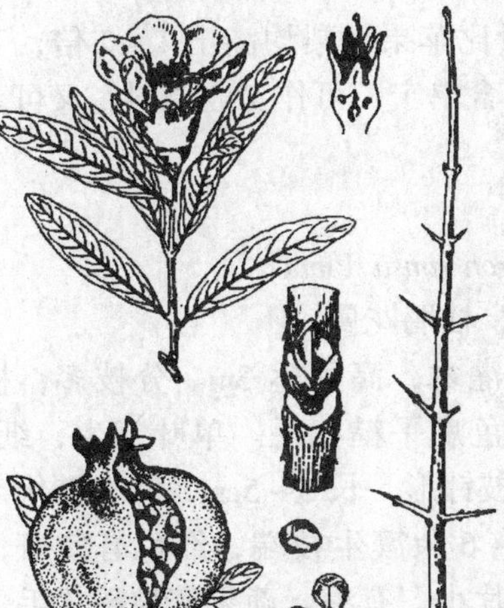

图6-114　石　榴

112. **石榴**　安石榴　海石榴　图6-114

学名　*Punica granatum* L.

科属　石榴科，石榴属。

形态特征　落叶灌木或小乔木，高2~7m。小枝四棱形，平滑，顶端刺状。单叶对生或簇生，倒卵形或矩圆状披针形，长2~8 cm，宽1~3cm，有短柄。花两性或单性，形大，1~3朵集生于枝条顶端或腋生；花瓣5~7，有时成重瓣，红色、黄色、白色；花萼钟形，红色，质厚，顶端5~8裂。浆果近球形，径6~8cm，古铜黄色或古铜红色，具宿存花萼；种子多数，种皮厚，外种皮肉质，内种皮木质。花期5~6月，果期9~10月。

常见的变种有：

白石榴 var. *albescens* DC.　花白色，单瓣。

黄石榴 var. *flavescens* Sweet　花黄色。

玛瑙石榴 var. *legrellei* Vanh.　花重瓣，红色，有黄白色条纹。

重瓣白石榴 var. *multiptex* Sweet　花白色，重瓣。

月季石榴 var. *nasa* Pers　植株矮小，枝条细密而上升，叶，花皆小，重瓣或单瓣，花期长，5~7月陆续开花不绝，故又称‘四季石榴’。

墨石榴 var. *nigra* Hort.　枝细柔，叶狭小；花也小，多单瓣；果熟时呈紫黑色，果皮薄；外种皮味酸不堪食。

重瓣红石榴 var. *pleniflora* Hayne　花红色，重瓣。

除上述观赏品种外，尚有许多优良食用品种。

分布与习性 原产于伊朗和阿富汗等中亚地区，汉代张骞通西域时引入我国，黄河流域及其以南地区均有栽培，已有2 000余年的栽培历史。喜光及温暖湿润气候，较耐寒。耐瘠薄和干旱，怕水涝。对土壤要求不严，土壤pH4.5～8.2间能栽植，但不耐过度盐渍化和沼泽化土壤，喜生于湿润、肥沃的沙壤土或壤土。萌蘖力强，易分株，寿命长。叶片对二氧化硫及铅蒸气吸附能力较强。

繁殖与栽培 可用播种、扦插、嫁接、分株、压条繁殖，但以扦插为主。播种在3月进行。扦插繁殖可分为硬枝扦插和嫩枝扦插，扦插可在清明前后、枝条萌动前最为合适，秋季以9～10月为宜。嫁接一般于春季萌芽前后进行。分株法是利用树盘内健壮的根蘖苗，带根挖出即可栽植，一般以春季分株较为适宜。压条繁殖可在春、秋两季进行，春季芽萌动前将部分蘖条压入土中，露出梢尖，至秋季即可成苗。栽植时期以春季萌芽前为好。

观赏特性及用途 石榴树姿优美，叶碧绿而有光泽，花色艳丽如火而花期极长，又正值花少的夏季，所以更加引人注目，古人曾有“春花落尽海榴开，阶前栏外遍植栽，红艳满枝染夜月，晚风轻送暗香来”的诗句。最宜成丛配植于茶室、露天舞池、剧场及游廊外或民族形式建筑所形成的庭院中。又可大量配植于自然风景区，在秋季则果实变红黄色，点点朱金悬于碧枝之间，衬着青山绿水，真是一片大好景色。石榴又宜盆栽观赏，老北京的传统有于四合院中摆荷花缸和石榴树的配植手法。亦宜作成各种桩景和供瓶养插花观赏。

果可生食，有甜、酸、酸甜等品种，维生素C的含量比苹果、梨均高出1～2倍，又富含钙质及磷质。又可入药，有润燥和收敛之效。果皮内富含单宁，可作工业原料，又可入药有止泻痢之效，根可除绦虫；叶煮水可洗眼。

113. **杜鹃** 映山红 照山红 野山红 图6－115

学名 *Rhododendron simsii* Planch.

科属 杜鹃花科，杜鹃花属。

形态特征 落叶灌木，高可达3m。分枝多，枝细而直，有亮棕色或褐色扁平糙状毛。单叶互生，纸质，卵状椭圆形或椭圆状披针形，长3～5cm，叶表糙伏毛较稀，叶背较密。花2～6朵簇生枝端，红色有紫斑，雄蕊10，花药紫色；萼片小，有毛。蒴果密被糙伏毛。花期4～6月，果期10月。

常见的变种有：

白花杜鹃 var. *eriocarpum* Hort. 花白色或浅粉红色。

紫斑杜鹃 var. *mesembrinum* Rehd. 花较小，白色而有紫色斑点。

彩纹杜鹃 var. *vittatum* Wils. 花白色而有紫色斑点。

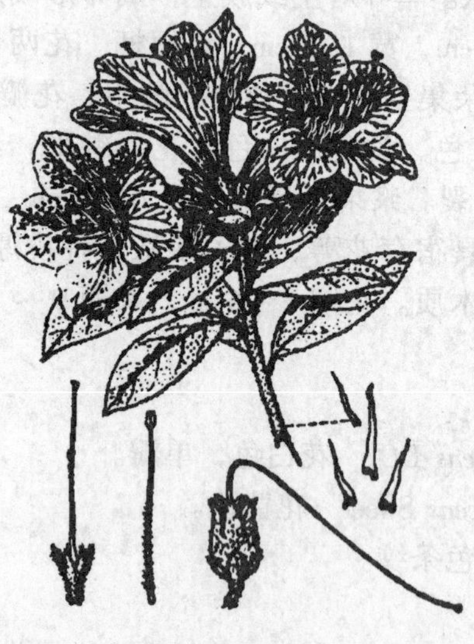

图6－115 杜 鹃

分布与习性 广布于长江流域和珠江流域各省，东至台湾，西至四川、云南等。喜酸性土，忌碱性和黏质土壤；喜凉爽温湿气候，惧烈日曝晒；幼具耐荫性。

繁殖与栽培 用播种、扦插、压条、嫁接等法繁殖。杜鹃花绝大多数都能结实采种，仅有重瓣不结实，一般在3～4月进行播种。扦插法是杜鹃花最常用的繁殖方法，一年四季都可扦插。压条繁殖采用高空压条和低处压条两种方法，多半在5～6月间进行。嫁接繁殖常采用靠接、劈接、腹接等，一般在5～6月进行。

观赏特性及用途　杜鹃花观赏价值极高，全年表现出树形秀美端庄、神态自若，不仅花美，更长时间展示全株的叶色，体形随季节而发生变化。杜鹃花的花瓣宛如轻纱，彩色富于变化，春季远眺满山开遍的杜鹃花姹紫嫣红，仿佛在万绿丛中泼撒上点点胭脂；远看满树新绿初绽，微风拂过，朵朵繁花恰似有无数披红挂彩的少女翩翩起舞。此花满山怒放，烂漫如锦，富有诗情画意，古诗云“杜鹃花与鸟，怨艳雨何赊，疑是口中血，滴成枝上花”。花虽经风雨，仍灼灼可爱，叶虽遭霜雪，犹苍翠独茂。杜鹃花在园林绿化上，无论花色上的组合还是和其他植物的组合，都会产生一种不同的气氛和不同的风光。

杜鹃花的根和花均可食用。其根祛风湿、活血祛瘀、止血；叶、花可清热解毒、化痰止咳、止痒。

114. **接骨木**　扦扦活　公道老　图6－116

学名　*Sambucus williamsii* Hance

科属　忍冬科，接骨木属。

形态特征　落叶灌木或小乔木，高达6m。奇数羽状复叶，对生，小叶5～11，椭圆状披针形，长5～12cm，基部阔楔形，常不对称，缘具锯齿，叶片揉碎后有臭味。圆锥状聚伞花序顶生；花冠辐状，白色至淡黄色。浆果状核果，近球形，红色或黑紫色。花期4～5月，果期6～7月。

分布与习性　原产于温带和亚热带地区，我国南北各地广泛分布。喜光，耐寒，耐干旱亦耐水湿。对土壤要求不严。根系发达，萌蘖性强，抗污染能力强，在一般污水旁也能生长。

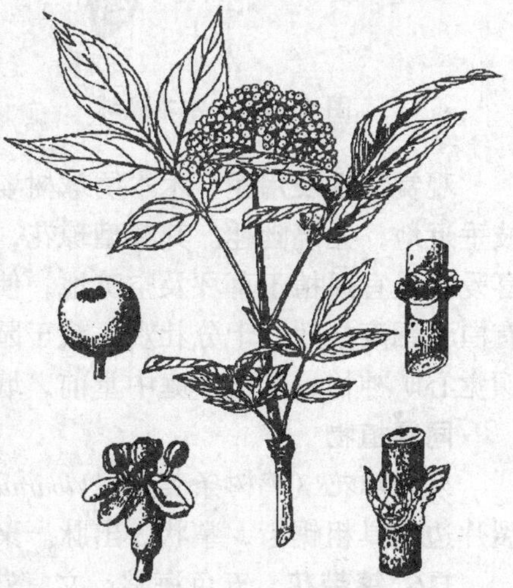

图6－116　接骨木

繁殖与栽培　可用播种、扦插繁殖。播种繁殖于9～10月采集成熟果实，取净种干藏至翌年1月中下旬取出混沙催芽，3月中下旬条播于苗床中，30天左右出苗。扦插繁殖于6～8月选1年生半木质化枝条做插穗，插入沙床，成活率较高。栽培容易，管理粗放。

观赏特性及用途　接骨木枝叶繁茂，春日白花盛开，夏秋丹果盈树，是良好的观赏灌木，宜植于草坪，林缘或水边，也可用于城市、工厂的防护林。

枝、叶、根入药，有祛风活血、行瘀止痛之效，主要用于骨折、跌打损伤、风湿性关节炎、水肿、大骨节病及急慢性骨炎等症。

115. **木本绣球**　大绣球　绣球荚蒾　图6－117

学名　*Viburnum macrocephalum* Fort.

科属　忍冬科，荚蒾属。

形态特征　落叶灌木，高达4m。枝条广展，树冠呈球形。冬芽裸露，幼枝及叶背密被星状毛，老枝灰黑色。单叶对生，卵形或椭圆形，长5～8cm，端钝，基圆形，边缘有细齿。大型聚伞花序呈球形，几全由白色不孕花组成，径约20cm，花冠辐状，纯白。花期4～6月。

图6－117 木本绣球

琼花 f. *keteleeri* Rehd. 聚伞花序，径10～12cm，中央为两性可育花，仅边缘为大型白色不孕花；核果椭圆形，先红后黑。

分布与习性 主产长江流域，南北各地都有栽培。喜光略耐荫，性强健，耐寒，华北南部可露地栽培，常生于山地林间的微酸性土壤，也能适应平原向阳而排水较好的中性土。萌芽力、萌蘖力均强。

繁殖与栽培 常用扦插、压条、分株繁殖。扦插一般于秋季和早春进行；压条在春季当芽萌动时将去年枝压埋土中，翌年春与母株分离移植。其变型琼花可播种繁殖，10月采种，堆放后熟，洗净后置于1～3℃低温30天，露地播种，翌年6月发芽出土，搭棚遮荫，用于绿化需培育4～5年。移植修剪注意保持圆整的树姿，管理较为粗放。

观赏特性及用途 木本绣球树姿开展圆整，春日繁花聚簇，团团如球，犹似雪花压树，枝垂近地，尤饶幽趣。其变型琼花，花型扁圆，边缘着生洁白不孕花，宛如群蝶起舞，逗人喜爱。最宜孤植于草坪及空旷地，使其四面开展，体现其个体美，如群体一片，花开之时即有白云翻滚之效，十分壮观，栽于园路两侧，使其拱形枝条形成花廊，人们漫步于其花下，顿觉心旷神怡；配植于庭中堂前，墙下窗前，也极相宜。

同属植物

天目琼花（鸡树条荚蒾）*Viburnum sargentii* Koehne 小枝具皮孔。单叶对生，通常3裂，裂片边缘具粗锯齿，掌状3出脉。聚伞花序复伞形。核果近球形，红色。

116. 锦带花 五色海棠 文官花 图6－118

学名 *Weigela florida*（Bge.）A. DC.

科属 忍冬科，锦带花属。

形态特征 落叶灌木，高达3m。枝条开展，小枝细弱，幼时具2列柔毛。单叶对生，具短柄，椭圆形或卵状椭圆形，花1～4朵成聚伞花序，生于小枝顶端或叶腋；萼片5裂，披针形，下半部连合，花冠漏斗状钟形，玫瑰红色，裂片5。蒴果柱状，种子细小。花期4～6月，果期10月。

图6－118 锦带花

白花锦带花 *f. alba* Rehd. 花近白色。

分布与习性 原产我国华北、东北及华东北部，朝鲜、日本也产，现我国各地都有栽培。喜光，耐寒，对土壤要求不严，能耐瘠薄土壤，但以深厚、湿润而腐殖质丰富的壤土生长最好，怕水涝，对氯化轻抗性较强。萌芽力、萌蘖力强，生长快。

繁殖与栽培 用扦插、分株或压条繁殖。扦插用硬枝、嫩枝均可，硬枝扦插在春季2~3月露地进行，嫩枝扦插在6~7月，采当年生半木质化枝条做插穗，插后均需腹膜，遮荫保湿，当年秋季即可移栽。分株繁殖在春季移栽时进行。压条在6月进行，发根快，成苗率高。

观赏特性及用途　锦带花枝叶繁茂，花色艳丽，花期较长，在园林中适于庭园角隅、湖畔群植，也可在树丛，林缘作花篱、花丛配植，点缀于假山，坡地，也甚适宜。对氯化氢抗性强，可作污染源工厂的绿化。

同属植物　10余种，常见作为观赏花木栽培的有：

海仙花 *W. coraeensis* Thunb.　植株较高大，枝叶较粗大，着花较少，色也浅淡，故观赏价值不及锦带花，江浙一带栽培较普遍。

路边花 *W. floribunda*　枝条细弱，有短毛。花深红色，外有柔毛。

117. **猬实**　图6-119

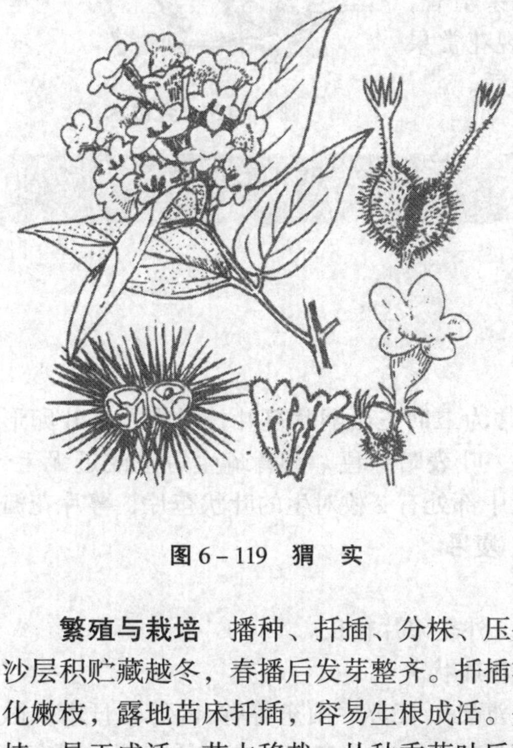

图6-119　猬　实

学名　*Kolkwitzia amabilis* Graebn.

科属　忍冬科，猬实属。

形态特征　落叶灌木，高达3m。干皮薄片状剥裂。单叶对生，卵形至卵状椭圆形，长3~7cm，端渐尖，基部圆形，全缘或疏生浅齿，两面具毛。伞房状聚伞花序生侧枝顶端，花序中小花梗具2花，2花的萼筒下部合生，萼筒外部生耸起长柔毛，在子房以上缢缩似颈，裂片5；花冠钟状，粉红色至紫色，裂片5，其中2片稍宽而短。瘦果状核果，2枚合生，有时其中1个不发育，外密被刚硬刺毛。花期5~6月，果期8~9月。

分布与习性　产我国中部及西北部。喜光，有一定耐寒力；喜排水良好的肥沃土壤，也有一定耐干旱瘠薄能力。

繁殖与栽培　播种、扦插、分株、压条繁殖。播种应在9月采收成熟果实，取种子用湿沙层积贮藏越冬，春播后发芽整齐。扦插在春季选取粗壮休眠枝，或在6~7月间用半木质化嫩枝，露地苗床扦插，容易生根成活。分株于春、秋两季均可，秋季分株后假植到春天栽植，易于成活。苗木移栽，从秋季落叶后到次年早春萌芽前都可进行。

观赏特性及用途　猬实是国内外著名观花灌木，其株丛姿态优美，花密色艳，开花期正值初夏百花凋谢之时，故更感可贵，夏秋全树挂满形如刺猬的小果，甚为别致。在园林中可于草坪、角隅、山石旁、园路交叉口、亭廊附近列植或丛植，也可盆栽欣赏或作切花。

118. **金银木**　图6-120

学名　*Lonicera maaeklii*（Rupr.）Maxim.

科属　忍冬科，忍冬属。

形态特征　落叶灌木，高达5m。枝中空，幼时具微毛。单叶对生，卵状椭圆形至卵状披针形，长5~8cm，端渐尖，基宽楔形或圆形，全缘，两面疏生柔毛。花成对腋生，总花梗短于叶柄，苞片线形，花冠唇形，花先白后黄，芳香。浆果红色，合生。花期5月，果期

8~11月。

红花金银木 f. *erubescens* Rehd. 花较大，淡红色，嫩叶也带红色。

分布与习性 东北、华北、华东、华中及西北东部、西南北部均有分布。性强健，耐寒，耐旱，喜光也耐荫，喜湿润肥沃及深厚之壤土。

繁殖与栽培 常用播种、扦插繁殖。播种繁殖于9~10月采集成熟浆果，取净种干藏至翌年1月中下旬取出，将种子浸泡于凉水中1~3小时，捞出后加入两倍的细沙混匀，于向阳处催芽，3月中下旬条播于苗床中。扦插繁殖在春、秋两季进行。移栽在春季进行。

观赏特性及用途 金银木枝繁叶茂，初夏花朵清香，黄白相映，入秋丹果盈枝，状如珊瑚，是著名的观花赏果树种之一。孤植或丛植于林缘、草坪、水边均很合适。

图6-120 金银木

第三节 藤 本

119. 铁线莲

学名 *Clematis florida* Thunb.

科属 毛茛科，铁线莲属。

形态特征 落叶或半常绿藤本，长约4m。叶常为二回三出羽状复叶，对生，小叶卵形或卵状披针形，长2~5cm，全缘或有少数浅缺刻，叶表暗绿色，叶背疏生短毛或近无毛，网脉明显。花单生于叶腋无花瓣，花梗细长，于近中部处有2枚对生的叶状苞片，萼片花瓣状，常6枚，乳白色，背有绿色条纹，径5~8cm。瘦果。

常见的栽培变种有：

重瓣铁线莲 cv. Plena 花重瓣，雄蕊为绿白色，外轮萼片较长。

蕊瓣铁线莲 cv. Sieboldii 雄蕊有部分变为紫色花瓣状。

分布与习性 产于广西、广东、湖南、湖北、浙江、江苏、山东等省（区），日本及欧美多有栽培。喜光，但侧方庇荫时生长更好。喜肥沃疏松、排水良好的石灰质土壤。耐寒性较差。在华北常盆栽，温室越冬。

繁殖与栽培 常用播种、压条、扦插和嫁接等法繁殖。播种法仅用于繁殖原种或育种时应用。压条于4~5月间将枝蔓压入土内或盆中，1年后即可割离分栽。对于变种或园艺品种，多用扦插或嫁接法繁殖，尤以后者为多。铁线莲不喜移植，不论用何法繁殖的幼苗，均以一次定植为好，若必须移栽，则以秋季9~11月，春季2~4月为宜，需视当地气候而定。

观赏特性及用途 本种花大而美，是点缀园墙、棚架、围篱及凉亭等垂直绿化的好材料，亦可与假山、岩石相配植或作盆栽观赏。

种子含油率约18%，供工业用油。根入药，有解毒、利尿、祛瘀作用。

120. 木香 七里香 木香藤 图6-121

学名　*Rosa banksiae* Ait.

科属　蔷薇科，蔷薇属。

形态特征　常绿攀援灌木，枝细长，绿色，光滑而少刺。小叶3～5，缘有锐锯齿，表面暗绿而有光泽，背面中肋常微有柔毛；托叶线形，与叶柄离生，早落。花常为白色，芳香，花梗细长，光滑，3～15朵排成伞形花序。果近球形，红色。花期4～5月，果期9～10月。

栽培的变种有：

白木香 var. *normalis* Rehd.　花白色，单瓣。

重瓣白木香 var. *albo－plena* Rehd.　花白色，重瓣，香味浓烈；常为3小叶，久经栽培，应用最广。

黄木香 var. *lutescens* Voss　花黄色，单瓣，罕见。

重瓣黄木香 var. *lutea* Lindl.　花淡黄色，重瓣，香味甚淡；常为5小叶。

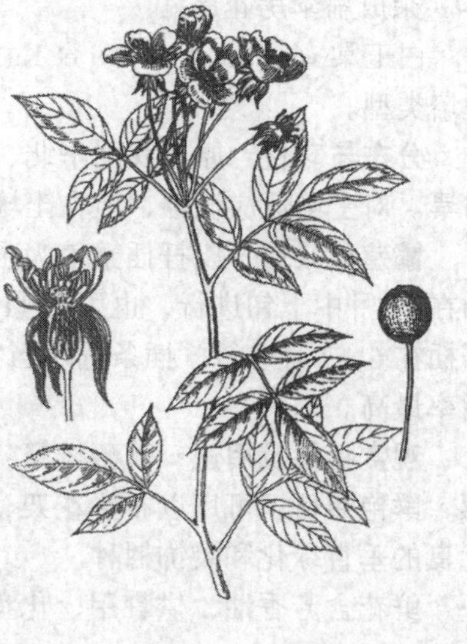

图6－121　木　香

分布与习性　原产我国西南部，现各地广泛栽培。亚热带树种，喜光好暖，适应性强，对土壤要求不严，中性土、微酸性黄壤均能生长，排水良好的沙质土壤尤为适宜。耐寒力不强，萌芽力较强，耐修剪整形，生长快速。易抽生拱形长枝，长枝第二年均能密生短花枝。

繁殖与栽培　用扦插、压条和嫁接繁殖。扦插一般于12月初进行，选用生长强健的当年生枝作插条，嫩枝扦插可在梅雨季节进行。压条，在初春至初夏进行，压条时在入土部位需刻伤。嫁接，选用野蔷薇或十姐妹作砧木，在12月至翌年1月室内切接或2～3月露地切接。木香栽培管理简便，在休眠季节可裸根移植，移植时对枝蔓作强修剪。

观赏特性及用途　木香高架万条，香馥清远，白者望若香雪，黄者灿若披锦。园林中多用于棚架、花格墙、篱垣和岩壁的垂直绿化。孤植草坪、路隅、林缘坡地亦甚相宜。

同属植物　大花白木香 *R. fortuneana* Lindl. 花大，径约5～6cm，单生或2朵并生重瓣，白色。

121. **蔷薇**　多花蔷薇　野蔷薇　图6－122

学名　*Rosa multiflora* Thunb.

科属　蔷薇科，蔷薇属。

形态特征　落叶蔓性小灌木。枝常平卧蔓生，茎细长，多皮刺。羽状复叶，互生，小叶5～9，倒卵形至长圆形，先端尖或钝，有锯齿，两面均有毛。圆锥状伞房花序；花白色或略带红晕，有芳香，花单瓣、半重瓣或重瓣。果近球形，红色。花期6～7月，果期10～11月。

常见的变种有：

粉团蔷薇 var. *cathayensis* Rehd. et Wils.　粉红色至玫瑰红色，数朵或多朵成平顶之伞房花序。

七姊妹 var. *carnea* Thory　花重瓣，深红色，常

图6－122　蔷　薇

6~7朵成扁伞房花序。

白玉棠 var. *albopena* Yu et Ku　花白色，重瓣，多朵簇生，有淡香，为北京地区常见的栽培类型。

分布与习性　原产我国华北、华东、华中、华南及西南地区。喜阳光，耐半荫，耐寒，耐旱。对土壤适应性强，但在土壤深厚、肥沃疏松地长势最好。忌水涝，水涝易引起烂根。

繁殖与栽培　以扦插繁殖为主，也可嫁接、压条或分株。硬枝或嫩枝扦插均可。硬枝扦插在11月中下旬进行，也可将11月下旬采集的插条打捆沙藏，翌年3月中下旬扦插；嫩枝扦插在6~7月进行，插条选用当年生半木质化枝条。移栽在一年四季均可，但春季栽植成活率最高。

观赏特性及用途　蔷薇枝繁叶茂，初夏开花，花团锦簇，芳香清雅，花期较长，红果累累，鲜艳夺目，可用以布置花架、花廊、花篱，或植于围墙、假山旁，或修剪造型，是一种优良的垂直绿化和装饰树种。

鲜花含芳香油，供食用、化妆品及皂用香精。花、果及根药用，作泻下剂及利尿剂，又能收敛活血。

122. **紫藤**　朱藤　藤萝　钩连盘曲　图6-123

图6-123　紫　藤

学名　*Wisteria sinensis* Sweet

科属　蝶形花科，紫藤属。

形态特征　大型落叶木质藤本。奇数羽状复叶，互生，小叶7~13，常为9，卵形至卵状披针形，长5~10cm，先端渐尖，基部圆形或宽楔形，幼时两面被白色柔毛，后渐脱落。花大，堇紫色或淡紫色，芳香；总状花序下垂，长15~30cm。荚果长10~20cm，密生银灰色有光泽的绒毛。花期4~5月，果期9~10月。

银藤 var. *alba* Lindl.　花白色，耐寒性较差。

分布与习性　产我国各地，国内外普遍栽培。紫藤为亚热带及温带植物，喜光，耐荫，稍耐寒；喜深厚、肥沃而排水良好的土壤，有一定的耐干旱和水湿的能力。主根深，侧根少，不耐移植；生长快，寿命长。对二氧化硫、氯气和氟化氢的抗性较强，对铬有一定的抗性，对城市环境的适应性较强。

繁殖与栽培　可用播种、扦插、嫁接等法繁殖，但一般以播种为主。于秋后采种，晒干贮藏。翌春用60℃温水浸种1~2天，见种子膨胀后即点播于土中，因植株不耐移植，故播种时株行距应稍大，2~3年后直接移往定植处。扦插繁殖须秋季采条，捆束埋至翌年，剪留2~3节扦插。紫藤直根性强，故移植时宜尽量多带侧根，并带土球。定植前先搭架，并将粗枝分别系在架上，使其沿架攀援。

观赏特性及用途　紫藤茎蔓缠绕，枝叶茂密，花大色艳，芳香，是优良的棚架、门廊、枯树石绿化材料，可用来装饰花廊、花架、凉亭等，如植于水畔、台坡，沿他物攀生，也极优美，亦可盆栽观赏。或整成灌木状丛植于草坪，也有使其攀缘在枯死的木上，使枯木逢春。制成盆景或盆栽可供室内观赏。也可制桩景。

嫩叶及花可食用，花加糖烙饼为藤萝饼，是北京土产之一。茎皮及花可入药，有解毒、驱虫、止吐泻之效。花可提取芳香油。

同属植物　常见的有：多花紫藤 *W. floribunda*、日本藤萝 *W. japonica*、白花藤 *W. venusta* 等。

123. **爬山虎**　爬墙虎　地锦　图 6-124

学名　*Parthenocissus tricuspidata* Planch.

科属　葡萄科，爬山虎属。

形态特征　落叶大藤本。枝条粗，卷须短且多分枝，须端扩大成吸盘。单叶 3 裂或 3 小叶，互生，叶宽卵形，基部心形，叶缘有粗齿，背面脉常有柔毛。花两性，聚伞花序，通常生于短枝顶端的两叶之间。浆果球形，熟时蓝黑色，被白粉。花期 6~7 月，果期 9~10 月。

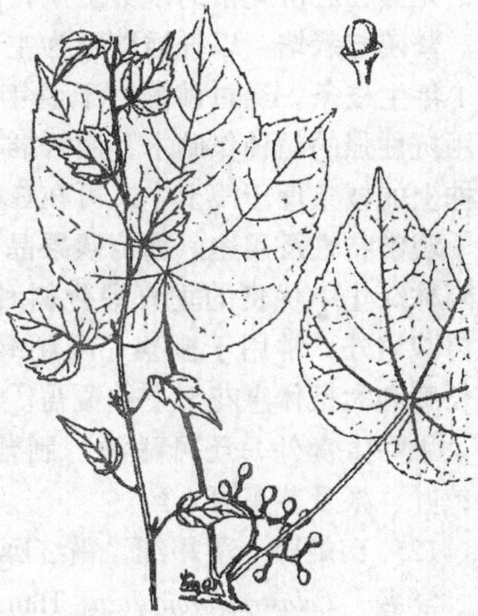

图 6-124　爬山虎

分布与习性　分布极广，北起吉林，南至广东，均有分布，以辽宁、河北、山东、陕西、浙江、湖南、湖北、广东等省为多见。日本亦有。性喜阴湿，也不畏强烈阳光直射，能耐寒冷、干旱，适应性强，在一般土壤上皆能生长，生长快。对氯气抗性强。

繁殖与栽培　用扦插、压条和播种繁殖。扦插春夏两季均可进行，春季 3 月用硬枝扦插，夏季用半木质化枝条扦插。压条在 4 月上旬进行，秋季剪离母株，分栽。播种可秋播或春播。

观赏特性及用途　爬山虎蔓茎纵横，密布吸盘，翠叶遍盖如屏，入秋转绯红色，是一种极为优美的蔓木种类。在庭院墙壁、庭园入口，桥头石壁、枯木墙垣等处均宜配植，尤其是在水泥墙面上伸展自若，有降温消暑之功效。若在园林建筑物上攀附或屋顶绿化，更觉别致调和。在假山石立峰之旁栽植一二，则穿云破石，意趣尤浓。

同属植物

五叶地锦 *P. quinquefolia* Planch.　幼枝带紫红色。卷须与叶对生，顶端吸盘大。掌状复叶，具长柄，小叶 5，质较厚，卵状长椭圆形至倒长卵形，叶缘具大齿。原产于美国东部，我国有引种栽培。

124. **葡萄**　图 6-125

学名　*Vitis vinifera* L.

科属　葡萄科，葡萄属。

形态特征　落叶藤本，长达 30m。茎皮红褐色，老时条状剥落，具间断性卷须，与叶对生。髓心褐色。单叶互生，纸质，圆卵形至近圆形，长 7~15cm，基部心形，3~5 掌状浅裂，缘具粗锯齿，下面有短柔毛，基出脉 5，侧脉约 4 对；叶柄长 4~8cm。花杂性异株，圆锥花序大

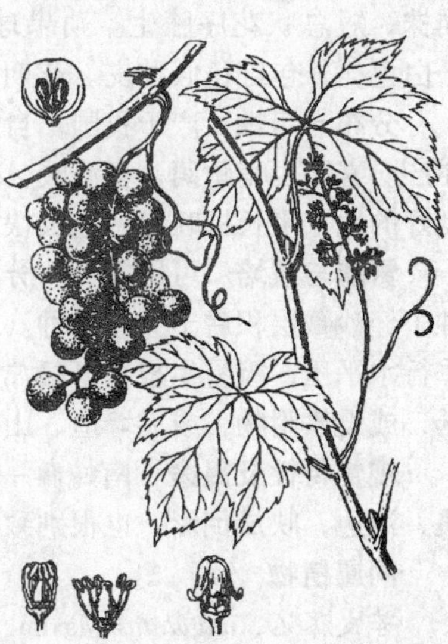

图 6-125　葡　萄

而长，与叶对生；花小，淡黄绿色，有香味。浆果球形或椭圆形，成串下垂，绿色、红色、紫色等。花期5~6月，果期7~9月。

分布与习性 原产于欧洲和亚洲西部，我国已有2 000多年栽培历史，分布广，尤以长江流域及其以北各地栽培较多。喜阳光充足、温暖、较为干燥的气候，较耐寒，要求通风和排水良好，对土壤要求不严，除重黏土、盐碱土外，沙土、沙砾土、壤土、轻黏土均能适应，尤其在肥沃疏松的沙壤土中，pH值5~7.5之间生长最好。深根性，寿命长，生长快。

繁殖与栽培 以扦插繁殖为主，也可压条或嫁接等。扦插，于冬季修剪时选用芽眼饱满的1年生枝条，经过沙藏，于翌年3月剪成具有2~3个芽的枝段进行露地扦插。嫁接，多选用抗性强的品种作砧木，用扦插繁殖，经过1年培养后，于第二年春季枝接。压条，系将母株上的枝条埋于浅土中，可在3~6月间进行。移栽以春、秋两季为宜。

观赏特性及用途 葡萄硕果晶莹，翠叶满架，是园林绿化中优良的垂直绿化树种。除辟专园作果树栽培外，常用于棚架、门廊绿化，公园中跨路长廊和大型休息花架上作覆盖。也可盆栽。

果除生食外，还可酿酒，制葡萄干、汁、粉等；叶、根及茎蔓可入药。

125. **南蛇藤** 落霜红 霜红藤 图6-126

学名 *Celastrus orbiculatus* Thunb.

科属 卫矛科，南蛇藤属。

形态特征 落叶藤本，蔓长可达8~12m。小枝圆，皮孔较粗大而隆起。冬芽小，扁卵形，长2~3mm。单叶互生，叶形变化较大，近圆形或倒卵状椭圆形，长4~10cm，顶端突短尖或钝尖，基部楔形或圆形，缘有细钝齿。雌雄异株，偶有同株，短总状花序腋生。蒴果球形，橙黄色；种子白色，外包红色假种皮。花期5~6月，果期9~10月。

图6-126 南蛇藤

分布与习性 产于我国，自东北至西南，华东至西北各地区都有分布。日本、朝鲜等国亦产。喜阳也稍耐荫，喜温暖，亦耐寒冷，对土壤要求不严，在气候湿润和土壤肥沃而排水良好的地方生长极旺盛，生长快，以茎蔓缠绕他物向上生长。

繁殖与栽培 可用播种、分株、压条和扦插法繁殖。播种，可采种后即行秋播，也可将种子经沙藏层积后于翌春播种。南蛇藤易发根蘖，可在春季带根分割根蘖培养。压条可在雨季行水平压，极易生根。扦插常于春季进行。栽培养护粗放，只要注意修剪枝藤，控制蔓延，或设攀附物，或靠墙垣、山石栽植。

观赏特性及用途 南蛇藤一般作棚架、墙垣、岩壁的攀援绿化。亦宜配植于湖畔、河溪、池边，映成倒影，也很别致。若剪取成熟果枝瓶插，装点居室，也能满室生辉。

同属植物

苦皮藤 *C. angulatus* Maxim. 小枝有棱角，产长江流域各省。

刺苞南蛇藤 *C. flagellaris* Rupr. 小枝有钩状托叶刺，产东北。

霜叶南蛇藤 *C. glaucophyllus* Rehd. et Wils. 叶背面有白霜，产四川。

126. **猕猴桃**　中华猕猴桃　图 6－127

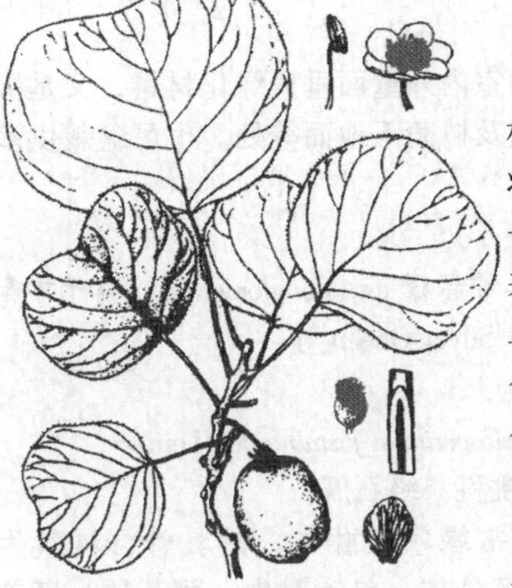

图 6－127　猕猴桃

学名　*Actinidia chinensis* Planch.

科属　猕猴桃科，猕猴桃属。

形态特征　落叶缠绕藤本，枝蔓可长达 10m 以上。小枝幼时密生灰棕色柔毛，老时渐脱落；髓大，白色，片状。单叶互生，具长柄，纸质，圆形、卵圆形或倒卵形，长 5～17cm，顶端突尖、微凹或平截，缘有刺毛状细齿，表面仅脉上有疏毛，背面密生灰棕色星状绒毛。花杂性或单性异株，单生或成腋生聚伞花序，花乳白色，后变黄色，径 3.5～5cm。浆果椭球形或卵形，长 3～5cm，有棕色绒毛，黄褐绿色；种子多而细小。花期 6 月，果期 8～10 月。

分布与习性　广布于长江流域及其以南各省（区），北至陕西，河南等省。生于山地林内或灌丛中，垂直分布可达海拔 1 850m。喜光，也较耐荫，喜温暖气候，也有一定耐寒能力，喜深厚肥沃湿润而排水良好的土壤。

繁殖与栽培　常用播种繁殖，也可用扦插繁殖。将成熟的浆果捣烂，在水中用细筛淘洗，取出种子后阴干保存。播种前与湿砂混合装入盆内，保持温度在 2～8℃，经沙藏 50 天后即可播种。幼苗在冬季应行埋土防寒。定植时应设棚架以资攀缘。

观赏特性及用途　花大而美丽，且有芳香，可用作棚架及观赏材料，最适合在自然式公园中配植应用。

果实可鲜食，亦可加工制成饮料和各种食品。其皮及髓含胶质，可作造纸原料；花可提取香精，其果实入药有理气、生津、润燥、解热之功效，食用其制剂可助消化，增食欲，防呕吐，防治维生素 C 缺素症等。

127. **常春藤**　中华常春藤　图 6－128

学名　*Hedera nepalensis* K. Koch var. *sinensis* (Tobl.) Rehd.

科属　五加科，常春藤属。

形态特征　常绿攀援藤本，长达 30m。茎具攀援气根，嫩枝上被锈色鳞片状毛。单叶互生，革质，上面深绿色，下面淡绿色或黄绿色，无毛或疏生鳞片状毛，营养枝上的叶三角状卵形或戟形，全缘或 3 浅裂，基部平截；花果枝上的叶椭圆状卵形或卵状披针形，全缘，先端渐尖，基部宽楔形，叶柄细长。伞形花序单生或 2～7 顶生，花淡黄白色或淡绿白色，芳香。浆果状核果，球形，径约 1cm，黄色或红色。花期 8～9 月，果期翌年 3 月。

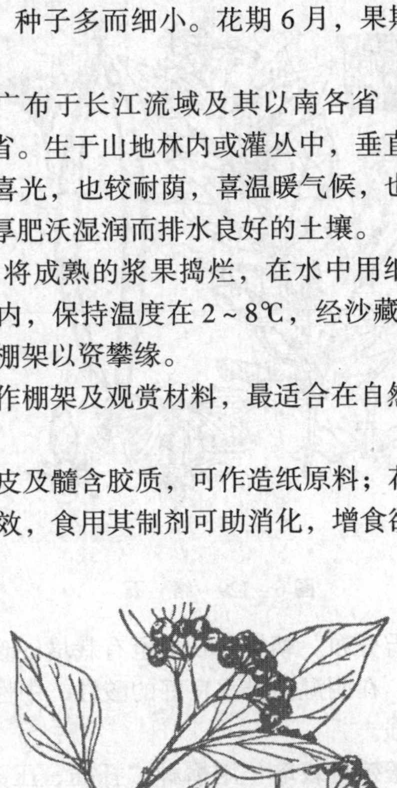

图 6－128　常春藤

分布与习性　产于华中、华南、西南及甘肃、陕西等省。极耐荫，喜温暖气候，稍耐寒。对土壤和水分要求不严，但以中性或酸性土壤为好。

繁殖与栽培 常用扦插或压条法繁殖，极易生根。常春藤栽培管理简单粗放。移植可在初秋或晚春进行，定植后需加以修剪，促进分枝。

观赏特性及用途 常春藤由于蔓枝密叶，是最理想的室内外壁面垂直绿化材料，又是极好的地被植物，适宜让其攀附建筑物、围墙、陡坡、岩壁及树荫下地面等处。也可盆栽供室内绿化观赏用，令其攀附或悬垂均甚雅致。

全株入药，能祛风活血、消肿，治关节酸痛及痈肿疮毒。

同属植物 常见栽培的有洋常春藤 *H. helix* L. 日本常春藤 cv. Conglomerata、彩叶常春藤 cv. Discolor、金心常春藤 cv. Goldheart、银边常春藤 cv. Silver Queen 等。

128. **络石** 白花藤 石龙藤 图 6－129

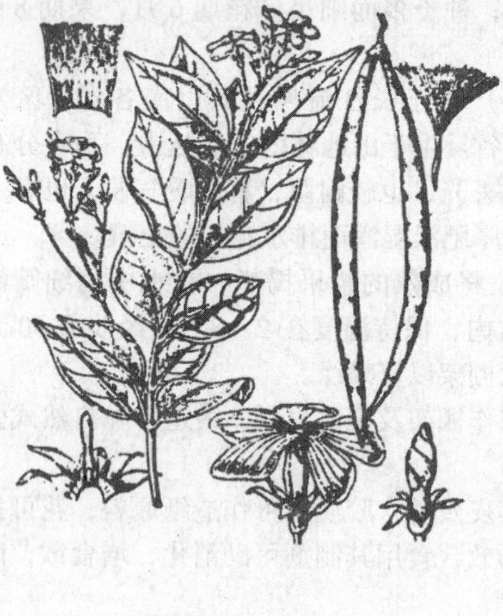

图 6－129 络 石

学名 *Trachelospermum jasminoides* Lem.

科属 夹竹桃科，络石属。

形态特征 常绿攀援藤本，具乳汁，具气生根。茎节膨大，多分枝。单叶对生，薄革质，营养枝上的叶多披针形，花枝上的叶为椭圆形或卵圆形，深绿色。聚伞花序腋生，花白色，芳香，花瓣排成右旋风车形。蓇葖果长如荚，2 果近水平开展，紫黑色；种子线形，具白毛。花期 4～6 月，果期 8～10 月。

栽培变种有：

小叶络石 cv. Heterophyllum 异形叶，通常狭披针形。

斑叶络石 cv. Variegatum 叶具白色或浅黄色斑纹，边缘乳白色。

分布与习性 产我国东南部，黄河流域以南各省均有分布。朝鲜、日本也有栽培。暖温带树种，喜光而又耐荫，常攀援树干、岩石、墙垣等处，在阴湿而排水良好的酸性、中性土壤生长强盛，耐干旱，畏水淹；也抗海潮风。萌蘖性尚强。

繁殖与栽培 用播种、扦插、压条等方法繁殖。12 月上旬采种，暴晒使蓇葖果开裂，取出种子密藏，2～3 月条播。扦插在 6～7 月进行。休眠枝压条行于 2～3 月间，6～7 月则用半熟枝压条，地压、盆压均宜，8～9 月间于母树割离。移栽在春季进行，3～4 年生苗要带宿土，大苗须带泥球，栽后应立即支架攀援。

观赏特性及用途 络石藤蔓攀绕，叶色浓绿，四季常青，花皓如雪，且具芳香，是优美的攀援植物。在园林中栽植，可将其攀附墙壁、枯树，或专设支架，亦可点缀山石、陡壁，或盆栽观赏。

全株入药，可治风寒感冒、关节炎；茎皮纤维可制人造棉。

129. **凌霄** 紫葳 女葳花 图 6－130

学名 *Campsis grandiflora*（Thunb.）Loisel.

科属 紫葳科，凌霄属。

形态特征　落叶大藤本，以气生根攀援上升，茎长达10m。树皮灰褐色，呈细条状纵裂，小枝紫褐色。奇数羽状复叶，对生，小叶7～9，卵形至卵状披针形，长3～7cm，端长尖，基部不对称，缘疏生锯齿，两面光滑无毛。由3出聚伞状花序集成顶生圆锥花序，花冠漏斗状钟形，内面鲜红色，外面橙红色，大而色艳。蒴果细长如荚。花期7～9月，果期10月。

分布与习性　原产我国中部、东部，各地有栽培。日本也产。喜光而稍耐荫，幼苗宜稍庇荫，喜温暖湿润，耐寒性较差，耐旱忌积水。喜微酸性、中性土壤。萌蘖力、萌芽力均强。

图6－130　凌　霄

繁殖与栽培　主要用扦插和压条繁殖，也可用分株和播种。扦插容易生根，春、夏都可进行，剪取具有气根的枝条更易成活。压条，把枝条弯曲埋入土中，深达10cm左右，保持湿润，极易生根。分株，将植株基部的萌蘖带根掘出，短截后另栽，也容易成活。播种，种子采收后在温室播种，或干藏至翌春播种。凌霄栽培管理比较容易。移植在春、秋两季进行，植株通常需带宿土，植后应立引竿，使其攀附，在萌芽前剪除枯枝和密枝，以整树形。

观赏特性及用途　凌霄干枝虬曲多姿，翠叶团团如盖，花大色艳，花枝从高处悬挂，柔条纤蔓，碧叶绛花，花期甚长，为庭园中棚架、花门之良好绿化材料；用以攀援墙垣、枯树、石壁，均极适宜；点缀于假山间隙，繁花艳彩，更觉动人；经修剪、整枝等栽培措施，可成灌木状栽培观赏；管理粗放、适应性强，是理想的城市垂直绿化材料。

花、根可入药，前者活血通经，祛风，后者活血散瘀，解毒消肿。

同属植物　常见栽培观赏的有美国凌霄 *C. radicans* Seem.　小叶7～13，叶背脉间有细毛，花冠较小，筒长，橘黄色。原产北美，我国各地引入栽培。也是理想的城市垂直绿化材料。

130. **金银花**　忍冬　金银藤　二色花藤　图6－131

学名　*Lonicera japonica* Thunb.

科属　忍冬科，忍冬属。

形态特征　半常绿缠绕藤本，长可达9m。茎皮条状剥落，枝细长、中空。单叶对生，卵形或椭圆状卵形，长3～8cm，先端短尖至钝，基部圆形至近心形，全缘，幼时两面被柔毛，老后光滑。伞房花序；花成对腋生，花梗比叶柄长，花冠二唇形，花初开白色而后变黄，有芳香。浆果球形，蓝黑色。花期4～6月，果期8～10月。

图6－131　金银花

常见栽培的变种有：

黄脉金银花 cv. Aureo－reticulata Nichols. 叶较小，网脉

黄色。

红金银花 var. chinensis Baker 小枝、叶柄、嫩叶带紫红色，花冠淡紫红色。

白金银花 cv. Halliana 花开时纯白色，后变黄色。

紫脉金银花 var. repens 叶脉紫色。

分布与习性 原产我国，北起辽宁，西至陕西，南达湖南，西南至云南均有分布。喜光耐荫，耐寒，耐旱忌水涝，耐水湿。适应性强，对土壤要求不严，酸性、碱性土壤均能生长。根系发达，萌蘖力强，茎蔓着地即能生根。对二氧化硫有较强抗性。

繁殖与栽培 用扦插、压条、分株和播种法繁殖，以扦插和压条繁殖为主。扦插宜在6～7月梅雨季进行。压条繁殖春夏均可，埋深4～5cm，当年生根成苗，第二年春季即可分栽定植。分株繁殖春秋均可进行。播种繁殖应于10月采种，层积沙藏至翌年4月播种。金银花管理简便，一般于春季将苗木裸根栽植在土质肥沃、地势较高且通风向阳的地方。栽培时要搭设棚架或种植在篱笆、透孔墙垣地，以便攀缘生长。

观赏特性及用途 金银花植株轻盈，藤蔓缭绕，冬叶微红，经冬不凋，花先白后黄，繁花密布，秀丽清香，是一种色香俱备的优良藤本植物。可作篱垣、花架、花廊等的垂直绿化，也可点缀于假山和岩石隙缝间，或制作盆景。

花入药，有清热解毒、治细菌性痢疾等效；也是优良蜜源植物。

第四节 竹 类

131. **佛肚竹** 佛竹 图6－132

学名 *Bambusa ventricosa* McClure

科属 禾本科，箣竹属。

形态特征 植株多灌木状，丛生，无刺，秆无毛，幼秆深绿色，稍被白粉，老时转浅黄色。正常秆圆筒形、畸形秆秆节甚密，节间较正常秆为短，基部显著膨大呈瓶状。箨叶卵状披针形，箨鞘无毛，初时深绿色，老后则变成橘红色，干时浅草黄色，鞘口刚毛多，纤细，箨耳发达，圆形或倒卵形至镰刀形，榄黄色至褐色，干时草黄色，箨舌极短，长0.3～0.5cm，叶片卵状披针形，长12～21cm，两面同色，背面被柔毛。

图6－132 佛肚竹

分布与习性 我国广东特产，广州、阳江、九龙、香港等地均有栽培，其他地区多盆栽。喜温暖湿润的气候条件，不耐寒，冬季气温应保持在10℃以上，低于4℃往往受冻。喜阳光，但怕北方干燥季节的烈日暴晒，要求疏松和排水良好的酸性腐殖土及沙壤土，在黏重瘠薄的土壤中生长不良。不耐干旱，也怕水涝。

繁殖与栽培 用移植母竹或竹蔸栽植，露地栽植应保持土壤湿润并注意排水防涝和松土培土，施以有机肥，以促进生长。佛肚竹盆栽时必须用大盆，给竹鞭的生长提供较大的营养面积。还需调制微酸性腐殖质培养土，要求透气和透水性能良好。北方在无雨季应经常喷水来提高空气湿度，注意防风，春、夏两季应适当庇荫；掌握间干间湿的浇水原则。

观赏特性及用途　竹秆畸形，状若佛肚，奇异可观，在广东等地可露地栽植，其他地区盆栽观赏。

132. **箭竹**　松花竹　图 6－133

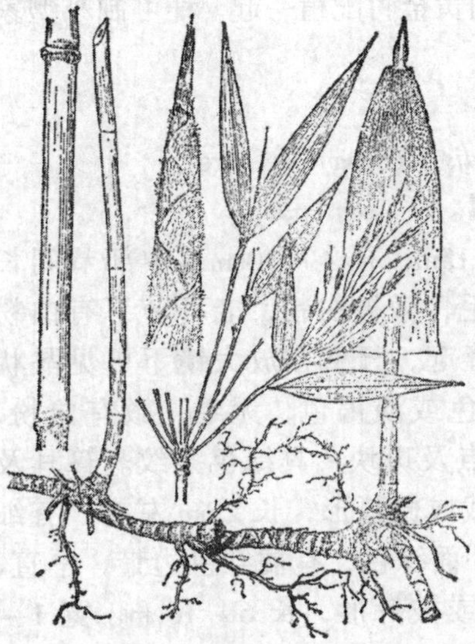

图 6－133　箭　竹

学名　*Sinarundinaria nitida*（Mitf.）Nakai

科属　禾本科，箭竹属。

形态特征　灌木状竹类，秆高约 2m，径约 1cm。新秆具白粉，箨环显著突出，并常留有残箨，秆环不显。箨鞘具明显紫色脉纹，箨舌弧形，淡紫色，箨叶淡绿色，开展或反曲。小枝具叶 2～4，叶鞘常紫色，具脱落性淡黄色肩毛；叶矩圆状披针形，长 5～13cm，次脉 4 对。笋期 8 月中、下旬。

分布与习性　分布于甘肃南部、陕西、四川、云南、湖北、江西。为高山区野生竹种，生于海拔 1 000～3 000 m 的山坡林缘。适应性强。耐寒冷，耐干旱瘠薄土壤，在避风、空气湿润的山谷生长茂密，有时也生于乔木林冠下。繁殖力较强。

繁殖与栽培　常用分株、埋鞭或埋秆等法繁殖，管理粗放。

观赏特性及用途　箭竹也常供园林绿化用。秆直，分枝细长，供编制筐篮、扫帚、搭置棚架等用。

133. **紫竹**　黑竹　乌竹　图 6－134

学名　*Phyllostaehys nigra*（Lodd.）Munro.

科属　禾本科，刚竹属。

形态特征　秆散生，高 3～10m，径 2～4cm，新秆有细毛茸，绿色，箨环有毛，老秆则变为棕紫色以至紫黑色，无毛，箨环与秆环均甚隆起。笋期 4 月下旬，笋浓红褐色或带绿色。箨耳发达，短圆形或裂成二瓣，紫黑色，上有紫黑色、弯曲的长肩毛。箨舌紫色。箨叶三角形或三角状披针形，舟状隆起，初皱折，直立，后微波状，外展。每小枝 2～3 叶，叶鞘初被粗毛，叶片披针形，长 4～10cm，宽 1～1.5cm，质地较薄，下面基部有细毛。

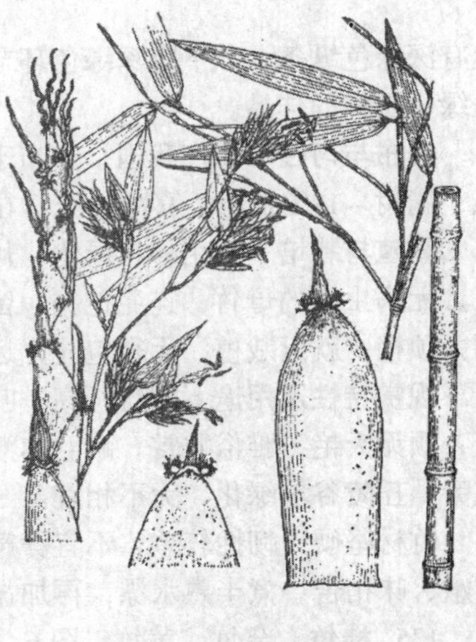

图 6－134　紫　竹

分布与习性　原产我国，分布于浙江、江苏、安徽、湖北、湖南、福建及陕西等省。北京紫竹院亦有栽培。紫竹适应性强，华北经长江流域以至西南地区均有分布。性耐寒，可耐－20℃的低温，亦耐荫，但忌积水，山地平原都可栽培。对土壤要求不严，以疏松肥沃的微酸性土最为适宜。

繁殖与栽培　紫竹移竹植鞭成活较易，母竹选2～3年的为好，以2～3月栽种最宜。紫竹易发笋，过密应随时删除老竹，作为盆景用竹，须抑制其生长，使之秆节缩短，故当竹笋拔节长至10～12片笋箨时剥去基部2片，嗣后随生长状况陆续向上层层剥除，至分枝以下一节为度。

观赏特性及用途　紫竹秆紫叶绿，扶疏成林，别具特色，在园林中广泛栽培。其秆之粗细高矮可视配植需要加以控制，宜与黄金间碧主竹、碧玉间黄金竹配植一起。秆可制小型家具，细秆可作笛、箫、手杖及工艺品等。

134. **刚竹**　胖竹　图6－135

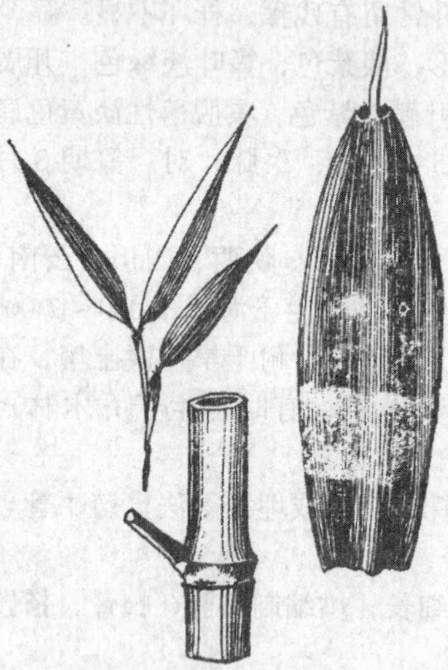

图6－135　刚　竹

学名　*Phyllostachys viridis*（Young）McClure

科属　禾本科，刚竹属。

形态特征　秆高10～15m，径4～10cm，中部节间长20～45cm，新秆绿色，无毛，微被白粉，老秆节下有白粉环。秆环不明显，箨环微隆起，秆壁在放大镜下可见晶状小点突起。秆箨底色为黄色或淡褐色，无毛，微有白粉，有较密的褐色或紫褐色斑点及斑块，具绿色条纹。箨耳及肩毛缺，箨舌绿色，近平截或微弧形，长2mm左右，有细纤毛。箨叶带状披针形，外面绿色，有橘红色边带，平直，下垂。小枝叶带状披针形或披针形，长6～16cm，宽1～2.2cm。笋期5月，

常见栽培的变型有：

碧玉间黄金竹 f. *houzeauana* C. D. Chu et C. S. Chao 秆绿色，着生分枝一侧的纵槽为淡黄绿色，故又名槽里黄刚竹或绿皮黄筋竹，著名庭园观赏竹种之一。

黄皮刚竹 f. *youngii* C. D. Chu et C. S. Chao 新秆绿底色上有深绿色纵条，节下有深绿色环节，绿色叶片上也常有乳脂色条纹。故又名黄皮绿筋竹，是绿化园林的佳品。

分布与习性　原产我国，分布于黄河流域至长江流域各地，以江浙尤为多见。刚竹抗性强，能耐－18℃低温。喜酸性土，在pH8.5左右的碱土和含盐0.1%的土壤也能生长。

繁殖与栽培　采用移竹绿化，从秋后至初春都可进行。选2～3年生分枝较低、生长良好、无病虫害的母竹，连蔸挖掘，留来鞭去鞭各长20～30cm，带土10～15kg，留枝4～5盘，削去顶梢，就近栽植，无须包扎，远途运输，应连根带土包牢扎紧，以防失水干燥。

观赏特性及用途　刚竹秆高，叶翠，四季常青，秀丽挺拔，值霜雪而不凋，历四时而常茂，颇无夭艳，雅俗共赏。耐－18℃低温，山坡、平原均能适应，城郊、乡村河滩地、屋后宅旁、丘陵谷坡绿化，无不相宜。

竹材坚硬，韧性较差，不宜劈篾编织，可供船帆横档、小型建筑以及农具柄材使用。笋质嫩，味稍苦，煮半熟水漂，再加盐煮为腌笋，亦可淡煮作罐头笋。

135. **桂竹**　金竹　黄竹　图6－136

学名　*Phyllostachys bambusoides* Sieb. et Zucc.

科属　禾本科，刚竹属。

形态特征　高达16m，胸径达14cm。幼秆绿色无白粉，有时节下有白粉环，秆环、箨环均隆起。箨鞘具脱落性黄色刺毛，及有淡墨色魔点，有箨耳或不发达，箨片外卷，并常皱折。每小枝具3～6叶，叶质较厚，基部略圆形，叶舌发达，叶耳具长肩毛。笋期5月下旬至6月中旬。

斑竹 *f. tanakae* Makino ex Tsuboil 年生秆绿色，以后渐次出现大小不等、边缘不清晰的淡墨色或紫黑色斑点，故名"斑竹"，通常栽植于庭园观赏，秆可加工成工艺品。

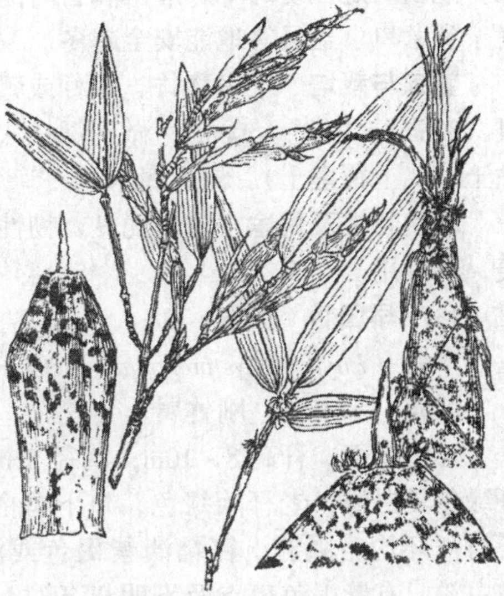

图6－136　桂　竹

分布与习性　原产我国，分布较广，主产长江流域及山东、河南、陕西等省，河北、山西等地有栽培。喜温暖凉润气候及肥厚、排水良好的沙质土壤，抗性较强，能耐－18℃的低温，耐旱、耐瘠薄，繁殖力也强，幼秆节上潜伏芽易萌蘖。秆大株高，笋期晚，当年生竹易受风雪压折。

繁殖与栽培　常用分株、埋秆等法繁殖。繁殖多在春秋两季进行。移植常直接移竹栽植。

观赏特性及用途　桂竹常栽植于庭园观赏。其材质优良，韧性强，篾性好，可编织各种竹器，也可作农具。笋味鲜美，供食用。是"南竹北移"的优良竹种。

136. 淡竹　粉绿竹　图6－137

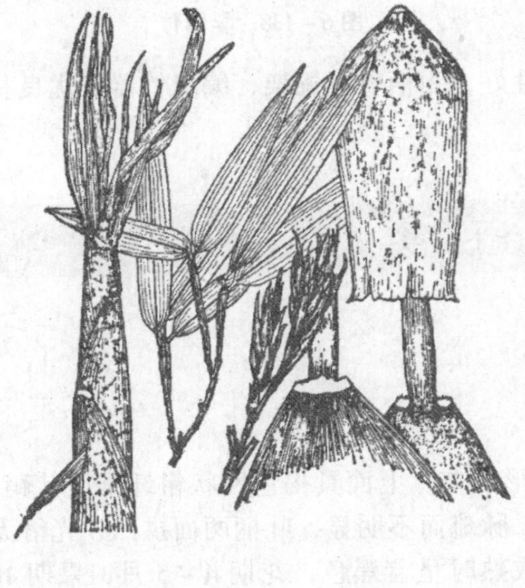

图6－137　淡　竹

学名　*Phyllotachys glauca* McClure

科属　禾本科，刚竹属。

形态特征　秆高5～10m，径2～5cm，无毛。新秆密被白粉而为蓝绿色，老秆绿色，仅节下有白粉环。箨鞘淡红褐或淡绿色，有紫色细纵条纹，无毛，多少有淡红褐色斑点；无箨耳，箨舌截平，暗紫色，微有波状齿缺，有短纤毛，箨叶带状披针形，绿色，有紫色细条纹，平直。每小枝2～3叶，叶鞘初时有叶耳，后渐脱落。叶舌紫色或紫褐色；叶片披针形，长8～16cm。笋期4月中旬至5月底。

筠竹 *f. yunzhu* J. L. Lu 秆渐次出现紫褐色斑点或斑块。分布河南、山西。竹材匀齐劲直，柔韧致密，秆色美观，常栽于庭园观赏，为河南博爱著名的"清化竹器"原材料，适于编织竹器及各种工艺品。

分布与习性　原产于我国，分布在长江、黄河中下游各地，而以江苏、山东、河南、陕西等省较多。粉绿竹适应性较强，在－18℃左右的低温条件和轻度的盐碱土上也能正常生长，能耐一定程度的干燥瘠薄和暂时的流水浸渍。北移引种已跨过渤海，在北纬40°以上的辽宁省营口、盖县等地能安全越冬。

繁殖与栽培 常用移竹、截秆或鞭根繁殖。繁殖时注意选好母竹（2~3年生），留足来鞭（30cm）、去鞭（50cm），做到深挖穴、浅栽竹（较母株稍深1~2cm）、下紧上松（鞭根紧贴土壤，上覆虚土）、浇足底水。

观赏特性及用途 材质优良，韧性强，篾性好，可编织各种竹器，也可作农具。笋味鲜美，供食用。

137. 早园竹 图6-138

学名 *Phyllotachys propinqua* McClure

科属 禾本科，刚竹属。

形态特征 秆高8~10m，胸径5cm以下。新秆绿色具白扮，老秆淡绿色，节下有白粉圈，箨环与秆环均略隆起。箨鞘淡紫褐色或深黄褐色，被白粉，有紫褐色斑点及不明显条纹，上部边缘枯焦状，无箨耳，箨舌淡褐色，弧形；箨叶带状披针形，紫褐色，平直反曲。小枝具叶2 ~3片，带状披针形，长7~16cm，宽1~2cm，背面基部有毛，叶舌弧形隆起。笋期4~6月。

分布与习性 主产华东，北京、河南、山西有栽培。抗寒性强，能耐短期的-20℃低温。适应性强，在轻碱地、砂土及低洼地中均能生长。

繁殖与栽培 常用分株、埋鞭等法繁殖。

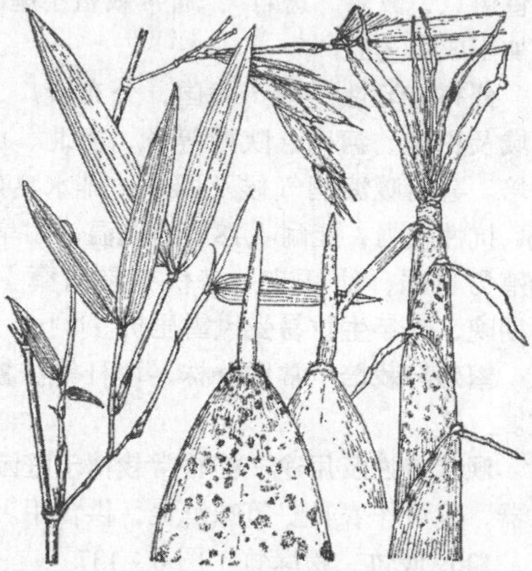

图6-138 早园竹

观赏特性及用途 秆高叶茂，生长强壮，是华北园林中栽培观赏的主要竹种。秆质坚韧，篾性好，为柄材、棚架、编织竹器等优良材料。笋味鲜美，可食用。

第五节 棕 榈 类

138. 棕竹

学名 *Rhapis excelsa*（Thunb.）Henry ex Rehd.

科属 棕榈科，棕竹属。

形态特征 常绿丛生灌木，高达3m。茎圆柱形有节，上面具褐色网状粗纤维质叶鞘。叶掌状，10~20裂，深达叶基，裂片呈宽披针形，脉疏而不明显，叶柄两面拱凸，光滑无刺。雌雄异株，小浆果初为白色，后变成黄色，成熟时呈蓝黑色，花期4~5月，果期10月。

分布与习性 原产于我国华南和西南东部的山林中，南北各地均作为室内观叶盆栽。喜温暖湿润的环境，耐荫，不耐寒，冬季室温不得低于8℃，否则就会受冻；也怕暑热，如果夏季气温超过34℃，加上通风不良，叶片常常焦边，生长停止。喜疏松肥沃的酸性腐殖土，不耐瘠薄和盐碱。在北方干燥的气候条件下生长不良，怕干风，极不耐旱，较耐水湿。

繁殖与栽培　播种、分株繁殖均可，但多用分株繁殖。分株应在早春新枝抽生前进行，如果不是大量繁殖，可在不破坏母株株形的情况下用长刀将盆株边缘的幼小茎秆连同根系一起挖掘出来，立即盆栽；大量繁殖时应将株丛稠密的多年生植株从花盆中脱出来，清除掉根团外围的泥土，以2~3根茎秆为一丛，用修枝剪将丛间相连的横生主根断开，同时撕开须根立即栽种。

观赏特性及用途　棕竹枝繁叶茂，四季常青，叶形秀丽似扇状，美观清雅，颇显热带风光，是常见的室内观叶植物。其可常年在室内陈设，不必轮换；在地下商场及地铁的候车厅内，只要有明亮的灯光，都能正常生长。在观赏温室及室内花园中，多把它们直接栽在高大的热带植物下面，构成一幅热带山林的自然景观。

139. **蒲葵**　葵树　图6-139

学名　*Livistona chinensis*（Jacq.）R. Br. ex Mart.

科属　棕榈科，蒲葵属。

形态特征　常绿乔木，高达10~20m。叶阔肾状扇形，宽达1m以上，掌状分裂较浅；叶柄长1.3~1.5m，两侧具骨质的钩刺具刺；叶鞘褐色，纤维甚多。肉穗花序腋生，排成圆锥花序，长达1m，分枝多而疏散；花小，两性，通常4朵集生，花冠3裂，几达基部，花瓣近心形，直立。核果椭圆形至阔圆形，状如橄榄，两端钝圆，熟时黑色或蓝黑色，外略被白粉。花期春、夏季，果期11月。

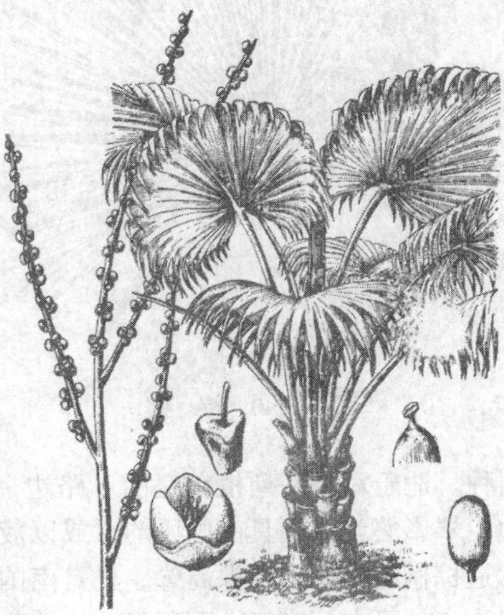

图6-139　蒲葵

分布与习性　产华南、中南半岛，在广东、广西、福建、台湾栽培普遍，湖南、江西、四川、云南亦多有引种。喜光略耐荫，苗期尤耐荫，喜高温多湿气候，适应性强，耐0℃左右的低温和一定程度的干旱，喜湿润、肥沃、富含有机质的黏壤土，能耐一定程度的水涝及短期浸泡。抗有毒气体，对氯气和二氧化硫抗性强。

繁殖与栽培　选20~30年生健壮母株采种，采下果实不宜曝晒，立即浸水3~5天，洗去果皮阴干后可播种。产地多于秋冬播种，偏北地区可春播。

观赏特性及用途　蒲葵树形美观，可丛植，列植，孤植。蒲葵全身都是宝，嫩叶制葵扇，老叶制蓑衣席子。叶脉可制牙签，树干可作梁柱。果实及根、叶均可入药。

140. **棕榈**　棕树　山棕　图6-140

学名　*Trachycarpus fortunei*（Hook. f.）H. Wendl.

科属　棕榈科，棕榈属。

形态特征　常绿乔木，高达10m。树干圆柱形，常有网状纤维叶鞘。叶簇竖干顶，圆扇形，径50~70cm，掌状裂深达中下部；叶柄长50~100cm，两侧细齿明显。花杂性，小，黄色；圆锥状肉穗花序腋生，粗大而多分枝，佛焰苞多数，革质，压扁状，被绒毛。核果球形，径约8mm，熟时黑褐色，微被白粉。花期3~6月，果期10~11月。

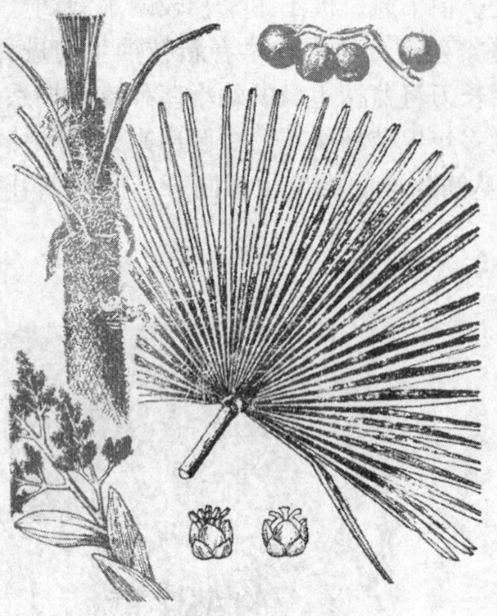

图 6－140 棕 榈

分布与习性 原产中国，日本、印度、缅甸也有分布。我国主要分布于北起陕西南部，南到广州、柳州和云南，西达西藏边界，东至上海和浙江。棕榈是棕榈科中最耐寒的植物，成年树可耐－7℃低温；耐荫能力强，幼苗尤耐荫；喜排水良好、湿润肥沃的中性、石灰性或微酸性的黏质壤土，耐轻盐碱土，较耐干旱及水湿。对有毒气体（二氧化硫和氟化氢）和烟尘抗性强，有很强吸毒能力。根系浅，须根发达，生长缓慢。

繁殖与栽培 播种繁殖，11 月果熟后，以随采随播最好；或采后置于通风处阴干，或行砂藏，至翌春 3～4 月份播种，发芽率约 80%～90%。播种苗 2 年后换床移栽，移时剪除叶片 1/2～2/3 浅栽，以免烂心及蒸发，保证成活。

观赏特性及用途 棕榈树干挺直，叶形若扇，清姿幽雅，棕皮用途广泛，是园林结合生产的优良树种。适于对植、列植在庭前、路边、入口。或孤植、群植于池边、林缘、草坪边角、窗边，翠影婆娑，别具南国风韵，或以菠萝花、美人蕉、鸢尾等草本花卉搭配，尤为适宜。或营造棕榈纯林，则棵棵高耸，更是南国景色，勘可入画。棕榈对多种有毒气体有抵抗和吸收能力，故可在污染区大面积栽植，美化净化环境。

棕榈是我国特有的经济树种，其主要产品棕皮是我国传统的出口商品之一。棕皮的叶鞘纤维耐拉力强，耐磨又耐腐，可编织蓑衣，鱼网、搓绳索、制刷具、地毯及床垫等；树干可作亭柱、水槽，又可制扇骨、木梳等。根、叶、花、果、种子均可药用。种子富含淀粉、蛋白质，加工后是很好的饲料。

141. **椰子** 椰树 图 6－141

学名 *Cocos nucifera* L.

科属 棕榈科，椰子属。

形态特征 常绿乔木，高 15～35m。单干，茎干粗壮，叶长 3～7m，羽状全裂；裂片外向摺叠，叶柄粗壮，长 1m 余，基部有网状褐色棕皮。肉穗花序腋生，长 1.5～2m；总苞舟形，最下一枚长 60～100cm 余，肉穗花序雄花呈扁三角状卵形，长 1～1.5cm。雌花呈略扁之圆球形，横径 2.4～2.6cm。坚果每 10～20 聚为一束，极大，长达 30cm，直径达 20cm，几乎全年开花，果期 7 ～ 9 月。

图 6－141 椰 子

分布与习性 原产西太平洋岛屿，我国海南、台湾和云南南部栽培椰子已有 2 000 年以上的历史。在高温、湿润、阳光充足的海边生长发育良好。要求年平均温度 24～25℃以上，温差小，最低温度不低于 10℃，才能正常开花结实。要求年雨量 1 500～2 000mm，且分布均匀，不耐干旱，也不耐长期水涝。喜海滨和河岸的深厚冲积土，次为砂壤土，要求排水良好，地下水位在 1.0～2.5m 之间。抗风力强。

繁殖与栽培　播种繁殖，可先催芽。苗期管理要合理施肥（对钾需要量最大，氮次之，磷最小）。

观赏特性及用途　椰子其苍翠挺拔，在热带和南亚热带地区的风景区，尤其是海滨区为主要的园林绿化树种。可作行道树，或丛植、片植。

椰子是棕榈科中最重要的经济作物，也是世界上最重要的 10 种树种之一，其全身是宝，有“宝树”之称。椰干是重要的油源，可食用，制成椰茗、椰奶，配成椰子糖，椰子酱等。椰水是清凉饮料，花序可割取糖液，供饮料。叶可编席。根可提染料。椰衣可制绳索、扫帚、地毯、船缆等，其细纤维又是沙发椅、床垫、隔音板的优良垫料。

142. 王棕　大王椰子

学名　*Roystonea regia*（Kunth）Cook

科属　棕榈科，王棕属。

形态特征　常绿乔木，高达 30m。茎淡灰褐色，茎干显著膨大成纺锤形，球径（茎干最膨大处的直径）达 75cm。羽状叶达 18，聚生茎顶，长 5m，羽片排成多列，叶柄短。肉穗花序三回分枝，排成圆锥花序式，长达 1.5m，短于冠径，雄花白色。果近椭球形，径约 1.5cm，淡红褐色至紫黑。

分布与习性　原产中美洲、西印度群岛及美国佛罗里达州南端。我国广东、广西、台湾、云南及福建均有栽培。喜光。可植于热带地区和南亚热带地区。

繁殖与栽培　播种繁殖，耐粗放管理。

观赏特性及用途　王棕可列植作行道树，可孤植作为公园等的主景植物，也可丛植和片植。

其他常见观赏木本植物见附表。

附表：常见其他观赏木本植物

中名	学名	科属	习性	繁殖及栽培	用途
黑松	*Pinus thuubergii*	松科　松属	喜温暖，湿润气候，耐潮风，幼树稍耐荫。	播种繁殖。要加以整形、修剪，大树移植易成活。	行道树、庭荫树、园景树。
马尾松	*Pinus massoniana*	松科　松属	喜光，不耐荫，耐寒性差，喜酸性土壤。	播种繁殖。苗期遮荫，保护顶芽。	风景树，庭荫树、用材、园景兼用。
黄山松	*Pinus taiwanensis*	松科　松属	忌积水，不耐瘠薄，喜光不耐荫，好酸性土壤。	播种繁殖，不耐移植。幼苗移栽要醮泥浆。	风景树、桩景材料。
日本五针松	*Pinus parviflora*	松科　松属	耐荫，忌水湿，怕低温，怕炎热。	嫁接繁殖，黑松作砧木，亦可播种。可整形修剪，控制树势。	园景树，桩景材料或假山配植。
柳杉	*Cryptomeria fortunei*	杉科　柳杉属	稍喜光，略耐荫，怕热怕旱，忌积水。	播种，扦插均可。小苗防立枯病，遮荫，不耐移植。	行道树或孤植，风景林。
花柏	*Chamaecyparis pisifera*	柏科　扁柏属	略耐荫，喜温暖、湿润的气候，不耐旱。	播种、扦插均可。苗期防晚霜危害，并遮荫。	作绿篱。
香柏	*Thuja occidentalis*	柏科　崖柏属	耐荫、耐寒、不择土壤。	播种繁殖、管理粗放，幼苗需遮荫。	园景树、绿篱。
铅笔柏	*Sabina virginiana*	柏科　圆柏属	喜光，耐荫，性强健，适应恶劣的环境。	播种、扦插均可。不宜修剪，防郁闭后下堂枝空疏。	园景树，行道树。
罗汉松	*Podocarpus macrophyllus*	罗汉松科　罗汉松属	喜温暖，耐荫，不耐寒，耐修剪。	播种、扦插繁殖。加强肥水养护管理，生长旺盛。	盆栽，绿篱，庭园观赏。
金钱松	*Pseudolarix amabilis*	松科　金钱松属	喜温暖，好酸性土，有一定的耐寒性。	播种育苗。苗期防寒，北方栽培选择小气候。	公园观赏，纯林栽植，行道树。
红豆杉	*Taxus chinensis*	红豆杉科　红豆杉属	耐荫，好肥，喜空气湿度大。	播种、扦插繁殖。不耐移植，管理粗放。	庭园、公园、草地孤植。
木麻黄	*Casuarina equisetifolia*	木麻黄科　木麻黄属	喜光，耐热，耐盐碱、耐贫瘠，对水分要求不严。	播种，扦插均可。管理粗放，不宜修剪。	行道树、海岸防护林。
月桂	*Laurus nobilis*	樟科　月桂属	喜光、稍耐荫，耐旱，不耐寒。	扦插繁殖为主，需整形修剪，北方选择小气候栽培。	园林孤植、群栽、绿篱。
油橄榄	*Olea europaea*	木犀科　木犀榄属	强阳性，要求排水方便，耐寒，对土壤适应性强。	播种、扦插均可。勤施肥水，夏剪调节树势。	境界树、孤植、对植、群植均可。
槲树	*Quercus dentata*	山毛榉科　栎属	喜光，稍耐荫，耐干旱、耐寒，抗烟尘及有毒气体。	播种繁殖。幼苗时切断主根，促进侧根的生长。	庭园孤植，草地群植。
喜树	*Camptotheca acuminata*	喜树科　喜树属	喜光，稍耐荫，喜深厚土壤及稍湿润。	播种繁殖。管理方便，幼苗需遮荫。	行道树、庭荫树、园景树。

（续）

中名	学名	科属	习性	繁殖及栽培	用途
黄连木	*Pistacia chinensis*	漆树科　黄连木属	喜光，不耐荫，抗 SO_2、烟尘，耐干旱、瘠薄。	播种、扦插繁殖。幼苗注意防寒越冬。	庭荫树、行道树、园景树、“四旁”绿化。
枳椇	*Hovenia dulcis*	鼠李科　枳椇属	喜光，耐寒，不择土壤。	播种繁殖。管理粗放。	庭院树，行道树。
山桐子	*Idesia polycarpa*	大风子科　山桐子属	喜光，喜温暖，耐干旱及寒冷，不择土壤。	播种繁殖。管理粗放。	行道树，庭荫树。
麻栎	*Quercus acutissima*	山毛榉科　栎属	喜光、耐寒、耐旱、对土壤要求不严。	播种繁殖。常规管理。	草坪丛植，风景林、防护林。
榔榆	*Ulmus parvifolia*	榆科　榆属	喜光，稍耐荫，喜温暖、湿润气候。	播种、分蘖繁殖。苗木修剪侧枝，去强，留弱。	庭园观赏，行道树，桩景材料。
朴树	*Celtis sinensis*	榆科　朴属	较喜光，适应性强，略耐水湿及瘠薄，有一定抗旱力。	播种繁殖。管理粗放。	庭荫树及桩景材料。
重阳木	*Bischofia polycarpa*	大戟科　重阳木属	喜光、略耐荫，耐寒、耐水湿、耐旱、耐瘠薄。	播种繁殖。及时剪去侧枝，培养主干。	庭荫树、行道树。
八角枫	*Alangium chinense*	八角枫科　八角枫属	喜光，喜疏松的壤土，耐荫、耐寒、耐贫瘠。	播种、分蘖繁殖。幼树常枯梢，可剪除，留剪口芽。	散植庭园。
无患子	*Sapindus mukurossi*	无患子科　无患子属	喜光，稍耐荫，喜温暖、湿润气候。	播种繁殖。管理粗放。	庭荫树、行道树。

第七章 草本观赏植物

第一节 一、二年生花卉

一年生花卉是在一个生长季内完成其全部生活史的花卉植物。即从播种到开花、结实、枯死均在一个生长季内完成。一般在春天播种，夏秋开花结实，然后枯死。因此，一年生花卉也叫春播花卉。如鸡冠花、波斯菊、万寿菊、凤仙花、紫茉莉、大花马齿苋等。栽培过程中对水、肥、土壤的要求较严，喜欢深厚肥沃，排水透气之土壤。要求水分均匀，光照充足。

二年生花卉是在两个生长季内完成其生活史的花卉植物。当年只进行营养生长，越年后开花、结实、死亡。二年生花卉，一般在秋季播种，次年春夏开花。故常称之为秋播花卉。如须苞石竹、桂竹香、紫罗兰、羽衣甘蓝、金盏菊、三色堇等。栽培过程种，除了对水肥要求严格外，有些耐寒性能较差的品种，还要提供越冬保护。

本节中还包括了一些多年生宿根花卉，但在生产中常作一、二年生栽培。

1. **红蓼** 荭草 水红花子 图7－1

学名 *Polygonum orientale* L.

科属 蓼科，蓼属。

形态特征 一年生草本植物，茎直生，分枝有节，密生绒毛。叶宽椭圆形或卵状披针形，先端渐尖，全缘。花序密集呈圆锥状，顶生或腋生，下垂；花小，淡红色、红色或白色。花期6～8月，果期8～10月。

产地与习性 原产我国，欧洲、中亚、俄罗斯、日本、印度、马来西亚及澳大利亚也有分布。喜阳光和温暖气候，耐寒性差。耐瘠薄，不择土壤，荒地、沟边、溪边等湿地均可成片生长。

繁殖与栽培 播种繁殖。可于春天3～4月进行露地播种，播后需略覆以薄土，并覆盖稻草。出苗后，应立即除去覆盖物，进行小苗移栽。

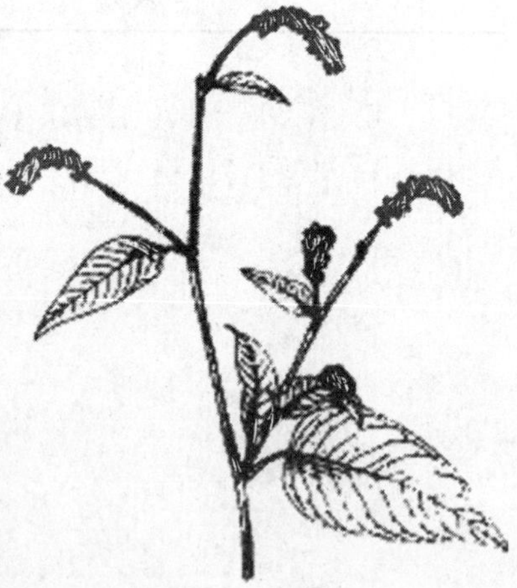

图7－1 红 蓼

观赏特性及用途 红蓼枝叶高大，疏散洒脱，夏时红色果穗随风摇曳，有清凉消暑之感。也可作为插花或装饰材料。果及全草可入药。

2. **红叶甜菜** 厚皮菜 图7－2

图 7-2 红叶甜菜

学名 *Beta vulgaris* var. *cicla* L.

科属 藜科，甜菜属。

形态特征 二年生草本，主根直立。叶片呈暗紫红色，菱形，全缘。果4月中旬成熟。

产地与习性 原产欧洲，我国长江流域地区栽培广泛。喜光，好肥，较耐荫，耐寒，可耐受-10℃左右的低温。对土壤要求不严，适应性强，在排水良好的砂壤土中生长较佳。

繁殖与栽培 播种繁殖。一般于9月初，将种子撒播于露地苗床中，出苗整齐迅速。当幼苗长出3片叶时，需移栽1次，施薄肥2~3次。入冬前，可直接移入花坛或绿地定植。以后只要适当中耕除草，进行施肥浇水等一般管理即可。

观赏特性及用途 红叶甜菜紫红色的叶片整齐美观，在园林绿地中可作露地花卉，布置花坛。也可盆栽，作室内摆设。嫩叶可食用。

3. 地肤 扫帚草 绿帚 图7-3

学名 *Kochia scoparia* Schrad.

科属 藜科，地肤属。

形态特征 一年生直立性草本植物，直生根，主杆木质化，株高50~100cm，分枝繁多而紧密，呈球形，具短柔毛。叶互生，色淡绿，条状狭窄，长3~5cm。花小，红色或略带褐红色，集生成稀疏的穗状花序。果扁球形。

产地与习性 原产欧洲及亚洲中部和南部地区，我国华北地区以南均有栽培。喜阳光，抗干旱。对土壤要求不严，在肥沃疏松的土层中生长良好，在偏碱性土壤中亦能正常生长。

繁殖与栽培 播种繁殖。一般在4月初将种子播于露地苗床中，出苗整齐。经间苗后，移栽1次，至6月初前后定植。管理粗放。

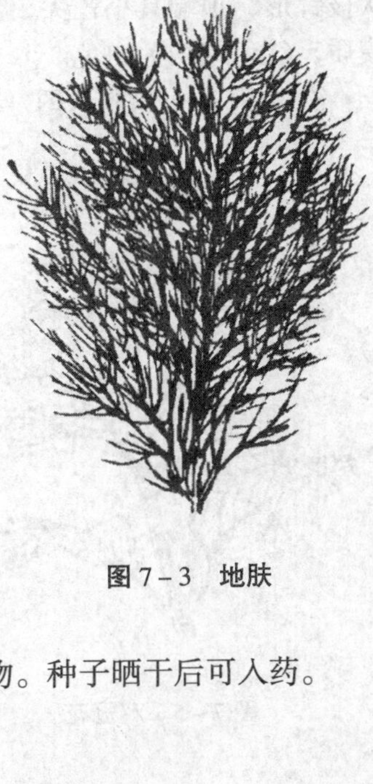

图 7-3 地肤

观赏特性及用途 地肤生长力极强，园林中多作为边缘植物，或作观叶盆栽。因具有一定的自播能力，也可作为地被植物。种子晒干后可入药。

4. 三色苋 老年少 图7-4

学名 *Amaranthus tricolor* L.

科属 苋科，苋属。

形态特征 一年生草本，高80~150cm，茎通常分枝。叶卵状椭圆形至披针形，长4~10cm，宽2~7cm，除绿色外，常呈红色、紫色，黄色或紫绿杂色。花腋生或顶生，穗状花序下垂。胞果矩圆形，盖裂。

常见变种有：

雁来红 var. *splendens* Bailey 别名老年少，老来娇。花密集成簇，腋生。秋季顶叶全部变为鲜红色。

雁来黄 var. *bicolor* 茎、叶与苞片都为绿色，顶叶于初秋变鲜红黄色。

锦西凤 var. *salicifolius*（Hort. Veitch）Aellen 又名十样锦。幼苗叶片暗褐色，初秋时顶叶下半部红色，上中部黄色，先端绿色。

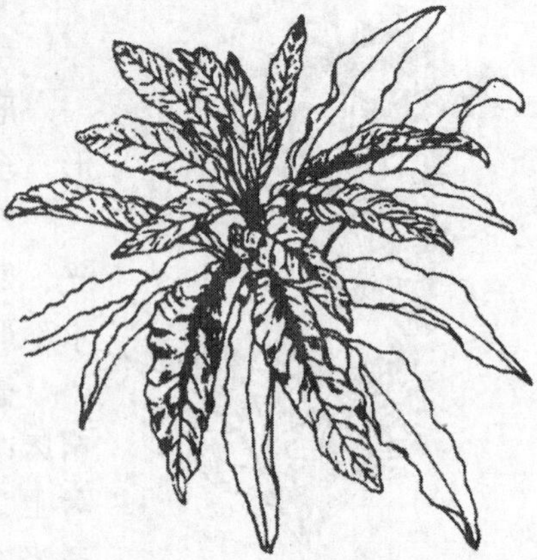

图 7-4 三色苋

产地与习性 原产热带美洲，我国各地有栽培。喜光，喜湿润及通风的环境。耐旱，耐碱。可自播繁衍。

繁殖与栽培 繁殖以播种为主，扦插也能成活。播种，可于春季5月播于露地苗床，约1周出苗，发芽迅速、整齐。经间苗后，可移植1次。在株高10cm时，可定植于园地。如果苗床的苗不太密集，也可不经移植。栽培时应设立支柱，以防倒伏。

观赏特性及用途 三色苋为观叶植物，在庭园中宜作花坛、花境材料，也可盆栽作陈设用。

同属植物 同属约有40种，常见的观赏种还有：

尾穗苋 *A. caudatus* L. 又名老枪谷、仙人谷。茎粗壮，具棱角，多分枝。叶卵形或菱状披针形，顶端具小芒尖，全缘或波状，有长柄。圆锥花序顶生而且下垂。苞片及小苞片干膜质，红色或均为白色。

5. 鸡冠花 鸡冠 图7-5

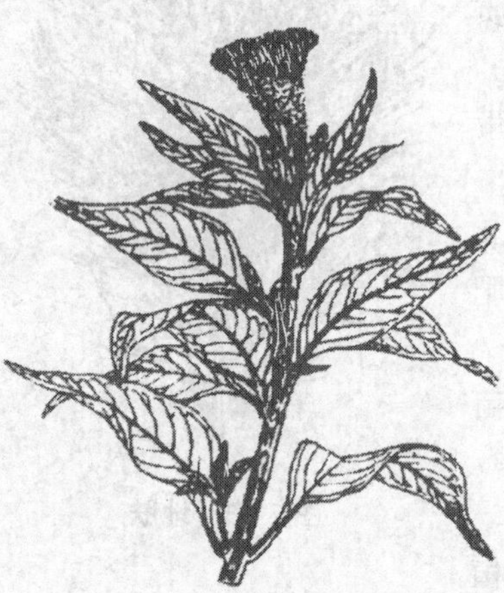

图 7-5 鸡冠花

学名 *Celosia cristata* L.

科属 苋科，青葙属。

形态特征 一年生草本花卉，株高40~100cm，茎直立粗壮。叶长卵形或卵状披针形。花序扁平呈鸡冠状，雌花着生于花序基部，花色有紫红、红、玫红、橙黄等色。种子黑色。花期7~10月，果熟9~10月下旬。

园艺变种、变型很多，有早花种、晚花种、有矮生型、中生型、高生型，有红色系列、黄色系列和双色系列等。如凤尾鸡冠 *C. cristata* var. *pyramidalis* Hort.，也称芦花鸡冠。茎直立多分枝。

产地与习性 原产印度，世界各地广为栽培。喜干热气候，喜光，喜肥，不耐瘠薄，要求疏松，肥沃、排水良好的土壤。怕霜冻，一旦霜期来临，植株即枯死。

繁殖与栽培 播种繁殖。一般可于春季4月播种。发芽温度为20~22℃。约7~10天发芽。苗期温度保持在15~20℃，可使幼苗生长健壮。小苗有5~6片真叶时可进行移栽。矮生多分枝的品种，在定植后应进行摘心，以促进分枝。一些直立、少分枝的就不必摘心了。在栽培中，需注意施肥，适当浇灌，使植株生长健壮。种子成熟阶段宜少浇肥水，以利种子成熟，并使较长时间保持花色浓艳。

观赏特性及用途 鸡冠花形似鸡冠，观赏期长。多用作布置花坛、花境，也可植于庭院，或作盆栽。花及种子可供药用。

同属植物 本属有60种，我国中南部分布有一野生种青葙 *C. argentea* L. 茎直立多分枝。叶近披针形。穗状花序，粉红色或银白色。嫩叶可食，秋季叶色变红。全草可入药。

6. 千日红　火球花　千年红　图7－6

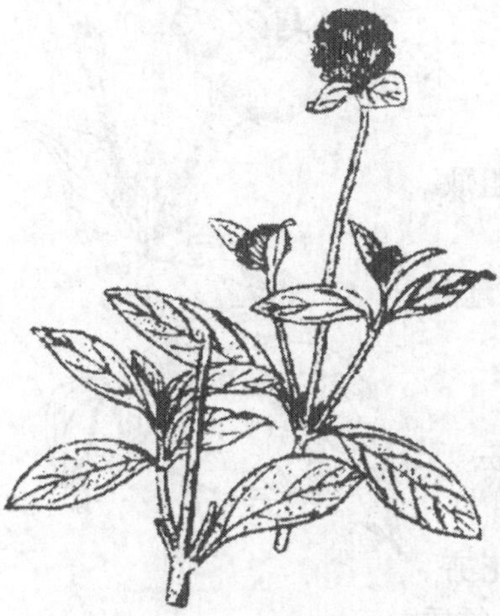

图7－6　千日红

学名　*Gomphrena globosa* L.

科属　苋科，千日红属。

形态特征　一年生草本花卉，株高50～60cm，植株上部多分枝，茎直立。叶对生，短圆状倒卵形，全缘。花顶生，头状花序圆球形，单生或2～3个花序集生于枝端，每序有一较长的总梗；小花的干膜质苞片为红色及玫红色。花期8月至霜降。

产地与习性　原产亚洲热带地区，现广为栽培。性强健，喜光，喜温暖、干燥。对环境要求不严，一般土壤均可栽培。

繁殖与栽培　多用种子繁殖。春播于3月底可在温床播种或温室盆播，4月份可露地直播。发芽适宜温度为16～23℃，7～10天可出苗。种子有毛，宜拌土播种。待幼苗长出2～3片真叶时可移植1次，移植后需遮荫，保持环境湿润，5～6月初可定植。开花后需进行修剪和施肥，使其重新抽枝，再次开花。

观赏特性及用途　千日红适宜作花坛、花境材料，也可盆栽或作切花、干花用。花序可入药。

7. 红绿草　模样苋　法国苋

学名　*Alternanthera bettzickiana* Nichols

科属　苋科，虾钳菜属。

形态特征　多年生草本，茎直立，高10～15cm，分枝多，呈密丛，节膨大。叶小，对生，卵状狭披针形，全缘，绿色，秋叶黄色。头状花序腋生，萼5片，无花瓣。

产地与习性　原产南美巴西。我国各地有栽培，尤以东北栽培更为盛行。喜高温，极不耐寒，冬季宜在15℃的温室中越冬。喜光，略耐荫，不耐夏季酷热，不耐湿，也不耐旱。土质不择。生长季节喜湿润，要求排水好。高温或低温、高湿都易引起植株腐烂。

繁殖与栽培　以扦插繁殖为主。取具有2节的枝作插穗，以3～4cm的株距插入黄沙、珍珠岩或土壤中。温暖季节3～4天即可生根，2周就可直接定植在花坛上。长江流域及其以北地区，要在9～10月前把留种苗种好，使苗在寒冷季节来临之前在容器内长好，然后将种苗移入温室中，室温宜15℃。春季2～3月开始施肥，增加浇水量，促进母株生长。

观赏特性及用途　红绿草植株低矮，叶色鲜艳。是布置模纹花坛的好材料，可以用不同色彩配制成各种花纹、图案、文字等平面或立体的形象。

同属植物　同属种还有可爱虾钳菜 *A. amoena* Voss　又名黑草。叶片宽，绿褐色。另有红叶种，叶淡红色或鲜红色，秋季为鲜红色。我国统称为红绿草。

8. 紫茉莉　夜繁花　胭脂花　图7－7

学名　*Miradbils jalapa* L.

科属　紫茉莉科，紫茉莉属。

形态特征　多年生草本植物，常作一年生栽培，株高60～90cm。茎直立而多分枝，茎节膨大。叶对生，卵形或卵状三角形，先端尖，全缘。花顶生枝端，3～5枚成簇。花冠高脚碟状，先端5裂，有紫红、黄、白及红黄相间等色。果实圆形，成熟后呈黑色。花期8～11月。

产地与习性 原产美洲热带，现普遍栽培。喜温暖湿润，不耐寒，在稍蔽荫处生长良好。

繁殖与栽培 种子繁殖。可于春季直播露地。栽培管理粗放。花后能自播。

观赏特性及用途 紫茉莉是一种极好的秋季草花，宜作地被植物。叶、根均可入药。

图7－7 紫茉莉

9. 三色松叶菊 图7－8

图7－8 三色松叶菊

学名 *Dorotheanthus gramineus*

科属 番杏科，松叶菊属。

形态特征 一年生草本花卉，株高10cm左右。茎叶肉质，枝条质硬带红色。叶对生，条形，似肉质松针。花单朵顶生，花色有粉红、牙黄、红等色。花期3～5月。

产地与习性 原产南非。喜温暖，不耐寒。耐干旱，喜沙质土。

繁殖与栽培 播种繁殖。一般可于9月盆播，适宜的发芽温度为15～20℃。发芽后子叶生长真叶时，应立即进行移植上盆，置于冷床越冬。春季可移植于露地，或连盆用于布置花坛。蒴果成熟后自行开裂，种子易散落，应在其刚裂缝时即行采收。

观赏特性及用途 三色松叶菊易作盆栽观赏。

10. 大花马齿苋 半支莲 太阳花 图7－9

学名 *Portulaca grandiflora* Hook.

科属 马齿苋科，马齿苋属。

形态特征 一年生肉质草本，高10～15cm。茎细而圆，平卧或斜生，节上有丛毛。叶散生或略集生，圆柱形，长1～2.5cm。花顶生，直径2.5～4cm，基部有叶状苞片，花瓣颜色鲜艳，有白、深黄、红，紫等色。蒴果成熟时盖裂，种子小，棕黑色。6～7月开花。园艺品种很多，有单瓣、半重瓣、重瓣之分。

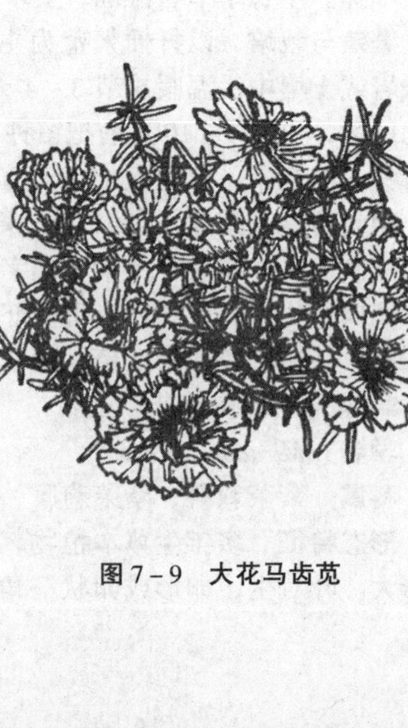

图7－9 大花马齿苋

产地与习性 原产南美巴西，我国各地均有栽培。喜温暖、阳光充足而干燥的环境，阴暗潮湿之处生长不良。极耐瘠薄，一般土壤都能适应，而以排水良好的沙质壤土最相适宜。见阳光花开，早、晚、阴天闭合，故有太阳花、午时花之名。

繁殖与栽培 播种或扦插繁殖。春、夏、秋均可播种。当气温 20℃以上时种子萌发，播后 10 天左右发芽。覆土宜薄，不盖土亦能生长。幼苗分栽，株行距 5cm×6cm。在 15℃以上条件下约 20 余天即可开花。扦插繁殖常用于重瓣品种，在夏季将剪下的枝梢作插穗，插活后即出现花蕾。移栽植株无需带土，生长期不必经常浇水。果实成熟即开裂，种子易散落，需及时采收。

观赏特性及用途　大花马齿苋植株矮小，茎、叶肉质光洁，花色丰艳，花期长。宜布置花坛外围，也可辟为专类花坛。全草可入药。

11. **落葵**　胭脂菜　木耳菜　藤菜　图7-10

图 7-10　**落葵**

学名　*Basella rubra* L.

科属　落葵科，落葵属。

形态特征　一年生缠绕草本，茎紫红色，幼茎绿色，稍肉质，光滑，有分枝。叶互生，卵形，全缘。穗状花序腋生，夏、秋开花，花小，带红色，无花瓣。花萼 5 枚。浆果卵形至球形，果熟时紫黑色。

产地与习性　原产亚洲热带。喜湿润气候，不耐寒，耐瘠薄土，怕积水。

繁殖与栽培　播种繁殖。可在清明前后条播于露地苗床。5 月可移植，6 月上、中旬可定植。幼苗长至 15～20cm 时，应设支架，任其攀援。

观赏特性及用途　落葵可作盆栽植物，绿化阳台。嫩茎叶可食用。全草可药用。

12. **麦仙翁**　图7-11

学名　*Agrostemma githago* L.

科属　石竹科，麦仙翁属。

形态特征　一年生草本，茎直立，单生或分枝，高 30～80cm。叶条形或长披针形，茎部合生。花单生枝端，萼管长圆卵形，外被长柔毛；花瓣 5 枚，紫红色，较萼片短。蒴果卵形。

产地与习性　产于黑龙江、吉林和内蒙古东部。俄罗斯及欧洲亦产。耐寒，耐干旱瘠薄。在我国东北干旱草原或田野中常见。

繁殖与栽培　种子繁殖。一般于秋季播种。在幼苗期亦可用分蘖繁殖。

观赏特性及用途　麦仙翁花大而美丽，宜用于布置花坛，花境，或配植于路旁，点缀岩石园也很适合。植株对牲畜有毒，应加注意。

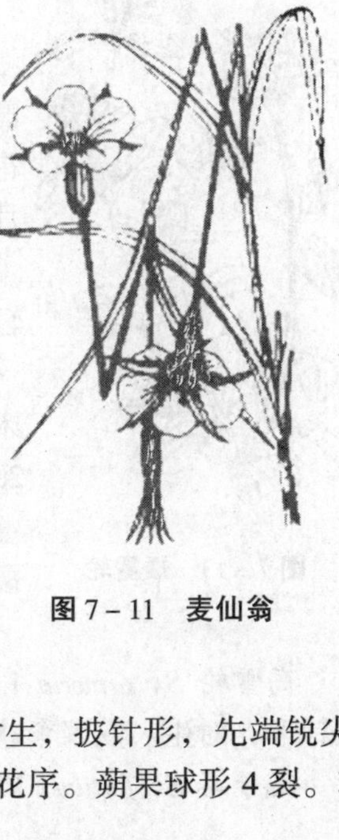

图 7-11　**麦仙翁**

13. **丝石竹**　满天星　霞草　图7-12

学名　*Gypsophila elegans* Bieb.

科属　石竹科，丝石竹属。

形态特征　1～2 年生草本，茎直立，叉状分枝，粉绿色。叶对生，披针形，先端锐尖，稍带白粉及肉质。花白色或粉红色，有长梗，呈疏松的圆锥状聚伞花序。蒴果球形 4 裂。花期5～6月，果期6～7月。

产地与习性 原产前苏联高加索地区，现各国广泛栽培。耐寒，喜阳光，要求含石灰质、肥沃而排水良好的土壤。适应性强，但忌炎热和过于潮湿。

繁殖与栽培 播种繁殖。宜在9月直播于园地或盆播，寒冷地区可春播。播后10天左右出苗。幼苗不宜移植。应注意间苗及中耕除草，以使幼苗生长壮健。盆播幼苗在真叶充分展开后，可移栽于3寸小花盆。

观赏特性及用途 丝石竹花朵繁盛细致，分布匀称，犹如繁星。适宜于布置花坛、花境及配置岩石园，切花中常作填充花材。

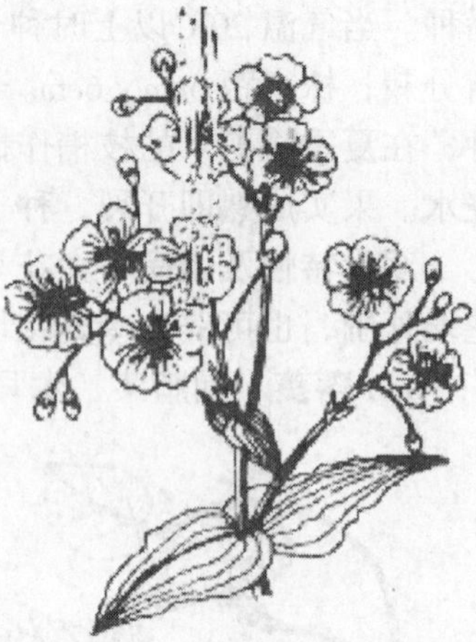

图7－12 丝石竹

同属植物 同属栽培种还有多种宿根类丝石竹，如：

尖叶丝石竹 *G*. *acutifolia* Fisch. 多年生草本。叶线状披针形，先端锐尖。花白色或粉红色，圆锥聚伞花序。产苏联高加索和我国华北、西北各省。

香丝石竹 *G*. *oldhamiana* Miq. 多年生草本。叶近革质，矩圆状披针形，先端尖。花淡红色，聚生成头状聚伞花序，有芳香。产我国北部及朝鲜。

锥花丝石竹 *G*. *paniculata* L. 多年生草本。叶披针形或线状披针形，先端锐尖。花小，白色，圆锥状聚伞花序，有芳香。产欧洲及亚洲北部。系重要的切花材料。

匍生丝石竹 *G*. *repens* L. 多年生草本。茎蔓延或平卧，形成大型丛株。叶线状披针形，蓝绿色。花白色或粉红色，聚集成稀疏的伞房花序。其变种红花匍匐丝石竹 var. *rosea*，花玫瑰红色。产阿尔卑斯山。可点缀岩石园。

14．矮雪轮 小红花 图7－13

学名 *Silene Pendula* L.

科属 石竹科，蝇子草属。

形态特征 2年生草本花卉，株高30cm左右，多分枝，丛生状匍匐生长，整个植株被短柔毛。叶椭圆形或广披针形，全缘，对生。花小而多，萼筒膨大。有胶黏质，并有纵棱，深粉红色。花期4～6月。

图7－13 矮雪轮

产地与习性 原产南欧，现在广为栽培。喜光，耐寒，宜生长于轻松肥沃、排水良好的土壤。

繁殖与栽培 种子繁殖。秋季播种，多在9月中下旬播于露地苗床。幼苗长至有5～6片真叶时可移植1次，然后定植，定植距离为20～25cm。

观赏特性及用途 矮雪轮多用作布置花坛，或作地被植物，既可覆盖地面，又可观花，花后还可观赏花萼。

同属植物 同属种约有500种，常见栽培的有：

高雪轮 *S*. *armeria* L. 又名大蔓樱草。1～2年生草花。株高约60cm，茎直立。叶卵状披针形，对生。复聚伞状花序，花粉红色或浅粉红色。原产南欧。

蝇子草 *S*. *fortunei* Vis. 多年生草本，株高可达1m。花小，粉红色，萼筒紫红色，秋季开花。原产我国华北、华东、华南等地。

15. **飞燕草** 千鸟草 翠雀 图7－14

学名 *Consolida ajacis*（L.）Schur

科属 毛茛科，飞燕草属。

形态特征 1～2年生草本，高30～120cm，直立，疏被微柔毛，上部疏生分枝。叶数回掌状深裂至全裂，裂片线形，茎生叶无柄，基生叶具长柄。总状花序顶生，花径约2.5cm，萼片5枚，堇蓝、紫、红、粉白等色，花瓣2，心皮1，合生，有距与萼片同色。栽培品种有的为重瓣。花期5～6月。

产地与习性 原产南欧，我国园林中多见栽培。性较耐寒，喜高燥而忌积涝，以肥沃且含有机质的沙质壤土为好，宜栽植于日照充足、通风良好的凉爽环境。

繁殖与栽培 种子繁殖，多行秋播，种子萌发的适温为15℃左右，可在冷床越冬，春暖定植。定植时应施入适量过磷酸钙。飞燕草虽喜高温干燥，但因须根少，易受旱，待春暖生长旺盛时，灌水应充足，切勿土壤过干。在暖地或小气候温暖之处，飞燕草可露地覆盖越冬。这样可采用直播而不移植，生长更好。

图7－14 飞燕草

观赏特性及用途 飞燕草园艺品种有高性，矮性及分枝性的区别，有的花序长达1m，花色丰富。飞燕草植株挺拔，叶细，花序较大，色彩明丽，为花境及切花的重要材料。

16. **花菱草** 人参花 金英花 图7－15

学名 *Eschscholtzia californica* Cham.

科属 罂粟科，花菱草属。

形态特征 2年生草本花卉，可以多年生，肉质根，株高40～60cm，全株被有白粉，呈灰绿色。叶互生，多回三出羽状细裂。花单生，着生于枝端，花梗长，萼片2枚，花瓣4枚，金黄色，十分鲜亮。果实为细长蒴果，种子圆球形。花期5～6月。有牙黄、粉红等色的园艺变种。

产地与习性 原产美国加利福尼亚州。喜冷凉，干燥的气候和疏松肥沃、排水良好的砂质土壤。耐寒，忌高温，怕涝。花朵在阳光下开放，在阴天及夜晚闭合。

繁殖与栽培 播种繁殖。在华中，华南地区，可在秋季9月播种于露地苗床。在华北地区，可在早春播种于室内。发芽适宜温度为15～20℃。播后约5～7天发芽，出苗后需进行间苗。因其为直根系，不耐移植，故定植时植株需带宿土，定植株距宜为40cm。苗期施肥浇水要充足。

图7－15 花菱草

观赏特性及用途 花菱草枝叶细密，形态美丽，花朵金黄色，开花繁茂。是布置花坛、花境的好材料，亦可盆栽。

同属植物 同属种约有123种，常见栽培种还有丛生花菱草 *E. caespitosa* Benth，植株较矮，花黄色。

17. **全缘绿绒蒿** 图7－16

学名 *Meconopsis integrifolia*（Maxim.）Franch.

科属 罂粟科，绿绒蒿属。

形态特征 一年生草本，株高30～90cm，具棕色长柔毛。基生叶多数，倒卵椭圆形至倒卵圆形，先端钝尖或钝圆，全缘。花黄色，常3～5朵生茎上部叶腋，花瓣6～8枚。花期5～6月。

产地与习性 分布于云南西北部、四川西部、青海和甘肃南部，缅甸也有。自然生于海拔3500～5000m的山坡草地和岩石坡。耐寒，适宜于冬季干燥、夏季湿润而冷凉的气候。喜富含有机质和排水良好的壤土。

繁殖与栽培 播种繁殖。不耐移植，可于秋季直播。栽培地宜选择通风良好而较荫蔽处。要防止夏季强光照射。

图7－16 全缘绿绒蒿

观赏特性及用途 全缘绿绒蒿花形较大，色彩鲜艳，有较高的观赏价值。适宜布置高山岩石园，野生花卉园和林下较阴凉的地方。

同属植物 分布在我国的约有40种，均为美丽的罂粟状花卉，是西南地区重要花卉资源之一，有待开发利用。本属重要的花卉还有：

黄花绿绒蒿 *M. chelidonifolia* Bur et Franch. 花黄色。原产四川西部。

多刺绿绒蒿 *M. horridula* Hook. F. et Thoms. 叶全缘，两面有硬刺。

柱果绿绒蒿 *M. oliverana* Franch. et Prain 蒴果为圆柱形。产于四川东部，湖北西部及陕西南部。

红花绿绒蒿 *M. punicea* Maxim. 花深红色。产于四川西北部、青海东南部及甘肃南部。

五脉绿绒蒿 *M. quintuplinervia* Regel 叶全为基生，成莲座状，全缘，常有3～5条叶脉。花淡蓝至紫色。分布于甘肃南部、陕西中部、湖北西部、四川西北部、青海及西藏东北部。

单脉绿绒蒿 *M. simplicifolia*（D. Don）Walp. 叶片仅有1条中脉。

美丽绿绒蒿 *M. speciosa* Prain 花多数，有芳香，蓝色至鲜紫红色。分布于四川西南部、云南西北部、西藏东南部。

18. **虞美人** 丽春花 图7－17

学名 *Papaver rhoeas* L.

科属 罂粟科，罂粟属。

形态特征 1～2年生草本花卉，茎直立，株高40～80cm，全株被绒毛。叶长椭圆形，不整齐羽裂，互生。花单生，有长梗，含苞时下垂，开花后花朵向上，萼片2枚具刺毛，花瓣4片，圆形，花色有纯白，紫红、粉红、红、玫红等色，有时具斑点。果实圆球形，种子多数。花期5～6月。

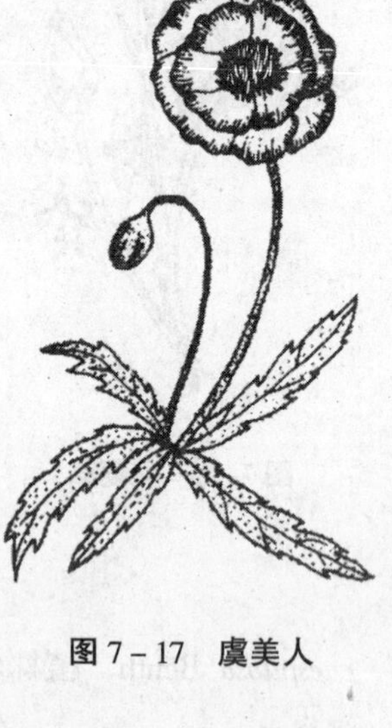

图7－17 虞美人

产地与习性 原产欧洲及亚洲，北美也有广泛分布。喜阳光以及通风良好的环境。耐寒。具直根，不耐移植。喜疏松肥沃，排水良好的砂质土。

繁殖与栽培　播种或自播繁殖。可于9月将种子拌土播种，真叶长出3～4片时移苗。定植时，植株需带土，定植后，需及时追肥、除草、松土，以使幼株生长健壮。

观赏特性及用途　虞美人花瓣质薄，是一种潇洒美丽的草本花卉。可布置花坛，或遍植于庭院四周。也可盆栽。

同属植物　同属种约有100种左右，常见栽培观赏的有：

东方罂粟 *P. oricntale* L.　多年生草本花卉。花有红、粉红、白、紫等色。

冰岛罂粟 *P. nudicaule* L.　多年生草本花卉，丛生型。花由叶丛中部抽生，花黄色，夏季开花。原产北极。

高山罂粟 *P. alpinum* L.　多年生草本。花色有白、黄等色，具芳香，花期6～7月。原产阿尔卑斯山。

大红罂粟 *P. bracteatum* Lindl.　多年生草本。花猩红至血红色，瓣基近黑色，花期6～7月。原产高加索及西伯利亚。

19. **醉蝶花**　西洋白花菜　紫龙须　凤蝶草　图7－18

学名　*Cleome spinosa* L.

科属　白花菜科，醉蝶花属。

形态特征　一年生草本，株高90～120cm，有强烈气味和粘质腺毛。掌状复叶，小叶5～7枚，矩圆状披针形，先端急尖，基部楔形，全缘，两侧及叶柄有腺毛，托叶变成小钩刺。总状花序顶生，萼片条状披针形，向外反折，花瓣玫瑰紫色或白色，倒卵形，有长爪。蒴果圆柱形。种子浅褐色。

产地与习性　原产南美，我国各大城市均有栽培。喜温暖，通风，向阳环境，能耐干旱及炎热，也略耐半阴。适于富含腐殖质，排水良好的砂质壤土栽培。

繁殖与栽培　播种繁殖。可于春季3～4月播于露地苗床中。长出真叶2枚时，可移植1次，长至5～6cm高时，可以30×40cm的株行距定植于园地。定植初期，可施薄肥1次，以后要控制施肥，以免植株过于高大，影响美观。蒴果成熟时自行开裂，故在果皮发黄时就可逐步采收。自播能力强，可将自生苗移植培养。

图7－18　醉蝶花

观赏特性及用途　醉蝶花花瓣具长爪，雄蕊特别长，伸出花冠之外，状似蜘蛛，又似蝴蝶飞舞，颇为有趣。是盆花、花境的好材料。花枝可插瓶水养。它又是蜜源植物，还能抗二氧化硫和氯气。

同属植物　大约有150种，用于观赏的有黄醉蝶花 *C. lutea* Hook.　花橘黄色。产北美。

20. **羽衣甘蓝**　花菜　叶牡丹　图7－19

学名　*Brassica fimbriata* DC.〔*B. oleracea* L. var. *fimbriata* Mill.〕

科属　十字花科，甘蓝属。

形态特征　2年生草本花卉，株高30～40cm，抽苔开花时可高达150～200cm。叶宽大匙形，平滑无毛，被有白粉，外部叶片呈粉蓝绿色，边缘呈细波状皱褶；叶柄粗而有翼，内叶叶色极为丰富，有紫红、粉红、白、牙黄、黄绿等。4月抽苔开花。6月种子成熟。

产地与习性　原产西欧，现各地普遍栽培。耐寒，喜阳光，喜凉爽，极喜肥。幼苗必须经过寒冷才能结球良好。12月至翌年2月温度低时，叶片更美。

繁殖与栽培　播种繁殖。可于秋季8月播于露地苗床，覆土以盖没种子为度，播后需浇足水，1周左右即可出苗。长出4~5片真叶时移植1次。移植数次后在11月下旬定植于花坛，或盆栽。为防止早熟抽苔，在幼苗长出4~5片真叶时，需露地越冬。翌年抽苔时，如不留种，可将刚抽出的苔剪去，以延长观叶期；如需留种，必须将其与其他十字花科的植物保持相当距离，以防自然杂交。抽苔后植株很高，遇风极易倒伏，应立支架。

图7-19　羽衣甘蓝

观赏特性及用途　羽衣甘蓝叶色极为鲜艳，是冬季和早春重要的观叶植物。多用于布置花坛、花境，或作盆栽。

21. **桂竹香**　香紫罗兰　黄紫罗兰　图7-20

学名　*Cheiranthus cheiri* L.

科属　十字花科，桂竹香属。

形态特征　多年生草本花卉，常作2年生栽培，株高35~50cm。茎直立，多分枝，基部半木质化。叶互生，披针形，全缘。总状花序顶生，花瓣4枚，具长爪，花色橙黄或黄褐色、两色混杂，有香气。花期4~6月。果实为长角果。

产地与习性　原产南欧，现各地普遍栽培。喜向阳地、冷凉干燥的气候和排水良好、疏松肥沃的土壤。耐寒，畏涝忌热，雨水过多生长不良。

繁殖与栽培　播种或扦插繁殖。播种可于9月上旬播于露地，10月下旬移植1次。重瓣种可用扦插繁殖，于秋季取茎端6cm左右长的茎段，插于沙中，不久即可生根。在长江流域可露地越冬，在北方需温室或冷床越冬，起苗时苗株需带土。栽培期间宜控制水分，适当修剪，施以肥料。花后剪去花枝，施足肥料，每日浇水1次，至9月份可再次开花。苗期越冬，需在根部覆盖稻草。

图7-20　桂竹香

观赏特性及用途　桂竹香花色金黄，草花中较少见。可布置花坛，花境，又可作盆花。

同属植物　同属种约有10种，常见栽培的有七里黄 *C. allionii*，2年生或多年生草本花卉，株高30~40cm。叶互生，披针形。顶生总状花序，花鲜黄色。花期5月。

22. **紫罗兰**　草桂花　四桃克　图7-21

学名　*Matthiola incana*（L.）R. Br.

科属　十字花科，紫罗兰属。

形态特征　2年生或多年生草本花卉，株高30~60cm，全株被灰色星状柔毛，茎直立，基部稍木质化。叶互生，长圆形至倒披针形，基部呈叶翼状，先端钝圆，全缘。顶生总状花序，有粗壮的花梗，花瓣4枚，萼片4枚，瓣片铺展为十字形，花淡紫色或深粉红色。花期

图7－21　紫罗兰

4～5月。果实为角果，成熟时开裂。

产地与习性　原产地中海沿岸，现各地普遍栽培。喜凉爽气候和通风良好的环境，喜疏松肥沃，土层深厚，排水良好的土壤。冬季喜温和气候，但也能耐短暂的－5℃的低温，忌燥热。

繁殖与栽培　播种繁殖。可于9～10月进行盆播。要先将土壤浇足水，播后不宜直接浇水，只可浸水保持土壤湿润，播后2周可发芽。在真叶展开前需分苗移植，因其直根性强，须根不发达，大苗不耐移植。养护得当，4月中旬即可开花。开花后需剪去花枝，并施1～2次追肥，6～7月可第2次开花。

观赏特性及用途　紫罗兰花期长，具芳香，是布置花坛、花境或盆栽、切花的优良材料，是欧洲人特别喜爱的花卉，是世界名花之一。

同属植物　约60种，草本或亚灌木，主产南欧和西亚。常见栽培的还有：

夜香紫罗兰 *M. bicorni* DC.　原产希腊。花淡紫色，浓香；傍晚开放，日间闭合，长角果顶端分叉，是布置夜景花园的良好材料。

23. **屈曲花**　图7－22

学名　*Iberis amara* L.

科属　十字花科，屈曲花属。

形态特征　2年生草本花卉，株高15～30cm，多分枝，全株被稀疏柔毛。叶对生，披针形，边缘有钝锯齿。总状花序顶生，呈拱球形，花白色。花期5～6月。

产地与习性　原产西欧。较耐寒，喜向阳地势。忌湿热，怕涝。对土壤要求不严。

繁殖与栽培　播种繁殖。可于9月盆播。适宜发芽温度为20℃。出苗后需移植1次。幼苗长出3～4片真叶时，可定植于盆中。冬季，需置于冷床或冷室越冬，次年3月可脱盆栽于露地。果实成熟期不一致，需陆续采种，连同果实采下后，风干脱粒取籽。

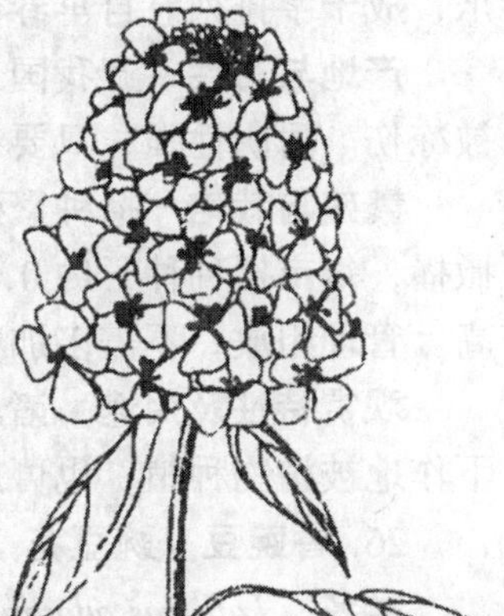

图7－22　屈曲花

观赏特性及用途　屈曲花适宜布置花坛、花境，也可盆栽。

同属植物　同属种约有40种，常见栽培的有：

伞形屈曲花 *I. Umbellata* L.　2年生草本。植株较高。花有白、粉红、红等色。花期5～6月。

石生屈曲花 *I. Saxatilis* L.　多年生草本。株高8～15cm。花白色。花期5月。

常青屈曲花 *I. Sempervirens* L.　多年生常绿草本。株高15～30cm。花白色略带淡紫色。花期5月。

24. **香雪球**　小白花

学名　*Lobularia maritime* Desv.

科属 十字花科，香雪球属。

形态特征 多年生草本花卉，常作一年生栽培。植株矮小，高15～20cm，多分枝。叶披针形，互生，全缘。总状花序顶生，总轴短，花朵密生，成球形，花白色或淡紫色，有微香。花期3～6月。角果。

产地与习性 原产欧洲及西亚。性强健，但忌炎热，稍耐寒。对土壤要求不严，但不可过湿。

繁殖与栽培 播种或扦插繁殖。播种，宜秋播，出苗快而整齐。在北方需冷床育苗过冬。扦插，可取生长壮实的枝条于秋季进行。幼苗长出真叶3～4片时，可定植于盆中。冬季需置于冷床或冷室越冬，次年3～4月可脱盆种于露地或盆栽。栽培期间需施追肥、松土，花后要剪去花枝，继续施追肥，置于半阴处。采种时，可将整个花序剪下。

观赏特性及用途 可以布置花坛、岩石园，或作毛毡花坛镶边材料，也可盆栽观赏。香雪球还是一种很好的蜜源植物。

25. 诸葛菜 二月蓝 菜籽花

学名 *Orychophragmus violaceus*（L.）O. E. Schulz

科属 十字花科，诸葛菜属。

形态特征 2年生草本，茎直立，株高多为30～50cm，杆光滑，有白色粉霜。基生叶近圆形，具叶柄，边缘有粗的不整齐锯齿；下部叶羽状分裂，顶生叶肾形或三角状卵形，无叶柄；侧生叶歪卵形，有柄。总状花序，顶生，花深紫或淡紫色，花瓣4枚，倒卵形，具长爪，成十字排列。自早春至6月陆续开花。角果长条形，6月果熟。种子黑褐色，卵状。

产地与习性 产我国东北及华北，常为野生状态。耐寒性较强，但如遇重霜，叶有时会被冻伤。耐阴性强，只要有一定的侧光，就能生长良好，并开花结实。对土壤要求不严。

繁殖与栽培 播种繁殖。自播能力强，一次播种后，年年能自成群落。秋季9月可直接撒播，每亩播种种子约0.5kg。也可在圃地播种，出苗后结合间苗进行移栽，移栽成活率极高。管理粗放，不需多加养护。

观赏特性及用途 诸葛菜冬季绿叶葱葱，早春花开成片，连续数月。可在公园阴处或林下作地被植物种植，也可用作花径。嫩茎叶可食用。

26. 香豌豆 豌豆花 麝香豌豆 图7-23

学名 *Lathyrus odoratus* L.

科属 豆科，香豌豆属。

形态特征 1～2年生草本，缠绕蔓生，高约1.5～2米。茎有翅。叶互生，羽状复叶，基部一对小叶正常，上端小叶呈三叉状卷须。总状花序腋生，有长梗，着花2～5朵，蝶形，有白、粉红、榴红、大红、蓝、堇紫及深褐等色，亦有带斑点或镶边等复色品种，还有波状花瓣，皱瓣及矮型（高20～30cm）品种。荚果，种子球形，深灰或棕褐色。花期冬春。

产地与习性 原产意大利西西里岛，现广为栽培。喜冬暖夏凉而空气湿润的气候，最忌干热风吹袭。直根性，要求土层深厚、高燥。不宜冬季阴冷及土壤过湿。生长期间要求阳光充足。

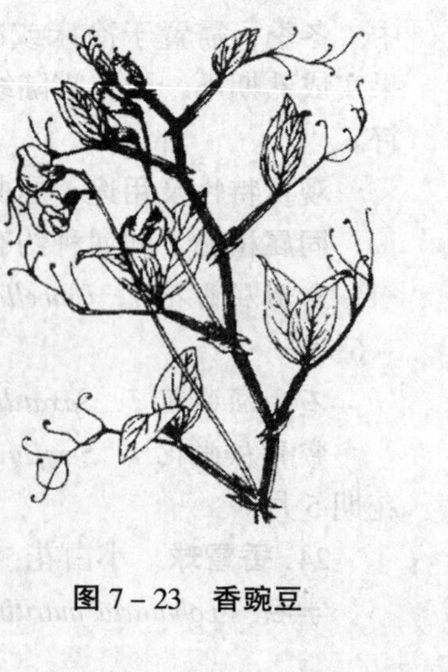

图7-23 香豌豆

繁殖与栽培　常用播种繁殖。香豌豆为直根性植物，直播者生长健壮，如少量繁殖，也可用嫩梢扦插。用嫩梢扦插的植株，生根易，开花快，但寿命较短。

作温室栽培时，温度在5～20℃范围内，生长正常，10～15℃为生长、开花的最适温度；当温度大于20℃时，生长衰退，花梗变短，若连续30℃以上气温时，即会枯黄死亡。

观赏特性及用途　香豌豆主要供冬季切花。在冬暖夏凉地区，可作花篱和矮花屏栽植。矮生品种也可作盆栽观赏。种子有毒。

同属植物　有130种，我国有30种。矮香豌豆 *L. humilis* Fisch.　株高20～50cm。花淡红色。较少栽培，常自生于山坡草地。

27. **二色羽扇豆**

学名　*Lupinus hartwegii* lindl.

科属　豆科，羽扇豆属。

形态特征　一年生直立粗壮草本，被粗长毛，高60～100cm。小叶7～9枚，狭椭圆形至椭圆状披针形，托叶端部细长。花常具复色，多为蓝色，花蝶形，旗瓣中央玫瑰红色，花冠长1.5cm，互生或轮生于长总状花序上。荚果，种子小，白色，光滑。

产地与习性　原产墨西哥，要求酸性土，是酸性土的指示植物，在中性或微碱性土壤中生长极度不良或致死亡。喜凉爽气候，略耐荫，直根性，不可移植。

繁殖与栽培　播种繁殖。在沪、杭及华中一带常采取秋播而使之在春季至初夏开花结实，炎夏到来时枯死，一般可露地过冬。在东北因冬季严寒而夏季凉爽，故用春播而为一年生栽培。华北土壤多为碱性，所以必须调制酸性培养土，采用秋播则需保护越冬，可望于5月间开花，但目前尚少成功实例。羽扇豆类如能满足其酸性土及生长期有凉爽环境，栽培容易，生长健壮。

观赏特性及用途　羽扇豆类多数植株高大，花序甚为丰硕，最宜作花境背景或草坪丛植，也有用于盆栽及切花观赏。

同属植物　同属300种，常见一年生栽培者还有：

蓝羽扇豆 *L. hirsutus* L.　一年生，被棕褐色毛，高60cm。小叶5～7枚。花蓝色，龙骨瓣端具白色，花冠长1.2～2cm。荚果，种子大，粗糙，灰褐色，原产南欧。可供观赏及食用。花色有白、天蓝、水红、深红等。

黄羽扇豆 *L. luteus* L.　一年生，被毛，高30～60cm。叶多基生，小叶7～11枚，线状披针形或椭圆形。花黄色，芳香，长1.8cm，轮生于长总状花序，花序甚高于叶丛。荚果长5cm，有种子4～7粒，种子大，灰色具褐纹。原产南欧，除供观赏外，也用作牧草及绿肥。主产北美洲，地中海沿岸也有分布。

28. **金莲花**　旱金莲　旱荷花　图7－24

学名　*Tropaeolum majus* L.

科属　金莲花科，金莲花属。

形态特征　一年生或多年生蔓性草本。叶互生，具长柄，圆形或近肾形，盾状，形似荷叶而小，边缘有波状钝角。花单生叶腋，有黄、红、橙、紫、乳白或杂色。花期2～5月。栽培变种矮金莲 var. *nanum* Vilm.，植株低矮，直立性。

产地与习性　原产南美，我国各地久经栽培。不耐寒，喜温暖湿润，阳光充足的环境和排水良好而肥沃的土壤。

繁殖与栽培 播种或扦插繁殖。播种，秋季8～11月在温室进行，出苗后于低温温室培育。春播时要先将种子用40～45℃温水浸泡1天，播后需保持18～20℃温度，1周后即可发芽，经移苗后，可于6月份定植于露地或盆栽。扦插可在4～6月间进行，选取嫩茎做插穗，每根插穗要有3～5个芽，除去下部叶片，插后遮荫，保持潮湿，2周后即可生根。

栽培时随着植株的生长，要用细竹做支架，绑缚枝蔓。由于枝条内部多浆，在整个生育阶段需要给以充足的水分，并保持较高的相对温度。

观赏特性及用途 金莲花叶肥花美，盆栽可装饰阳台和窗台，或置于室内书桌，几架上观赏；露地栽培，可布置花坛或植于栅篱旁，假山石旁，也可作地被植物或切花。

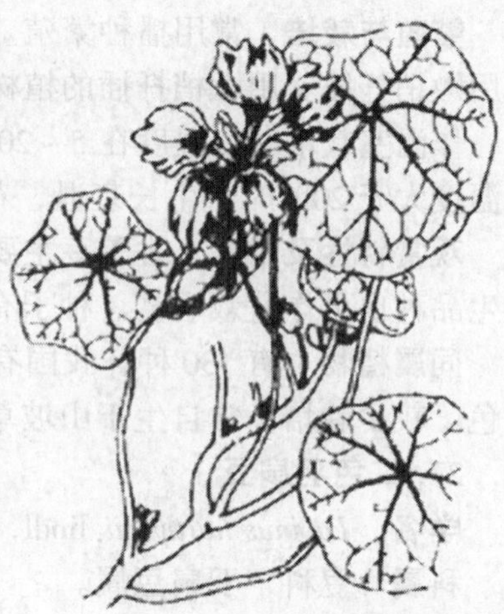

图7－24 金莲花

29. **花亚麻** 大花亚麻 图7－25

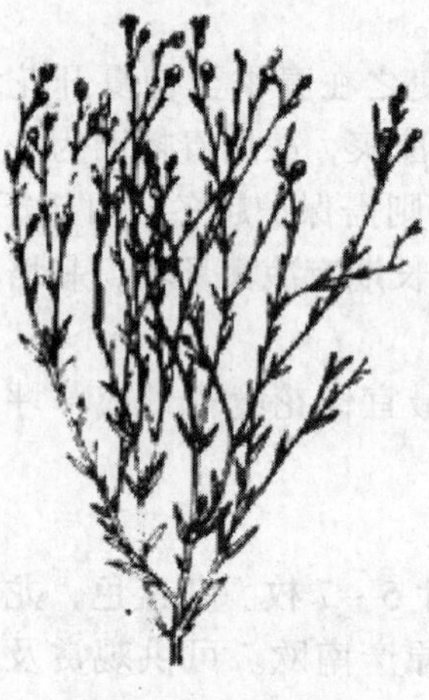

图7－25 花亚麻

学名 *Linum grandiflorum* Desf.

科属 亚麻科，亚麻属。

形态特征 2年生草本花卉。茎直立，从基部分枝，株高40～50cm。茎干纤细瘦弱，茎顶稍下垂。叶细而多，狭披针形或线形，螺旋状排列。花顶生及腋生，花梗纤细而下垂，花冠5枚，玫红色。花期5～6月。

产地与习性 原产非洲北部一带。喜半阴，不耐肥，不耐湿，较耐寒，喜排水良好，富含腐殖质的砂质土壤。

繁殖与栽培 播种繁殖。在秋季播种，幼苗经过1次移植后，11月份可定植，株距为25～30cm。需勤中耕除草，施肥宜薄肥勤施，冬季需适当防寒。定植后要进行1次摘心，以便多分枝，多开花。

观赏特性及用途 花亚麻株形纤细优美，多用作布置花坛或庭院，也可盆栽。

同属植物 同属种约90多种，作为花卉栽培的还有：

蓝亚麻 *L. perenne* L. 亦称宿根亚麻，为多年生草本。株高30～40cm。叶互生。花浅蓝色。其变种有白花亚麻 var. *alba* Hort. 花白色。耐寒，原产欧洲。

黄亚麻 *L. flavum* L. 多年生草本。株高40～50cm。花黄色。耐寒，原产欧洲。

30. **猩猩草** 草本象牙红 草本一品红 图7－26

学名 *Euphorbia heterophylla* L.

科属 大戟科，大戟属。

形态特征 一年生草本，高约60～80cm。茎直立，光滑。叶互生，具不规则的深缺刻。花小，有蜜腺，排列成密集的伞房花序。总苞形似叶片，也叫顶叶，基部大红色，有的半边红色半边绿。蒴果9～10月成熟，扁圆形，种子卵圆形，黑色。

图 7-26 猩猩草

产地与习性 产于美洲热带地区，我国各地均有栽培。喜光，不耐寒。耐干不耐湿，自播能力强。入秋出现红色叶。

繁殖与栽培 播种繁殖。4月初进行播种，可直播在花坛上，也可在苗株幼小时移植1次，忌大苗移植。栽培时，要选地势高燥，排水良好的土壤，株行距约30cm×40cm，种植后需施薄肥1次。果实颜色变黄时，果皮易暴裂，将种子弹出。因此，要在果实未变色时采种，采种时间以清晨露水未干时为宜。

观赏特性及用途 猩猩草为夏季花卉，可在花坛，树丛边缘或街头绿地种植，也可作盆花或插花用。

31. **高山积雪** 银边翠 象牙白 图7-27

学名 *Euphorbia marginata* Pursh.

科属 大戟科，大戟属。

形态特征 一年生草本植物，株高50~60cm，全株具柔毛，体内含有毒的白浆，茎直立，分枝多。叶长圆形至矩圆状披针形，淡灰绿色，先端凸尖，全缘；下部叶片互生，顶端叶片轮生，入夏后叶片边缘或叶片全部变为银白色。小花3朵簇生顶端，花梗细软，花下有2枚大型苞片。蒴果，成熟时不开裂，种子椭圆状或近卵形，灰黄色。

图 7-27 高山积雪

产地与习性 原产北美，我国各地均有栽培。喜温暖，阳光，喜肥沃而排水良好的砂质壤土，忌湿、涝。

繁殖与栽培 播种或扦插繁殖，以播种为主。一般在3月下旬至4月中旬播种，自播能力强。发芽后要间苗1次，在幼苗期也可移植1次，以早移为妥。扦插繁殖，取嫩枝作插穗，插入干土，待白色乳汁被吸干后，方可浇水。可地栽，也可盆栽。地栽时，因它系直根性，要及早定植在花坛中，株距约30cm，种后施肥、浇水1~2次。盆栽用的培养土，应排水性好。种子成熟后，要及时采收，否则会脱落。

观赏特性及用途 高山积雪于7~8月间，整株叶片呈银白色或灰绿色，与绿色相映，远望宛如绿叶积雪，十分美丽。可作花坛、花境的材料，也可盆栽或作插花的材料。国外还有用它作纽扣花的。

32. **凤仙花** 指甲花 急性子 透骨草

学名 *Impatiens balsamina* L.

科属 凤仙花科，凤仙花属。

形态特征 一年生草本，株高30~80cm。茎肉质，节部膨大，青绿色或红褐色至深褐色。叶互生，狭或阔披针形，边缘有锯齿。花大，梗短，多侧垂，单生或数朵簇生叶腋，花色有紫红、朱红、雪青，玫红、白及杂色等，有时瓣上具条纹和斑点。花期7~9月。蒴果纺锤形，种子圆形。

产地与习性 原产中国南部。印度、马来亚也有。喜温暖、光照充足，不耐寒冷。对土壤适应性强，喜湿润、排水良好的土壤。夏季干旱时，易落叶、凋萎。

繁殖与栽培 以播种繁殖为主。一般4~5月播种于露地，如要使花期推迟，可延迟在7月初播种，种子发芽迅速，幼苗生长快。夏季天气干旱时，要及时浇水。在花盛开后，需追肥1次。蒴果成熟后易开裂，采种宜在早晨进行。重瓣种果皮厚，在果皮发白时，可用手指轻压果壳，即可采下种子。

观赏特性及用途 凤仙花是美丽的花坛植物，也可盆栽。全草可入药。

同属植物 有500种，主要分布于东半球热带和温带地区，我国约有180种，常见栽培观赏的有：

水金凤 *I. noli-tangera* L. 一年生草本，茎粗壮。叶互生，卵形或椭圆形，先端钝或短渐尖，下部叶基部楔形。总花序腋生，花2~3朵，花梗纤细、下垂，花大，黄色，喉部有红色斑点。蒴果条状矩圆形。分布在我国东北、华北、西北、华中。朝鲜、俄罗斯、日本也有栽培。

大花凤仙 *I. apalophylla* Hook. f. 根状茎长，直立茎不分枝。叶互生，密集于茎上部。总花梗腋生，花4~10朵排成总状花序，花大，黄色。蒴果棒状。

华凤仙 *I. chinensis* L. 茎下部平卧，生不定根，上部直立。花较大，粉红色或白色。

黄金凤 *I. siculffer* Hook. f. 茎细弱。叶互生，卵状披针形或椭圆状披针形。总花梗生于上部叶腋，花5~8朵排成总状花序，花黄色。蒴果棒状。

33. **黄葵** 黄秋葵 图7-28

图7-28 **黄葵**

学名 *Abelmoschus moschatus* Medicus

科属 锦葵科，秋葵属。

形态特征 1~2年生草本，高约1m，直立，分枝，被硬毛。叶3~5深裂，边缘有不规则钝锯齿。花黄色，中心褐红色；小苞片线状，通常8枚，短于萼片。蒴果长圆形，顶端尖，有黄色硬毛。花期7~8月，果期9~10月。

产地与习性 产于亚洲热带与我国广东、海南，云南。喜光，不耐寒，宜生长在排水良好的土壤。适应性强，能自播繁殖。

繁殖与栽培 播种繁殖。春季4月播于露地苗床，发芽迅速整齐，幼苗经1次移植后，可于6月上旬定植。

观赏特性及用途 黄葵花朝开暮落，黄艳清秀，是良好的观赏花卉。在园林中可作背景材料，也可植于篱边墙角、零星空隙地。根含大量粘液，可造棉纸糊料，种子可作香料及药用。

同属植物 同属植物约有15种，常见栽培观赏的有：

秋葵 *A. esculentus* Moench. 一年生草本，高可达2m，有毛。叶大，3~9深裂，裂片阔或窄，有粗齿。花黄色，中心带红色。产于热带。

黄蜀葵 *A. manihot*（L.）Medicus 一年生或多年生草本，高可达2.5m，有分枝，疏生长硬毛。叶大，掌状5~9深裂，边缘有粗齿。花大，淡黄色，中心暗褐色。花萼佛焰苞状，近全缘。原产我国。

34. **马络葵**　图7－29

学名　*Malope trifida* Cav.

科属　锦葵科，马络葵属。

形态特征　1～2年生草本，直立，多分枝，植株高约70cm。茎叶光滑。叶互生，上半部呈浅裂，有齿，具长柄，略带紫红色。花单生叶腋，花瓣5枚，红色，基部红紫色，花冠下具3个心形离生苞片。花期5～6月。主要变种有：

白花马络葵 var. *alba*　花白色。

大花马络葵 var. *grandiflora*　花朵大而色深。

玫红马络葵 var. *gosea*　色玫红。

图7－29　马络葵

产地与习性　原产西班牙及北非。喜温暖、向阳的环境。对土壤要求不严，但最宜植于砂质壤土中。北方地区植株越冬，需要采取防寒措施。

繁殖与栽培　播种繁殖。冬季温暖地区，宜于9月初秋播，翌年5月即能开花；冬季较冷地区，宜春播，花期略有推迟。长江流域需在温床越冬。3月底可定植，株距40cm，或盆栽。为促使植株矮化，多分枝，多开花，在生长期间需适当摘心。

观赏特性及用途　马络葵开花时，整体观赏效果较好。可布置花坛，花境，也可盆栽观赏。

35. **锦葵**　钱葵　小熟季　图7－30

学名　*Malva sinensis* Cavan.

科属　锦葵科、锦葵属

形态特征　2年生或多年生草本（暖地可作多年生栽培），茎高60～90cm，直立多分枝，外被粗毛。叶互生，具长柄，肾形，有5～7带锯齿浅圆裂，叶脉掌状。花3～11朵簇生于叶腋间，花紫红色，变种有白色，果扁球形，花期6～10月。变种主要有：大花锦葵var. *mauritiana*，茎较高大。叶裂片较浅。花瓣先端凹入较浅。

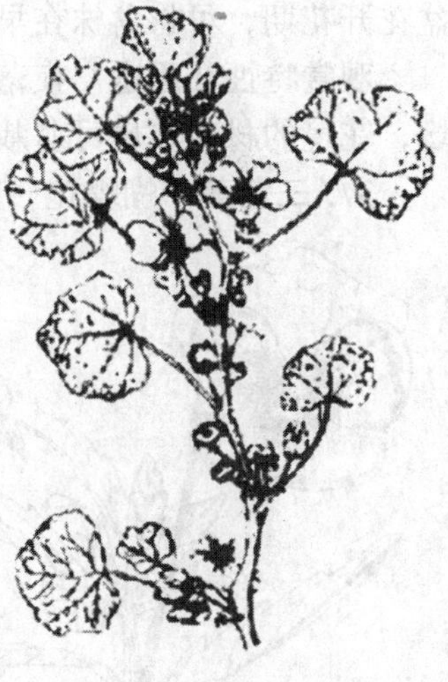

图7－30　锦葵

产地与习性　广布欧、亚、美各洲，我国各地均有分布。喜光，较耐寒，土壤不择。

繁殖与栽培　繁殖以播种为主，也可分株。播种，一般3月间在温室或温床内进行，4月下旬即可露地栽植，6月上旬能开花。分株，在春、秋季均可进行。幼苗经一次移植后，即可定植于花坛或花境内。花后需修剪，以使再发新枝，继续生长开花。

观赏特性及用途　锦葵可作花坛、花境材料，或用作绿化背景及空隙地绿化。花及叶可入药。

同属植物　同属种约有30种，均为1～2年生及多年生草本。常见的有：

皱叶锦葵 *M. crispa* L. 一年生草本。叶圆形，5~7裂片或角裂。花小，白色，花期8~9月。原产欧洲。

圆叶锦葵 *M. rotundifolia* L. 茎匐生。叶片圆肾脏形，具5浅裂，边缘有细钝锯齿。花瓣倒心脏形，浅蓝紫或白色。产欧、亚两洲，我国北部多野生。

香葵 *M. moschata* L. 多年生草本，高50~70cm。下部叶圆肾形，上部叶1~2回分裂。花着生于枝条上部叶腋间，花大而美丽，玫红色，有白花变种。果有毛，无绉纹。原产欧洲。

野葵 *Malva verticillata* L. 1~2年生草本，高约1m。叶圆状肾形，5~7掌状裂，裂片三角形，边缘有细锯齿。花小簇生叶腋，花白色有紫晕或浅红色。花期7~9月。

皱叶花葵 var. *crispa* L. 是本种的常见栽培变种。

36. 夜落金钱　午时花　子午花　金钱花

学名 *Pentapetes phoenicea* L.

科属 梧桐科，午时花属。

形态特征 一年生草本。叶披针形，边缘有粗锯齿。花1~2朵腋生或顶生，花瓣5枚，鲜红色，雄蕊20枚，其中5个退化变成红色狭长花瓣状，点缀于花心。蒴果圆形。花期6~10月，盛花期8~9月。

产地与习性 原产亚洲热带，我国南北各地都有栽培。喜高温和阳光，宜湿润的环境。每朵花仅开1天，午间开放，夜间花瓣和雄蕊一起脱落，而子房与萼片宿存。

繁殖与栽培 播种繁殖。3~4月播于露地苗床或花钵内，播后7~10天出苗，经间苗移植后，于6月上、中旬定植露地或盆栽。寒冷地区播种期可提前在2月下旬，在温室内盆播。栽培管理同一般草花，花期需追施稀薄饼肥水3~4次，以促进不断开花。如若要延长盆花开花期，可将盆株在早霜前移入温室，加强水肥管理，花期可以延续到翌年1月。

观赏特性及用途 夜落金钱形似小铃铛，悬挂在纤细的叶腋间。在园林中可作夏季花坛，花境的材料，也可盆栽。

37. 三色堇　蝴蝶花　鬼脸花　图7-31

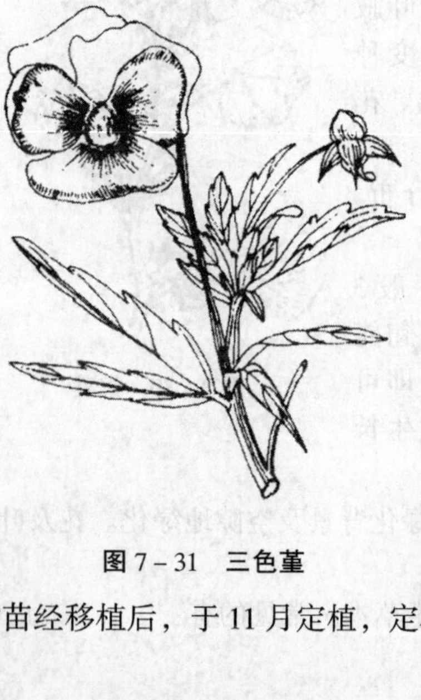

图7-31　三色堇

学名 *Viola tricolor* var. *hortensis* DC.

科属 堇菜科，堇菜属。

形态特征 2年生草本，多分枝，稍匍匐状生长。基生叶近心脏形，茎生叶较狭长，边缘浅波状，托叶大而宿存。花大，腋生，蓝、白和黄色。园艺品种很多，有大花、纯色，杂色、二色、波缘花瓣等。花期4~6月，果期5~7月。

产地与习性 原产欧洲，现广为栽培。喜凉爽环境。耐寒，略耐半阴。在炎热多雨的夏季生长发育不良，且不能结实。要求肥沃、湿润的砂质壤土。

繁殖与栽培 多用播种繁殖，亦可取植株基部抽生的枝条进行扦插繁殖。一般于9月份在露地苗床播种，发芽适宜温度为15~20℃。幼苗真叶长到5~6片时进行移植。幼苗经移植后，于11月定植，定植距离一般为20~30cm，植株需带土移植。生长期间需勤施肥，除草，开花后停止施肥。

观赏特性及用途　三色堇多用作布置花坛，也可盆栽。

同属植物　同属种约有400种，常见的栽培种有：

紫花地丁 *V*. *chinensis* G. Don　植株矮小，叶基生。花紫色，3～4月开花。原产我国。

香堇菜 *V*. *odorata* L.　多年丛生型草本，有匍匐茎，全株被有柔毛。花深紫色、浅紫色、粉红色或白色，有芳香，2～4月开花。原产欧洲、亚洲。

角堇 *V*. *cornuta* L.　多年生草本，茎丛生。花堇色、白色，微有香气。原产西班牙。

乌足堇菜 *V*. *pedata* L.　多年丛生型草本，株矮，仅约8cm。花堇紫色。原产北美。

38. 待霄草　山芝麻　香月见草　图7-32

学名　*Oenothera odorata* Jacq.

科属　柳叶菜科，月见草属。

形态特征　多年生草本，常作1～2年生栽培。植株直立或斜展，少分枝，具粗长毛。下部叶线状倒披针形，茎生叶披针形无柄。单花腋生于枝之中上部，花黄色，傍晚至夜间开放，有清香。果上部常增粗。花期7～9月。

产地与习性　原产南美智利及阿根廷等地，现广布于世界各地，我国城乡有栽培，有些地方有野生。喜光，有一定耐寒性。在我国中部及南部，可露地越冬。

繁殖与栽培　播种繁殖。在暖地秋播、春播均可，能自播繁殖。栽培简易。

观赏特性及用途　待霄草晚上开花，最适种于夏夜纳凉游息之处，也可植于花丛中或小径上，是夜景花园的良好材料。种子可作优质食用油。茎皮为纤维原料。根可入药。

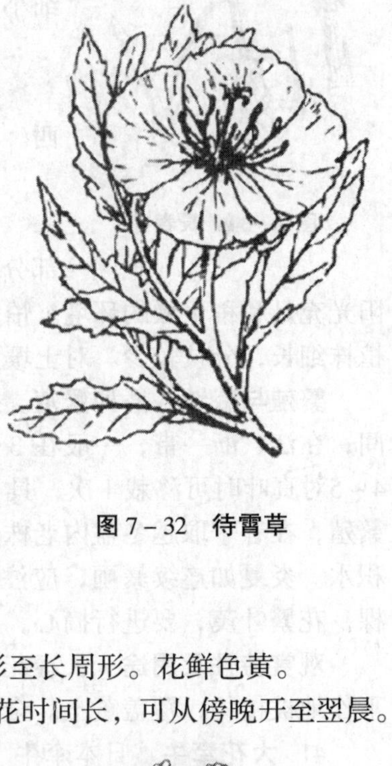

图7-32　**待霄草**

同属植物　约有100种，常见栽培的有：

月见草 *O*. *biennis* L.　株较高大，下部有分枝。叶披针形至长周形。花鲜色黄。

美丽月见草 *O*. *speciosa* Nutt.　花大，白色转水红色，开花时间长，可从傍晚开至翌晨。

白花月见草 *O*. *tricocalyx* Nutt.　花白色。

39. 点地梅　喉咙草　铜钱草　图7-33

学名　*Androsace umbellate*（Lour.）Merr.

科属　报春花科，点地梅属。

形态特征　1～2年生草本，全株被有白色细柔毛。叶丛生，有长柄平铺地面，半圆形至近圆形，边缘有三角状锯齿。花葶自叶丛中抽出，顶端生白色小花4～10朵，排成伞形花序。蒴果球形，种子细小，多数，棕色。花期4～5月。

产地与习性　广布于全国各地。喜湿润、温暖，向阳环境和肥沃土壤，常生于山野草地或路旁。

繁殖与栽培　播种繁殖。种子能自播繁殖。

观赏特性及用途　点地梅植株低矮，叶丛生，平

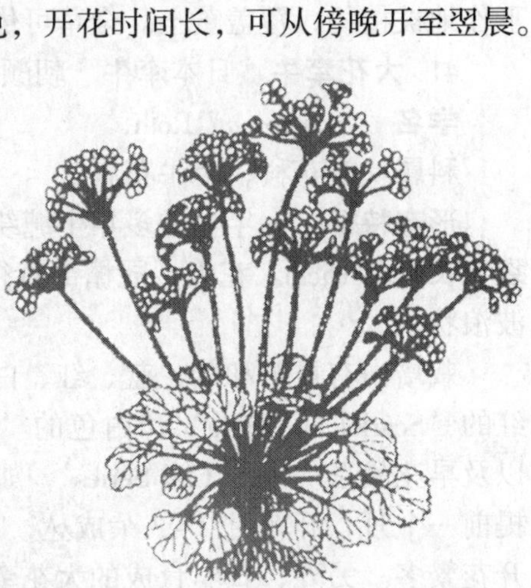

图7-33　**点地梅**

铺地面，适宜岩石园栽植及灌木丛旁作地被材料。全草可药用。

40. 长春花 日日新 四时春 图 7－34

图 7－34 长春花

学名 *Catharanthus roseus*（L.）G.

科属 夹竹桃科，长春花属。

形态特征 多年生草本，在原产地为亚灌木状草本，一般作一年生栽培。茎直立，多分枝，一般高 40～60cm。叶对生，长椭圆状至倒卵状，先端圆钝，基部渐狭，叶柄短，全缘，两面光滑无毛，主脉白色明显。聚伞花序顶生或腋生。花玫瑰红。黄或白色，花冠高脚蝶状，5 裂，向左覆盖。蓇葖果直立，圆柱形。种子细小，无种毛，具颗粒状小瘤凸起。花期 7 月中、下旬至霜降。

栽培变种有：

白长春花 cv. Albus，花冠白色，产地海南，分布于广东、广西。

黄长春花 cv. Flavus，花冠黄色。

产地与习性 原产南亚、非洲东部及美洲热带，我国南方有部分野生，在广东、广西及长江以南各地均有栽培。性喜温暖，阳光充足和稍干燥的环境。怕严寒，忌水湿，切勿栽于低洼积水之地。在阴处也能生长，但植株细长，分枝较少。对土壤要求不严，以富含腐殖质的轻松壤土生长较好。

繁殖与栽培 播种繁殖。果实成热颜色转黑后即开裂，故需在果实发黄时摘取。播种时间，在江、浙一带，一般在 3 月下旬至 4 月上旬（气温升至 10℃左右时）。当播种苗长出 4～5对真叶时可移栽 1 次，具 6～7 对真叶时即可定植，定植最好在阴雨天进行。亦可扦插繁殖，在春季取越冬盆内老株上发出的嫩枝，扦插于冷床内。在生长期要注意浇水，但不能积水。炎夏如连续暴雨，应注意及时排水。盆栽植株寒冬需采取防寒措施。为促其分叉发棵，花繁叶茂，要进行摘心，从定植至 8 月中旬，可摘心 2～3 次。

观赏特性及用途 长春花适合盆栽，也可作花坛，花径的材料。在温暖地区可植于疏林下作地被植物，覆盖黄土。全草可供药用。

41. 大花牵牛 日本牵牛 朝颜 图 7－35

学名 *Ipomoea nil* Roth.

科属 旋花科，牵牛花属。

形态特征 一年生或多年生缠绕性藤本。叶阔卵状心形，常呈 3 裂，长 10～15cm。花大，冠檐部直径在 10cm 以上，边缘常呈皱褶或波浪状。

栽培中有重瓣和紫、蓝、红、白各色品种。其中广泛栽培的有深红的‘Scarlet O’Hara’和白色的‘Pearly Gates’，花径可达 11.5cm，以及早花品系‘Early Call Series’，如室内提前播种，花期较一般品种提前一个月，开花时 2～3 朵成丛，花径 l0～11.5cm，如肥水管理好，开花繁多。另外，日本育成的大花牵牛也是属于本种的一个品系，花色尤为丰富。

图 7－35 大花牵牛

产地与习性 原产热带、亚热带地区，在我国栽培历史悠久，可以上溯到明代。习性、繁殖及栽培同圆叶牵牛。盆栽时须注意摘心，才可保持低矮圆满株形。

观赏特性及用途　牵牛可用于棚架绿化，也可盆栽。种子可入药，黑色者叫黑丑、土黄色者叫白丑。

42. **圆叶牵牛**　紫牵牛　毛牵牛　图 7-36

学名　*Ipomoea purpurea* Lam.

科属　旋花科，牵牛花属。

形态特征　一年生草质藤本，茎部有毛。叶互生，阔心状卵形，长可达 12cm，全缘。花冠漏斗状，紫色、蓝色、桃红色或白色，筒部色淡，长约 5~7cm，花冠檐部直径 5~7cm。花期为夏、秋季。

有重瓣变种，墨西哥有重瓣黄花种。

产地与习性　原产美洲热带地区，现今在世界各地均有分布。性喜温暖，向阳环境，不耐霜冻。抗性强，耐干旱，耐瘠薄土壤。

繁殖与栽培　播种繁殖。发芽需要 1~2 周，适温 25℃。播种适期在长江流域为 4 月初，北方需提前在温室内盆播，成苗后定植露地。种植后应注意用支撑物诱引到棚架上。生长快，对肥料反应良好。

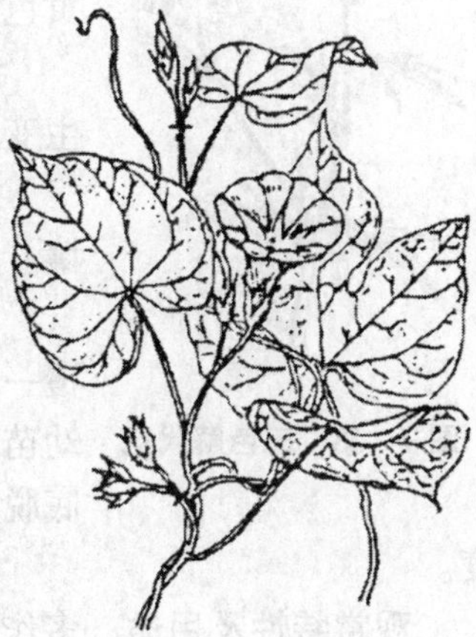

图 7-36　圆叶牵牛

观赏特性及用途　圆叶牵牛可用于棚架绿化，也可盆栽。

同属植物　约有 300 种，我国大约有 20 种，常见栽培的有：

三色牵牛，又称天蓝牵牛 *I. tricolor* Cav.　为原产美洲热带的多年生藤本，在温带，多作为一年生草本栽培，其著名变种‘Heavenly Blue’，花大，呈明亮的天蓝色。

43. **茑萝**　绕龙花　茑萝松　锦屏封　图 7-37

学名　*Quamoclit pennata*（Lam.）Bojer

科属　旋花科，茑萝属。

形态特征　一年生缠绕性草本。叶互生，羽状细裂，长 4~7cm。聚伞花序腋生，有花数朵。花冠高脚碟状，长约 2.5cm，檐部直径约 2cm，5 裂，猩红色或白色。

产地与习性　原产美洲热带，现在广泛分布世界各地。习性同圆叶牵牛。

繁殖与栽培　繁殖和栽培方法同圆叶牵牛。

观赏特性及用途　用途同牵牛。

同属植物　本属约有 10 种。常见种还有圆叶茑萝 *Q. cocclnea* Moench，叶心状卵形。花冠猩红色，喉部黄色，原产美国东南部。其近似种裂叶茑萝 *Q. lobata* House，叶片全缘或 3~7 浅裂。

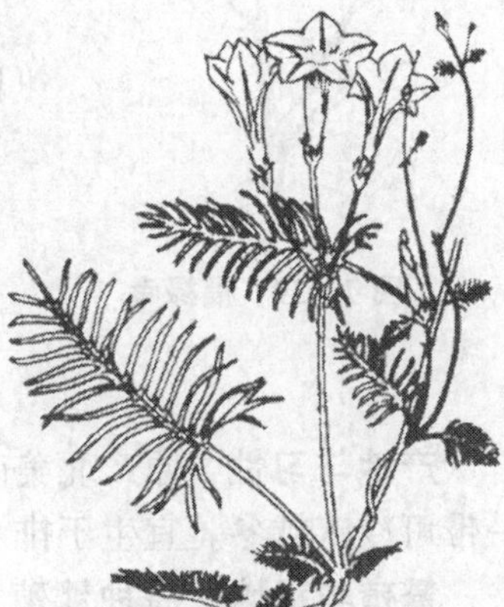

图 7-37　茑萝

44. **三色解代花**　图 7-38

学名　*Gilia tricolor* Benth

图 7－38 三色解代花

科属 花荵科，解代花属。

形态特征 一年生直立草本，株高 30～60cm，疏生腺毛。叶互生，二回羽状分裂，裂片条形，甚纤细。花少数，聚集成伞房花序。花冠漏斗状，有芳香，筒部带黄色，喉部黄色有紫斑，檐部裂片 5，近圆形，玫红或淡紫色。花期 5～6 月。种子广楔形、卵形或近方形，黄色或淡褐色。

变种有白花解代花 var. *nivalis*，及各种深浅不同的红色变种和矮生变种，株高 20～30cm。

产地与习性 原产北美洲西部。耐寒性不很强，喜向阳及疏松土壤。

繁殖与栽培 播种繁殖。可于 9 月初将种子撒播于盆土表面，上覆一层薄土，然后浸盆吸水。秋播后放入低温温室越冬或冷床越冬。幼苗稍大后，可移植到 3 寸盆，之后换 6 寸盆于冷床过冬，次春 3 月底脱盆定植，株距 30cm。在养护中要掌握少施肥，注意控制植株高度。

观赏特性及用途 多作为花坛、花境材料，散植或丛植。矮生种可作花坛边缘材料。

45. 福禄考 草夹竹桃 洋梅花 桔梗石竹 图 7－39

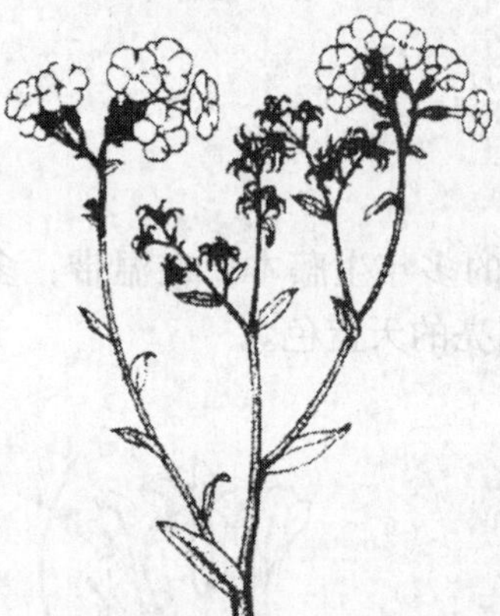

图 7－39 福禄考

学名 *Phlox drummondii* Hook.

科属 花荵科，福禄考属。

形态特征 一年生草本，株高 15～45cm。茎直立多分枝，有腺毛。基部叶对生，上部叶有时互生，叶宽卵形、长圆形至披针形，长 2.5～4cm，先端尖，基部渐狭，稍抱茎。聚伞花序顶生，花冠高脚碟状，直径 2～2.5cm，裂片 5 枚，平展，圆形，花筒部细长，有软毛，红色、淡红色或白色，花期 5～6 月。蒴果椭圆形或近圆形，成熟时 3 裂，种子倒卵形或椭圆形，背面隆起，腹面较平。

常见变种有：

圆瓣种 var. *rotundata* Voss. 花瓣裂片大而阔，外形呈圆形。

放射种 var. *radiata* 花冠裂片呈披针状长圆形，先端尖。

星瓣种 var. *stellaris* Voss. 花瓣边缘呈三齿裂，中齿较长。

须瓣种 var. *firbriata* 花冠裂片边缘呈细齿裂。

产地与习性 原产北美南部，现世界各国广为栽培。喜温暖，稍耐寒，忌酷暑，在华北一带可冷床越冬。宜生于排水良好的疏松壤土，不耐旱，忌涝。

繁殖与栽培 播种繁殖，暖地秋播，寒地春播，发芽适温为 15～20℃。种子生活力可保持 1～2 年。秋季播种，幼苗经 1 次移植后，至 10 月上、中旬可移栽冷床越冬，早春再移至地畦，及时施肥，4 月中旬可定植。花期较长，蒴果成熟期不一，为防种子散落，可在大部分蒴果发黄时将花序剪下，晾干脱粒。

观赏特性及用途 福禄考植株矮小，花色丰富，可作花坛、花境及岩石园的植物材料，亦可作盆栽供室内装饰。植株较高的品种可作切花。

46. **勿忘草**　毋忘草　图 7 - 40

学名　*Myosotis sylvatica* Hoffm.

科属　紫草科，勿忘草属。

形态特征　1 ~ 2 年生或多年生草本植物，高 15 ~ 50cm，茎被毛。叶互生，狭倒披针形或条状倒披针形，长 2.5 ~ 8cm，两面有毛，基出叶和茎下部叶具柄，茎上部叶无柄。总状花序顶生，花冠高脚碟形，裂片 5 枚，平展，蓝色、粉色或白色。花期 4 ~ 6 月。

图 7 - 40　勿忘草

产地与习性　原产欧亚大陆，我国云南、四川、江苏、甘肃、新疆、河北以及东北各省（区）均有分布。喜光，喜凉爽气候和湿润土壤，忌积水。耐荫，耐寒性较强。常成片分布在林下、墙脚边、沟溪旁。

繁殖与栽培　种子繁殖，自播能力强。春播或作 2 年生栽培时秋播。小坚果成熟期很不一致，成熟后种子容易脱落，因此应在大部分坚果成熟时即将花序剪下放入容器中晾干。8 月下旬至 9 月上旬播种，幼苗期移植 1 ~ 2 次，或于初冬直接定植于花坛。

同属植物　约有 50 种。用于观赏栽培的品种甚多，如：

沼泽勿忘草 *M. scorpioides* L.　多年生草本，植株匍匐状，花色丰富，耐湿，花期长。

矮生勿忘草 *M. scorpioides* var. *semperflorens* Bergmans　株高仅 15cm，花期长，耐湿。

丛生勿忘草 *M. caespitosa* Schultz.　多年生草本，茎下部分枝或花序分枝，耐寒、耐湿。

观赏特性及用途　花小巧秀丽，蓝色花朵中央有一圈黄色心蕊，色彩搭配和谐显目，尤其是卷伞花序随着花朵的开放逐渐伸长，半含半露，惹人喜爱。可作春季花坛配植材料或作切花，也可成片栽种于墙边、溪边、林缘作地被植物。

47. **美女樱**　四季绣球　美人樱　铺地马鞭草　图 7 - 41

学名　*Verbena hybrida* Voss

科属　马鞭草科，马鞭草属。

形态特征　多年生草本，常作 1 ~ 2 年生栽培。茎低矮粗壮，枝四棱、横展、匍匐状。全株被灰色柔毛，高 30 ~ 50cm。叶对生，有柄，长圆形或卵圆形，边缘有整齐的圆钝锯齿。穗状花序顶生，花小而密集呈伞房状排列；花萼细长筒状，花冠漏斗状，花色多，有白、粉红、深红、紫、蓝等，略具芬芳。花期长，4 月至霜降前开花不断。蒴果，果熟期 9 ~ 10 月。

产地与习性　原产巴西、秘鲁和乌拉圭等美洲热带地区，我国各地均有引种栽培。喜光，不耐荫，喜温暖，湿润，不耐干旱，有一定的耐寒能力。在上海小气候较温暖处能露地越冬。对土壤要求不严，但在湿润、疏松的土壤中能节节生根，且开花茂盛。

图 7 - 41　美女樱

繁殖与栽培　扦插、压条、分株或播种繁殖。扦插可在气温 15℃左右的季节进行。经 15 天左右发出新根，当幼苗长出 5 ~ 6 枚叶片时可移植，长到 7

~8cm 高时可定植。在暖地可将老根留在露地，越冬后作扦插材料，也可用匍匐枝进行压条。播种繁殖通常在 9 月初播于苗床或盆内，但因其种子较少，出苗不佳，生产上较少使用。栽培中应选择疏松、肥沃及排水良好的土壤。养护期间水分不可过多过少，如水分过多，茎枝细弱徒长，开花甚少；若缺少肥水，植株生长发育不良，有提早结籽现象。

观赏特性及用途 美女樱可作花坛、花径和盆栽的材料，也可在林缘、草坪成片栽植，还可作切花材料。

48. **鼠尾草** 秋丹参 图 7-42

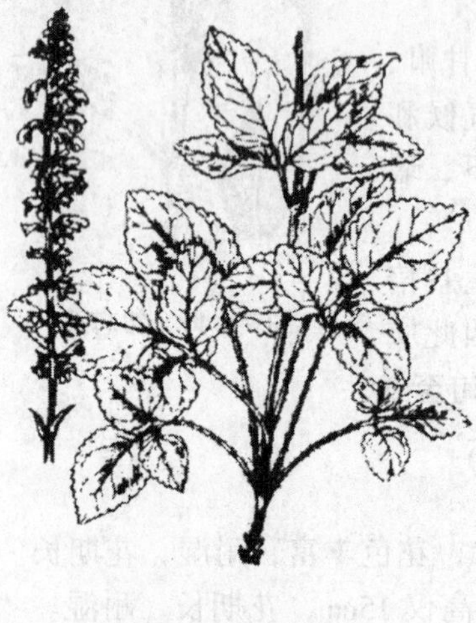

图 7-42 鼠尾草

学名 *Salvia japonica* Thunb.

科属 唇形科，鼠尾草属。

形态特征 一年生草本，茎高 40~60cm。茎下部叶为二回羽状复叶，茎上部叶为一回羽状复叶，具短柄，顶生小叶披针形或菱形，侧生小叶卵状披针形，基部偏斜。轮伞花序 2~6 朵，组成顶生假总状或圆锥花序。花唇形，淡红色、淡紫色、淡蓝色至白色。小坚果椭圆形。

产地与习性 分布于华东、湖北、广东及广西，日本也有分布。喜半阴环境和湿润、排水良好的砂质壤土，粘土也可栽培。多生于山坡、草丛或林下。

繁殖与栽培 种子繁殖，3~4 月播种，条播，播后保持土壤湿润，约 20 天出苗，苗出齐后应适当间苗。

观赏特性及用途 鼠尾草是观叶地被植物材料。可药用。

49. **一串红** 墙下红 西洋红 图 7-43

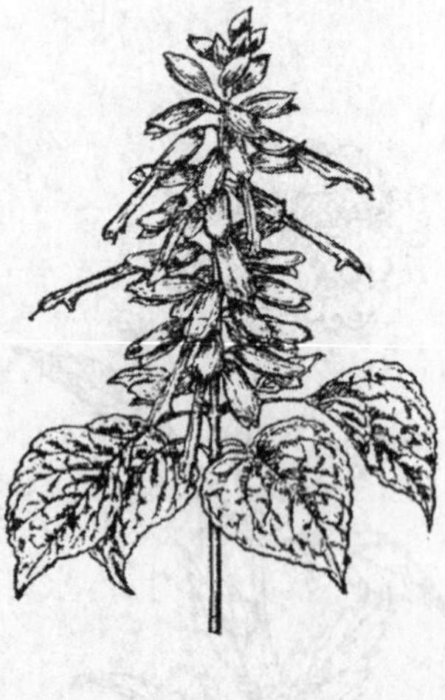

图 7-43 一串红

学名 *Salvia splendens* Ker-Gawl.

科属 唇形科，鼠尾草属。

形态特征 多年生草本，常作一年生栽培。茎直立，高约 50~80cm，矮生变种，株高约 30cm。茎光滑，有四棱。叶对生，卵形，先端尖，边缘有锯齿。总状花序顶生，被红色柔毛，小花 2~6 朵轮生，红色；花萼钟状，与花瓣同色，花冠唇形。花期 7~10 月，花谢后萼宿存，种子着生于萼筒基部。果熟期 10 月底。

常见变种有：

一串白 var. *alba* 花及萼均为白色。

一串紫 var. *atropurpura* 花及萼均为紫色。

从生一串红 var. *compacta* 株型较矮，花序密。

矮一串红 var. *nana* 株高仅约 20cm，花亮红色，花朵密集于总梗上。

产地与习性 原产南美，各地广为栽培。性喜温暖及向阳处，喜疏松肥沃土壤，也能耐半荫，忌霜害。

繁殖与栽培 播种或扦插繁殖。可于春季 3 月下旬至 6 月上旬播种于露地苗床，或提早于 2 月在温室播种。扦插繁殖在春、秋季均可进行。幼苗出现 2~3 片真叶时即行移栽。定植后要立即进行摘心，在栽培期间至少需摘心2次，以使植株矮壮、花枝多、花穗密。为避免植株徒长，可少浇水，勤中耕，施追肥。开花后要及时将植株从离地20cm处剪掉，做好肥水管理，12月份可在温室再度开花；或在深秋剪去其地上部，留老根进温室，翻盆、施肥、摘心，至来年夏季可养成大株。在夏季，如盆栽，则中午需适当遮荫。

观赏特性及用途　一串红是园林中广为栽培的植物，常用以布置花坛，也可作大型盆栽。

同属植物　同属种较多，常见观赏栽培的有：

红花鼠尾草 *S. coccinea* Fuss. ex Merr.　又名朱唇，一年生草本花卉，株高80~90cm，全株有毛。叶对生，三角状卵形。花序及花朵与一串红相似，但花小、花梗也较细，花色为深红色，开花时花萼较早脱落。花期7~10月。原产美洲热带。

粉萼鼠尾草 *S. farinacea* Benth.　又名一串蓝，为多年生草本，全株被细毛，株高60~90cm，多分枝。叶卵圆形至披针形，有时似轮生，有粗锯齿。轮伞花序，多花密集。花萼矩圆状钟形。花朵浅蓝或灰白色。花期7~10月。耐寒。原产北美。

50. **观赏辣椒**　指天椒　五色椒　樱桃椒　图7-44

学名　*Capsicum frutescens* L.

科属　茄科，辣椒属。

形态特征　草本，茎半木质化或半灌木状，分枝多，常作一年生栽培，株高40~60cm。单叶互生，卵状披针形或矩圆形，似食用辣椒。花小，白色，单生叶腋，或簇生枝梢顶端，有梗；花萼短，结果时膨大。花期7月至霜降。浆果直立，指形，圆锥形或球形，有红，黄，白、紫等色。

图7-44　观赏辣椒

常见变种有：

五色椒 var. *cerasiforme* Irish.　浆果小而圆，一般果径小于0.8cm以下，果梗直立，散生，初长时绿色，渐次发白，带紫晕，而逐步变红，故称五色辣椒。

指天椒 var. *conoides* Irish.　浆果细长，长2~3cm，果梗直立向上指天，散生，果色由绿变红。

樱桃椒 var. *fasciculatum*　浆果圆球形，似樱桃，果径1cm左右，常10~18只果簇生于枝顶，果色由绿渐变红色。

佛手椒 var. *fascicalatum*　浆果指形，长4~5cm，果梗直立，常9~17只簇生枝顶端，长短不定，初白色，熟后变红。

产地与习性　原产美洲热带，现各国广为栽培。不耐寒，喜温热、光照充足，在潮湿肥沃的土壤生长良好。

繁殖与栽培　播种繁殖。春季3月可在室内盆播，在25℃室温中发芽迅速整齐。出苗后需移植1次，真叶有5~6片时，可移植露地或作盆栽。盆栽用土要肥沃，用园土、堆肥、砻糠灰等配合，盆需置阳光充足、通风良好的地方，生长期间要多施肥水，使植株蓬径增大，结果数量增多。

观赏特性及用途　观赏辣椒属观果植物，果实鲜艳具有光泽，点缀绿叶中，玲珑可爱，是夏秋盆栽供室内观赏的好材料，也适用于作花坛，花境的配植材料。全草可供药用，根茎性温、味甘，能祛风散寒，舒筋，活络，并有杀虫，止痒等功效。

51. **曼陀罗** 洋金花 狗核桃 图7-45

图7-45 曼陀罗

学名 *Datura stramonium* L.

科属 茄科，曼陀罗属。

形态特征 一年生草本，高达1~2m，主茎常木质化。叶大，宽卵形，长8~12cm，叶基通常歪斜，叶缘有不规则波状或浅疏齿。花单生于枝分叉处或叶腋，直立向上，花冠漏斗形，长6~10cm，筒部淡绿色，上部白或茄紫色。蒴果卵状，外被硬棘刺，偶有无刺变异。

产地与习性 广布于世界温带至热带地区。我国各地均有栽培。喜温暖及阳光充足之地，适应性极强。

繁殖与栽培 春季播种繁殖，栽培容易。

观赏特性及用途 曼陀罗株形高大、粗壮，花朵硕大，可于庭园栽植或温室盆栽。花、叶、种子均可入药，但有毒，切勿误食。

同属植物 本属有15~16种，用于观赏栽培的有：

白花曼陀罗 *D. metel* L. 一年生草本，无毛，高120~150cm。花白色，外面常晕紫，花冠长14~17cm。原产印度。常见栽培的为其重瓣品种。

红花曼陀罗 *D. sanguinea* Ruiz et Pav. 灌木或小乔木状，高1.2~3.5m。花朵下垂，橘红色，长20~25cm。原产秘鲁。

52. **红花烟草** 图7-46

图7-46 红花烟草

学名 *Nicotiana sanderae* Sander

科属 茄科，烟草属。

形态特征 一年生草本，多分枝，植株高60~80cm，全株被粘性柔毛。叶对生，基生叶匙形，茎生叶矩圆形至披针形。圆锥花序顶生，花朵疏散；花冠长筒状漏斗形，花冠筒长约7cm，3倍长于花萼，上部膨大，红色；花期8~10月。蒴果卵球形，与宿萼等长，蒴果熟后2瓣裂。

产地与习性 本种是在英国育成的种间杂交种，原种都产在南美。性喜温暖、向阳，对光照长短较为敏感，为长日照型植物，喜肥沃疏松而湿润的土壤。

繁殖与栽培 播种繁殖。春季室内盆播或播于温床，发芽的最适温度为21℃，光照有利于种子的发芽。经一次移植后，6月初即可露地定植或盆栽，管理简易。蒴果成熟后能自行开裂，散出种子。所以，应在果实变褐时随时采种。

观赏特性及用途 本种花大色艳，可作为花境材料，也可盆栽观赏或散植于林缘、路边。其叶可作药用。

同属植物 约60种，常见栽培的有：

花烟草 *N. alata* Link et Otto　多年生草本，花冠筒长约为花萼的 4～5 倍，裂片内面白色，外面紫色，有白天闭合，夜间开放之习性，花期在夏季。原产南美，性喜温暖，北方地区常一年生花卉栽培，南方温暖地区则成宿根性。其变种大花烟草 var. *grandiflora*，株高 90～150cm，分枝直立性，全株被腺毛；圆锥花序顶生，疏散，花冠具柔毛，花径达 7cm 以上，芳香；晚开放，白天闭合。原产巴西，喜温暖，在温暖地区为宿根性植物。

53. 矮牵牛　碧冬茄　图 7－47

学名　*Petunia hybrida* Vilm.

科属　茄科，碧冬茄属。

形态特征　一年生或多年生草本花卉，茎直立，株高约 40～50cm，全株上下都有黏毛。叶片卵状，全缘，几无柄，互生，嫩叶略对生。花单生叶腋或顶生，花萼 5 裂，裂片披针形，花冠漏斗状，花瓣变化多，有单瓣、半重瓣、瓣边呈皱波状，花朵颜色有白、堇、深紫、红，红白相间等色。

图 7－47　矮牵牛

产地与习性　原产南美，目前世界各地广为栽培。喜光，喜温暖，不耐寒，喜排水良好的砂质土，忌积水。花期 4～10 月底，如室内温度保持 15～20℃，可四季开花。

繁殖与栽培　播种或扦插繁殖。春播、秋播均可。种子细小，可用细土拌种后播下，不必覆土，播种温度保持 20～24℃，则 4～5 天即可发芽。出苗后温度保持 9～13℃，幼苗可生长良好。重瓣种、大花种常不易采到种子，可用扦插繁殖。春季和秋季均可扦插，成活率高，温度需保持 20℃左右，2 周可生根。

播种苗须经过 1 次移植才能上盆或定植于露地。春播苗待长出 2 片真叶后移植 1 次，待至 5～6 月可定植于露地或上盆。

观赏特性及用途　矮牵牛株矮，花酷似牵牛，品种繁多，花色鲜艳，花期长，开花繁茂，是一种极好的草花。多用于布置花坛，或盆栽后布置室内。大花重瓣品种可用作切花。

54. 蛾蝶花　蛾蝶草　荠菜花　图 7－48

学名　*Schizanthus pinnatus* Ruiz et Pav.

科属　茄科，蛾蝶花属。

形态特征　1～2 年生草本，株高 50～100cm，全株疏生微粘腺毛。叶互生，1～2 回羽状全裂。圆锥花序顶生，小花多数，花径达 2～4cm；花冠短于花萼，花瓣开展，近唇状，花色较丰富，下部花瓣色较深，通常呈紫色或堇蓝色，上部花瓣较淡，中部花瓣呈盔状，有深裂，基部有黄斑，并布有青紫色斑点，有的则全为红色或堇蓝色。花期 4～6 月。蒴果 2 裂，种子肾形。

图 7－48　蛾蝶花

产地与习性　原产南美智利，我国引种栽培。喜光，宜生于凉爽温和气候和肥沃、排水性良好的土壤。

繁殖与栽培 播种繁殖。一般8~9月秋播，次年早春开花。秋播可在室内盆播，其种子细小宜稀播，不必覆土。幼苗子叶展开，经1次移植后，即可上3寸盆，并陆续移至6~7寸盆。用冷床保护越冬。要注意防寒，给予充足的阳光。翌年早春即可脱盆定植或继续盆栽。栽培土要保持肥沃，生长期要多施追肥。

观赏特性及用途 蛾蝶花是北方地区早春优良的室内盆花，南方温暖地区可作为早春花坛材料，高大品种也可作为切花之用。

同属植物 园艺栽培中有矮生品种，植株高45cm，株丛圆整；还有大花品种，花径较大。另外，还有许多花色不同的栽培变异种，如以白、粉红，深红、青紫、杏黄、铜色为基调的花色，其间有各色斑点和条纹。

蛾蝶花属植物约有20种，具有较高观赏价值的还有：

杂交蛾蝶花 *S. wisetonensis* 花有白、蓝、粉红和棕红各色。上部花瓣中间裂片常掺黄色，株形较为圆整，是极好的室内盆花材料，国内尚少见应用。

尖裂蛾蝶花 *S. retusus* 植株高达60~70cm。叶不规则羽状分裂，裂片有不同程度的缺刻或齿裂。花冠上部花瓣中间裂片较大，除尖端外都呈橙黄色。下部花瓣两侧裂片镰刀状，比中间裂片长。花有白、粉红、橙红乃堇蓝等色。栽培方法及应用效果皆与蛾蝶花相似，国内尚少见。

55. 冬珊瑚 珊瑚樱 辣头 图7-49

图7-49 冬珊瑚

学名 *Solanum pseudo - capsicum* L.

科属 茄科，茄属。

形态特征 直立分枝小灌木，作1~2年生栽培，株高60~120cm。茎半木质化。叶互生，狭矩形至倒披针形。花白色，径0.8~1.2cm，常单生或成蝎尾状花序，腋生。花冠檐部5裂。夏、秋开花。浆果，深橙红色，稀有黄毛，球形，直径1~1.5cm，果梗长约1cm，留枝经久不落。

常见变种有：

矮生变种 var. *nana* 矮生多分枝。橙果变种 var. rigidum，果鲜橙色，球形。

尖果变种 var. *weatherilii* 果鲜橙色，广椭圆形，端尖。

产地与习性 原产欧、亚热带，我国云南有野生种，现各地均有栽培。上海露地栽培，冬季顶梢冻死，下部翌春能再抽新枝开花。喜温暖向阳的环境和排水良好的土壤。

繁殖与栽培 播种繁殖。可于春季在室内盆播，发芽迅速整齐。播种苗需移植1次，待真叶长出6~7片时定植，定植株距为25~30cm，栽于阳光充足和通风良好处。用肥不可过多，以免徒长。霜降前需移入冷室，使不受冻害，不致落果。果实成熟期不一致，采集红色浆果，在水中洗出种子后晒干贮藏。

观赏特性及用途 冬珊瑚宜盆栽，也可布置花坛。

56. 乳茄 图7-50

学名 *Solanum mammosum* L.

科属 茄科，茄属。

形态特征 小灌木，通常作一年生植物栽培，高1m，有皮刺，被短绒毛。叶对生，阔卵形，长10～15cm，是不规则短钝裂片。花单生或数朵聚成腋生聚伞花序。花冠5裂，青紫色，径约3.8cm。果黄色或橙色，圆锥形，端钝，长约5cm，通常在基部具有乳头状突起。

产地与习性 分布于美洲热带地区。喜光，喜温热。

繁殖与栽培 在春季用播种繁殖。栽培需肥沃、疏松壤土，地栽或盆栽均与一般一年生植物同样管理。

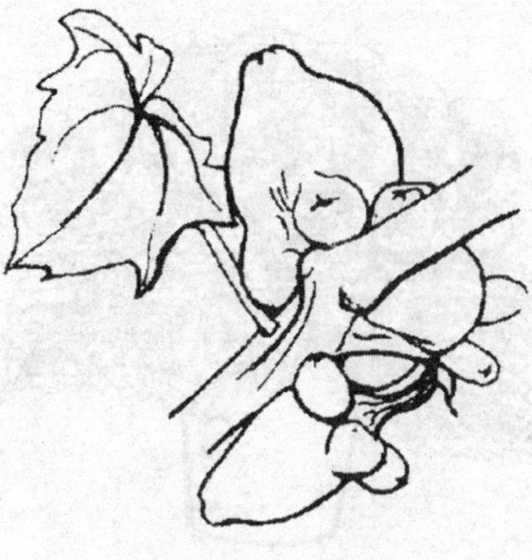

图7-50 乳茄

观赏特性及用途 乳茄为观果植物，可庭植或盆栽。

57. 金鱼草 龙口花 龙头花 洋彩雀 图7-51

学名 *Antirrhinum majus* L.

科属 玄参科，金鱼草属。

形态特征 多年生直立草本，常作1～2年生露地草花栽培，株高30～90cm，上部有腺毛。叶披针形或矩圆状披针形，全缘，光滑，长7cm，下部对生，上部互生。总状花序顶生，长达25cm以上；花冠大，唇形，外披绒毛，花色有白、黄、红、紫间色，茎绿色者，花色除紫色外，其他各色都有，茎部红色者，花色只有紫、红色。花期5～6月。蒴果卵形，种子细小。

常见栽培变种有：

高株金鱼草 cv. Maximum 株高90cm以上，少分枝。

丛生金鱼草 cv. Nanum 株高45～60cm，分枝多。

产地与习性 原产地中海沿岸，世界各地广泛栽培。较耐寒，喜光，耐半荫，不耐酷热，宜在轻松肥沃排水良好的土壤生长，稍耐石灰质土壤。

图7-51 金鱼草

繁殖与栽培 播种或扦插繁殖。春播因夏季高温，生长不良。一般秋季8～9月露地苗床播种，出苗快而整齐，初期生长较慢。11月上旬定植花坛，株距矮生种30cm，高茎种40cm。作切花栽培的不能摘心，要剥除侧芽，使单干独长，并要加施肥料，促使花枝粗长，花朵艳丽。

观赏特性及用途 金鱼草花色浓艳丰富，花型奇特，花茎挺直，是初夏花坛优良的配景草花，也可切花作插瓶和花篮等用。矮生种宜盆栽，作室内装饰用。全草可入药，性凉味苦，具清热凉血、消肿之效。

同属植物 小金鱼草 *A. pumilum* Poir. 株高20～30cm，多分枝，花小。

58. 蒲包花 荷包花 图7-52

学名 *Calceolaria herbeohybrida* Voss

图 7－52 **薄包花**

科属 玄参科，蒲包花属。

形态特征 多年生草本，常作 1～2 年生栽培。茎叶被细茸毛。叶对生，卵形至卵状椭圆形，常呈黄绿色。花冠二唇形，有乳白、黄、橙红等色，其间散生许多紫红色、深褐色或橙红色的小斑点。花期 2～5 月。蒴果内含多数小种子。

产地与习性 原产墨西哥、秘鲁、智利、大洋洲也有分布，现世界各地温室都有栽培。我国大多作温室花卉栽培。喜温暖、凉爽、湿润而又通风良好的环境，忌湿，不耐寒。生长适宜温度在 7～15℃之间。怕炎热，温度高于 20℃时，不利其生长和开花。喜排水良好，富含腐殖质的土壤。

繁殖与栽培 播种繁殖。宜于 8 月下旬至 9 月上旬天气逐渐转凉时在室内盆播。因种子较细小，需拌土播种，覆土不宜过厚，甚至可不必覆土。出苗后需立即将其放在见光处，并使温度降低到 15℃左右。小苗长出 2～3 片真叶时，可分栽入小盆，11～12 月可上大盆定植。注意春夏之交，气温迅速上升，对种子发育不利，应特别注意保持室内空气流通，控制室内气温，适当遮光。蒴果变黄后，即可分批采收。

观赏特性及用途 蒲包花花形奇特，色彩鲜艳，于早春开花，花期较长。对室温要求不很高，宜作室内盆栽。

同属植物 同属种还有：

智利蒲包花 *C. biflora* Lam. 花较小，深黄色，花期 5～6 月。原产智利。

灌木蒲包花 *C. integrifolia* J. Murr. 亚灌木状，叶面多皱，圆锥花序密生，花黄色或赤色。原产智利。

墨西哥蒲包花 *C. mexicana* Benth. 茎上有软黏毛，下部叶 3 裂。花小，浅黄色。原产墨西哥。

松虫草叶蒲包花 *C. scabiosaefolia* Roem. Et Schult. 叶羽状分裂，花小而多，淡黄色，夏、秋开花。

59. 毛地黄 洋地黄 德国金钟 紫花毛地黄 图 7－53

学名 *Digitalis purpurea* L.

科属 玄参科，毛地黄属。

形态特征 多年生草本植物，通常作 2 年生露地草花栽培，直立，高 80～100cm，植物体被灰白色短柔毛和腺毛。基生叶，互生，有柄，长卵形至卵状披针形，长 15cm，表面皱缩，叶缘有钝齿，叶背网脉明显。总状花序顶生，长 30～60cm，花偏生一侧，倒垂；花冠紫红色，有深色小斑点，颇美丽，径 3～4cm，筒状钟形。花期 5～6 月。蒴果卵形，种子细小，短棒状，7～8 月成熟。

图 7－53 毛地黄

常见变种有：

大花变种 var. *gloxiniaeflora* Hort. 植株较粗壮，花序较长，花较大，斑点密。

顶钟变种 var. *campanulata* Hort.　花序顶端数小花连生成一钟形大花。

白花变种 var. *alba* Schrank　花白色。

重瓣变种 var. *monstrosa* Hort.　花重瓣。

产地与习性　原产欧洲及亚洲西部，我国各地均有栽培。较耐寒，耐旱，耐半阴，一般园土都可栽培，尤喜富含有机质的肥沃土壤。

繁殖与栽培　播种繁殖。秋播，可于9月盆播或露地苗床育苗，如时间过迟则次年春天不能开花，或仅有少数开花。播种适宜温度为20℃，初期生长缓慢。盆播者子叶展开后便可移植至塌盆，真叶长出3~4片时可上3寸盆，置冷床过冬，翌春3月下旬脱盆定植花坛，或改用大盆作盆花栽培。如用露地苗床育苗，待苗出真叶4~5片后，便可直接定植花坛，株距30cm。花开过后，剪去花梗，留在花坛过冬，翌年能再次抽梗开花。

观赏特性及用途　毛地黄花茎挺直，花冠别致，形大色艳，为夏季优良的花坛、花境布置材料，也可作树坛或隙地的背景材料和盆花观赏。叶可入药，为强心剂，还有利尿作用。

同属植物　同属种有25种。常见的有黄花毛地黄 *D. grandiflora* Mill.　株高60~90cm，有毛。叶卵状披针形，叶缘有齿，有叶柄或抱茎。花大，径5cm，黄色，有棕色斑点。原产西亚及欧洲。

60. **柳穿鱼**　小金鱼草　摩洛哥柳穿鱼　图7-54

学名　*Linaria maroccana* Hook. f.

科属　玄参科，柳穿鱼属。

图7-54　柳穿鱼

形态特征　一年生草本，株高20~30cm，上部枝叶有粘质短柔毛。叶对生，长条形，长3.5cm左右，全缘，植株下部叶轮生。总状花序顶生，花冠青紫色，下唇在喉部向上隆起，有小黄斑，花冠筒长约2.5cm。花期5~6月。蒴果顶端开裂，种子细小，能自播繁衍。本种有雪青、玫红、洋红至青紫色等杂交种和品种。

产地与习性　原产摩洛哥。性喜凉爽，喜光，耐寒，忌酷热，要求土壤排水良好。

繁殖与栽培　播种繁殖，可在9月初露地秋播。小苗初期生长缓慢，经一次移植后，可于11月中旬定植，株距25cm。管理较为简易。

同属植物　约有100种，常见栽培观赏的还有：

弯距柳穿鱼 *L. bipartita* Willd.　一年生草本，株高约30cm。叶条形至条状披针形，长3~5cm。总状花序顶生，小花疏散，红紫色，喉凸部分橙色，基部近白色。原产葡萄牙及北非。

宿根柳穿鱼 *L. vulgaris* Mill.　多年生草本，株高60~80cm，全株被腺毛。叶条形至条状披针形，长2~7cm，全缘。总状花序顶生，小花密生，花冠筒基部长成距，花长约3cm，距与花冠近等长，花淡黄色，喉凸部分呈橘黄色。花期夏季。原产欧亚大陆，我国北方广泛分布。

观赏特性及用途　柳穿鱼可作为初夏花坛之材料，也可用于花境配植或盆栽观赏。宿根柳穿鱼可用于切花。

61. **毛蕊花**　假毒鱼草　毛蕊草　图7-55

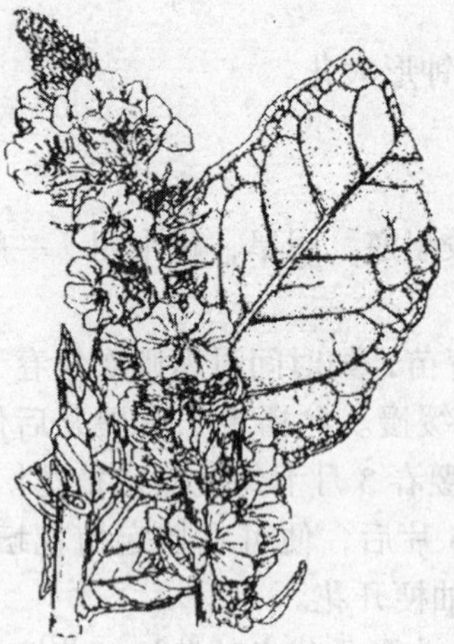

图 7-55 毛蕊花

学名 *Verbascum thapsus* L.

科属 玄参科，毛蕊花属。

形态特征 2年生草本，高50~150cm，全体密被黄色星状绒毛。基生叶长椭圆形，长约30cm，边缘有钝齿或近全缘，有短柄；茎生叶基部两侧有翼。穗状花序顶生，圆柱形。花黄色，无柄，苞片密被星状绒毛，花冠喉部凹入。花期6~7月。蒴果圆卵形，种子多数，小而粗糙。

产地与习性 分布于浙江、云南、四川、西藏及新疆等省（区）。生长在丘陵或山麓的岩石上及墙垣阳光充足的地方。喜光，适应性强，耐干旱，忌潮湿黏重土。种子容易萌发，能自播发芽成苗。

繁殖与栽培 播种繁殖。9月初撒播或条播，宜覆薄土，盖草，在气温30℃时发芽较快，约半月可以萌发出土，揭草后需作短期庇荫，子叶全展时要及时间苗，有2片真叶时应疏苗分植，间距以保持不挤压为度，次年4月间定植绿化或盆栽。

同属植物 约300种。常作花卉应用的有：

黄毛蕊花 *V. thapsiforme* Schrad. 花簇生密集成穗状花序，花冠平，黄色，产欧洲，花期5~7月。

紫毛蕊花 *V. phoeniceum* L. 多年生草本，植株略矮小，茎上部有时分枝。叶全基生，莲座状，叶卵形。花紫色或玫瑰红色，总状花序顶生，花期5~6月。原产南欧及东亚。

观赏特性及用途 毛蕊花叶大而花序挺直，黄花密集，颇为壮丽，可作花坛、花境材料，亦可用于林缘隙地群植。

62. **风铃草** 钟花 瓦筒花 图 7-56

图 7-56 风铃草

学名 *Campanula medium* L.

科属 桔梗科，风铃草属。

形态特征 2年生草本，株高约1m，多毛。莲座叶卵形至倒卵形，叶缘圆齿状波形，粗糙，叶柄具翅，茎生叶小而无柄。总状花序，小花1或2朵共生，花冠钟状，5浅裂，基部略膨大，花色有白、蓝、紫及淡桃红等。花期晚春、初夏。

产地与习性 原产南欧。喜夏季凉爽、冬季温和的气候。喜轻松，肥沃而排水良好的栽培介质。

繁殖与栽培 播种繁殖。最好在种子成熟后即播，则次年大部分植株可以开花。如到秋凉再播，多数往往要到第三年春末才开花。栽培时需注意越冬防冻，北方需要低温温室，长江流域需要冷床防护。小苗越夏时应给予一定程度的遮荫，避免强烈日照。

观赏特性及用途 风铃草主要用作盆花，也可露地用于花境。

63. **大花藿香蓟** 心叶藿香蓟 何氏胜红蓟 图 7-57

学名 *Ageratum houstonianum* Mill.

科属 菊科，藿香蓟属。

形态特征　多年生草本，常作一年生栽培，植株丛生而紧密，上部多分枝。叶片卵圆形，表面皱缩，基部心脏形。头状花序，聚伞状着生枝顶；花色有蓝、淡蓝，雪青、粉红和白色。花期夏、秋季。

产地与习性　原产墨西哥及秘鲁。喜温暖及阳光充足的环境，遇酷暑生长会受到抑制。对土壤要求不严，适应性强。

繁殖与栽培　播种或扦插繁殖。春季播种，发芽适温为22℃。在温度15℃条件下栽培10～12周可以开花，也可在冬、春季，用嫩枝扦插在沙或沙质壤土中，10天左右就可生根。贴近地表的分枝能自行生根，分离后即成新株。母株冬季需在温室内越冬，越冬温度宜在10℃以上，晚霜过后定植露地。

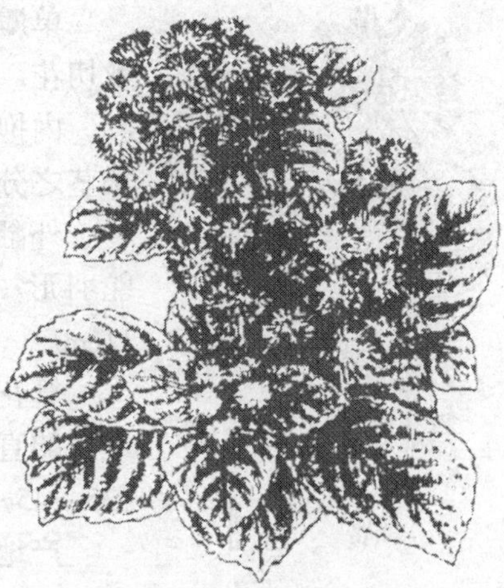

图7－57　大花藿香蓟

观赏特性及用途　藿香蓟宜作花坛、花境材料，高种可作切花和盆花。全株可入药。

同属植物　本属植物约有30种，作花卉栽培的还有：

藿香蓟 *A. conyzoides* L.　一年生草本，茎疏散，全株被白色柔毛。叶对生，卵形至菱状卵形，基部圆钝、头状花序，花色有蓝、堇紫及白。花期夏至秋季。原产墨西哥。

64. 金盏菊　长生菊　图7－58

学名　*Calendula officinalis* L.

科属　菊科，金盏菊属。

形态特征　2年生草本，株高可达60cm，被糙毛，多分枝。叶矩圆形至矩圆状卵形，全缘或具疏齿，抱茎。头状花序径可达10cm，盘边雌花淡黄至深橙红色，夜间闭合。花期4～6月。

栽培多重瓣类型和矮生类型。

产地与习性　原产南欧。有一定的耐寒力，小苗能抗－9℃低温，但大苗易遭冻害。喜夏季凉爽的气候。

繁殖与栽培　播种或扦插繁殖。寒冷地区可于早春在温室播种，暖地秋播，可作春季花坛植物，也可于秋季在温室播种栽培，作切花用。不断摘除残花，可以延长花期。

观赏特性及用途　金盏菊可供花坛与切花用。

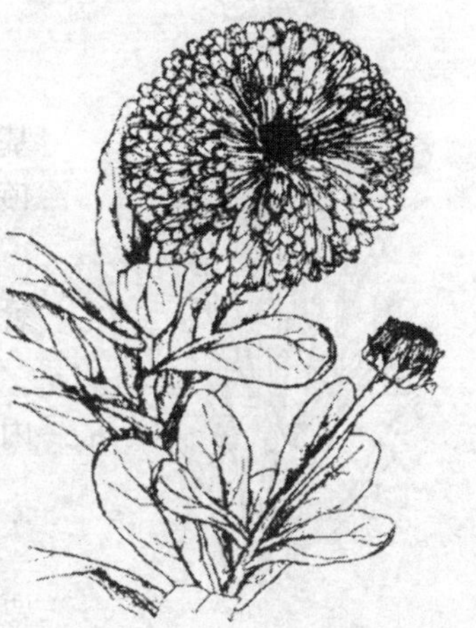

图7－58　金盏菊

65. 翠菊　蓝菊　江西腊　五月菊　图7－59

学名　*Callistephus chinensis* Nees

科属　菊科，翠菊属。

形态特征　1～2年生草本，直立，株高30～100cm，有分枝。叶片阔卵形或三角状卵形，长可达8cm以上，叶缘具深而不规则的粗锯齿，上部叶匙形。头状花序单生枝顶，野生种周边雌花仅1～2轮。花期有早、中、晚之分，春播者夏、秋开花，秋播者春季开花。花色繁多，有白、深红及蓝紫色。

栽培变种极丰富，根据花瓣形状可分为：

图 7－59 翠菊

单瓣型：周边雌花仅 1～2 轮，和野生种一样。主要用作夏、秋切花。

内抱型：雌花多数，形成“重瓣”，先端向内卷抱。有中茎和矮茎之分，前者花径 5～7cm。

外翻型：雌花多数，瓣长，先端略向背外翻。其中包括著名的鸵羽形‘Ostrich Plume’或‘Fluffy Ruffles’，花径大者可达 10～11cm。

管花型：雌花多数，花冠成细管状，有如秋菊的松针形，花序最大的直径可达 15cm。根据茎的长短可分高茎（50～80cm）、中茎（35～45cm）及低茎（15～30cm）类型。

产地与习性 原产我国东北、华北及四川、云南，朝鲜和日本有分布。喜肥沃、排水良好的土壤和向阳的环境。耐寒性不强，秋播越冬最低温度为 2～3℃。夏季不喜酷热，在炎热环境中花期延迟，或开花不良。

繁殖与栽培 播种繁殖。发芽适温为 18～21℃，需 10～14 日。大苗厌移植，夏季干旱时宜勤给水。

观赏特性及用途 翠菊用途广泛，作切花、花坛或盆栽均可。

66. 矢车菊 蓝芙蓉 翠兰 图 7－60

图 7－60 矢车菊

学名 *Centaurea cyanus* L.

科属 菊科，矢车菊属。

形态特征 1～2 年生草本，高 30～70cm，幼时被白色绵毛。基生叶长椭圆状披针形，全缘，有时近基部羽裂。头状花序单生枝顶，花色白、红、蓝、紫等。暖地春季开花，寒地夏季开花。

产地与习性 原产欧洲，在我国长江流域能露地越冬，不耐酷暑。

繁殖与栽培 播种繁殖。暖地在秋季播种，寒地在早春于温室内播种，生长容易，喜密植。

观赏特性及用途 矢车菊宜作切花、钮扣花和花坛用花。

同属植物 约 500 余种，主产东半球，我国约 10 种。同属重要的观赏栽培种可分为两类：一类以观花为主，如香矢车菊（或名香芙蓉）*C. moschata* L.，一年生草本，株高 60～90cm。头状花序单生，具微香。花色有白、黄、红、蓝、紫等。园艺栽培变种全部筒状花，发育膨大，先端星裂或纵裂。还有一些多年生草本植物，如白粉矢车菊 *C. dealbata* Willd. 和大头矢车菊 *C. macrocephala* Puschk. 等，都可用于宿根花坛或作切花用。另一类以观叶为主，如银叶菊 *C. cineraria* L.，被白色绒毛的多年生草本，多分枝，叶一至二回羽状分裂。原产南欧。为重要的花坛观叶植物，用以镶边。近似者尚有裸露矢车菊 *C. gymnocarpa* Moris et de Not. 拉古萨矢车菊 *C. ragusina* L. 等。

67. 花环菊 三色菊 图 7－61

学名 *Chrysanthemum carinatum* L.

科属　菊科，茼蒿属。

形态特征　1~2年生草花，直立，分枝多，高70~100cm。叶数回细裂，裂片线形。舌状花单轮或数轮，盘状花有白、黄、红及暗紫等色。

产地与习性　原产北非摩洛哥等地。喜冷凉气候，但不耐寒，要求深厚肥沃土壤。

繁殖与栽培　播种繁殖。秋播后可放入低温温室越冬。上海、南京一带，常作为冬、春盆花放于冷床培养。在夏季凉爽之地，也可春播培育，供夏季赏花。

观赏特性及用途　宜用作花坛、盆栽，也是一种很好的切花材料。

图7-61　花环菊

68. 大波斯菊　秋英　波斯菊　波丝菊　图7-62

学名　*Cosmos bipinnatus* Cav.

科属　菊科，秋英属。

形态特征　一年生草本，株高120~150cm，茎纤细而直立，株形洒脱。叶对生，呈二回羽状全裂，裂片稀疏，线形，全缘。头状花单生，花瓣先端截形或有小缺刻，花色从白、粉红至紫红，盘心管状花黄色。花期9月至降霜。瘦果有喙。

常见变种有：

白花波斯菊 var. *albiflorus*　花纯白色。

大花波斯菊 var. *grandiflorus*　花较大，有白、粉红、紫诸色。

紫花波斯菊 var. *purpurea*　花紫红色。

产地与习性　原产墨西哥及南美其他地区，在我国各地广为栽培。喜光，喜温暖、凉爽的气候，不耐寒，怕酷热，耐瘠土。是短日照植物，春播者秋季方能开花。

繁殖与栽培　播种、扦插繁殖。播种，可于早春在露地直播，幼苗发出4片真叶后可进行摘心、移植。6月初定植，株距50cm左右。各变种和品种之间容易杂交而退化，进行种子生产时，应注意隔离。也可在初夏用嫩枝扦插进行繁殖。

图7-62　大波斯菊

观赏特性及用途　大波斯菊植株高大，又能自播繁衍，可作为花境种植材料。也可成片配置于路边或草坪边及林缘。花枝可作切花材料。

69. 硫黄菊　硫华菊　黄波斯菊　黄芙蓉　图7-63

学名　*Cosmos sulphureus* Cav.

科属　菊科，秋英属。

形态特征　一年生草本，植株高60~100cm，多分枝。叶对生，二回羽状深裂，裂片呈披针形，有短尖，叶缘粗糙。头状花序生于枝顶；舌状花，花色由纯黄、金黄至橙黄连续变化，盘心管状花呈黄色至褐红色。春播花期6~8月，夏播花期9~10月。瘦果有糙硬毛，有细长喙，棕褐色。

变种有带红晕的重瓣品种，花色更为艳丽；有矮生品种，其花期较早，营养生长期较

图 7－63 硫黄菊

短，6月即开花，最宜分批播种，分批开花。

产地与习性 原产墨西哥。性强健、易栽培。喜光，不耐寒。

繁殖与栽培 播种繁殖。自8月起，可陆续采种。它对日照时数及温度的适应性幅度较宽，可自早春到初夏分期连续播种，使其自初夏至暮秋都能开花。其中矮生品种若在初春播种，初夏开花后，可通过自播繁衍长出新的植株，在秋后又可第二次开花。

观赏特性及用途 硫黄菊花大、色艳，但株形不很整齐，最宜多株丛植或片植，也可利用其能自播繁衍的特点，与其他多年生花卉一起，用于花境栽植，或草坪及林缘的自然式配植。植株低矮紧凑，花头较密，可用于花坛布置及作切花之用。

70. **异果菊**

学名 *Dimorphotheca sinuate* DC.

科属 菊科，异果菊属。

形态特征 1～2年生草本，株高约30cm，自基部分枝，多而披散，枝叶有腺毛。叶互生，长圆形至披针形，叶缘有深波状齿，茎上部叶小，无柄。头状花序顶生。舌状花橙黄色，有时基部紫色，盘心管状花黄色。花期4～6月。瘦果具两种不同形态；舌状雌花所结瘦果3棱或近圆柱状；盘心两性花所结瘦果心脏形，扁平，有厚翅。变种有柠檬黄，杏黄及乳白等色花。

产地与习性 原产南非。喜温暖，不耐寒，我国长江以北地区均需保护越冬。忌炎热，喜生于光照充足、土壤疏松，排水良好的生境。在良好的环境条件下，能自播繁衍。花在晴天开放，或在上午9时左右开放，午后逐渐闭合。

繁殖与栽培 播种繁殖。秋播，在9月进行。盆播幼苗出现真叶后，可移植到温床内或上盆后移入室内保护越冬。翌春可露地定植，株距在30cm左右。也可于2月在温床播种或温室内盆播，但长出的植株花期略比秋播者晚，不宜作采种之用。开花期间，需每半月追施液肥1次，并及时剪除谢花残枝，以促进长出新花，延长花期。

观赏特性及用途 异果菊花大而多，色彩艳丽。可作春季花坛材料或布置花境和岩石园，也可盆栽。

同属植物 异果菊属有7个种，常见栽培观赏的有：

雨菊 *D. pluvialis* Moench. 原产南非。一年生草本。枝条向上，密被腺毛。叶倒卵状披针形。头状花序，舌状花上面白色，背面紫色或紫铜色，盘心管状花裂片顶端常带紫色。其变种雨环菊 var. *ringens* Hort. 花纯白色，盘心有一蓝色圆环。

大花异果菊 *D. aurantiaca* Hort. 原产南非。多年生草本，作一年生花卉栽培。株形披散，比异果菊略矮，头状花序。舌状花橙黄色，管状花金黄色，顶端带蓝色金属光泽。有白色、浅黄色、粉红色等园艺杂种。

71. **绒缨菊** 一点缨 一点红 图 7－64

学名 *Emilia sagittata*（Vahl）DC.

科属 菊科，一点红属。

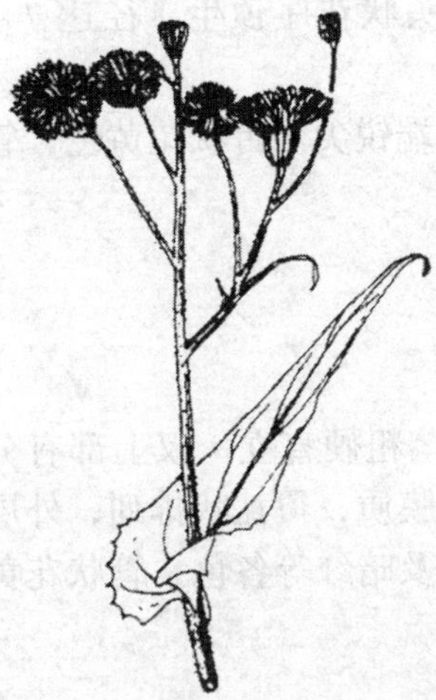

图 7-64　绒缨菊

形态特征　一年生草本，茎直立，较细弱。叶互生，基生叶或茎下部叶的叶柄有翅，近匙形，茎上部叶长圆披针形或卵圆形。头状花序簇生于枝端。整个花序全为管状花，红色或深红色，呈绒缨状，故名绒缨菊。花期 6～9 月。

产地与习性　原产热带美洲，现栽培较普遍。喜温暖、向阳、湿润，不耐寒，生长适温为 20～25℃。对土壤要求不严。

繁殖与栽培　播种繁殖。温床或温室盆播可在 3 月进行，露天播种宜在 4 月中旬进行。苗株长出 1～2 片真叶时，可进行移栽，5 月中、下旬可定植于露地。能自播繁殖。

观赏特性及用途　绒缨菊适用于布置花坛、花境，或作地被植物。

同属植物　同属种有 12 种，我国有 4 种，分布于华东、华中及西南地区。可作观赏用的还有红背绒缨菊 *E. sonchifolia*（L.）DC.　株高约 40cm，叶背紫红色。本种还有橙黄色变种 var. *aurea* 及金黄色变种 var. *1utea*。

72. **天人菊**　虎皮菊　六月菊　美丽天人菊　图 7-65

学名　*Gaillardia pulchella* Foug.

科属　菊科，天人菊属。

形态特征　一年生草本，植株高 30～50cm，多分枝，全株具软毛。叶互生，矩圆形，披针形至匙形，全缘或基部叶成琴状羽裂，近无柄。头状花序顶生，具长梗；舌状花黄色，基部紫红色，先端 3 齿裂；管状花先端成尖芒状，紫色。花期 7～10 月，果期 8～9 月。

变种有：矢车天人菊（或称大花天人菊）var. *picta*　头状花序较大，舌状花冠 5 裂，内卷成偏漏斗状，沿花盘排成多轮，花色似原种而变化更为丰富。

筒花天人菊 var. *lorenziana* Hook.　舌状花与管状花较大，呈筒状，先端约在 1/4 处呈 3～5 裂。

图 7-65　天人菊

产地与习性　原产北美，各地都有栽培。耐夏季之干旱和炎热。不耐寒，但能耐初霜。喜阳，也耐半阴。要求土壤疏松，排水良好。

繁殖与栽培　播种和扦插繁殖。播种，可于 4 月初在露地床播，2 周后出苗，真叶发出 4 枚后移植 1 次，6 月初当苗高 6cm 左右时可定植，定植株距 20～40cm。扦插，可在秋季进行，次年 4 月初定植。

观赏特性及用途　天人菊花色艳丽，花姿娇娆，花期较长，在园林中可广泛应用。适宜布置花境、花坛，散植或丛植于草坪及林缘，亦可盆栽和作切花。

同属植物　约有 20 余种，作花卉栽培的同属种还有：

红花天人菊 *G. amblyodon* Gay.　原产北美南部。一年生草本，株高 30～60cm。叶长圆形，叶基垂耳状，无柄，微抱茎。头状花序，舌状花红褐色，管状花先端钝圆。瘦果仅基部有长毛。

宿根天人菊 *G. aristata* Pursh.　宿根草本，植株高 40～90cm，全株密被长毛，茎叶多松散。基部叶多匙形，上部叶披针形至长圆形，全缘至波状羽裂。头状花序顶生，径达7～10cm，其大花变种有时达12cm，花色与天人菊相近。

细叶天人菊 *G. lanceolata* Michx.　1～2年生草本。叶线形，先端锐尖。舌状花黄色，管状花紫褐色，有芳香。

73. **麦秆菊**　蜡菊　贝细工

学名　*Helichrysum bracteatum* Andr.

科属　菊科，蜡菊属。

形态特征　多年生草本，常作1～2年生栽培，全株被微毛，茎粗硬直立，仅上部有分枝。叶互生，长椭圆状披针形。头状花序单生枝端，总苞片多层，膜质，覆瓦状排列，外层苞片短，内部各层苞片伸长酷似舌状花，有白，黄，橙，褐，粉红及暗红等各色，管状花黄色。花期7～9月。瘦果灰褐色，有光泽。

常见主要栽培变种有：

白花麦秆菊 cv. Album　苞片纯白色。

浅红麦秆菊 cv. Roseum　苞片淡玫瑰红色。

浓红麦秆菊 cv. Atrosanguineum　苞片暗红色。

紫红麦秆菊 cv. Purpureum　苞片紫红色。

另外尚有大花、重瓣以及不同高度的品种。

产地与习性　原产澳大利亚，现世界各国多有栽培。喜温暖和阳光充足的环境，不耐寒，忌酷热。阳光不足及盛暑时，生长不良或停止生长，开花不良或开花很少。喜湿润肥沃而排水良好的土壤，宜粘质壤土。

繁殖与栽培　播种繁殖。在春季可于露地苗床播种，也可在早春于温床或温室盆播。发芽适温约15～20℃，播后覆土不宜厚，1周左右出土，发芽整齐。幼苗经1次移植后，长有7～8枚叶时便可定植。为促使分枝，多开花，生长期可摘心2～3次。自播种后，约经3个月培育，便可开始开花，单花期长达1个月之久，每株陆续开花可长达3～4个月。

观赏特性及用途　麦秆菊色彩绚丽光亮，干燥后花形、花色经久不变不褪，最宜切取作“干花”，供冬季室内装饰之用。麦秆菊矮性品种可作花坛材料或盆栽观赏。

74. **黑心菊**　图7－66

学名　*Rudbeckia hybrida* Hort.

科属　菊科，金光菊属。

形态特征　多年生草本，一般作1～2年生栽培，枝叶粗糙，全株被毛。近基出叶，上部叶互生，叶匙形及阔披针形，叶缘具粗齿。头状花序，舌状花单轮，金黄色，管状花深褐色，呈半球形。花期5～9月。

产地与习性　主产北美。适应性很强，既耐寒、又耐旱。喜向阳通风的环境。一般土壤均可栽培。

繁殖与栽培　播种、扦插及分株繁殖。播种，可于9月播于露地苗床，待苗长出4～5片真叶时进行移植，11月定植，露地越冬。有自播习性。

图7－66　黑心菊

同属植物　同属种约30种，常见栽培的有：

金光菊 *R. laciniata*　多年生，株高可达2m。多分枝。基部叶羽状分裂。头状花序。舌状花单轮，黄色。变种为重瓣金光菊 var. *hortensis* Bailey。

抱茎金光菊 *R. amplexicaulis* Vahl　一年生，全株无毛。叶全缘，下部叶矩圆状匙形，上部叶抱茎。头状花序，舌状花黄色，外翻，略下垂。花期5~7月。

二色金光菊 *R. bicolor* Nutt.　一年生，全株有毛。叶披针形，近无柄。头状花序，舌状花黄色。另外本种的园艺变种 var. *superba* 花大型。

全缘叶金光菊 *R. fulgida* Ait.　一年生，全株被柔毛。头状花序，舌状花黄色，筒状花黑色。

美丽金光菊 *R. speciosa* Wender.　头状花序。舌状花黄色，筒状花紫褐色。

毛叶金光菊 *R. serotina* Nutt.　全株被粗毛。头状花序。舌状花黄色，筒状花深褐色。

观赏特性及用途　黑心菊多用作庭园布置，可作花坛、花境材料，或布置草地边缘，亦可作切花用。

75. 瓜叶菊　图7-67

学名　*Senecio* × *hybridus*

科属　菊科，千里光属。

形态特征　多年生草本，通常作1~2年生栽培。植株高矮不一，矮者仅20cm，高者可达90cm。头状花序成，花序径3.5~12cm，多数聚成伞房花序状。单瓣状或重瓣状，花色有白，桃红，红、紫、蓝等，但无黄色；雌花花冠有时呈双色，基部白色，上半部呈他色。花期春季。

图7-67　瓜叶菊

产地与习性　由原产加那利岛的 *S. cruentus* 和其他一些种在英国经杂交育成。喜光，喜温暖的气候，温室生长的适宜温度，冬季夜间最好保持10℃，白昼以不超过15℃为好。小苗能经受1℃的低温。

繁殖与栽培　播种或扦插繁殖。7~8月浅播于盆面，温度保持20~25℃，约10~20日发芽，6个月开花。重瓣品种则以扦插为主。在植株上部剪去后，取茎部萌发的强壮枝条，在粗砂中扦插。栽培时，按小苗长势逐步翻大盆，但要注意每次翻盆都要有意识地延迟一段时间，使根部经常受到轻度的压制。如要延迟开花，可将小盆苗放在冷床里，在需要用花前1个半月，翻盆移入温室，加温养护。为保持株形或要求花朵同时开放，要事先整枝并摘除所有花蕾。暖地也可以在室外育苗，早春开花。

观赏特性及用途　瓜叶菊是重要的温室盆花，也可在断霜时移置露天作花坛材料，十分鲜艳夺目。

76. 桂圆菊　图7-68

学名　*Spilanthes oleracea* L.

科属　菊科，金纽扣属。

形态特征　一年生草本，株高30~40cm，多分枝。叶对生，广卵形，边缘有锯齿，叶色暗绿。头状花序，开花前期呈圆球形，后期伸长呈长圆形，花色黄褐，无舌状花，筒状花

图7－68　桂圆菊

两性。7～10月开花。

产地与习性　原产亚洲热带地区。喜温暖、湿润，喜光，忌干旱，不耐寒，喜疏松、肥沃的土壤。

繁殖与栽培　播种繁殖。于4月播于露地苗床，幼苗生长缓慢，6月初可定植，株距30～40cm。栽培期间适当施肥，干旱时需浇水。花序枯黄下垂后可采收种子，种子轻而薄，清选时需轻扬，以防损失种子。

观赏特性及用途　桂圆菊花型，花色均较特殊。可布置花坛、花境，也可盆栽。

77. 万寿菊　臭芙蓉　蜂窝菊　图7－69

学名　*Tagetes erecta* L.

科属　菊科，万寿菊属。

形态特征　一年生或多年生草本，茎粗壮。叶对生或互生，羽状全裂，裂片披针形或长矩圆形，有锯齿，叶缘背面具油腺点，有强臭味。头状花序单生，花黄色或橘黄色，舌状花有长爪，边缘皱曲。花期6～10月。瘦果黑色，有光泽。

园艺品种和杂种很多，株形、花色，花形变化均较丰富。

产地与习性　原产墨西哥及美洲地区。喜温暖、阳光充足的环境，也能耐早霜和稍荫的环境。较耐干旱，在多湿、酷暑下生长不良，对土壤要求不严。

繁殖与栽培　播种或扦插繁殖。在春季于露地苗床播种，发芽迅速。亦可在夏季于露地扦插，2周生根，1个月即可开花。幼苗期生长迅速，应及时间苗。后期植株易倒伏，应设支柱。种子宜从秋末开花结实的植株上采收。

同属植物　同属种30多种，常见栽培的有：

图7－69　万寿菊

孔雀草 *T. patula* L.　别名红黄草、小万寿菊，一年生草本，茎丛生状。舌状花黄色，基部或边缘红褐色，亦有全黄或全红褐色而边缘为黄色者，有单瓣、半重瓣及重瓣等变化。花期6～10月。原产墨西哥。

细叶万寿菊 *T. tenuifolia* Cav.　一年生草本，茎多分枝。叶羽状分裂。头状花序单生，舌状花5枚单轮排列，淡黄色或橙黄色，基部色深或有赤色条斑。花期晚于孔雀草。原产墨西哥。

观赏特性及用途　万寿菊花大色艳，花期长。中矮性品种，宜作花坛、花境、花丛材料，也可盆栽。高性品种，可作背景材料或切花。叶、花可入药。

78. 百日菊　对叶梅　步步高　图7－70

学名　*Zinnia elegans* Jacq.

科属　菊科，百日菊属。

形态特征　一年生直立草本，高15～100cm，茎被粗毛。叶对生，广卵形至长椭圆形，基部抱茎，全缘，具短粗硬毛。头状花序单生枝端，总梗长而中空，外围舌状雌花，1轮至多轮，花色多而艳丽，有蓝、黑等色。还有复色品种。花期6～10月。园艺品种很多，株形，花形等均有较大变化。

产地与习性　原产南北美洲，以墨西哥为分布中心，我国南北各大中城市常见栽培。喜温暖（20℃以上气温）、阳光充足的环境，较耐干旱，亦可耐半荫。要求排水良好，轻松而肥沃的土壤。舌状花与管状花的数目与日照长短有关，在长日照下，舌状花较多；在短日照下，舌状花变少而管状花增多。

繁殖与栽培　播种或扦插繁殖。可在4月份于露地苗床播种，发芽适温20～30℃，以26℃最适。播后3～5天出苗，发芽率60%。也可在夏季用侧枝扦插，但因当时气温过高，并多阵雨，应注意防护遮荫。欲供秋季花坛用花，宜夏季播种，并进行1～2次摘心。若供切花用花，宜夏季直播密植，不予摘心，待主茎顶端花头盛开时，齐地面切取。

图7-70　百日菊

观赏特性及用途　百日菊宜作花坛、花境、花丛栽植。矮性品种可盆栽，高性品种适作切花。叶、花可入药，能消炎祛湿热。

第二节　宿根花卉

在植物学上将植株地下部分宿存越冬，翌年仍能萌蘖开花并延续多年，其地下部分并不形成肥大的球状或块状根（茎）的开花植物，称作宿根花卉。

宿根观赏植物具有多年存活的地下部分（较发达的根系）。多数种类具有不同粗壮程度的主根、侧根和须根。主根、侧根可存活多年，由地下芽或地面芽每年萌发形成新的地上部开花、结实，如芍药、火炬花、东方罂粟、玉簪、飞燕草等。也有不少种类其地下部能继续横向延伸形成根状茎，其上的生长点每年移动，如鸢尾、荷包牡丹、玉竹、费菜、肥皂草等。

宿根花卉在其生活周期中如遇到不利环境如低温、高温、干燥或湿热等条件后，植株地上部干枯，地下部分以休眠状态越冬、或以半休眠状态越夏，至次年春或秋凉或雨季等有利于重新生长的环境后，又开始萌芽、生长和开花。另外，原产温带的耐寒、半耐寒的宿根观赏植物本身具有一定的休眠特性，通常由于秋季冷凉气温与短日照条件的诱导，可在冬季来临之前形成休眠器官，即芽或莲座枝。如春季开花的紫花地丁、毛地黄、蒲公英、红花酢浆草、荷包牡丹、白头翁、君子兰、芍药等。

79. 菊花　黄花　节花　秋菊

学名　*Chrysanthemum* × *morifolium* Ramet.

[*Dendranthemum* × *grandiflora*（Ramet.）Tzvel.]

科属　菊科，菊属。

形态特征　根有主根与须根之分，茎有地上茎与地下茎之分。地上茎半木质化，直立，开展、粗壮、多分枝，高一般为20～200cm，花后大都枯死。翌年，由地下茎的蘖芽产生新的植株。单叶互生，叶柄长1～2cm，叶卵形至长椭圆形，边缘有缺刻及锯齿。花为头状花序，生于枝顶，径约2~30cm；花序上着生两种类型的花：一类为筒状花，俗称为“花心”，两性，中心生一雌蕊，子房下位1室，柱头2裂，围绕花柱生5枚聚药雄蕊；另一类为舌状花，生于花序边缘，俗称“花瓣”，雄蕊退化，雌蕊1枚，舌状花多形大色艳，形状有平、匙、管、桂、畸（含龙爪瓣、毛刺瓣）等5类（图7-71）。瘦果长1~3mm，宽0.9~1.2mm，具1粒无胚乳种子，翌年1~2月成熟。

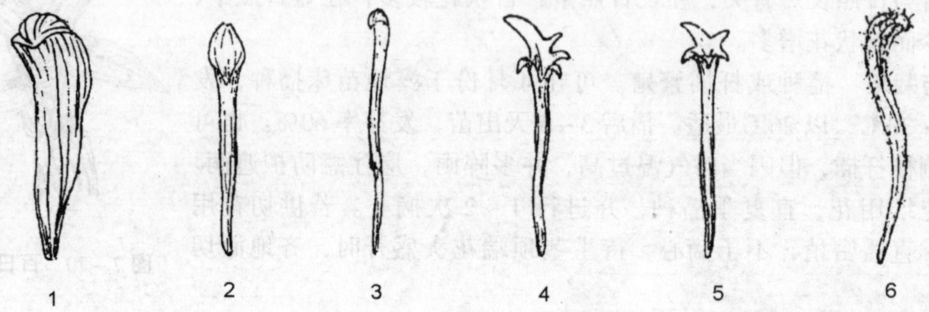

图7-71 菊花瓣形

1. 平瓣 2. 匙瓣 3. 管瓣 4. 龙爪瓣 5. 桂瓣 6. 毛刺瓣

菊花是一高度杂交种，经多年人工培育和天然种间杂交而来。其主要亲本有：

小红菊 *D. chanetii*（Levl.）Shih 舌状花，粉红色、紫红色或白色；原产甘肃、内蒙古、河北及东北3省。

野菊 *D. indicum*（L.）Des Moul. 舌状花黄色；除新疆外，各地均有分布。

紫花野菊 *D. zawadskii*（Herb.）Tzvel，又称札菊，舌状花白色、粉红色或红紫色；产浙江、安徽、河北、山西、内蒙古及东北各地。

产地与习性 菊花是我国传统的十大名花之一，是重要的盆栽花卉和露地花卉。目前已成为国际花卉市场上畅销的五大切花之一。其适应性强，喜凉，较耐寒，生长适宜温度18~21℃，地下根茎耐低温极限一般为-10℃。喜光，稍耐荫。较耐干旱，最忌积涝。喜地势高燥、土层深厚、富含腐殖质、疏松肥沃而排水良好的沙壤土。在微酸性至中性的土中均能生长。而以pH6.2~6.7较好。

繁殖与栽培 以无性繁殖的方法为主，几乎所有无性繁殖的方法对菊花均适用，如扦插、分株、嫁接、压条及组织培养等，但以扦插繁殖较为常见，在18~21℃的温度条件下，3周左右即可生根。调节日照长度是最常采用的调节菊花花期的有效手段，尤其是秋菊和寒菊。调节日照长度的方法主要是人工补光或遮光。

观赏特性及用途 菊花的品种繁多，色彩丰富，花形多变，姿态万千，不仅可以配植在园林的花坛、花境或假山上，还可以制作盆花、盆景、花篮、花圈等。近年来开始发展地被菊，它被作为“开花地被”使用。此外菊花还有药用、食用价值，深受广大人民群众喜爱。

品种分类 8世纪后，作为观赏的菊花由我国引入日本，被推崇为日本国徽图样。17世纪末荷兰商人将我国菊花引入欧洲，18世纪传入法国，19世纪中期引入北美。此后风靡全球，开遍五洲。现代菊花栽培的品种很多，仅我国就有3 000多品种。如此众多的品种中，不仅花色、花型、瓣型、花期、花径各异，而且在整枝方式及园林应用方面，也有很大差异。

(1) 依自然花期分类

根据菊花的自然花期可分为：

春菊：花期4月下旬至5月下旬。

夏菊：花期5月下旬至7月。

秋菊：花期10月中旬至11月下旬。

寒菊：花期12月上旬至翌年1月。

值得注意的是菊花的花期与温度高低及日照时间长短有密切关系，即使同一品种栽培在温暖地区、寒冷地区，以及温室，其花期会有数十天之差。若运用光照处理，可使秋菊在同一地区四季开花。

(2) 依瓣形、花型分类

依瓣形、花型分类（中国园艺学会、中国花卉盆景协会1982年分类），菊花可分为：平瓣类、匙瓣类、管瓣类、桂瓣类、畸瓣类（含龙爪型、毛刺型），各类型见图7-72。

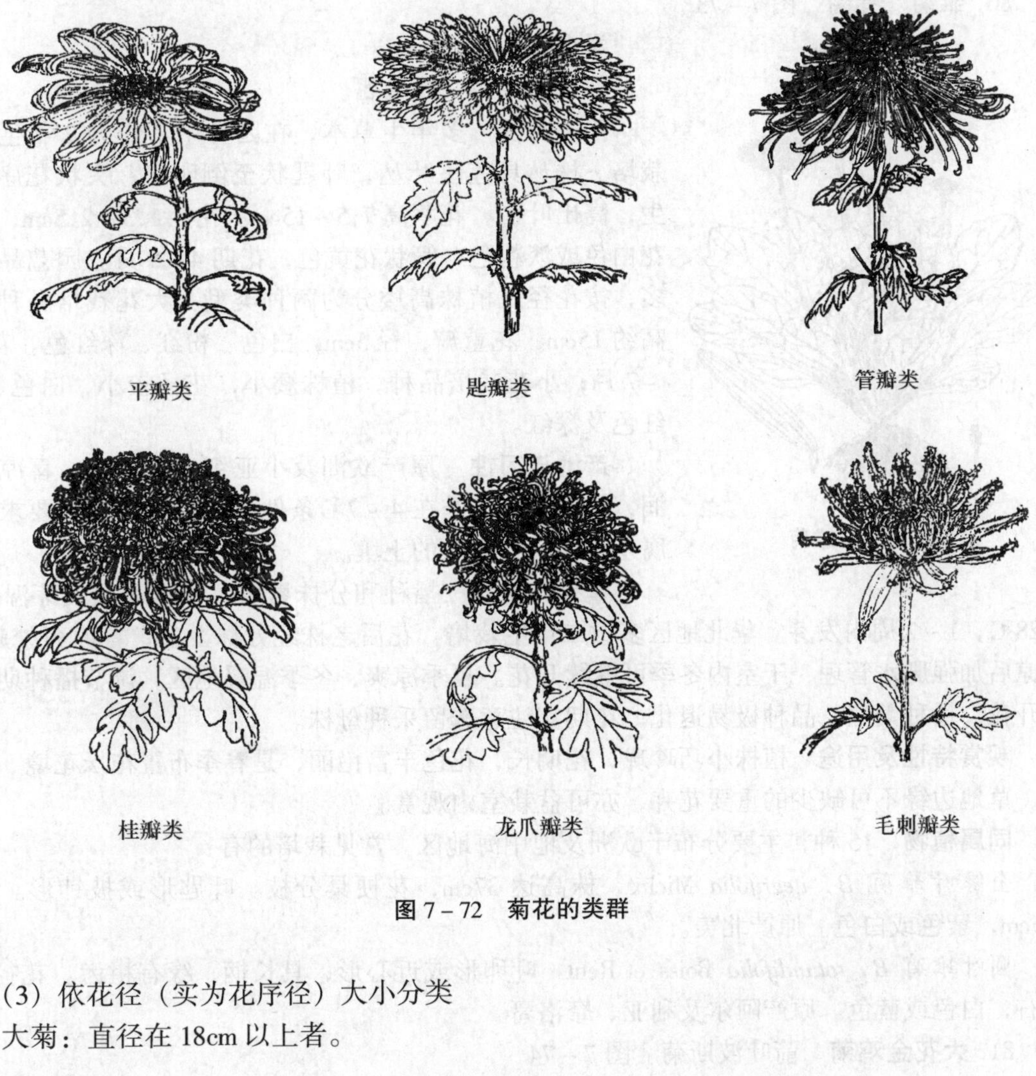

图7-72 菊花的类群

(3) 依花径（实为花序径）大小分类

大菊：直径在18cm以上者。

中菊：直径在9~18cm以上者。

小菊：直径在9cm以下者。

（4）菊花的造型（或整枝方式）分类

A.悬崖菊：是小菊的一种整枝形式，仿效山野中野生小菊悬垂的自然姿态，经过人工修剪整形而固定下来的栽培方式。悬崖菊一般长约1.5m。

B.大立菊：选用分枝强，枝条柔软的大花品种，精心培养1~2年，每株可开数十至数千朵花，特大立菊则常用蒿苗嫁接，并用长日照处理培养2年始成。

C.塔菊（“十样锦”）：将各种不同花型、花色的菊花接在一株3~5m高的黄蒿上，砧木主枝不截顶，侧枝分层嫁接，呈塔形。

D.盆景菊：选用小菊的适当品种，把侧根固定到预备好的山石或枯树桩上，进行修剪，然后再用铜丝绑扎成形。管理得法，可存活4~8年左右。

E.案头菊：通常陈列在几案欣赏的矮形菊。栽培中，常选株矮、花大、花型丰满、叶片肥大舒展的矮形品种。

80.**雏菊**　春菊　图7-73

图7-73　雏菊

学名　*Bellis perennis* L.

科属　菊科，雏菊属。

形态特征　多年生草本，在园林中常作为2年生植物栽培。株丛具莲座叶丛，叶匙状至倒卵状。头状花序，单生，高出叶面，花葶高7.5~15cm。花径1.3~2.5cm；舌状花白色或淡粉色，管状花黄色，花期4~5月。园艺品种很多，按花径及植株高矮分为两种类型：大花栽培品种，株高约15cm，花重瓣，径5cm，白色、粉红、深红色，花期5~7月；小花栽培品种，植株矮小，花径较小，白色、粉、红色及深红。

产地与习性　原产欧洲及小亚细亚。喜光，喜凉爽湿润，较耐寒。冬季在4~7℃条件下可正常开花。要求富含腐殖质、疏松肥沃的土壤。

繁殖与栽培　播种和分株繁殖，种子适宜发芽温度22~28℃，1~2周内发芽。华北地区多做二年生栽培。花后老株经分株上盆，置凉爽处越夏，秋凉后加强肥水管理，于室内冬季可继续开花。夏季凉爽、冬季温暖地区，调节播种期可周年开花。播种繁殖，品种极易退化，花期宜注意选留采种母株。

观赏特性及用途　植株小巧玲珑，花期长，花色丰富艳丽，是春季布置花坛花境、岩石园、草地边缘不可缺少的重要花卉，亦可盆栽室内观赏。

同属植物　15种，主要分布于欧洲及地中海地区。常见栽培的有：

全缘叶雏菊 *B. itegrifolia* Michx　株高达37cm，花梗具分枝。叶匙形或披针形。花径2.5cm，紫色或白色。原产北美。

圆叶雏菊 *B. rotundifolia* Boiss.et Reut　叶卵形或近心形，具长柄，缘有粗齿。花径3cm左右，白色或蓝色。原产阿尔及利亚、摩洛哥。

81.**大花金鸡菊**　箭叶波斯菊　图7-74

学名　*Coreopsis grandiflora* Hogg.

科属　菊科，金鸡菊属。

形态特征　多年生草本。茎直立，多分枝，高30～80cm，基生叶披针形或匙形，具长柄，茎生叶3～5裂。头状花序，具花梗，花金黄色，直径6～7cm，花期夏秋。瘦果圆形，具膜质翅。

园艺品种有：'重瓣黄' cv. Double New Gold，花大金黄色，花期6～10月；'初阳' cv. Baby Sun，植株矮小，紧密，花黄色。

产地与习性　原产北美。耐寒、耐旱耐瘠薄，喜光，对土壤要求不严。生长势健壮。植株根部极易萌蘖，有自播繁衍能力。

图7－74　大花金鸡菊

繁殖与栽培　播种、分株繁殖。播种多在春、秋两季进行，春季4～5月在露地直播，10天后即可出苗。秋末可在冷室盆播，翌春移栽露地。分株宜在春、秋两季，因其长势强，一般栽培3～4年，就需分栽1次。宜选阳光充足的地方种植，入冬前应将地上部分剪除，浇冻水越冬。

观赏特性及用途　大花金鸡菊，花色鲜艳，植株高大，适合种植于花坛中心部位，或做花境及背景材料，丛植于山前、篱旁、林中，应用较广泛，亦可做切花。

同属植物　约100种，主要产北美、非洲及夏威夷群岛。常见栽培的还有：

金鸡菊 *C. basalis* Blake.　一年生草本。株高40cm，叶对生，为一至二回羽裂。头状花径达5cm，管状花，黄色，舌状花基部紫色。分布于美国西部。

狭叶金鸡菊 *C. lanceolata* L.　多年生草本。叶狭，多基生，茎生叶少，对生，有羽状分裂。花梗细长，头状花径可达6～7cm，花黄色。变种有重瓣金鸡菊 var. *flore－pleno* Hort.。

蛇目菊 *C. tinctoria* Nutt.　又名金星梅、小波斯菊。一二年生草本。株高30～80cm，叶对生，二回羽状深裂。舌状花单轮，黄色，基部褐红色，色彩鲜艳，花期5～8月。瘦果。分布于北美中部。园艺品种有褐红蛇目菊 cv. Purpurea，花紫红色，株高1m；矮蛇目菊 cv. Radiata Nana，株高仅20cm。

轮叶金鸡菊 C. *verticillata* L.　多年生草本。株高40～60cm，直立。花深黄色，花径约5cm，花期夏秋。

82. **荷兰菊**　紫菀　柳叶菊

学名　*Aster novi－belgii* L.

科属　菊科，紫菀属。

形态特征　多年生草本。株高60～100cm。茎丛生，基部木质化，全株光滑。叶互生，线状披针形，叶基略包茎，暗绿色。头状花序，密集成伞房状，花色由红紫、淡蓝、粉至白色。花期8～10月。

栽培变种有：'蓝花束' cv. Blue Bouquet，花复色，重瓣；'丁香红' cv. DingXiangHong，株高40cm，花径3.8cm，花紫红色；'粉雀' cv. Fen Que，株高40cm，花径3.2cm，花粉色；'劲吹' cv. Fluffy Ruffles，花复色；'皇冠紫' cv. Huang Guan Zi，株高40～50cm，花径大，约4.4cm，花色红带紫，花色较亮，艳丽，植株茂密；'蓝夜' cv. Lan Ye)，株高40cm，花径

3.9cm，花色深蓝，分枝密集；‘红日落’ cv. Red Sunset，花重瓣，淡紫红色；‘九月红’ cv. September Ruby，花重瓣，复色。

产地与习性 原产北美。耐寒、耐旱，喜阳光充足、通风良好的环境，要求疏松、肥沃、排水良好的土壤。

繁殖与栽培 播种、扦插、分株繁殖均可。播种宜在春季进行。生产中多采用分株及扦插繁殖。大多数品种萌蘖能力很强，分株极易成活，春、秋两季均可进行。注意通风透光，否则易染白粉病。如果要求国庆节开花，应在9月5日左右进行最后1次摘心。要求‘五一’节开花，应在头年9月用老根分株装盆，冬季在温室内培育。

观赏特性及用途 荷兰菊单个花朵秀丽，群体花则热烈纷繁，适宜布置花坛、花境，也可进行盆栽。

同属植物 约600种，常见栽培的有：

高山紫菀 *A. alpinus* L. 株高15~30cm。花径3~3.5cm，花色浅蓝或蓝紫色。花期夏季。原产欧、亚及北美，我国中部山区和华北有分布。因其植株低矮，适合作边缘植物及岩石园的布置。

意大利紫菀 *A. amellus* L. 植株高45~60cm。花径2.5cm，花色雪青、深紫及桃红色，花期夏、秋。原产欧洲、亚洲。

重冠紫菀 *A. diplostephioides* (DC.) C.B.Clarke. 株高20~45cm，下部叶莲座状。花径6~9cm，花蓝色或蓝紫色。原产于我国西南部。

圆苞紫菀 *A. maackii* Regel 茎被短毛，花径3.5~4.5cm，花紫红色。原产我国东北及朝鲜。

美国紫菀 *A. novae - angliae* L. 株高1.5m，全株具短柔毛，叶披针形或长披针形，全缘。头状花序，花径约5cm，花色有紫、粉红、白等色，变种较多。花期7~9月。原产北美。

紫菀 *A. tataricus* L.f. 又名青菀，青牛舌头花。株高1.5~2.4cm。叶披针形或卵状披针形，缘有锯齿。头状花序，花径约2.5cm，花蓝紫色，花期7~9月。原产我国东北、华北、西北，朝鲜、日本也有分布。耐寒，喜夏季凉爽的环境。

83. 一枝黄花

学名 *Solidageo canadensis* L.

科属 菊科，一枝黄花属。

形态特征 多年生草本，株高1.5~2m，全株被粗毛。叶披针形，长至13cm，表面粗糙，背面具柔毛，全缘或具齿。头状花序成偏向一侧的复总状，再与下部叶腋的花序集成顶生的圆锥状花丛，花黄色，花期7~8月。

产地与习性 原产北美。耐寒、耐旱、耐瘠薄，喜凉爽，适合各种类型土壤上生长。

繁殖与栽培 播种繁殖，春秋均可。播种苗第二年开花。其对环境适应能力强，定植地宜选择向阳、肥力较差的土壤。在肥沃的土壤上植株营养生长旺盛，易倒伏，降低观赏效果。盛花过后及时中度修剪残花，国庆前后可二次开花。栽培管理简易粗放。

观赏特性及用途 一枝黄花株丛繁茂，浓绿叶丛中伸出黄色花穗，格外鲜艳。园林中可条植、丛植作花坛背景或成片点缀在开阔林缘；亦可作切花用。

全草入药，具有活血止痛、利水消肿、消热解毒、祛痰止咳作用；又是良好的蜜源植物。

同属植物 约30种。主产北美，欧、亚也有分布。常见栽培或可引种栽培的还有：

高茎一枝黄花 *S. altissima* L. 株高达3m，全株被白柔毛。叶披针形具锯齿，长达13cm。头状花序偏向一侧弯成宽圆锥伞房状。花期秋季。原产北美墨西哥、美国加利福尼亚州、德克萨斯州。

丛生一枝黄花 *S. cutleri* Fern. 株高达30cm。基生叶长披针形至匙状卵圆形，长达15cm，近无毛，具锯齿；茎生叶少，上部多无柄。头状花序总状或伞房状，花期夏秋季。原产北美。

香一枝黄花 *S. odora* Ait 株高1~1.2m。叶披针形，全缘，长10cm，有茴香味及油腺点。花序大，顶生偏向一侧的总状圆锥花序。花期7~8月。原产北美。叶可作茶饮用。

美丽一枝黄花 *S. speciosa* Nutt. 株高2~3m，全株光滑近无毛。叶卵形至长卵形，具齿，长达25cm。花序大，顶生聚伞圆锥花序。花期夏秋季。原产北美。

毛果一枝黄花 *S. virgautea* L. 株高30~100cm。叶倒卵形，柄具翅，花期8~9月，瘦果被短柔毛。产我国新疆阿尔泰山，俄罗斯、蒙古也有分布。亚种有：朝鲜一枝黄花 ssp. *koreana* Kitag，产我国东北、河北；兴安一枝黄花 ssp. *dahurica* Kitag.，产东北、华北及新疆北部；南方一枝黄花 ssp. *decurrens* Lour.，分布于我国中南部广大地区。

84. **翠雀花** 大花飞燕草 飞燕草 图7-75

学名 *Delphinium grandiflorum* L.

科属 毛茛科，翠雀花属。

形态特征 主根肥厚，略呈梭形或圆锥形。茎直立，多分枝，株高80~100cm，全株被柔毛。叶互生，掌状深裂，裂片线形。总状花序顶生，萼片5枚，瓣状，蓝色；花瓣2，合生，心皮3-7离生。花期5~7月。

产地与习性 原产我国及西伯利亚。我国河北、内蒙古及东北地区均有野生。耐寒、耐旱、耐半阴。喜冷凉气候，忌炎热，喜光。宜生长含腐殖质的黏质土上。

繁殖与栽培 用播种、分株及扦插繁殖。播种可于春季3~4月或秋季8月中、下旬进行。播后约2~3周可出苗。分株，春、秋均可进行。扦插，可在花后剪取基部萌发的新芽，插于沙中，或于春季剪取新枝扦插。生长适宜温度为10℃。生长期需施以磷钾肥料。如植株较高大，可设支架。

图7-75 翠雀花

观赏特性及用途 大花飞燕草花形别致，开花时似蓝色飞燕落满枝头，色彩淡雅。可作花坛、花境材料，也可用作切花。

同属植物 本属约250种，我国产100余种，各地均有分布，以西南部较多。常见栽培的有：

穗花翠雀 *D. elatum* 又名高翠雀飞燕草，宿根。株高可达1.8m，多分枝。叶片较大。总状花序，花蓝紫色。原产我国内蒙古及新疆等地。

丽江翠雀 *D. likiangense* 总状花序，花色青紫色，有芳香。产我国云南。生长在山地草坡，适宜布置岩石园。

康定翠雀 *D*. *tatsienense* Franch. 也叫康定飞燕草。株高仅约 50cm。伞房花序，花蓝紫色。产我国四川西部及云南北部地区。

唇花翠雀 *D*. *cheilanthum* 株高约 1.4m。花序着花较少。栽培种有黄色花。产我国华北及西南地区。

85. **华北耧斗菜** 图 7－76

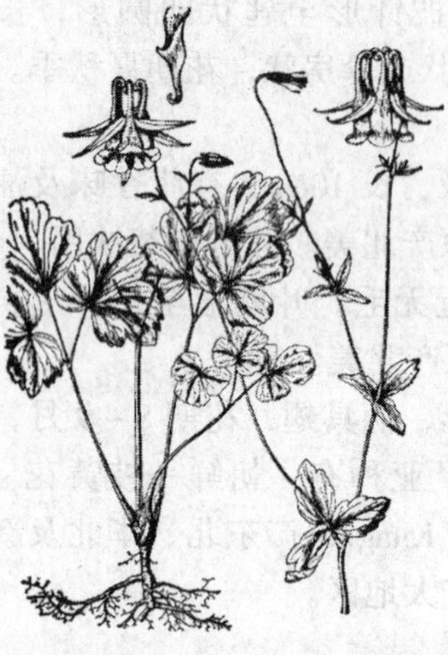

图 7－76 华北耧斗菜

学名 *Aquilegia yabeana* Kitagawa

科属 毛茛科，耧斗菜属。

形态特征 多年生草本，株高 60cm。基生叶具长柄，茎生叶较小，一至二回三出复叶。花顶生下垂，萼片 5 枚，紫色，呈花瓣状，基部有囊状距向内弯曲。蓇葖果。花期 5～6 月。

产地与习性 原产华北。耐寒，喜半阴的环境，忌酷暑和干旱；要求肥沃、湿润、排水良好的沙质壤土。

繁殖与栽培 播种或分株繁殖。播种：春秋季均可进行，但以秋播为好；发芽最适温度为 15～20℃，播种后约 1 个月发芽，苗高 10cm 时可定植。花前可施 1 次肥水，夏季应适当遮荫。秋播苗第三年可开花。分株：一般在 3～4 年生苗中进行。

观赏特性及用途 花姿、叶形别致，既可观花，亦可观叶，适合种植于花坛、花境、岩石园中，或林缘、疏林下。植株较高的品种可做切花。

同属植物 约有 70 多种。常见栽培的有：

加拿大耧斗菜 *A*. *canadensis* L. 株高 30～60cm，萼片黄或红色，花瓣柠檬黄色，距近直伸，花径 4cm。花期春夏。原产加拿大和美国。有矮型品种 cv. Nana 和黄花品种 cv. Flavescens。

金花耧斗菜 *A*. *chrysantha* Gray. 株高 1m。花直立，花径 4～7cm，萼片深黄色，花瓣淡黄色，距细长。花期夏季。原产北美。品种有：淡黄耧斗菜 cv. Alba－plena；金黄耧斗菜（cv. Flarescena）和红距耧斗菜 cv. Jaeschkanii。

红花耧斗菜 *A*. *formosa* Fisch. 花径 4～5cm，萼片红色，花瓣黄色，距瓣红、黄等色，粗壮而直伸。原产北美和西伯利亚。

杂种耧斗菜 *A*. *hybrida* Hort. 萼片长，距长，可达 8～10cm，花色丰富，花期 5－8 月，是各国的主要栽培种类。园艺品种有：麦肯纳（cv. Mckana Improve)，萼红或蓝紫色，花瓣黄或淡黄色，距长；大花麦肯纳（cv. Mckana' s Giant)，距长，萼红、粉红、淡蓝或紫色，花瓣淡黄、黄或粉红色。

耧斗菜 *A*. *vulgaris* L. 又名西洋耧斗菜，茎高 40～80cm，具细柔毛。花径 5cm，花紫、白色，花期 5～7 月。原产欧洲、西伯利亚。品种有：大花品种 cv. Olympica，花大，萼片暗紫色或淡紫色，花瓣白色；白花品种 cv. Alba，花白色；重瓣品种 cv. Plena，花重瓣，多色；红花品种 cv. Atrorosea，花深红色；斑叶品种 cv. Vervaeneana，叶有黄斑。

86. **芍药** 图 7－77

学名 *Paeonia lactiflora* Pall.

科属　毛茛科，芍药属。

形态特征　多年生草本，根肉质。茎丛生，高 60 ~ 120cm。二回三出羽状复叶，小叶常三深裂，椭圆形、狭卵形至披针形，全缘。花 1 至数朵着生于茎上部顶端，有长花梗及叶状苞片，单瓣或重瓣，花色有白、黄、粉红、紫红或玫瑰红等色，萼片 5 枚，花后宿存；离生心皮 3 ~ 5 个；雄蕊多数。蓇葖果，种子球形，黑色，8 ~ 9 月成熟。花期 4 ~ 5 月。

图 7 - 77　芍药

该种品种较多，通常按花瓣的数目、花型、雌、雄蕊瓣化情况，大致可将其品种分为四类：

单瓣类：花瓣 1 ~ 3 轮，此雄蕊发育正常，为原种型。如‘荷花红’、‘紫蝶献金’。

千层类：花瓣多轮，自外向内层排列，有内、外花瓣之分。如‘朱砂盘’‘冠群芳’。

楼子类：外瓣 1 ~ 3 轮显著，雄蕊部分瓣化或逐渐变成完整花瓣。如‘砚池漾波’、‘紫袍金带’、‘沙金 冠顶’、‘红花重楼’。

台阁类：花由 2 花乃至数花叠合构成。如‘山河红’。

产地与习性　原产我国、日本及西伯利亚。栽培遍及全国各地，尤以山东菏泽、安徽亳州、北京丰台以及山东青岛等地栽培最盛。芍药耐寒力强，耐热力较差，喜阳光，稍有遮荫也能生长和开花。要求土层深厚、肥沃而又排水良好的壤土或沙壤土，不耐盐碱和水涝。

繁殖与栽培　分株、播种、根插繁殖。分株法简便易行，时间以秋季为好。农谚有“春分分芍药，到老不开花”。株丛分栽的年限因栽培目的不同而异。作花坛、花境、切花栽培的，6 ~ 7 年分株 1 次。种子繁殖，选择优良的植株，适时采摘微微开裂的蓇葖果。随采随播，常规播种 9 月中、下旬，培育管理 4 ~ 5 年开花。

观赏特性及用途　芍药是我国传统名花之一，花大色艳，适应性强，管理粗放，适宜布置花坛，花境、或作专类花园观赏，也可作切花。

87. **乌头**　草乌　华乌头　图 7 - 78

学名　*Acontitum chinense* Paxt.

科属　毛茛科，乌头属。

形态特征　多年生草本。植株高大，达 1.5m 以上。地下具纺锤形块根。茎光滑直立、分枝少。叶质厚、互生，掌状 3 分裂。花序狭圆锥状，顶生，花蓝紫色，顶端萼片大，呈帽状。花期夏季。蓇葖果。

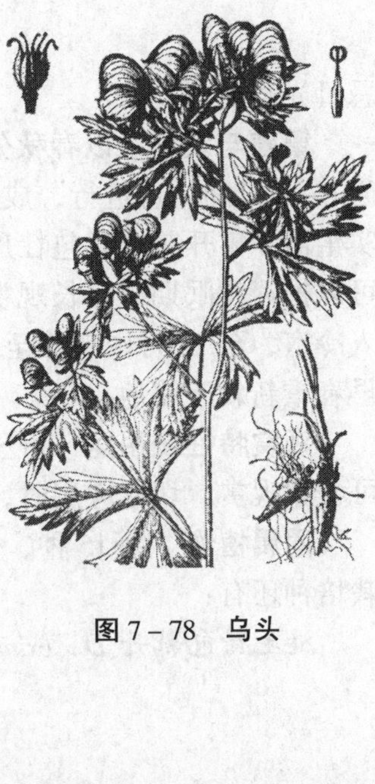

图 7 - 78　乌头

产地与习性　原产我国华东及东北地。耐寒，喜凉爽湿润气候，较耐荫，忌酷暑和干旱。自然界中多生于林缘及草坡地带，要求深厚、肥沃的沙质壤土。

繁殖与栽培　播种或分株繁殖，均在秋季进行。播种苗，幼时生长缓慢，生长期忌移栽。播种后 2 ~ 3 年可开花。夏季应注意遮荫、降温和排水。分株繁殖宜 3 ~ 5 年分 1 次苗。为控制苗生长过高，可适当摘心。

观赏特性及用途 园林中植于灌木丛间，稀疏林下，或做花境栽培，亦可做切花，根可入药。

同属植物 约200余种，主产北温带。常见栽培的有：

川乌头 *A. carmichaeli* Debx. 花梗具皱波状柔毛。产我国中部地区。

瓜叶乌头 *A. hemsleyanum* Pritz. 茎缠绕有分枝，茎中部叶片为五角形。分布我国四川、江西、安徽、河南及陕西等地。

北乌头 *A. kusnezoffii* Reichb. 高100cm以上，茎直立无毛。叶掌状3全裂，裂片菱形，端渐尖。分布我国北部。

日本乌头 *A. japonicum* Thunb. 高约60cm，茎为圆柱形。叶3~5裂，花期秋季。产日本。

舟形乌头 *A. napellus* L. 高约100cm。叶具光泽，掌状5~7裂，裂片近羽状条形。花色紫红或近白色，夏秋开花。分布于欧洲。

88. **荷包牡丹** 图7－79

图7－79 荷包牡丹

学名 *Dicentra spectabilis* Lem.

科属 罂粟科，荷包牡丹属。

形态特征 宿根草本。地下茎稍肉质，株高30~60cm，茎带红紫色，丛生。叶二回三出复叶，全裂，具长柄，叶被白粉。花序总状下垂，花着生一侧；萼片2，小而早落，花瓣4枚，外面2枚粉红色，基部囊状，上部狭且反卷，内2枚狭长，近白色；雄蕊6，合生成两束，雌蕊条形。花期4~5月。盛夏则茎叶枯黄休眠。

产地与习性 原产中国，1810年发现。河北及东北各地均有野生，各地园林多栽培。耐寒而忌夏季高温，喜湿润、轻松的壤土，在沙土及粘土中生长不良。生长期间喜侧方遮荫，忌日光直射。

繁殖与栽培 以春秋分株繁殖为主，约3年左右分株一次。也可进行扦插繁殖，北京地区6~9月间均可进行，成活率较高，次年即可开花。种子繁殖，可秋播或层积处理后春播，实生苗3年开花。荷包牡丹栽培容易，不需特殊管理，若栽植于树下等有侧方遮荫的地方，可以推迟休眠期、延长观赏期一个月左右。荷包牡丹也可促成栽培，在休眠后栽于盆中，置入冷室，至12月中旬移至12~13℃室内，注意养护管理，2月即可见花。花后再放回冷室，早春重新栽于露地。

观赏特性及用途 可丛植或做花境、花坛布置。因耐半荫，又可做地被植物。低矮品种可盆栽观赏。切花应用时，水养可持续3~5天。

同属植物 约15种，分布于北美和亚洲，我国有6种，产西北、东北及云南。常见的栽培种还有：

缝毛荷包牡丹 *D. eximia* Torr. 宿根草本，株高27~54cm，地下茎鳞状横伸。叶基生，稍带白粉，裂片长圆形。总状花序无分枝，花红色，下垂、长圆形，距稍内弯，急尖，花期5～8月。原产美洲东海岸。

大花荷包牡丹 *D. macrantha* Oliv.　宿根草本，株高1m，全株无毛。叶片为三回三出羽状全裂，下部茎生叶长达30cm，具长柄。花数较少，花瓣淡黄绿色或白色，花序长30～45cm。原产我国，分布四川，贵州及湖北西部的海拔1500～2600m的山地林下。

加拿大荷包牡丹 *D. canadensis* Walp.　宿根草本。花冠心脏状，绿白色稍带红晕。花期4～6月。原产北美。

华丽荷包牡丹 *D. chrysantha* Walp.　宿根草本，株高90～150cm。叶绿色被白粉、细裂，着花多达50朵，极美。原产北美加里福尼亚，多花坛用。

奇妙荷包牡丹 *D. peregrina* Makino var. *pusilla* Makino　宿根草本，全株粉白色。叶具长柄，三角形至狭三角形，再3分裂，最小裂片线状长椭圆形。顶生聚伞花序，花茎高10～20cm，花淡红至深红色，花期7～8月。原产日本，多盆栽观赏。

89. 八宝景天　蝎子草　八宝

学名　*Sedum spectabile* Boreau.

科属　景天科，景天属。

形态特征　多年生宿根草本，茎高70cm，全株呈青白色。叶对生或3～4枚轮生，近无柄，椭圆形或匙形，光滑，全缘，长8～10cm。伞房状聚伞花序，生于茎顶；小花粉色，径约1.3cm，花瓣5，微凹；萼片5，灰白色，线状披针形；雄蕊长于花瓣。花期7～9月。蓇葖果，10月成熟。

栽培品种有：白花八宝 cv. Album，花乳白色；紫红花八宝 cv. Atropurpureum 花深粉红色；玫红八宝 cv. Brilliant，花玫瑰红色；大红八宝 cv. Carmine 花深红色。

产地与习性　原产中国东北及朝鲜，世界各地广为栽培。耐寒、耐旱，喜光亦耐轻度庇荫，土壤要求不严。

繁殖与栽培　播种、分株或扦插繁殖。播种宜早春进行，浅覆土，约2～3周萌发，苗高4～5cm时定植露地。春、秋季节常用分株方法繁殖，每5～6年1次。扦插繁殖更为简便，生长季节均可进行，插条长度为5～8cm。扦插地要求土壤略潮湿，切忌积水，常温下20天生根。栽培时，选择排水良好的沙壤土和地形高燥的向阳地段。种植后适量浇水，土壤略干时即行松土。夏季注意防涝。生长季节结合嫩枝扦插繁殖，修剪1～2次，使株丛矮而紧密，延迟花期。降霜后，剪除地上部分，清除杂物浇足冻水，植株可安全越冬。

观赏特性及用途　八宝景天株形丰满，花色艳丽，花期长。可配合各种花卉布置花坛、花境或成片栽植作为护坡地被植物。亦可用于点缀岩石园、庭院向阳处的容器装饰。鲜花可用于室内装饰。

90. 宿根福禄考

学名　*Phlox paniculata* L.

科属　花荵科，福禄考属。

形态特征　多年生草本，根茎呈半木质，多须根。茎粗壮直立，高60～120cm，通常不分枝或少分枝。单叶对生，茎上部叶常呈3枚轮生，质薄，长椭圆状披针形至卵状披针形，长7～12cm，边缘具硬毛。顶生圆锥花序，花粉紫色，呈高脚碟状，先端5裂，萼片狭细。花期6～9月。

品种：国外早在19世纪已培育出许多园艺品种，有高生及矮生品种，花色有红、紫、粉、黄、白及复色品种。近年来，中国科学院植物园利用人工辅助授粉等手段已培育出4个色系（红色、白色、紫色、复色）10余个品种，如：‘红宝石’，‘胭脂红’，‘粉群’，‘粉眼’，‘粉晕’，‘橙红’，‘白雪’，‘石竹紫’等。这些品种具有矮生、抗性强、花色鲜艳、花期整齐一致，花期长，当年可二次花等特点。

产地与习性 原产北美。耐寒，可耐－26℃低温；喜光、喜冷凉气候，忌夏季炎热多雨；喜肥沃、深厚、湿润而排水良好的土壤，pH值6.5～7.5；在干燥贫瘠、排水不良、pH值过高（pH8以上）或强酸土（pH4以下）上均生长不良；过于庇荫处亦不宜栽植。

繁殖与栽培 播种或扦插、分株繁殖。播种繁殖多用于培育新品种。种子宜秋播或经过低温沙藏后早春播种。硬枝扦插常在秋季结合入冬修剪，选择健壮而充实的枝条，在阳畦中进行，成活率可达60%以上。定植时间以4月中旬至5月上旬为好，既对移栽苗的恢复生长有利，又可保证盛花前有足够的营养生长期，提高花期整体观赏效果。

观赏特性及用途 福禄考类宜作花坛、花境或与其它花卉间植。高型品种可作切花；矮生品种亦可盆栽；匍匐类型是花坛和岩石园布置的重要材料，也是很好的地被植物。

同属植物 约70种，除1种西伯利亚福禄考 *P. sibirica* L. 其余全部原产北美。可引种栽培的有：

厚叶福禄考 *P. carolina* L. 株高达1.2m。叶披针形至卵形，质地厚，长达12cm。圆锥花序，小花径1.9cm，紫色、粉红色偶有白色，花期夏至秋。

蓝花福禄考 *P. divaricata* L. 茎匍匐，株丛扩展，高达45cm，开花侧枝在茎节上生根。叶卵形至矩形，长达5cm。花蓝紫色至淡紫色，小花径2～3cm，花期春季，有白花品种。

光秃福禄考 *P. glaberrima* L. 株高达1.5m。叶线形或线状披针形，长达10cm。花紫色，小花径2cm，花期夏季。

斑茎福禄考 *P. maculata* L. 株高达1.2m，常丛生，茎上有紫色条纹或斑块。小花径1.8～2.5cm，花白色、粉紫色，夏季开花。

高山福禄考 *P. subulata* L. 矮型，丛生，高达15cm。叶线形至钻形，长至2.5cm。花有白、粉红、深粉、粉紫及有条纹等，花径约2cm。夏季开花。适宜布置岩石园或作地被植物。

91. 蜀葵 一丈红 熟季花 图7－80

学名 *Althaea rosea*（L.）Cavan.

科属 锦葵科，蜀葵属。

形态特征 多年生草本，通常作2年生栽培。茎直立，少分枝，株高可达2.5～3m。叶互生，近圆形，叶基心脏形，叶缘有5～7浅裂，叶柄长。花腋生，单瓣种花瓣5枚，重瓣种除外轮花瓣为平瓣外，内部有很多皱瓣；花有红、紫红，粉红等色。

产地与习性 原产我国。世界各地均有栽培。耐寒，耐半荫，喜肥沃、深厚的土壤。较喜冷凉气候。开花期一般为5月底至6月，在冷凉环境中7～9月也能开花。有自播习性。

繁殖与栽培 播种、扦插或分株繁殖。播种繁殖一般在春季或秋季均可进行，南方以秋播为好，北方以春播为主。扦插

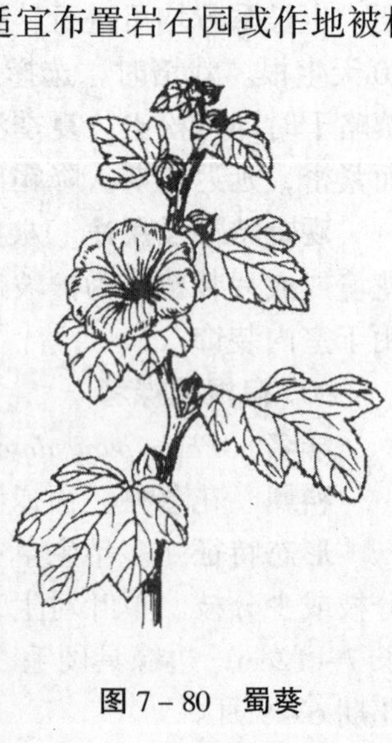

图7－80 蜀葵

繁殖，主要用于一些重瓣种，在秋季进行。分株繁殖，深秋将根基抽生的枝条带根分割后栽植。叶腋形成芽后，需追施磷、钾肥。开花期应适当浇水，以延长花期，增加花朵数量。

观赏特性及用途　蜀葵是一种很好的园林背景材料，可作为花坛，花境的背景，也可在墙下、篱边种植，或作庭院边缘的绿化美化材料。

92. **落新妇**　升麻　图 7－81

学名　*Astilbe chinensis* Franch. et Sav.

科属　虎耳草科，落新妇属。

形态特征　多年生宿根草本，高 50～100cm。地下有粗壮根状茎，须根多数。基生叶为二至三回三出羽状复叶，小叶卵形或椭圆形，先端尖，边缘有重锯齿；茎生叶 2～3 枚，较小。圆锥花序长 8～37cm，宽 3～12cm，花序轴密被褐色卷曲长柔毛，花密集；苞片卵形，几无花梗；萼片 5，卵形；花瓣 5，淡紫色至紫红色，花期初夏；蒴果 2 室，种子褐色，长约 1.5mm。

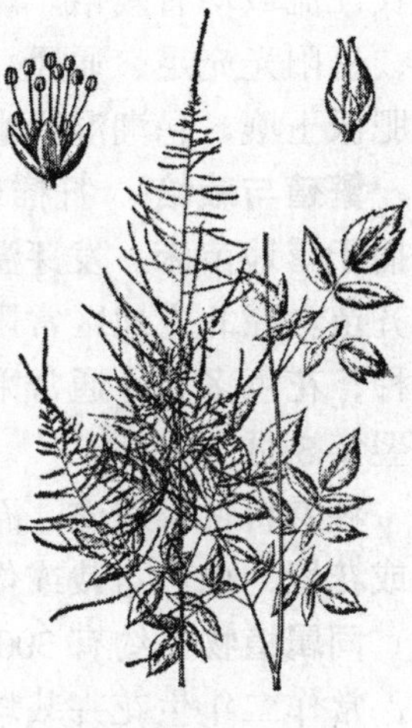

图 7－81　落新妇

产地与习性　产我国长江流域至东北各地，朝鲜、前苏联也有分布。生于海拔 390～3600m 的山谷、溪边、林下、林缘和草甸处。喜半阴和腐殖质丰富的微酸性或中性土壤，耐轻度盐碱地。

繁殖与栽培　播种繁殖。春、秋播种均可，但以春播为宜。幼苗长至 2～3cm 时，及时移栽至半阴、湿润的环境中，第 2 年可开花。落新妇根系分布很浅，约 25cm，经过 3～4 年的生长，其周围土壤中的养分已耗尽，老根木质化或枯死，根系活动能力明显减弱，因而宜在初秋或早春及时分栽，更新复壮。

观赏特性及用途　落新妇是极耐寒的多年生宿根花卉，栽培管理容易，适合配置在开阔的林地、溪边、湖边、花坛、花带内，可丛植、群植或混合栽植。矮生类型可布置岩石园；鲜花或干花用于室内装饰；又因便于促成栽培，是很好的盆栽植物。

同属植物　约 25 种，原产亚洲及北美，我国产 7 种。常见栽培或可引种栽培的有：

阿兰德落新妇 *A. arendsii* Arends.　株高 60～100cm。花白、粉、紫红、红，花期夏季。

大落新妇 *A. grandis* Stapf ex E. Hwils.　株高 0.4～1.2m。花白色或紫色，花期夏季。

日本落新妇 *A. japonica*（C. Morr. et Decne）A. Gray.　株高 0.8m。花纯白色。

朝鲜落新妇 *A. koreana* Nakai　株高 60cm。初花粉红，盛花乳白色，花期夏季。

溪畔落新妇 *A. rivularis* Buch Ham. ex D. Don.　株高 0.6～2.5m。无花瓣，萼片 4～5 枚，花果期 7～9 月。

单叶落新妇 *A. simplicifolia* Mak.　株高 15～30cm。花白色。原产日本。

董氏落新妇 *A. thunbergii*（Siebold et Zucc.）Miq　株高 60cm。花白色，常变粉红色。原产日本。

大卫落新妇 var. *davidii* Franch.　花瓣紫色，萼片粉色。

矮落新妇 var. *pumilar* Hort.　矮生，花紫粉色。

93. **石竹**　中国石竹　洛阳石竹　图 7－82

学名　*Dianthus chinensis* L.

科属　石竹科，石竹属。

形态特征 多年生草本，通常作2年生栽培。株高20~40cm。叶对生线状披针形，先端渐尖，基部抱茎。花单生或数朵簇生，有红、白、紫红等色，具香气。蒴果。花期4~5月。果熟期6月。

产地与习性 原产我国。分布很广，东北、华北、西北以及长江流域均有栽培。耐寒，在北京可露地或保护越冬。耐干旱，喜阳光充足、通风、凉爽的环境；喜排水良好、含石灰质的肥沃土壤。忌潮湿、水涝。

繁殖与栽培 扦插或播种繁殖，以播种繁殖为主。常于9月播于露地苗床。发芽温度21~22℃。播后约5天可发芽，10天齐苗。在北方地区常阳畦越冬，长江流域露地越冬。因其多杂种，花色多变，通常采用扦插繁殖。扦插适宜时期为10月至翌年3月。

图7-82 石 竹

观赏特性及用途 石竹花朵繁密，色泽鲜艳，质如丝绒，是优良的草花。多用于布置花坛或花境，也可盆栽或作切花。亦可大量直播作地被植物，全草可入药。

同属植物 约有300种，大致可分为露地和温室栽培两类。一类耐寒力强，可露地越冬，常作二年生花卉栽培；另一类是亚灌木状，四季开花，在温室作切花栽培。常见栽培的中是：

香石竹 *D. caryophyllus* L. 又叫麝香石竹、康乃馨，是一个杂交种，有中国石竹的血缘。多年生草本。茎直立，多分枝，株高70~100cm，基部半木质化；整个植株被有白粉，呈灰绿色；茎干硬而脆，节膨大。叶线状披针形，全缘，叶质较厚。上半部向外弯曲，对生，基部抱茎。花通常单生，聚伞状排列，花冠石竹形，花萼长筒状，花瓣扇形，花朵内瓣多呈皱缩状，花色有大红、粉红、鹅黄、白、深红等，还有玛瑙等复色及镶边色等，有香气。花期长，5~6月和9~10月开花。

原产于法国到希腊一带。现为各地广泛栽培，是世界五大切花之一。喜保肥性好、通气和排水性能好、肥沃的粘壤土，pH值为6.0~4.5，切忌连作。喜冷凉的气候，但不耐寒，最适生长温度为20℃左右。喜干燥通风环境，高温、多湿易引起病虫害发生。

须苞石竹 *D. barbatus* L. 又名美国石竹。2年生草本花卉，亦可多年生。株高60~70cm。茎直立，节间长于石竹，且较粗壮，少分枝。花小而多，有短梗，密集成头状聚伞花序，花色有红、白、紫、深红等。花期春、夏两季。原产欧洲、亚洲，美国栽培甚盛，由美国传入我国，故又名“美国石竹”。

常夏石竹 *D. plumarius* L. 植株丛生型，茎、叶较其他石竹为细，被有白粉。花2~3朵顶生，有粉红、深粉红、白等色，有香气。原产奥地利。

少女石竹 *D. deltoids* L. 植株矮，茎匍匐状生长。叶小，色暗。花单生，有粉、白、淡紫等色。适宜作地被植物。原产英国，日本也有分布。

瞿麦 *D. superbus* L. 株高30~40cm。花顶生，呈疏圆锥花序，花色多为淡粉红、白色，少有紫红色，有香气。原产欧洲及亚洲温带地区，我国秦岭地区有野生。

94. 剪夏罗 剪红罗 碎剪罗

学名 *Lychnis coronata* Thunb.

科属 石竹科，剪秋罗属。

形态特征 多年生草本花卉，株高 60～90cm。茎直立，有分枝。叶长卵形，有细锯齿，无柄。花顶生，数朵成簇，浅橙红色或白色。花期 6～8 月。蒴果，果期 7～9 月。

产地与习性 原产我国长江流域一带。日本也有分布。喜湿润，耐寒。在蔽荫环境下和疏松、排水良好的土壤中生长良好。

繁殖与栽培 播种或分株繁殖。播种，春、秋季均可，但多用秋播。分株可在花后秋季进行。播种苗长出 4～6 片叶时可移栽定植。定植后要保持土壤湿润，每 7～10 天施 1 次追肥。

观赏特性及用途 多植于林下，作为观花地被植物，也可布置花坛，还可盆栽或作切花用。根可入药。

同属植物 约有 12 种，常见栽培的有：

毛叶剪秋罗 *L. coronaria*（L）.Desr. 又称粉红剪秋罗、毛缕。宿根。株高约 50cm，全株被绒毛。花单生，花梗长，花色淡红至玫瑰红。花期 5～7 月。

皱叶剪秋罗 *L. chalcedonica* 又名鲜红剪秋罗。宿根。株高 60cm 左右。花簇生于顶端，砖红色。花期 4～6 月。

大花剪秋罗 *L. fulgens* Fisch. 宿根。株高 60cm 左右。花簇生于顶端，深红色。花期7～8 月。

图 7－83 剪秋罗

剪秋罗 *L. senno* Sieb et Zucc.（图 7－83），宿根。株高约 60cm。茎直立，全株被绒毛。花顶生或聚伞花序，花色鲜红。花期 7～8 月。

剪春罗 *L. sieboldii* 株高 50～70cm。叶对生，卵形或长卵形。花 5 瓣，呈剪口状，红色，间有橙色或纯白色斑。花期 6～7 月。

95. **桔梗** 六角荷 铃铛花 图 7－84

学名 *Platycodon grandiflorum* A.DC.

科属 桔梗科，桔梗属。

形态特征 多年生宿根草本。高 40～120cm，植物体有乳汁，无毛。叶片卵形，背面被白粉，叶 3 枚轮生、对生或互生。花单朵或数朵顶生，花冠钟状，雪青、白或蓝色，花径可达 6cm 以上，花期 6～9 月。

大花变种 var. *mariesii*，花大，紫色至白色和重瓣品种 cv. DoubleBlue，重瓣，花蓝色。

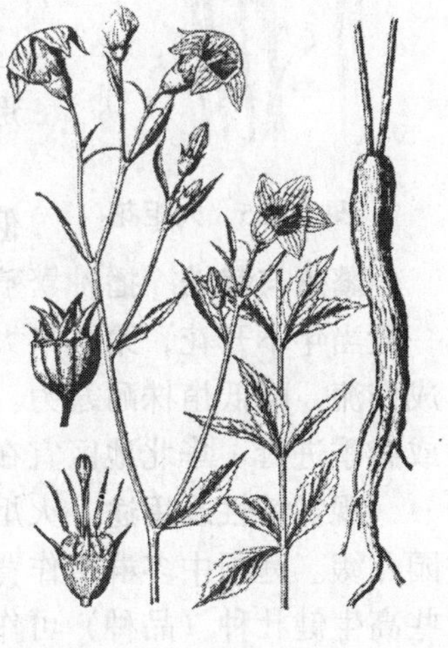

图 7－84 桔梗

产地与习性 原产中国、朝鲜、日本等国。耐荫、耐寒，喜凉爽、湿润、阳光充足的环境。要求生长肥沃、排水良好的沙质土壤。

繁殖与栽培 播种或分株繁殖，均宜于春、秋进行。春播苗可当年开花。生长期应加强肥水管理，注意摘心，以促分枝。

观赏特性及用途 桔梗抗逆性强，管理简便，花期长，花色淡雅，是很好的露地观赏花卉。多做背景材料，或用于岩石园中，亦可做盆栽或切花。根是常用的重要中药材。

96. 随意草　假龙头花　芝麻花

学名　*Physostegia virginiana* Benth.

科属　唇形科，假龙头花属。

形态特征　多年生草本。茎直立，株高 30～120cm。叶披针形，长达 12cm，先端渐尖，叶缘有锐齿。穗状花序顶生，长 20～30cm，苞片极小，每轮有花 2 朵，花筒长约 2.5cm，唇瓣短，排列紧密，花深红、粉红或淡紫色。花期 7～9 月。

其变种有：白花假龙头花 var. *alba* Hort.　花期稍早，大量结籽，性强建；大花假龙头花 var. *grandiflora* Hort.　花大，鲜粉色，花序较长，花期 7～9 月。

产地与习性　原产北美。较耐寒，喜肥沃、疏松的沙质壤土。夏季干旱则生长不良。

繁殖与栽培　播种或分根繁殖。园林中多采用分根繁殖。每 2～3 年分栽 1 次，株行距约 40cm，早春、秋季或花后均可进行，分根成活率很高。夏季要保持土壤一定的湿度。

观赏特性及用途　假龙头花枝条挺拔、俊秀，花朵繁茂、秀丽，尤其大花假龙头花，盛开时鲜粉色的花朵，弥漫出温柔的气息。其群体观赏效果很好，常用于配植花坛、花境，片植或丛植，亦可盆栽，供"国庆"用花。

97. 火炬花　火把莲　图 7－85

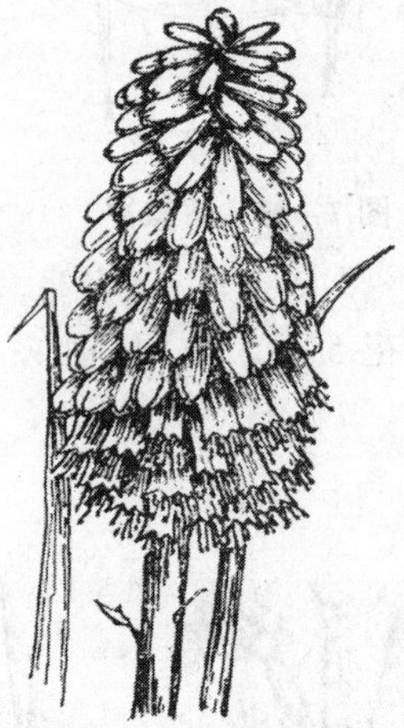

图 7－85　火炬花

学名　*Kniphofia uvaria* Hook.

科属　百合科，火炬花属。

形态特征　多年生草本，具粗壮直立根茎。基生叶草质，稍带白粉，多数，长 60～90cm，宽 2.5cm，通常在叶中部或中部以下弯曲，少直立。花葶高约 120cm，总状花序长约 25cm；管状花着生在直立无分枝的花葶上，长 2.5～5cm，初花时鲜红至淡红，盛花时橘黄至淡黄色，花被 6 片，短于其形成的花管；雄蕊 6 枚，稍长于花被片。

其变种：大花火炬花 var. *maxtma* Bak. 花序长而大；大火炬花 var. *nobilis* Bak.，株高达 180cm。叶长达 90cm。花期夏季，蒴果卵形，3 室，种子多数。

产地与习性　原产南非。喜温暖，较耐寒；对土壤要求不严，但喜在排水良好的沙壤或壤土上生长。

繁殖与栽培　播种繁殖，春、秋均可进行。种子在 20～30℃时，3～4 周发芽。播种苗一般当年不开花，第二年大量开花结实。秋季切忌对植物进行修剪，否则常绿叶从剪口处造成伤流，降低植株耐寒力。华北地区冬季用树叶或草帘等覆盖保护越冬。分株繁殖可于秋季或春季进行。华北地区宜在初秋进行。每株分栽 2～3 个侧芽即可。

观赏特性及用途　火炬花适宜在花境中成片种植或丛植。矮生种（品种）也可用作岩石园点缀。庭园中多群植作背景，在翠绿的叶丛中，艳丽犹如火把状的独特花序别具特色；一些高生健壮种（品种）可作切花栽培，花序充分着色时采收。

同属植物　本属有 70 种，除 1 种原产马达力斯加，另 1 种原产赞比亚，其余分布在非洲的东部和南部。

98. 铃兰　君影草　草玉铃　图 7－86

学名　*Convallaria majalis* L.

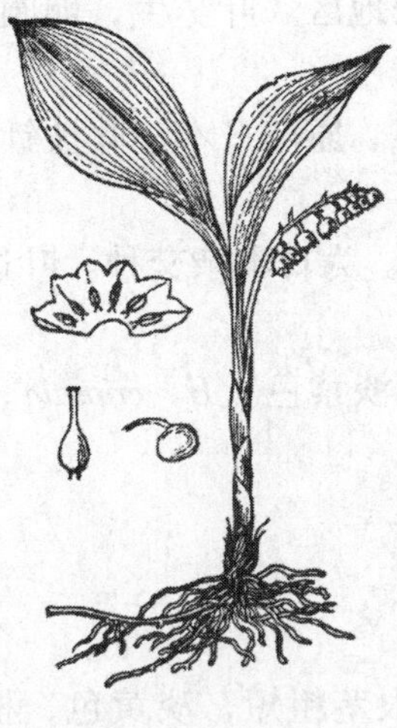

图 7-86　铃兰

科属　百合科，铃兰属。

形态特征　多年生草本。地下部具平展多分枝的长匍匐根状茎，根茎先端具椭圆形顶芽。茎具 2~3 枚卵形或窄卵形的弧状脉叶片和数枚鞘状叶。花葶从鞘状叶内抽出；总状花序偏向一侧，高 15~30cm。小花约 10 朵，白色，钟状，下垂，芳香。花期 4~5 月。浆果球形，10 月成熟，红色。

栽培变种有：重瓣铃兰 var. *prolificans*；粉红花铃兰 var. *rosea*；花叶铃兰 var. *variegate* 等，但均不及白花铃兰健美馨香。

产地与习性　主要分布于欧、亚及北美，我国东北、华北海拔 850~2500m 有野生分布。喜生于阴坡林下潮湿处或沟边，忌炎热、干燥，极耐寒。

繁殖与栽培　播种及分株均可。播种繁殖的种子需经 2 个低温时期才可以发芽。实生苗 4~5 年进入开花龄。无性繁殖多以分切根茎繁殖为主。栽培管理中应注意调节降温。

观赏特性及用途　铃兰植株矮小，是稀疏树林下、林缘、小块林中空地及建筑边最好的耐荫地被花卉。在自然式山石旁和岩石园中，有适当遮荫条件下丛植，或草坪、花境、花径点缀；坡地片植或与低矮灌木、协调栽植，则可收春赏绿叶与香花，秋观红果的雅趣。由于其小巧精致，还适于盆栽观赏。花枝是严冬、初春高级切花材料，尤以女士胸饰与优美花束著称。

99. 玉簪　玉春棒　白玉簪　图 7-87

学名　*Hosta plantaginea*（Lam.）Aschers

科属　百合科，玉簪属。

形态特征　多年生草本。根状茎粗大，有多数须根。叶基生成丛，卵形至心脏状卵形。总状花序，着花 9~15 朵。花白色，管状漏斗形，有芳香。蒴果三棱状圆柱形，成熟时 3 裂。花期 7~9 月。

变种：重瓣玉簪 var. *plena*　性强健，耐寒冷。

产地与习性　原产中国 。喜阴湿，畏强光直射。

繁殖与栽培　播种或分株繁殖。多采用分株繁殖，春季或秋季均可进行，每 3 个芽切作一墩，栽在土中即可。每 3~5 年可分株 1 次。播种繁殖，种子秋季成熟后晾干，翌春 3~4 月播种。实生苗需 2~3 年开花。栽培宜选土层深厚、排水良好，肥沃的砂质壤土。种植地点以不受阳光直射的荫蔽处为好。

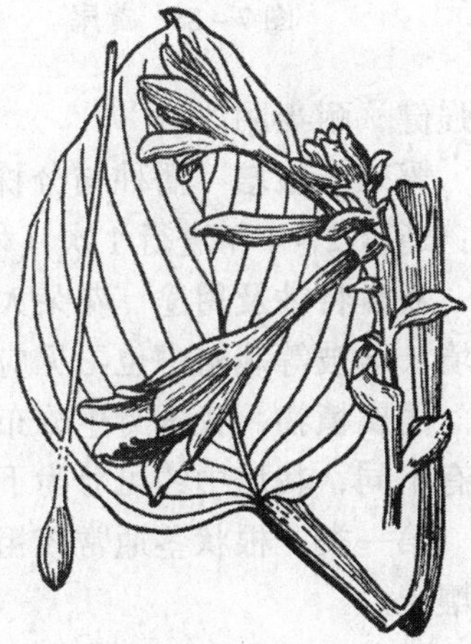

图 7-87　玉簪

观赏特性及用途　玉簪是较好的阴生植物，在园林中可在树下作地被植物，或植于岩石园及建筑物北侧。也可盆栽点缀室内或作切花。全草及根茎均可入药。鲜花含芳香油，可提制芳香浸膏。

同属植物　常见栽培的有：

紫萼 *H. ventricosa*（Salisb.）Stearn　原产中国、日本及西伯利亚地区。叶丛生，卵圆形。花期7～9月。

狭叶玉簪 *H. lancifolia*（Thunb.）Engl.　又名日本紫萼或水紫萼。原产日本。叶披针形。花淡紫色。

白萼 *H. undulata* Bailey　又名间道玉簪、花叶玉簪、皱叶玉簪。为日本杂交种。叶边缘呈波曲状，叶上常有黄白色纵斑纹。花淡紫色。

其他尚有 *H. sieboldiana*，原产日本。叶圆至椭圆形。花白色至淡紫色。*H. cripsula*，为小型种。叶边缘为白色，花淡紫色。日本亦有栽培。

100. **鸢尾**　蓝蝴蝶　扁竹叶　图7－88

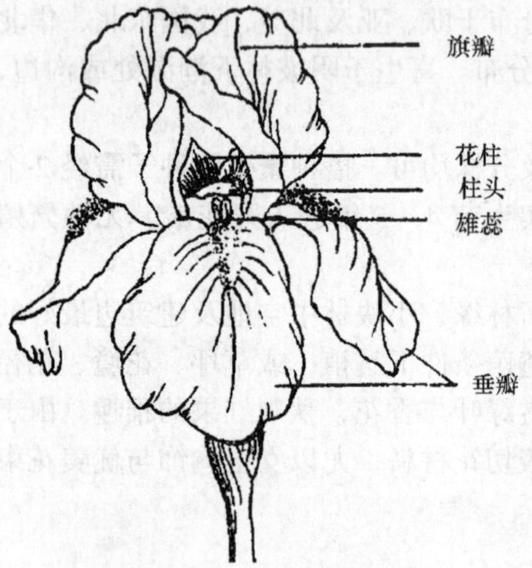

图7－88　鸢尾

学名　*Iris tectorum* Maxim.

科属　鸢尾科，鸢尾属。

形态特征　宿根草本。根茎粗短，淡黄色，植株较矮，约30～400m。叶剑形，纸质、淡绿色。花茎稍高于叶丛，单一或有二分枝，每枝着花1～2朵，径约8cm；花被6片，外三片大，外弯或下垂，称为垂瓣；内3片较小，直立或成拱形，称为“旗瓣”，垂瓣倒卵形，蓝紫色，具深褐色脉纹，中肋的中下部有一行鸡冠状肉质突起；旗瓣较小，淡蓝色，呈拱形直立；花柱花瓣状，与旗瓣同色。花期5月。蒴果长圆形，种子球形、半球形或扁球形，有假种皮。

尚有白花变种 var. *alba* Dykes.

产地与习性　原产我国，云南、四川、江苏、浙江等省均有分布，多生于海拔800～1800m的灌丛中。性强健，耐半阴。

繁殖与栽培　播种与分株繁殖为主。种子繁殖：种子成熟后即播，不宜干藏。分株繁殖：通常2～4年进行1次，秋季或春季花后均可进行。宜浅植。

观赏特性及用途　花朵大而艳丽，叶丛也美观，一些国家常设置鸢尾专类园。在花坛、花境、地被等栽植中也习见应用。

同属植物　我国野生分布45种以上，大多数为美丽花卉。其生物学特性、生态学特性各有不同，栽培中约可分为下列4类：

第一类：根状茎通常较粗壮、肥大，喜排水良好而适度湿润、含石灰质的微碱性至中性沙壤土。

矮鸢尾 *I. chamaeiris* Bert　植株矮小，常绿。根状茎形成密丛。茎高5～20cm；叶宽0.5～2.5cm；旗瓣大于垂瓣，黄、紫或两色。原产西班牙、法国及意大利。是很好的花境、花坛镶边材料，亦宜点缀于假石旁，还可盆栽观赏。

德国鸢尾 *I. germanica* L.　花茎高可达90cm，多分枝。叶长30～70cm，宽20～35cm，略带灰绿色，直立。花紫或淡紫红色，有香气。花期5～6月。产欧洲。是干燥地区优良宿根花卉。花期若有庇荫条件，则花开更好。常用于花坛、花境，也是重要切花材料。栽培品种极多，如：‘幻仙’、‘雅韵’、‘麦耳’等。

第二类：较喜水湿和微酸性土壤。

花菖蒲 *I. kaempferi* Sieb.　又名玉蝉花。花大，径可达 15cm 以上；旗瓣小，短于垂瓣，标准种为深蓝紫色。栽培品种有黄、白、红、堇、紫等色及浓淡不一、丰富多彩的变化。花期 6～7 月。原产我国东北，朝鲜、苏联、日本等。喜酸性、肥沃、湿润土壤。我国长江流域杭州、南京等地生长良好。适宜喷泉旁湿地、河流岸边、淡水沼泽地栽植。园林中水景产生倒影，景色更佳。

溪荪 *I. sanguinea* Donn ex Horn.　叶条形，花葶高 40～60cm；花天蓝色，径约 7cm，垂瓣基部有黑褐色网纹及黄色斑纹，无附属物。产黑龙江、吉林、辽宁、内蒙古，生于沼泽地、湿地、河湖边或向阳坡地。

第三类：对环境要求不严，抗逆性强。

黄菖蒲 *I. pseudacorus* L.　基生叶灰绿色，宽剑形。花葶粗壮，高 60～70cm；花黄色，径约 10cm。原产欧洲。我国广泛栽培。适宜温、热、冷、干旱及潮湿等不同生态环境，酸性、微碱性土均可，是花卉园及自然风景区旱坡及水湿地的重要栽植材料。

第四类：球根鸢尾，主要种为西班牙鸢尾（详见球根观赏植物）。

101. 射干扁竹兰

学名　*Belamcanda chinensis*（L.）DC.

科属　鸢尾科，射干属。

形态特征　多年生宿根草本，高约 1m，具短而健壮的黄色根茎。剑形叶基生或茎生，30～45cm 长，2.5cm 宽。二岐状聚伞花序，花多，每花序可着生 15～20 朵花，但仅有 3～4 朵同时开放，每朵花可维持 4～5 天，干后凋落；花两性，深橙色，上有红色斑点，花径 4～5cm，规则对称；花被 6，分离，长椭圆形，内 3 片稍短；花丝紫红。花期 7－9 月。蒴果，秋季成熟，种子黑色，似黑莓，宿存，亦可观赏。

产地与习性　原产中国、日本及朝鲜，广布于我国南北，多生于山坡、草地、沟谷及滩地。适应性强，喜肥沃、沙质土壤，但对土壤要求不严。

繁殖与栽培　播种或分根繁殖。春秋播均可，播种后约半个月发芽，待 3～4 片真叶后定植。播种苗当年或翌年开花。分株宜 3～4 月间进行，将带芽根茎切截分开，每段带 1～2 个芽，待切口稍干后栽种。种植深度以 4cm 为宜，株行距 30cm。10 天后可出苗，春季萌动后及花期前后略施薄肥，以利开花。地栽、盆栽均可。

观赏特性及用途　多用于多年生花坛、花境或林缘。可作切花，果序干制后可作干花。根茎入药，能清热解毒，茎叶可供造纸。

同属植物　本属植物仅 2 种。矮射干（*B. flabellata* Grey.），植株稍矮，花色淡黄，基部有橘黄斑点，初秋开花。原产日本。

第三节　球根花卉

球根花卉是指地下部分肥大呈球状或块状的多年生草本花卉。根据地下部分变态的不同可分为：鳞茎类、块茎类、球茎类、根茎类、块根类。各类球根的形态见图 7－89。

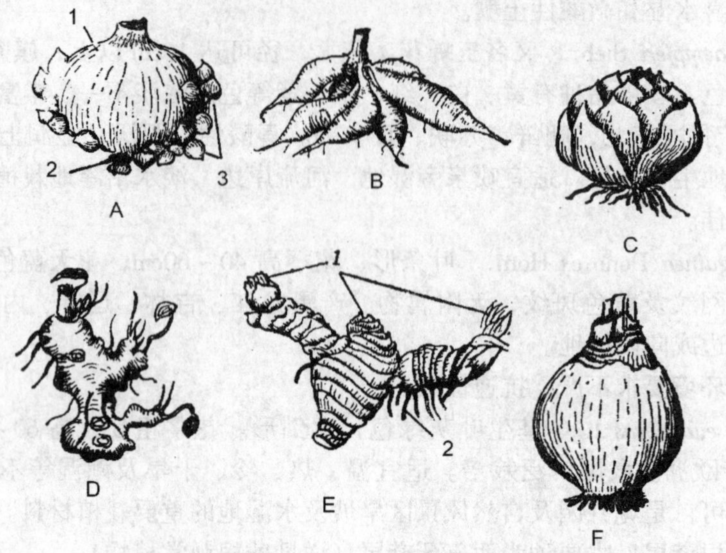

图7-89 球根花卉地下部分的各种形态

A. 球茎（唐菖蒲）：1. 新球 2. 老球 3. 子球

B. 块根（大丽花） C. 无皮鳞茎（百合） D. 块茎（白头翁）

E. 根茎（鸢尾）：1. 芽根 2. 须根 F. 有皮鳞茎（水仙）

球根花卉适用范围广泛，园林用途多样。低矮植株如郁金香、风信子、矮大丽等，开花整齐，常用于花坛、花境；高大的植株如美人蕉、大丽花等常用于花丛、花群；由于其花形优美，花色鲜艳，水养时间长，常作切花栽培，如唐菖蒲、晚香玉、百合、球根鸢尾等。另外，在粗放栽培条件下，常应用于自然栽植的园林地被植物，可多年使用而不必每年更新，或栽植于山石旁、水溪畔，或混植于草坪成缀花草坪，如石蒜、葡萄风信子、水仙等。

102. 麝香百合 图7-90

图7-90 麝香百合

学名 *Lilium longiflorum* Thumb.

科属 百合科，百合属。

形态特征 多年生草本，鳞茎外无皮膜，茎直立。叶互生，狭披针形。花顶生，花被片6，基部具蜜腺，有白、粉、橙、洋红、紫或具赤褐色斑点。花期6~9月，夏季最盛。

产地与习性 我国是世界百合分布的中心，产30种以上，主产东南、西南以及河南、河北、陕西、甘肃一带山区。日本、北美和欧洲等温带地区亦产。生长适宜温度15~25℃，温度低于12℃时生长缓慢，高于30℃时则会发生“哑花”现象。较耐寒，抗病力较差，在高温、多湿环境下易感病。栽培土壤以疏松肥沃，排水良好，腐殖质多的沙质壤土为佳。

繁殖与栽培 可用珠芽、鳞片、大球或子球繁殖。大球栽植当年即可开花；子球栽培1年后方能开花；小鳞茎需2年，鳞片和珠芽需3年才能开花。该种对光较为敏感，光照不足易引起落蕾，但光照太强则抑制茎干伸长，降低切花质量，因此夏季可用遮阳网遮去50%的光线。开花期要求土壤湿润，但花后应减少灌水。植株枯萎后，挖出鳞茎重新栽种或贮藏。

观赏特性及用途　花姿艳丽优美，色、香俱佳，是夏、秋园林花卉的佼佼者。庭园中，中、高种类多片植在灌木林缘或疏林下，也可作花坛中心、花镜背景、点缀草地；矮生品种则适宜于岩石园点缀与盆栽观赏。另外，高秆品种亦是鲜切花的良好材料。现代切花中，百合花枝已成为插花装饰中的名贵花卉。

同属植物　约100种，国内的主要栽培种类有：

白花百合 *L. brownii* F.E.Brown.　又名野百合。鳞茎黄白色。花喇叭形，花筒长约为花的1/3，白色，极香。我国华北以南各地都有分布。生长于山沟、山坡草丛中以及疏林下。鲜花含芳香油，可提取香精。鳞茎含丰富淀粉，供食用与药用。

川百合 *L. davidii* Duch.　又名大卫百合。鳞茎白色。叶线形多而密集。花多达30～40朵，下垂，花被片反卷，里面近基部2/3处有斑点或突起。产西北、西南、中南等地。生长于山坡草地、林下或林缘。其变种兰州百合 var. *unicolor*，鳞片含优质淀粉，有滋补强壮之功效。每公顷可产鳞茎15 000～22 500kg。

卷丹 *L. lancifolium* Thunb.　叶腋生黑色株芽。有花8～20朵，花瓣橙红色，反卷，有黑色斑点。全国广泛分布，生长于山坡灌木林下或草地。鳞茎富含淀粉，供食用和药用。江苏、浙江有大面积栽培。

湖北百合 *L. henryi* Baker.　又名鄂西百合。鳞茎片黄褐红色，质厚而粗硬；茎常弯曲。叶两型。花下垂，花瓣反卷，橙黄色，一茎可有花多达数十朵。产湖北、江西、贵州等地。

王百合 *L. regale* Wils.，又名岷江百合。鳞茎红紫色。花1～10多朵，喇叭形，喉部黄色，外面或带淡紫色晕，有香气。产四川、云南等地。生长于山坡岩石旁。性健壮，喜光，耐石灰质碱性土壤。耐寒性极强，东北地区可露地越冬。

另外，渥丹 *L. concolor* Salisb. 卷莲百合 *L. dauricum* Ker－Gawl. 细叶百合 *L. pumilum* DC. 等也是重要的庭院栽培观赏种。

103. **风信子**　洋水仙、五色水仙　图7－91

学名　*Hyacinthus orientalis* L.

科属　百合科，风信子属。

形态特征　多年生草本。地下鳞茎球形。叶厚，披针形。顶生总状花序；花小，基部筒状，上部4裂，反卷，有红、黄、白、蓝、紫各色，有香味。花期3～4月。蒴果。

栽培品种甚多，有大花、小花品种，有各种颜色与重瓣品种，还有早花与晚花品种。主要变种有罗马风信子 var. *albulus*，每株能着生数支花葶，但花小，植株弱，不易栽植。

产地与习性　原产于欧洲、非洲南部和小亚西亚一带，以荷兰栽种最多，我国各地有栽培。较耐寒，喜凉爽、空气湿润、阳光充足的环境。宜在排水良好、肥沃的砂壤土中生长，在低湿黏重土壤中生长极差。

图7－91　风信子

栽培与繁殖　播种或鳞茎繁殖。鳞茎可于6月中、下旬叶黄后挖起风干，贮藏室内，于秋季10月露地栽植。如要培育新品种，也可用播种繁殖。栽培时，要施足基肥，冬季及开花前后，还应各施追肥1次；如盆栽，可于9月每盆栽种3～4个球，放在阳光下，11月移入温室。催花室温不可超过5～10℃。

观赏特性及用途 风信子花期早，花色艳丽，植株低矮而整齐，是春季布置花境、花坛及草坪边缘的优良球根花卉，也可盆栽、水养或作切花观赏。

104. **郁金香** 洋荷花 草麝香 图7－92

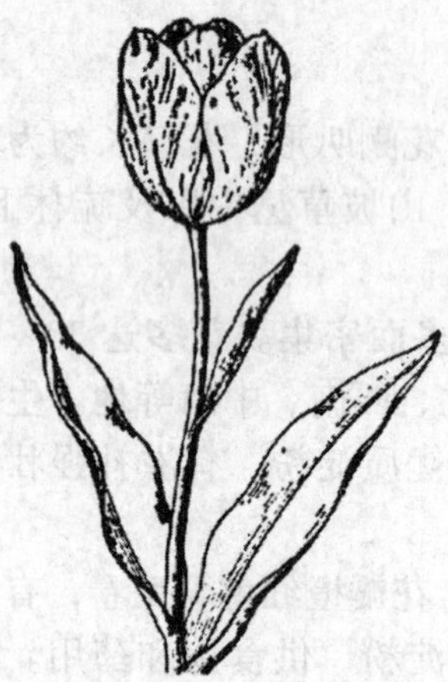

图7－92 郁金香

学名 *Tulipa gesneriana* L.

科属 百合科，郁金香属。

形态特征 多年生草本。鳞茎扁圆锥形，具棕褐色皮膜。茎叶光滑，具白粉。基生叶2～3枚，较宽大；茎生者1～2枚，叶长椭圆状披针形或卵状披针形，长10～21cm，宽1～6cm。花单生茎顶，大形直立；花冠杯状，洋红色，基部常黑紫色；白天开花，傍晚或阴雨天闭合。花期3～5月。蒴果成熟后开裂，种子扁平。

常见栽培的品种：郁金香栽培品种达3 000多个。常见的栽培品种有黄花的蒙特卡罗 Monte Carlo、白花的雪星 Snow Star、红花的圣诞异彩 Christmas Marrel、粉红花的唐吉珂德 Don Quichotte、黑色花的黑皇后 Queen of Night。

产地与习性 产于地中海沿岸及中亚、土耳其和中国。适应性强，可生长在夏季干热、冬季严寒环境中。耐寒性强，可经受－35℃低温。在富含腐殖质、排水良好的沙壤土生长良好。

繁殖与栽培 鳞茎繁殖。露天栽培郁金香时，应选择避风向阳及土壤疏松肥沃，进行深耕整地，田畦开沟栽植。栽后适当浇水，促使生根。生长期一般保持土壤湿润即可。

观赏特性及用途 郁金香是重要的春季球根花卉，矮壮品种宜布置春季花坛。高茎品种宜作切花或布置花镜，也可丛植于草坪边缘。中矮品种还可盆栽，点缀室内环境。

同属植物 约150余种，原产地中海沿岸及中亚西亚、土耳其等地，现世界各国都有栽培，尤以荷兰最多。与风信子同为重要的外贸产品。我国约产14种，主产新疆。

郁金香栽培历史悠久，品种繁多，约达8 000余个。目前，关于郁金香的分类系统国际上尚未统一，比较混乱。常见的荷兰分类方法是按照花期早晚来分的，他们将郁金香分为早花（early flowering）、中花（mid－season flowering）、晚花（late flowering）以及原种（species）等4大类别，然后再根据品种的来历、花型、株型和生育习性等分成15种类型（表7－1）。

表7－1 郁金香的品种分类

早花	1）单瓣（singel early） 2）重瓣（double early）
中花	3）特莱安芙品系（triumph） 4）达尔文杂种品系（darwin hybrids）

（续）

晚花	5）单瓣（single late） 6）百合型（lily - flowered） 7）绒缘型（fringed） 8）绿色品系（viridiflora） 9）莱恩布兰德品系（rembrand） 10）鹦鹉型（parrot） 11）重瓣型（double late）
原种	12）考弗玛尼阿娜种群（T. kaufumanniana Regel） 13）弗斯特利阿娜种群（T. fosteriana Hoog.） 14）格莱吉种群（T. greigii Regel） 15）其他野生种群（other species）

（1）早花品种　早花品种的自然开花期在4月中旬到下旬，一般为单瓣或重瓣，植株较矮小，大多数品种适合于花坛或盆栽，很少用于切花生产。

A. 单瓣品种：开花期在4月中旬，花色鲜艳，花朵较小，呈杯状，花瓣先端尖锐，展开度较大。植株矮小，高10～20cm，适合于花坛和盆栽。

B. 重瓣品种：开花期在4月中旬至下旬，属于单瓣品种突变后发生重瓣化。大多数品种植株矮小，高15cm左右。

（2）中花品种　中花品种的自然开花期在4月下旬，植株属于中到大型，花色丰富，包括很多优良的园艺品种，适合于切花生产。

A. 特莱安芙品系：此品系是由单瓣的早花品种和单瓣的晚花品种杂交育成。其自然开花期在4月下旬，花色丰富，很多品种的花瓣边缘镶边。植株强健，株高20～30cm。适合于切花生产，用于促成栽培的品种很多，是目前世界上栽培最多的品系。

B. 达尔文品系：此品系是第二次世界大战之后培育出的新品系。由单瓣的晚花品种与属于原种的弗斯特利阿娜品系进行中间杂交育成。植株坚挺高大，花色艳丽，花色以红色和黄色的品种较多。花冠圆筒形，花被下部成直角或接近直角弯曲，花被上部呈圆形，雄蕊较大。自然开花期在4月中旬到下旬。植株生长健壮，株高50cm以上。球根较大，繁殖能力强。

（3）晚花品种　晚花品种的自然开花期在4月下旬至5月上旬，花色和花型丰富。分为7个类型，植株高大健壮，适合切花生产。

A. 单瓣型：自然开花期在4月中旬至5月上旬，植株高大，株型协调，适合切花生产。球根肥大充实。

B. 百合型：花瓣酷似百合，花瓣先端长而尖，向外侧反转。植株稍细，有亭亭玉立之态，华容玉色楚楚动人。适合促成栽培。

C. 绒缘型：花瓣的边缘呈锯齿状突起，花被独特可爱。新品种较多。

D. 绿色品系：也被称为绿色郁金香，在花被的某个部位含有绿色斑纹或花瓣的中央部位呈绿色。花期5月上旬，有很多新品种。

E. 莱恩布蓝德品系：该品系的一个主要特征是在白色或黄色的花瓣上镶嵌有红色、紫色、褐色的斑纹，看上去好像被病毒感染一般，品种数少。

F. 鹦鹉型：是单瓣品种的突然变异株，花瓣的边缘具有深缺刻，或花瓣扭曲，酷似鹦鹉的头而得名。

G. 重瓣型：几乎都由单瓣品种变异而来，花型如牡丹呈重瓣，花朵较大，花色丰富。植株高大，茎叶坚挺。球根肥大充实，繁殖力很强，适用于切花，花坛和花盆栽培。

(4) 原种　与经过品种改良的园艺品种不同，是由野生种和其近原种的品种群整理而来。从遗传学角度讲，其基因组合是纯合的，也就是说，用种子繁殖的后代与亲本有相同的形态学，生理学等特征。自然开花期在 4 月上旬至中旬。大多数种类的植株矮小，适合作为花坛和盆栽的植物材料。

A. 考弗玛尼阿娜种群（*T. kaufmaniana* Regel），原生于天山山脉，自然开花期在 4 月上旬，是郁金香中开花最早的种类。花茎长 12cm 左右，花色多为黄色，花瓣的外侧衬有红色，花朵较大，花径为 10cm 左右，很多品种的花瓣边缘嵌有轮纹。以考弗玛尼阿娜为亲本育成的品种大约有 60 个，这些品种一般属于早熟性，植株矮小，适合于早春的花坛和盆栽。

B. 弗斯特利阿娜种群（*T. fosterianna* Hoog.），原生于帕米尔高原。自然开花期在 4 月上旬至中旬。花朵较大，植株从大到小各种各样。花色为朱红色，花被底部具有黄色边缘的黑色花托，花朵艳丽可爱。由弗斯特利阿娜为亲本培育出的品系有‘红黄帝’‘比利西玛’等 90 个品种，大都具有较强的抗病毒能力。

C. 格莱吉种群（*T. greieii* Regel），原生于加勒比海、阿拉尔海周边以及天山山脉。自然开花期在 4 月中旬。花朵较大，花瓣的边缘多轮纹，花色丰富，花被朱红色或红黄双色等多种多样。植株比较矮小，高 20cm 左右，叶缘呈波纹状，叶片表面具有紫色斑点。球根肥大充实，适合于花坛和花盆栽培。由该品种育出的园艺品种较多，大约有 200 种以上。

D. 其他野生种群，属于考弗玛尼阿娜、弗斯特利阿娜和格莱吉种群以外的种，还有很多没有进行园艺改良的野生种以及自然杂交种，*T. acuminata*、*T. maximowiczii*、*T. turkestanica*、*T. sylvestris*、*T. saxatilis* 等，主要原生在帕米尔高原、天山山脉、伊朗、欧洲或非洲等地。其自然开花期有早有晚，植株的高度也是从矮到高各不相同，类型丰富，是重要的遗传资源和育种材料。

105. **聚铃花**　蓝钟花　图 7-93

学名　*Scilla hispanica* Mill.

科属　百合科，绵枣儿属。

形态特征　多年生草本，鳞茎近球形，皮白色。株高 20~30 cm。叶 5~8 枚，基生，平滑披针形，先端钝。花 10~30 朵，钟形小花排列成略开展的总状花序，下垂，花蓝紫色或玫瑰紫色，芳香。花期 5~6 月。蒴果，种子圆形黑色。

产地与习性　原产葡萄牙、西班牙及北非。喜凉爽、湿润、半阴环境。在向阳处也能生长，要求腐殖质丰富、排水良好的土壤。

图 7-93　聚铃花

繁殖与栽培　鳞茎或播种繁殖。鳞茎繁殖，通常 2~4 年分栽 1 次。早春应追施 1~2 次复合肥，促其营养生长，可形成茂盛花序。种子繁殖宜秋播或沙藏后早春播种。播种苗约3~4年开始开花，随着鳞茎增大，花序也将越来越大。北方寒冷地区宜用树叶覆盖保护越冬。

观赏特性及用途 聚铃花植株低矮，花色明快，适应性强，是疏林、乔灌木林的优良地被材料。也可成片点缀在草地、草坡、花坛或岩石园，也可盆栽观赏。

同属植物 绵枣儿属约90种。常见栽培的有：

小蓝钟 *S. bifolia* L. 又名二叶绵枣儿。植株矮小，高15cm。叶2枚偶3枚，长10~20cm；花被辐射状、星状或钟形，深蓝色。栽培中有白色、玫瑰红及紫色品种。

蓝钟花 *S. nonscripta* Hoffmans et Link. 别名蓝绵枣儿。株高30cm。叶数枚，丛生，叶宽1.2cm。花钟形，花被片外弯，蓝色。栽培中有白色、玫瑰红色及红色品种。

地中海蓝钟花 *S. peruviana* L. 具肥大鳞茎。叶多基生，长15~30cm。总状花序，小花星状，多达50余朵，紫色、紫红色或白色。原产地中海地区，较耐寒。

西伯利亚蓝钟花 *S. sibirica* Andr. 又名西伯利亚绵枣儿。株高15cm。鳞茎具皮，包被可持续数年。叶线形或披针形，长10~15cm，2~5枚，基生。总状花序通常有花3朵，平伸或稍下垂，深蓝色。栽培中有白色品种。

106. 石蒜 螳螂花 老鸦蒜 图7-94

学名 *Lycoris radiata* Herb.

科属 石蒜科，石蒜属。

形态特征 多年生草本植物。地下鳞茎肥厚，广椭圆形，外被紫红色薄膜。叶线形，于花期后自基部抽出，5~6片，冬季抽出，夏季枯萎。花葶高30~60cm，着花4~12朵，呈顶生伞形花序；花鲜红色，筒部很短，长约0.5~0.6cm，裂片6，狭倒披针形，向外翻卷；子房下位，花后不结实。花期8~10月。

产地与习性 原产我国及日本。我国长江流域及西南各地有野生，多野生于山林阴湿处及河岸边。喜阴湿环境，耐寒。土壤以排水良好，肥沃的砂质土壤及石灰质壤土生长良好。

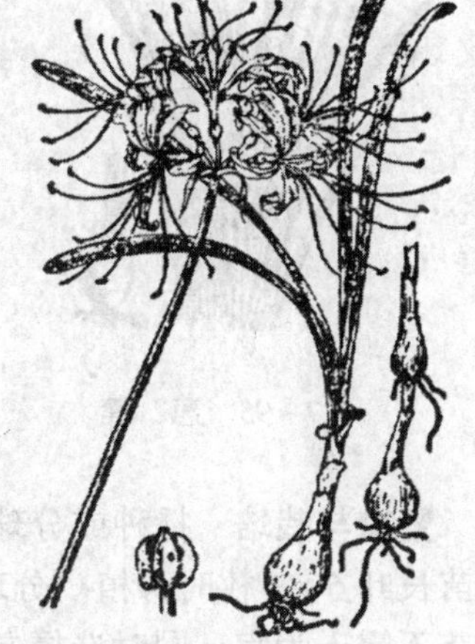

图7-94 石蒜

繁殖与栽培 鳞茎繁殖，春、秋两季均可。鳞茎不宜每年采收，一般4~5年掘起分栽一次。栽培简单，管理粗放。

观赏特性及用途 可作林下地被花卉，花镜丛植或山石间自然式栽植。因其开花时无叶，应与其他较耐荫的草本植物搭配为好。除此也可用于盆栽、水养、切花等。

同属植物 约20种，均为美丽花卉，主要产于我国和日本，缅甸和朝鲜也有分布。我国有15种，主要分布在长江以南，尤在温暖地区种类较多。常见栽培的还有：

忽地笑 *L. aurea*（L‘Herot）Herb. 花黄色，花被裂片背面具淡绿色中肋，强度反卷和皱缩。分布在福建、台湾、湖北、湖南、广东、广西、四川、云南，生长于阴湿山坡。

安徽石蒜 *L. anhuiensis* Y.Hsu et Q.J.Fan. 花淡黄色，花被片反卷而开展，基部微皱缩，花被筒长2.5~3.5cm。产于安徽、江苏，生长于山坡石缝中。

短蕊石蒜 *L. caldwellii* Traub. 花蕾桃红色，开放时乳黄色，渐变为乳白色。产于浙江、江苏、江西。野生于阴湿山坡。

中国石蒜 *L. chinensis* Traub. 本种与忽地笑极其相似，但花被裂片背面具淡黄色中肋，花瓣较平展。产于河南、江苏、浙江，生长于山坡阴湿处。

长筒石蒜 *L. longtituba* Y.Hsu et Q.J.Fan. 与安徽石蒜相近，花白色，也有黄花变种 var. *flava*. 花较大，花被片顶端稍反卷，基部不皱缩，花被筒长 4~6cm。产江苏，野生于山坡。

鹿葱 *L. squamigera Maxim*. 花朵淡紫红色，花被片顶端常带蓝色，边缘不皱缩，斜开展，先端略向外反卷，芬芳浓郁。有花色较深的变型。产于我国山东、江苏、浙江，河南、河北也有栽培。野生于山沟、溪边的阴湿草丛中。

107. **葱莲** 葱兰 玉帘 白花菖蒲莲 图 7-95

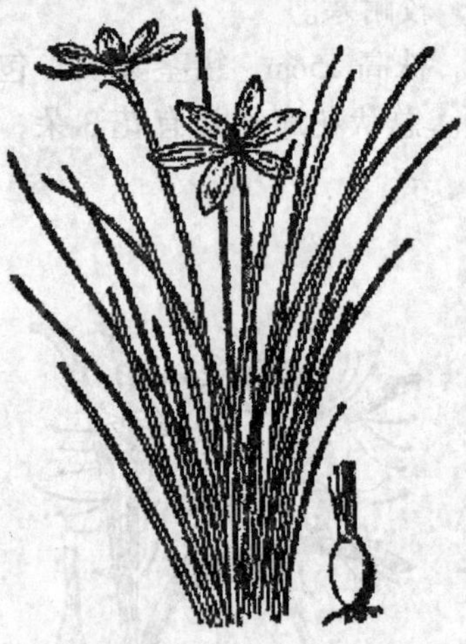

图 7-95 葱 莲

学名 *Zephyranthes candida* Herb.

科属 石蒜科，葱兰属。

形态特征 多年生常绿草本。株高 15~20cm。具细长的鳞茎。叶基生，线形，稍肉质，暗绿色。花亭中空，高 10~25cm，包于具褐红色膜质苞片内，自叶丛一侧抽出；花单生，花被片 6，白色或外略具紫红晕，椭圆状披针形，无筒部，花径 3~4cm。花期 7 月下旬至 11 月初。蒴果三角球形，成熟时室背开裂。

常见栽培的品种有：花深玫瑰红色的阿拉莫 Alamo；花黄色的阿普里科特女王 Apricot Queen；和普雷里森塞特 Prairie Sunset，花深粉红色的鲁丝佩奇 Ruth Page 等。

产地与习性 原产南美。喜光，喜排水良好、肥沃而粘质土壤，也耐半阴和低湿环境。性耐寒，沪杭一带可露地越冬。

繁殖与栽培 播种或分球繁殖。种子繁殖常于春秋两季进行，约 10 天可发芽成苗，待幼苗长叶 5~6 枚时移植。分球繁殖宜在春季或秋季进行，每穴种 2~3 个鳞茎，种植深度以鳞茎不露土为宜。同时选择向阳、温暖避风场所，栽植前应施足基肥。

观赏特性及用途 植株低矮清秀，花朵繁多，花期长，几乎全年可见开花。供花镜、花坛以及林下栽植，也可作路边的镶边材料，或在草坪中成丛散植点缀，还可盆栽观赏。

同属植物 约 50 种。常见栽培的有红花葱兰 *Zephyranthes grandifora* Lindl. 又名红玉帘、菖蒲莲、风雨花。鳞茎圆形，颈短。基生叶 5~6 片，扁线形。花茎自叶丛中抽出，顶生一花，粉红色，漏斗状。花期 6~9 月。原产墨西哥、古巴等国。

108. **雪滴花** 雪花水仙 图 7-96

学名 *Leucojum vernum* L.

科属 石蒜科，雪滴花属。

形态特征 多年生草本，株高 10~30cm。鳞茎小，径 1.8~2.5cm，球形。叶丛生，线状带形，绿色被白粉，长 15~23cm，宽 1.3cm。花葶直立，中空，扁圆形，顶端着花一朵，下垂；花梗短；花被片 6，椭圆形，无筒部，呈广钟形，白色，每裂片端具一绿点。花期早春 3~4 月。

产地与习性　原产欧洲中部。适应性强，性耐寒，喜凉爽湿润环境条件，在肥沃而富腐殖质深厚的土壤生长良好，在向阳处或半阴下也可生长。

繁殖与栽培　球茎繁殖，9～10月份栽小鳞茎。每2～3年采收、分栽一次，采球后如不立即栽种，应埋在潮湿砂土中，不能过分干燥。栽培管理同一般球根花卉。

观赏特性及用途　株丛低矮，花叶繁茂，姿态清秀，最宜于半阴林下，坡地或草坪丛植，可作花镜、花丛及假山石或岩石园布置，还可用于盆栽或切花。

同属植物　约12种，常见栽培的有：

夏雪滴花 *L. aestivum* L.　株高50cm。花被片先端具绿色斑点，花期春末。分布于欧洲。

秋雪滴花 *L. autumnale* L.　植株矮小，高20～25cm。花白色，花被片先端具一浅红点，花期7～9月。分布地中海沿岸、北非等地。

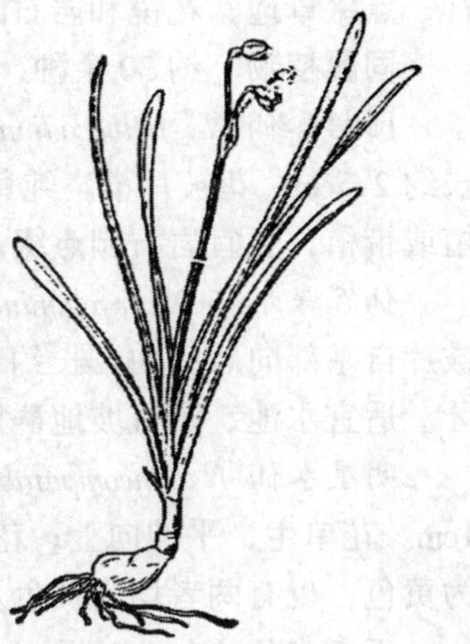

图7－96　雪滴花

109. 中国水仙　水仙花　天蒜雅蒜　图7－97

图7－97　中国水仙

学名　*Narcissus tazetta* var. *chinensis* Roem.

科属　石蒜科，水仙属。

形态特征　多年生草本，鳞茎肥大，卵状至广卵状球形，外被棕褐色薄皮膜，基部茎盘处着生多数白色肉质根。叶片4～6枚，由鳞茎顶端绿白色筒状鞘中抽生，二列状，狭长带形，长30～80 cm，宽1.5～4.0 cm，先端钝圆，全缘。花葶于叶丛中抽出，稍高于叶，中空，筒状或扁筒状，每葶着花3～11朵(常4～6朵)，呈伞房花序；花冠高脚碟状，白色，芳香；雄蕊6枚；子房下位。花期1～2月。蒴果，种子空瘪。

常见栽培的品种：‘金盏银台’，花被纯白色，副花冠金黄色，浅杯状；‘玉玲珑’，花变态，重瓣，花瓣褶皱，无杯状副花冠。均产于浙江沿海岛屿与福建沿海，日本也有分布。

产地与习性　水仙属植物分布中心在欧洲中部、北非及地中海沿岸。中国、日本和朝鲜也有分布。在我国，水仙常栽培于温暖湿润地区，武汉、成都及东南沿海一带栽培较多，福建漳州、上海崇明的水仙最为有名。喜温暖、湿润及阳光充足的环境，尤以冬无严寒、夏无酷暑、春秋多雨之地最适宜。喜水肥，要求土层深厚富含有机质和排水良好的中性或微酸性土壤，耐干旱、瘠薄土壤。

繁殖与栽培　常用鳞茎繁殖。子鳞茎经1年栽培后变成圆锥形的2年生鳞茎，2年生鳞茎再经1年栽培，成为可供“阉割”栽培的3年生鳞茎，3年生鳞茎“阉割”栽培1年后，即成为可供水养开花的商品水仙花鳞茎。另外，中国水仙也可用侧芽繁殖和双鳞茎繁殖。水养中国水仙，选健壮饱满的鳞茎，放暗处生根，然后以水、石养于浅盆中，在12～20℃条件下，约4～5周即可开花。开花后移放10～12℃的冷凉处，可保持花期25天左右。

观赏特性及用途　主要供水养观赏，特别适于浅盆水养，点缀书案、窗台，也可露天栽种，点缀草地、花镜和岩石园。

同属植物　约30余种，原产北非、中欧及地中海沿岸。常见栽培的种有：

围裙水仙 *N. bulbocodium* L.　植株矮小。叶纤细，近圆柱形。花单生；副冠喇叭筒形，长约2.5cm；花被片窄，纯黄色。花期早。原产法国南部至摩洛哥。适宜草地缀花、镶边丛植或带植，更宜岩石园点缀。

仙客来水仙 *N. cyclamineus* DC.　叶窄线形。花葶纤细，单朵或2~3朵聚生，下垂；花被片自基部向后反曲，长约2.6cm，柠檬黄色；副冠窄，圆柱状，径约1.2cm。原产于葡萄牙。适宜水池、溪流坡地群植或散植，岩石缝隙中点缀。

明星水仙 *N. incomparabilis* Mill.　别名星冠水仙。植株粗壮，叶窄而扁平，宽0.5~1cm。花单生，平伸向上；花被片开张，径5cm；副冠长为花被片的一半，外冠白色，副冠为黄色，也有两者均为黄色及重瓣品种。原产法国至希腊。适宜作切花或花坛边缘栽植。

丁香水仙 *N. ionquilla* L.　别名灯心草水仙、长寿花。植株小巧秀丽。叶片下部近圆筒状。单花葶有花2~6朵，水平或略下倾；花小，高脚碟状，径约2cm，纯黄色，芳香。产于南欧。是庭院水仙的主要栽培品种，也可做小型插花与提炼香精。

红口水仙 *N. poeticus* L.　叶扁平，光滑，长30cm。花单生或2花，花被白色；副冠浅杯状，长2.5cm，质厚，黄色，有橙红色皱边，极香。变种极多。原产法国至希腊。适宜作切花，或花坛、草地、树丛边缘栽植。

喇叭水仙 *N. pseudonarcissus* L.　叶阔带形，灰绿色，光滑，长20~30cm。花大，单生，径5cm；副冠5，与花瓣等长或略长，筒先端粗，基部细，向外挺伸似喇叭，边缘褶皱或波状，略向外展。主要变种：大花喇叭水仙 var. *major* 花特别大；二色喇叭水仙 var. *bicolor* 花被片白色，副冠黄色；小喇叭水仙 var. *minimus* 花小，花期早，副冠较短；淡黄喇叭水仙 var. *johntonii*，花被淡黄色；重瓣喇叭水仙 var. *plens*，副冠及雌雄蕊全部瓣化，花很大，径7cm左右。原产瑞典至英格兰、西班牙和罗马尼亚等地。

三蕊水仙 *N. triandrus* L.，植株矮小，叶与花葶均纤细。花1~6朵聚生，下垂或水平，纯白色，长约2.5cm；副冠杯状，花被片向上反折。原产西班牙与葡萄牙。自然生长在花岗岩土壤的草坡或松林地。

110. **西班牙鸢尾**　图7-98

学名　*Iris xiphium* L.

科属　鸢尾科，鸢尾属。

形态特征　多年生草本，球茎长卵圆形，外被褐色皮膜，径约3cm。叶线形，长30cm。花葶直立，高45~60cm，着花1~2朵，有梗，花径7cm，旗瓣长椭圆形与垂瓣等长，花淡紫色或黄色。花期4月末。

产地与习性　原产西班牙及地中海沿岸。喜光，也稍耐荫；喜凉爽，忌炎热；在排水良好的砂质土壤生长良好，秋冬生长，早春开花，初夏休眠。是鸢尾属中栽培最广泛，品种最多的鳞茎鸢尾。

荷兰鸢尾 var. *hybridum* 为其重要变种，有各种花色和花型，花大而美丽。

图7-98　西班牙鸢尾

常见栽培的品种有：阿波罗 cv. Apollo，株高 70cm，花旗瓣白色，垂瓣橙黄色；蓝钻石 cv. Blue Diamond，株高 65cm，花深蓝紫色，垂瓣中有深黄斑块；蓝魔术 cv. Blue Magic，株高 60cm，花蓝堇色；丰收 cv. Golden Harvest，株高 70cm，花金黄色。

繁殖与栽培 一般秋季分球繁殖。室内繁殖应保持光照充足，通风良好。球根鸢尾生长健壮，栽培管理同于一般的秋植球根花卉。

观赏特性及用途 球根鸢尾花姿优美，可用于早春花坛、花镜、花丛栽植，也可水养球根，或者在温室促成栽培以供切花之用。

同属植物 常见的球根鸢尾还有：

英国鸢尾 *I. xiphioides* Ehrh. 与西班牙鸢尾相似，但花 2～3 朵，花梗极短，垂瓣较大，旗瓣短于垂瓣，花淡蓝色。花期较晚，5 月上中旬开花。

111. **唐菖蒲** 菖兰 剑兰 扁竹莲 十样锦 图 7－99

图 7－99 唐菖蒲

学名 *Gladiolus hybridus* Hort.

科属 鸢尾科，唐菖蒲属。

形态特征 多年生草本，茎基部膨大成球茎，具膜被，扁球型。株高 100～150cm，茎粗壮直立，无分枝。叶硬质，剑形，叶片 7～8 迭状排列，叶长 30～40cm，阔 4～5cm，有多数显著平行脉。花茎高出叶上，蝎尾状聚散花序，着花 12～24 朵，通常排成二列，侧向一边，很少有两面或四面着花；花径 12～16cm，花色有白、黄、红、紫及五彩各色。花期夏秋。蒴果 3 室，背裂，内含种子 15～70 粒；种子深褐色，扁平，有翅。

常见栽培的品种有：彼得梨 cv. Peter Pears，花橙黄色；夏威夷人 cv. Spic& Span，花水粉色；杰西特 cv. Jester，花黄色，下 3 瓣内有红彩斑；前进 cv. Advance，花鲜红色；普丽西拉 cv. Priscilla，花瓣白色，边缘有较宽的玫瑰红与微皱的彩环，下瓣内有黄晕斑；女神 cv. White Goddes，花白色。

产地与习性 原产地中海沿岸及南非好望角。性喜光，怕寒冷，不耐涝，喜凉爽气候，不耐过度炎热。宜在排水良好的沙质壤土中生长。长日照植物，光照有利于花芽分化，光照不足会减少开花数。

繁殖与栽培 种子和分球繁殖。种子播种春秋均可，春播种子需干燥低温贮藏，播后 1 个月出苗。秋播需在温室内进行，温度不低于 13℃，约 1 月出苗，翌年春季叶片枯萎，地下形成小球茎，入秋可有少数开花。分球繁殖时按大小级将子球掰下，于春季播种，一般子球需培育 1～2 年才能开花。

观赏特性及用途 主要用于切花、瓶插、制作花束、花篮，也可以布置花镜及花坛。唐菖蒲对氟化氢十分敏感，可作监测大气中氟化氢的指示植物。

同属植物 现代栽培种主要是产于非洲 250 多个野生种中的一部分，经过漫长复杂的杂交、培育、选择而形成杂种唐菖蒲系。其主要亲本有：

罗马唐菖蒲 *G. byzantinus* Bieb. 株高可达 1m，花穗长而柔弱，花粉红色，花期 7 月。

绯红唐菖蒲 *G. cardinalis* Curt. 球茎大圆球形，花钟形，绯红色，花期 6～7 月。

柯氏唐菖蒲 *G. colvillei* Sweet. 花穗长 45～60cm，花白、粉，有深色斑点，早花性，暖地可秋季栽植。

甘德唐菖蒲 *G. gandavensis* Van. 园艺品种的原始亲本之一。花穗较长，花红或红黄色，有条纹，花期7～9月。

莱氏唐菖蒲 *G. lemoinei* Hort. 花朵排列紧密，花白色至鲜黄色，喉部有红紫色斑纹，花期7～8月。

112. **小苍兰** 香雪兰 小菖兰 图7－100

图7－100 小苍兰

学名 *Freesia refracta* Klatt.

科属 鸢尾科，香雪兰属。

形态特征 多年生草本，地下小球茎圆锥形或卵圆球形，外被棕褐色薄膜，直径1～2cm。叶片剑形或线形，长15～30cm，宽0.5～0.7 cm。花茎细软，分枝，顶端倾斜，花侧生，有花10朵以上，排列成聚伞花序；每5～6朵花有一佛焰状膜质苞片。花被狭漏斗形，长约5 cm，上部分为6瓣，先端圆，具香味，有白、黄、粉、紫红、蓝等颜色。蒴果近圆形。

常见栽培的变种和品种：鲜黄变种 var. *leichtlinii* W. Miller. 花茎高15～30cm，着花3～7朵，鲜黄色，下部花被片边缘及喉部橙红色；大白变种 var. *alba* Hort. 花大，纯白色，花被筒渐狭，内部黄色。其品种丰富，除白花外，还有鲜黄、粉红、紫红、淡紫和大红等单色和复色花品种。栽培应用的多为杂交种优良品种，花期春季至夏季。主要有淡紫花的蓝月（Blue Moon）和蓝海（Blue Navy）；鲜黄花的马格德林（Magdalena）；金黄波浪（Golden Wave），红花的快红（Rapid Red）；马里亚纳（Marianne）；白花的优美（Elegance）；白翼（White Wings）和粉红的粉云石（Pink Marble）；橙色的春日（Springtime）等。

产地与习性 原产南非好望角一带。喜温暖潮湿阳光充足的环境，耐冷凉，但不耐寒，遇高温休眠。要求土壤肥沃疏松。

繁殖与栽培 球茎繁殖。通常一个母球能分4～6个子球，挑选最大的栽植，次年春季即可开花；小球茎需要培养2～3年方能开花。5月前后，球茎进入休眠期，将子球从母球周围剥下，分级贮藏，秋季栽培。栽植的球茎，盆土应保持湿润，大约10天后开始发芽。

观赏特性及用途 小苍兰花色明丽，花姿新颖，花期较长，芳香浓郁，是南方庭院冬春重要的球根花卉。装饰点缀厅堂、案头，深受人们喜爱。其切花花枝是鲜花市场冬春的紧俏品种，在花束、花篮、桌饰等布置中高雅宜人。花朵含芳香油，可提取香精。

同属植物 约20种，主要栽培的有红、紫香雪兰 *F. armstrongii* W. Wats. 花被片较宽，玫瑰红或紫色。

113. **晚香玉** 夜来香 图7－101

学名 *Polianthes tuberosa* L.

科属 龙舌兰科，晚香玉属。

形态特征 多年生草本，块茎长圆形，其上半部呈鳞茎状。叶基生，带状披针形，茎生叶较短，愈向上则呈苞状。总状花序顶生，小花成对着生，12～20朵，自下而上陆续开放。花白色，漏斗状，长约4～6cm，花冠筒细长。具浓香，夜晚香味更浓，故有“夜来香”之称。花期7~11月中旬。

常见栽培的品种：栽培品种有矮珍珠 cv. Dwarf Jewel 与喷彩 cv. Sprinkle，重瓣花白、黄、粉红、红、及蓝色。其块茎扁圆，植株较高大，粗壮，花被外侧有淡紫晕，花香不及单瓣品种。

产地与习性　原产墨西哥及南美。喜光，怕寒冷。对土壤适应性广，但以肥沃沙质壤土最好，耐盐碱。本种在原产地热带地区无休眠，如气温适宜则四季均可开花。但在我国大部分地区，因冬季严寒而停止生长而休眠。

繁殖与栽培　分球繁殖。常于11月下旬，地上部分枯萎后挖出根状茎，除去萎缩的老球，将种球晾干后贮藏于室内，来年4月取出分栽小球或子球。喜肥水，应施足基肥。栽植初期灌水不必太多。

图7-101　晚香玉

观赏特性及用途　晚香玉是美丽的夏季观赏植物和切花材料。在园林中可片植，也可用来布置岩石园或球茎花卉专类园。因其夜晚开花，香气特别浓郁，还可配置于庭院和屋顶花园的花坛、花槽中，亦可盆栽和切花。瓶插水养装饰室内，不仅使满室生辉，且香气满堂。

114. **大丽花**　大理花　天竺牡丹　图7-102

学名　*Dahlia pinnata* Cav.

科属　菊科，大丽花属。

形态特征　多年生草本，具粗大纺锤状肉质块根，株高依品种而异，一般50~90cm。叶对生，1-3回羽状分裂，裂片卵形，锯齿粗钝，表面浓绿色，背面灰绿色。头状花序具长总梗，顶生。其大小、色彩、形状因品种不同而富于变化。瘦果黑色，长椭圆形。花期夏季至秋季。

常见的花型有：

单瓣型：舌状花1~2轮。播种繁殖的植株和一些花坛品种，开花多属此型。

领饰型：外瓣一轮平展，内瓣稍细而短，露心，内外轮颜色不同。

图7-102　大丽花

托桂型：外瓣1~3轮，盘花突起，为管状花。

芍药型：在单瓣型的基础上，花瓣增多而且变宽。外瓣2~3轮，露心。

装饰型：花瓣多，瓣端变尖，不露心。许多大花品种属于该类型。

蟹爪型：多为大花品种。瓣长而扩展，外缘花瓣外卷呈筒状，内瓣多为微扭曲状。

球　型：花为中、小型，极重瓣化，花瓣大小相近，整个花呈球形。

蜂窝型：花小型，花瓣排列整齐，呈蜂窝状。该类型多为切花品种。

常见栽培的品种：目前栽培应用的多为杂交种，在我国南北方地区均能开花，花期特长。花色丰富，有红、橙、黄、白、淡红、深紫、洒金等。著名栽培品种有巴克赫斯（Bacchus），奇弗里奥（Cheerio），深黄（Deepest Yellow），利波马（Lipoma），内斯乔（Nescio），心牌（Ace of Hearts），拉·西厄瓦（La Cierva），好地球（Good Earth），巴赫（Bach），红皮（Red

Skin）和太阳爆炸（Sunburst）等。

产地与习性 原产墨西哥高原地区和危地马拉。世界各地均有栽培。我国各地园林中也常见栽培。现在栽培品种均为长期杂交选育而成的优良品种，亲缘关系复杂。喜阳光充足，通风良好、干燥凉爽的条件。不耐寒，又畏酷暑，要求排水良好的砂质壤土。

繁殖与栽培 繁殖方法有播种、分割块根和扦插法三种。播种繁殖主要用于矮生单瓣或重瓣多头中、小型花品种。扦插繁殖主要用于大花品种。可盆栽，也可用于地栽。地栽苗要选择地势干燥、排水良好的向阳位置。雨涝易引起块根腐烂，植株死亡。

观赏特性及用途 用大丽花布置展览、花坛、花镜均比较适宜。花期长，品种花色丰富，是美化环境的主要球根花卉。中、小型品种用作切花，可制作花束、花篮、花圈等，也可与其他花卉搭配。

同属植物 约15种，重要的原种有4种：

大丽花 *D. variabilis* Desf. 是当今栽培品种的主要原种；其次有红大丽花 *D. coccinea* Cav.；卷瓣大丽花 *D. juarezii* Hort. 和光滑大丽花 *D. merckii* Lehm.

115. 美人蕉 昙华 兰蕉 图7－103

图7－103 美人蕉

学名 *Canna indica* L.

科属 美人蕉科，美人蕉属。

形态特征 多年生草本，株高60～150cm，根茎多肉有分歧。叶大形互生，披针形或长椭圆形，叶脉羽状，呈绿色或紫红色。总状花序，小花具有花梗，每小花具有萼片3枚，形小而呈绿色；雌蕊5枚，变形呈花瓣状，呈黄、红、橙、粉色；雄蕊一枚，扁平而直立。花期6～10月。蒴果，外面有无数刺状的突起，种子黑色坚硬。

产地与习性 原产于美洲热带和印度，现我国各地广为栽培。性喜温、喜光，抗旱霜，但畏冰霜和强风。在肥沃、湿润、排水良好的土地上生长良好。在贫薄、干燥、潮湿的地方均可生长。

繁殖与栽培 以分株繁殖为主，可在3～4月发芽前后进行。也可种子繁殖，播种前种子需进行催芽处理。盆栽、地栽均可，盆栽宜选用矮生种。

观赏特性及用途 布置于花镜、花坛、庭院、草坪和台阶两旁，也可以作为盆栽和切花材料。

同属植物 目前常见的栽培种有4种：

大花美人蕉 *Canna. generalis* Bailey. 具肥大肉质根状茎，地上茎高达120cm。叶长阔卵圆形，长60cm以上，宽30cm以上，叶子根据其颜色可分两类，即：绿色及棕色或紫色。该种栽培品种极多，可分绿叶栽培变种和紫叶栽培变种两大类：

A. 绿叶栽培变种有：cv. Bonfire，高90cm，花深橘红色；cv. Evening Star，高90cm，花粉红色；cv. J.B.Van der Schoot，高90cm，花黄色具不规则红色斑点；cv. Orange Perfection，高70cm，橘黄色；cv. President，高90cm，花鲜红色。

B. 紫叶或棕色叶栽培变种有：cv. America，高90cm，花深红色；cv. Di Bartolo，高90cm，花深粉色；cv. Lucifer，高90～105cm，花红色，边缘具不规则黄边；cv. Wyoming，高

135cm，花酱黄色。

食用美人蕉 *C. edulis* Ker-Gawl. 株高可达 3m，茎紫色，叶背淡紫色，叶长达 60cm。瓣化雄蕊 3 枚，花小鲜红色。产于南美、印度西部。南方多于田边栽种，根茎富含淀粉，可做饲料。

柔瓣美人蕉 *C. flaccida* Salisb. 株高 1.5cm，茎叶绿色，光滑。花瓣强烈反卷，具 3 枚退化雄蕊，花黄色。产美国南部。

粉叶美人蕉 *C. glauca* L. 株高 1.8m，茎叶绿色带白粉，叶缘白色透明。花黄色，有带红色斑点及橙红色品种。产于美洲热带地区。

116. 欧洲银莲花 罂粟牡丹 法国白头翁 图 7-104

学名 *Anemone coronaria* L.

科属 毛茛科，银莲花属。

形态特征 多年生草本，具块茎，株高 25~40cm，主茎甚短。叶多基生，一至二回或三出复叶，具长柄，裂片狭楔形。花葶高 15~40cm，叶状苞片近花处着生，细裂，花单生顶端；萼片大形，5~20 枚；花瓣红、蓝、淡黄或白色，也有复色；雄蕊多蓝色，亦常呈花瓣状。瘦果。花期 5~6 月。

常见栽培的品种有：菊花型、半重瓣型和重瓣型等。

常见的著名栽培品种：

单瓣类的有：红花白底和黑色中心的荷兰 Hollandia；白色的新娘 Bride；粉红色的西儿菲迪 Sylphide；蓝色的福克儿先生 Mr. Fokker。

图 7-104 欧洲银莲花

重瓣品种有：红花的总督 Governor；淡紫的海军上将 Admiral；深蓝的海军上尉 Lord Lieutenant；白色的珠穆朗玛峰 Mount Everest 等。

产地与习性 原产地中海沿岸。性耐寒，喜湿润和排水良好的肥沃壤土，怕炎热和干燥，在半阴地生长良好。夏季高温和冬季低温时，可处于休眠状态。

繁殖与栽培 常以分株和播种繁殖。块根于 6 月叶枯后挖出沙藏，10 月上旬栽植，深度为 5~7cm。种子播种繁殖一般在 5~6 月采种后盆播或冷床条播，播后 10~20 天发芽，翌春开花。栽植地需充足基肥。栽植距离，切花生产一般 50~60cm，花坛布置一般 15~20cm。盆栽每盆以 2~3 个块根为宜。栽后浇水，促进发芽，冬季土壤不宜太湿。

观赏特性及用途 欧洲银莲花花朵硕大，花色艳丽，枝叶纤细，适宜布置花坛，花镜及草地边缘或栽植在灌丛旁，是春季重要花卉之一，也较广泛用于鲜切花生产。

同属植物 约有 150 种，多分布于北温带及北极区域，我国有 45 种。多数种类自然分布于高山上。常见的栽培品种有：

希腊银莲花 *A. blanda* Schott et Kotschy. 株高 15cm，具块状根茎。叶片深裂，光滑无毛。星状小花 8~14 朵，单生，白色或深蓝色，萼片外部具柔毛，花药黄色。原产地中海东部地区，从阿尔巴尼亚至希腊及黎巴嫩。常见栽培品种有 cv. Radar，花萼深粉色，中部白色；cv. White Splendour. 花大径约 5cm。适宜布置岩石园。

宽叶秋牡丹 *A. hortensis* L. 株高 25cm，具块茎。总苞叶无柄，叶全裂或浅裂。花有红、粉、玫瑰红、白、黄、淡紫色，径约 7.5cm，花期夏季。原产法国、意大利、南斯拉夫、阿尔巴尼亚。

野棉花 *A. hupehensis* Lemoine. 耐寒，株高达 80cm。顶生聚伞花序，大型多分枝，淡紫红色，花期秋季。产于我国西南、西北、华中、华南等地。适宜布置管理粗放的野生花卉园或在林缘、草地点缀。

日本银莲花 *A. japonica*（Thunb.）Siebold et Zucc. 性耐寒，株高 40～60cm，具强健花梗，多分枝。三出复叶，小叶圆形或卵圆形，具锯齿，叶背具疏毛。花美丽，多数，单花径 7.5cm，白、淡粉、紫红，有单瓣、半重瓣及重瓣品种，花期夏季。适宜布置多年生花坛、花镜或点缀林缘或草坪边缘。

水仙银莲花 *A. narcissusiflora* L. 多年生耐寒草本，株高 45cm。总苞叶无柄，数朵小花聚生在花葶上部形成伞形花序，花白色，单花径 2.5cm，花期 5～7 月。原产地中海地区，在北美及东亚的高山草甸上也有分布。我国华北的雾灵山山上，在海拔 1 200～1 400m 处有成片分布。

其他球根花卉见附表。

附表：其他球根花卉

植物名称	拉丁学名	科属	形态及生态特点	繁殖	园林用途
红花葱兰	*Zephyranthes grandiflora*	石蒜科 葱兰属	株高 15～30cm。花被粉红或淡玫瑰红色，花期长，4～9 月。喜充足阳光，较耐阴，不耐干旱，耐潮湿。	分球	花坛、花镜配置和草地镶边栽植。
君子兰	*Clivia miniata*	石蒜科 君子兰属	多年生草本。花冠呈漏斗状，橙红、黄或橘黄色；春节前后开花。喜冬季温暖、夏季凉爽环境。	播种 分株	宾馆点缀、会场布置和家庭环境美化。
水鬼蕉	*Hymenocallis littoralis*	石蒜科 水鬼蕉属	多年生草本。花被片白色，花期夏、秋季。喜温暖至高温气候，耐阴性强，不耐寒，不耐干旱。	分株	林边、湖边、草地边及立交桥下，宜片植或列植；亦适合盆栽观赏。
网球花	*Haemanthus multiflorus*	石蒜科 网球花属	伞形花序顶生，花小，多达 30～100 朵，血红色，浆果球形。喜温暖、湿润及半阴环境，较耐旱，不耐寒。	分株 播种	盆栽观赏、庭院点缀。
朱顶红	*Hippeastrum vittatum*	石蒜科 孤挺花属	多年生草本。鳞茎肥大，叶片基生，豁达硕大，颜色粉红、橙红、大红、黄色以及复色等。喜温暖和充足阳光，冬季休眠，稍耐寒，喜湿润，但畏涝，不耐干旱。	播种 分球	配置花坛、花镜，也可盆栽观赏，插花。

(续)

植物名称	学名	科属	形态及生态特点	繁殖	园林用途
红花文殊兰	*Crinum abile*	石蒜科 文殊兰属	多年常绿草本。叶片宽大肥厚。花被中间淡紫红色，两侧粉红色，有香气，夏秋开花。喜温暖、湿润气候，略喜荫，能耐盐碱，不耐干旱和寒冷。	播种 分株	庭园配置，丛植塑造景观。
火燕兰	*Sprekelia formosissima*	石蒜科	鳞茎卵圆形，黑色有血红色条纹。花亮红色，春夏开花。喜高温高湿。	分栽子鳞茎 播种	盆栽观赏、切花。
马蹄莲	*Zantedeschia aethiopica*	天南星科 马蹄莲属	叶基生，有长柄。佛焰苞大型，形似马蹄，有白、橙、黄、粉等颜色。喜温暖潮湿，不耐干旱。	分株	切花、盆栽。
红丝姜花	*Hedychium gardnerianum*	姜科 姜花属	高可达 2m。叶鞘报茎。花黄色，花期夏秋季。喜温暖湿润半荫环境，不耐干旱、霜冻。	分株 播种	花镜、林下栽植、切花观赏。
蝴蝶花	*Iris japonica*	鸢尾科 鸢尾属	叶剑形，深绿色，具光泽。总状花序，深紫色。花期 4~5 月。喜生荫湿地方，适应性和耐寒性较强。	分株	适合自然式栽植、花镜、花坛、切花。
玉蝉花	*Iris kaempferi*	鸢尾科 鸢尾属	基生叶条形，具明显中肋，平行脉多数。花色有白、黄、红、紫，花期 4~7 月。性喜水湿环境，耐旱性强。	播种 分株	布置在湖畔或池旁、或配置于水生鸢尾专类园；切花或地被植物。
射干	*Belamcanda chinensis*	鸢尾科 射干属	叶片扁平，广剑形，稍被白粉，互生。花序顶生，花期 7~8 月。性强健、耐寒冷，喜干燥、阳光充足、排水良好的环境。对土壤适应性强。	播种 分株	配置于草坪、坡地上，花镜栽植和庭园点缀；切花。
红花裂柱莲	*Schizostylis coccinea*	鸢尾科 裂柱莲属	多年生草本。肉质须根。叶剑形，中脉明显。穗状花序，花红色。蒴果倒卵状长圆形。喜温暖、光照充足环境。	分株 播种	露地栽培、盆栽观赏。

（续）

植物名称	学 名	科 属	形态及生态特点	繁 殖	园林用途
虎皮花	*Tigridia pavonia*	鸢尾科 虎皮花属	地下具圆锥形球茎。酒杯状花，花正面三角形。花期6～7月。蒴果。性喜温暖湿润阳光充足环境，不耐寒。	播种 分球	花坛、花镜、草坪中点缀、盆栽。
火星花	*Crocosmia crocosmiflora*	鸢尾科 火星花属	匍匐性植物，球茎扁圆形。花形漏斗状，橙红色，夏秋季开花。蒴果三裂。性喜温暖气候，但较耐寒。	分球	路边花坛、花镜栽植。
三色魔杖花	*Sparaxis tricolor*	鸢尾科 魔杖花属	鳞茎具皮。叶基生。花形规则6裂。果为三室蒴果。性喜温暖光照充足环境。	分球	庭园栽植、阳台盆栽观赏。
火炬花	*Kniphofia hybrida*	百合科 火把莲属	株高40～50cm。基生叶长剑形。7～8月开花。喜温暖湿润阳光充足环境，也耐半荫。	播种 分株	布置多年生混合花镜、建筑物前配置、切花。
萱草	*Hemerocallis fulva*	百合科 萱草属	多年生草本，根状茎粗大。叶基生。圆锥花序顶生，花期6～7月。性耐寒耐寒，适应性强。	分株	园林配置、切花。
秋水仙	*Colchicum autumnale*	百合科 秋水仙属	多年生草本，鳞茎近球形。叶近基生。花单生，淡紫红色，花期3～5月。喜凉爽干燥气候，较耐寒忌黏质土壤。	播种 分球	园林中成丛配置、地被栽培、盆栽观赏。
虎眼万年青	*Ornithogalum caudatum*	百合科 虎眼万年青属	鳞茎较大，乱球形，灰绿色。总状花序，花被片白色，花期自冬至春。喜温暖湿润环境，喜阳光，亦耐半荫，夏季怕阳光直射。	分球	用作地被植物布置庭院或岩石园、室内或北面阳台的观叶植物。
大花葱	*Allium giganteum*	百合科 葱属	多年生草本，地下鳞茎球形，皮膜白色。叶近基生，倒披针形。花期5～6月。喜凉爽气候，要求阳光充足，忌积水。	播种 分球	绿化、盆栽、切花。
冬兔葵	*Eranthis hyemalis*	毛茛科 兔葵属	多年生草本，地下具块茎。单叶放射状基生。花单生无柄，生于总苞内，黄色。喜温暖湿润、光照充足环境，较耐寒。	分块茎	配置于岩石园、乔木下或草坪边缘。

（续）

植物名称	学名	科属	形态及生态特点	繁殖	园林用途
花贝母	*Fritillaria imperialis*	百合科　贝母属	地下具肉质肥厚的鳞茎。叶互生。花簇生，花被钟状倒垂，橙红或紫红色，花期 4 ~ 5 月。性较耐寒，喜湿润气候。	播种　分栽鳞茎	可植于疏林坡地、花镜、草坪中，亦可盆栽观赏。
球根海棠	*Begonia tuberhybrida*	秋海棠科　秋海棠属	多年生草本，地下具扁球形块茎。叶片不规则心形。花色有粉红、淡红、紫红、黄、白及多种过渡色。喜凉爽湿润和半荫环境，不耐高温。	播种　分割块茎　枝茎扦插	盆栽、吊盆；点缀客厅、橱窗，布置花坛、花镜等。
麒麟菊	*Liatris spicata*	菊科　蛇鞭菊属	多年生草本，匍匐茎或块根。单叶互生，全缘。花期晚夏直至秋季。性喜夏季凉爽、昼夜温差较大的气候，耐旱能力较强	播种　分割块根	切花、花镜、盆栽。
红金梅草	*Rhodohypoxis baurii*	仙茅科　小金梅草属	无地上茎，地下有小型卵圆形鳞茎。花茎根出，簇生于叶丛之上，花色有红、桃红、白等色，花期春至夏季。性喜冷凉环境。	分株　分割鳞茎	适于岩石园布置、盆栽、花坛、草坪配植。
仙客来	*Cyclamen persicum*	报春花科　仙客来属	多年生草本，具扁圆形块茎。叶片心形。花朵单生，花色丰富。性喜凉爽湿润气候，不耐炎热。怕积水。	播种　分割块根	盆栽、切花。
金红花	*Alloplectus martius*	苦苣苔科　金红花属	多年生草本，茎叶稍多汁，株高 15 ~ 25cm；叶对生；花顶生或腋出，金黄色，花期夏至秋季。喜半荫温暖湿润环境，忌强光直射。	播种　分割块茎	盆栽、绿地点缀作地被植物。
六出花	*Alstroememeria aurantiaca*	六出花科	地下具肉质状块茎；花顶生，总状花序，花有粉红、橙红、白、黄等多种颜色，花期春夏。性喜温暖生长适温为 15 ~ 25℃。	播种（春季）　分割块茎（秋季）	切花、盆栽。

第四节　水生观赏植物

水生观赏植物是指生长于水中或沼泽地中的具有观赏价值的植物，这些植物对水分的要求和依赖程度很大，具有其独特的形态结构和生物学习性。水生植物种类繁多，有的形态奇特，有的花朵艳丽，色彩斑斓，是园林、庭院水景园绿化装饰的重要组成部分。

水生植物按照其生活方式与形态特征分为四大类：

（1）挺水型水生植物（包括湿生和沼生） 植株高大，花色艳丽，绝大多数有茎、叶之分；直立挺拔，下部或基部沉入水中，根或地茎扎入泥中生长发育，上部植株挺出水面。如荷花、香蒲、慈菇等。

（2）浮叶型水生植物 根状茎发达，花大，色艳，无明显的地上茎或茎细弱不能直立，而它们的体内通常贮存有大量的气体，使叶片或植株能平衡地浮于水面上。如王莲、睡莲、芡实等。

（3）漂浮型水生植物 根不生于泥中，植株漂浮于水面之上，随水流、风浪四处漂泊，多数以观叶为主。如凤眼莲、槐叶萍等。

（4）沉水型水生植物 根茎生于泥中，整个植株沉入水体之中，通气组织特别发达，利于在水中空气极度缺乏的环境中进行气体交换。叶多为狭长或丝状，植株的各部分均能吸收水中的养分，而在水下弱光的条件下也能正常的生长发育，但对水质有一定的要求。花小，花期短，以观叶为主。如海菜花、黑藻、小叶眼菜等。

117. **荷花** 莲花 藕

学名 *Nelumbo nucifera* Gaertn.

科属 睡莲科，莲属。

形态特征 多年生宿根水生植物。地下茎肥大有节，横生于淤泥中，节上生根并抽生叶片。叶片盾状圆形，叶脉明显隆起；叶柄粗壮，被短刺。花单生，径10～25cm，具清香；萼片4～5枚；花瓣多数，因品种而异；花色有红、粉红、白、黄色等；雄蕊多数；雌蕊多数离生，埋藏于膨大的倒圆锥形花托内。坚果。花期6～9月，果期9～10月。

荷花栽培品种很多，依据用途分为藕莲、子莲和花莲三类。花莲常依据花瓣的多少，雌雄蕊瓣化程度及花色进行分类，常见的类型有：

单瓣型：花瓣1轮，约16～20枚，花大。

复瓣型：花瓣2～3轮，部分雄蕊瓣化。

千层型：花瓣多轮，瓣形较短而圆，花径略小，雄蕊全部瓣化，一般不结实。

佛座型：重瓣，雌蕊多瓣化，不结实。

重台：重瓣，雌蕊瓣化瓣发达凸出花心之上，形成重台状。

多花型：重瓣，雌雄蕊全部瓣化，且瓣化瓣较细碎。由于这些碎瓣螺旋排列方式不同，使一朵花中形成2、3、4个以至更多的花心，为外花瓣合抱，外观似多朵花聚在一起。

产地与习性 原产我国。喜温暖、阳光充足的环境，要求肥沃的微酸性壤土或粘质土壤；宜浅水，一般水深不超过1m。荷花的生长发育有明显的规律性和顺序性，根茎的走向亦有一定的方向性。

繁殖与栽培 一般用分株繁殖，于4～5月用新掘取的生长粗壮有顶芽的子藕，平栽于施过基肥的塘泥或盆缸中；播种繁殖，春秋季节均可，播种前先将种皮挫破，浸泡水中，待种皮膨胀后播种。在生长过程中，早期水位不宜过深，一般15cm，夏季生长旺盛期30～60cm，后期5cm左右；种藕前要施足底肥，不施追肥；生长期不能摘叶或损伤叶片。

观赏价值及用途 荷花花大色丽，清香远溢，赏心悦目。在近代园林中广泛用于水池、湖面景观布置。在家庭中用于布置小庭院、阳台和供插花美化居室。茎常作蔬菜食用，莲子是营养丰富的滋补食品。

118. **睡莲** 水百合

学名 *Nymphaea tetragona* Georgi

科属 睡莲科，睡莲属。

形态特征 多年生水生植物，根状茎横生于泥土中。叶丛生，卵圆形，全缘，长5~12cm，宽3.5~9cm；叶面浓绿色有光泽，叶背暗紫色。花单生，浮于或高于水面；花瓣多数；花色有白、黄、蓝、红等。花期5~7月。

产地与习性 原产美洲、亚洲和大洋州。耐寒，喜光，要求含丰富腐殖质的黏土。花白天开放，夜间闭合。

繁殖与栽培 以分株繁殖为主，在2~4月间，将根茎挖起，选有根芽的根茎切成段，栽种于土壤中，注意芽与土面要平；播种繁殖，在3~4月进行。睡莲栽培要特别注意水深，播种幼苗只需浅水，约5~15cm，移植苗和正常生长植株水深20~40cm；种植场要求通风且有充足阳光，否则，生长瘦弱不易开花。

观赏特性及用途 花绚丽多彩、多姿，叶色青翠、斑斓，是花叶俱美的观赏植物。在园林中常作水景主题材料，或与其他植物配植形成生机勃勃的自然景观。全草可入药，根状茎、种子含淀粉供食用或酿酒。

119. **鸭舌草** 水玉簪

学名 *Monochoria vaginalis*（Burm. f.）Presl ex Kunth

科属 雨久花科，雨久花属。

形态特征 一年生挺水植物，株高不及50cm，地下茎半匍匐状。叶丛生，心状广卵形至卵状披针形，全缘，顶端短突尖；叶柄长达20cm，中下部扩大呈开裂鞘且中部常膨大。花葶高1~1.5cm，基部具鞘状佛焰苞，端部为小总状花序；花蓝色带红晕。花期7~9月。

产地与习性 本种广布我国南北各地，东南亚及非洲热带也有分布。喜温暖、潮湿和阳光充足的环境，不耐寒，喜生于浅水或沼泽地。

繁殖与栽培 播种繁殖，因适应性强，常在生长的环境中自播繁衍。盆栽，可将苗直接栽入装好培养土的盆中，保持土壤潮湿或浅水栽培。露地栽培，在春季4~5月间进行，沿着池边、水体的边缘按其园林水景的要求带形或方形栽植，当年即可生长成片。

观赏特性及用途 叶光亮，花色明快，适应性强，可作水面及岸旁绿化，也可盆栽观赏。全草入药，又可作饲料。

120. **雨久花** 水白菜 蓝鸟花

学名 *Monochoria korsakowii* Regel et Maack

科属 雨久花科，雨久花属。

形态特征 一年生挺水植物，地下茎短且成匍匐状；地上茎直立，高50~90cm。叶卵状心形，常7~13cm，宽3~12cm，端短尖，全缘；质较肥厚，深绿而有光泽；茎生叶基部扩大呈鞘而抱茎。花茎高于叶丛，端生圆锥花序；花被6片，花瓣状，蓝紫色或稍带白色；径约3cm。蒴果卵形。花期7~9月。

产地与习性 原产我国东部及北部，日本、朝鲜及东南亚也有分布。生于池塘、湖边及沼泽地，适宜温度范围18~35℃。

繁殖与栽培 播种繁殖。种子成熟掉于潮湿的泥土中，翌年春天在适宜的环境条件下萌芽，自行繁殖。盆栽，可将苗直接栽入装好培养土的盆中，保持土壤潮湿或浅水栽培。露地栽培，在春季4~5月间进行，沿着池边、水体的边缘按其园林水景的要求带形或方形栽植，当年即可生长成片。

观赏特性及用途 花大而美丽，淡蓝色，像只飞舞的蓝鸟；叶色翠绿，光亮，素雅。在园林水景布置中，常与其他水生观赏植物配植，是一种极好而美丽的水生花卉。亦可盆栽观赏，花序可作切花材料。全草供药用，并可用作饲料。

121. **水葱** 冲天草 管子草

学名 *Scirpus tabernaemontani* Gmel.

科属 莎草科，藨草属。

形态特征 多年生挺水草本植物。根茎粗壮；地上茎直立，圆柱形，中空，高1～2m，粉绿色。叶片细线形，常1.5～12cm。聚伞花序顶生，稍下垂；花淡黄褐色，下具苞片。花期6～8月。

产地与习性 除华南外，遍布我国各地；朝鲜、日本以及大洋洲、美洲也有分布。生于浅水湖边、塘或湿地中。

繁殖与栽培 通常分株繁殖。盆栽时宜用腐殖质丰富的壤土，上面经常保持5～10cm深的清水；盛夏水盆宜放半荫处，并在叶面上经常喷水以保持叶面清洁。

观赏特性及用途 水葱株丛挺拔直立，色泽淡雅，常用于水面绿化或作岸边池旁点缀，甚为美观；也可盆栽观赏。茎秆可作插花材料，亦可入药。

122. **凤眼莲** 水葫芦 图7－105

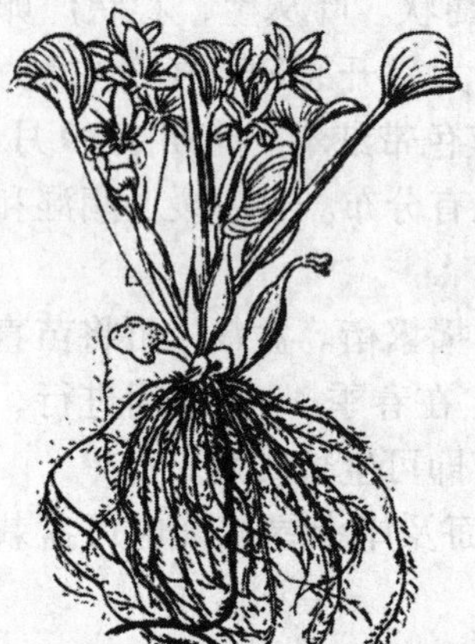

图7－105 凤眼莲

学名 *Eichhornia crassipes*（Mart.）Solms－Laub.

科属 雨久花科，凤眼莲属。

形态特征 水生漂浮植物。须根发达，悬垂水中。茎极短，具有匍匐枝。叶直立，卵形至肾圆形，光滑；叶柄基部膨大，呈葫芦状。花茎单生，穗状花序；花瓣6枚，紫蓝色，上面的花瓣较大，在花瓣中心有一明显的鲜黄点，形如凤眼。蒴果卵形。花期7～9月。

栽培品种有：大花凤眼莲 var. *major* Hort. 花大，粉紫色；黄花凤眼莲 var. *aurea* Hort. 花黄色。

产地与习性 原产美洲热带及亚热带。喜温暖、充足阳光的环境条件，适生于富含有机质的净水中，怕寒冷。分生能力极强。

繁殖与栽培 常用分株繁殖。在梅雨期和盛夏高温期，只要将芽株投入水中就能生根蔓生，如每月施肥一次，生长更快更好。若缸栽，以腐殖质土和塘泥加入基肥，再加清水，水深30cm，生长迅速。冬季需要放温室水池中。

观赏价值及用途 凤眼莲叶色亮绿，叶柄奇特，花色美丽，颇受人们的喜爱，而且其适应性强、管理粗放、又有很强的净化污水能力。在园林中常用来绿化水面和点缀水景；花序可作切花；家庭阳台种植也别具特色。全株可供药用，也是造纸的原料。

第五节　蕨类植物

蕨类植物（fern）又称羊齿植物，是陆生植物中最早分化出维管系统的植物类群，是植物界中一个重要组成部分，在植物分类学中被列为蕨类植物门 Pteridophyta。它既是高等的孢子植物，又是原始的维管植物。

蕨类植物与苔藓植物一样，都有颈卵器结构，都产生孢子，在生活周期中，也都有明显的世代交替现象。但苔藓植物的配子体比较发达，孢子体寄生在配子体上；而在蕨类植物中，是无性世代的孢子体占优势，其结构有根、茎、叶等器官的分化，生活周期中，仅在幼胚期寄生在配子体上。蕨类植物和种子植物一样，是维管植物，具备了适应陆地生活需要的吸收、运输和制造食物等的器官，并形成胚，但不发育成种子，而是以孢子进行繁殖。由此可见，蕨类植物在整个植物界中，是介于苔藓植物和种子植物之间的一类植物，它较苔藓植物为进化，较种子植物为原始。

一、蕨类植物的形态特征

蕨类植物大多数为绿色自养，能进行光合作用。同种子植物一样，蕨类植物具备适应陆地生活的根、茎、叶等营养器官，常为多年生草本，少数种类可形成高大的乔木，如桫椤科植物。

（一）根

现代蕨类植物的根通常为不定根，着生在根状茎上，但也有少数种类不具根，如松叶蕨、槐叶蘋等。由于是不定根，故蕨类植物的根在分类上没有引起重视。

（二）茎

蕨类植物中，石松、卷柏、木贼和松叶蕨等拟蕨类常具地上茎，而真蕨类植物中除树蕨等少数种类具有高大的树状地上茎外，均为地下茎，又称根状茎。根状茎通常横卧、斜升或直立，内有分化的中柱组织，外被毛或鳞片等附属物。

（三）叶

叶是蕨类植物最显著的营养器官，是分类的主要依据之一。蕨类植物的叶按其来源可分为两类：

1. **小型叶**　又称拟叶，是茎的突起物，内部只有一条简单的维管束，体积较小，无叶柄，也无叶隙。石松等拟蕨类植物的叶即属此类。

2. **大型叶**　为枝的变态，内有复杂的维管组织，其形状也多种多样。真蕨类的叶，除少数种类如槐叶蘋的水生叶变成须根外，绝大多数属于此类。其特点是叶脉具各种分支，形成各种脉序，幼时多呈拳卷状，长大以后，分为叶柄和叶片两部分。

（1）叶柄　叶柄的形状和结构，常为分类上的重要特征之一。有些科属叶柄的形状和结构很特殊，如瘤足蕨科植物的叶柄基部常膨大并具瘤状突起。有些植物的叶柄基部与根状茎之间具关节，如水龙骨科。此外，柄内维管束的形状和数目在分类上也具有重要意义，如多数原始的科属只有一条，蹄盖蕨科、铁角蕨科等有两条，水龙骨科等进化的类群则具多条。

（2）叶片　叶片的形状变化亦较大，有单叶和复叶之分。单叶是在叶柄上仅具一个叶片。复叶是由叶柄、叶轴、羽片和羽轴等组成的，自叶柄上部延伸的叶轴有多个叶片（羽片），其中又有一回和多回羽状之分。有些蕨类植物的叶有能育叶和不育叶（营养叶）之分，称之为异型叶，反之如果同一植株上的叶没有明显的分化，都兼有营养和生殖的功能，这样的叶称之为同型叶。在复叶的叶片上第一次分裂出来的，称为羽片；第二次从羽片上分裂出来的，称为一回小羽片；第三次从一回小羽片上分裂出来的，称为二回小羽片；以此类推，最后分离的，称末回小羽片（或裂片）。由叶柄顶端向上，贯穿于整个叶片的轴，称为叶轴；由叶轴两侧各自延伸出去的小轴，称为羽轴。叶片的大小、形状、附属物及叶脉等特征是分类学上的重要依据。

二、常见蕨类植物

123. **铁线蕨** 石中珠 猪鬃草 图 7－106

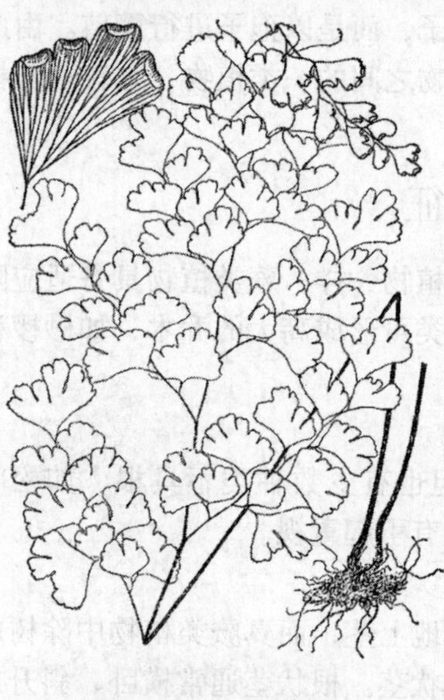

图 7－106 铁线蕨

学名 *Adiantum capillus－veneris* L.

科属 铁线蕨科，铁线蕨属。

形态特征 多年生草本，株高 15～40cm。根状茎横走，密被棕色披针形鳞片。叶近生，薄纸质，卵状三角形，2～4 回羽状，羽片互生，裂片斜扇形或方形，外缘浅裂至深裂，不育裂片顶端有细锯齿。孢子囊群圆形，生于小脉顶端，囊群盖由变形裂片顶部反折而成，圆肾形至长圆形。

产地与习性 分布于甘肃、陕西、河北、山西及长江以南各地。喜荫湿环境。生长适温为 13～18℃，冬季气温低于 5℃叶片会受伤害。喜疏松肥沃的石灰砂壤土，是钙土指示植物。

繁殖与栽培 以分株繁殖为主。于春季萌芽前挖取根状茎，切成小段分栽即可。也可用孢子繁殖。盆栽时应将其置于有散射光之处，忌暴晒。保持土壤湿润。每月施 1 次液肥。

观赏特性及用途 铁线蕨茎叶秀丽，适宜盆栽观赏或盆景点缀山石。叶片可作切花材料，干后可作干花材料。

同属植物

鞭叶铁线蕨 *A. caudatum* L. 叶轴顶端常延伸成鞭状，能落地生根，行无性繁殖。

楔叶铁线蕨 *A. cuneatum* Langsd. et Fisch. 3～4 回羽状复叶，羽片三角形。

美丽铁线蕨 *A. formosum* Ching 3 回羽状复叶，羽片小而多，斜方形。

团羽铁线蕨 *A. capillus－junonis* Rupr. 叶轴顶端延伸成鞭状，能落地生根。羽片团扇形，近膜质。

羽叶铁线蕨 *A. flabellulatum* L. 叶簇生，扇形，生于阳光充足的酸性红壤上，是酸性土指示植物。

掌叶铁线蕨 *A. pedatum* L. 叶阔扇形，二叉分枝，下面灰绿色。

灰背铁线蕨 *A. myriosorum* Bak. 与掌叶铁线蕨相似，但叶背为灰白色。

白背铁线蕨 *A. davidii Franch*. 3 回羽状复叶，叶背灰绿色。

124. **贯众**　贯节　百头　黑狗脊　图 7－107

学名　*Cyrtomium fortunei* J. Smith

科属　鳞毛蕨科，贯众属。

形态特征　多年生草本。株高 30～80cm。根状茎短粗，直立，连同叶柄基部，密生褐色阔卵形或披针形的大鳞片。单数羽状复叶，丛生，纸质；叶柄长 15～25 cm；羽片 10～20 对，互生，镰刀状披针形，基部上侧呈耳状突起，下侧圆楔形，边缘有细锯齿。孢子囊群生于内藏小脉顶端，在主脉两侧各排成不整齐的 3～6 行。囊群盖圆盾形，棕色，全缘。

产地与习性　分布于华北、西北和长江以南各地。喜荫湿环境，常生于林缘，沟边及荫湿水坡等处。较耐寒，是石灰性岩石和钙质土的指示性植物。

繁殖与栽培　分株或孢子繁殖。用孢子繁殖时，先将泥炭土与沙（2:1）混合，过筛后装盆，压实，并用沸水浇透以杀杂草种子。冷却后撒上孢子，并用玻璃盖盆，放浅水中吸湿即可。40～50 天可长出配子体。种植宜选择富含腐殖质且排水良好的土壤，土壤中可掺适量石灰。

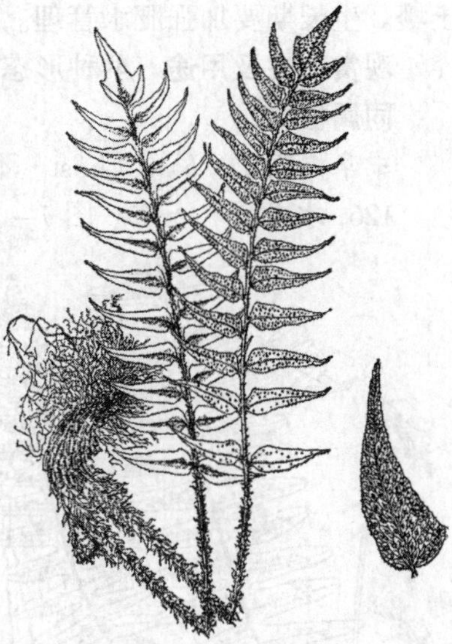

图 7－107　贯　众

观赏特性及用途　作荫湿环境的地被，也可盆栽供室内绿化。

同属植物

全缘贯众 *C. falacatum*（L.）Presl　株高 20～50cm。叶近革质，顶生羽片常分离，羽片卵状镰刀形，全缘，边缘加厚。

刺齿贯众 *C. caryotideum*（Wall. ex Hook et Grev.）Presl　株高 40～70cm。叶革质，羽片阔镰刀三角形。

125. **槲蕨**　石岩姜　图 7－108

学名　*Drynaria roosii* Nakaike

科属　水龙骨科，槲蕨属。

形态特征　多年生附生草本。株高 25～40cm。根状茎粗而横走，肉质，密生金黄色钻状披针形有睫毛的鳞片。叶异型，不育叶无柄，革质，卵形，边缘浅裂，背面有短毛；能育叶大，纸质，长椭圆形，基部变狭而呈波状，下延成有翅的短柄，中部以上深羽裂，裂片互生，披针形。孢子囊群圆形，生于内藏小脉的交叉点上，在主脉两侧各有 2～3 行，无盖。

产地与习性　我国华东、华中、华南、西南及台湾均有分布。喜温暖荫湿环境。常附生在树干或溪边岩石上，成片生长。耐旱力强，包被在根状茎上的不育叶在干旱时会脱落。

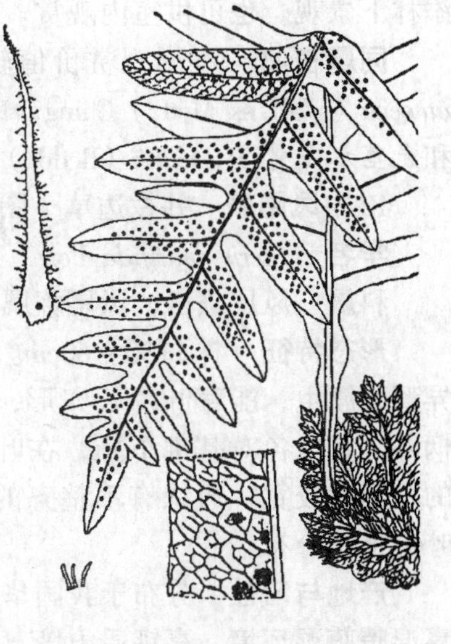

图 7－108　槲　蕨

繁殖与栽培　以分株繁殖为主，一般在春季进行。

分切的根状茎，每段都须有不育叶和能育叶。也可用孢子繁殖。种植宜选择肥沃而排水好的土壤。生长期要加强肥水管理。

观赏特性及用途 两种形态的叶很具观赏性。可作林中地被，或盆栽供室内观赏。

同属植物

中华槲蕨 *D. bonii* Christ 不育叶少，矩圆状披针形，羽状深裂，背面无毛，正面有毛。

126. **水龙骨** 石蚕 图 7－109

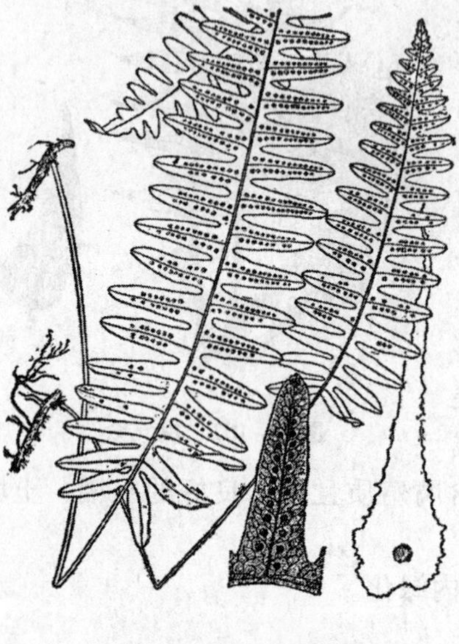

图 7－109 水龙骨

学名 *Polypodium niponica*（Mett.）Ching

科属 水龙骨科，水龙骨属。

形态特征 多年生常绿附生草本。株高 15～40cm。根状茎细长柱状，横走，通常除顶端有褐棕色鳞片外，余光滑而有白粉；鳞片卵状披针形，边缘有细锯齿，以基部盾状着生。叶远生，草质，一回羽状深裂，几达叶轴，羽片 18～30 对，条状披针形，全缘；叶脉网状，沿主脉两侧各成一行网眼，内藏小脉一条。孢子囊群橘黄色，生于小脉顶端，在主脉两侧排成整齐的一行。

产地与习性 广布于长江以南各省及秦岭地区。喜温暖潮湿的环境，常附生在荫湿的岩石上或老树干上。

繁殖与栽培 分株繁殖。将带茎尖部分保留一片叶切下分栽，注意不伤其幼嫩新根。盆栽宜选择疏松透水的土壤，生长期可适量施肥。水龙骨的根状茎在土壤湿度大时会腐烂，因而可将其露于土面，盖一些苔藓以保湿。水分管理掌握多喷雾、少浇水的原则。

观赏特性及用途 用于荫湿环境的假山岩石绿化，或者将其缚于荫湿的大树干上，以增添林下景观。也可供室内观赏。

同属植物 本属观赏价值较高的种还有友水龙骨 *P. amoena*（Wall. ex Mett.）Ching，欧亚多足蕨 *P. vulgare* L.，和光茎水龙骨 *P. wattii*（Bedd.）Ching。

127. **凤尾蕨** 井栏边草 图 7－110

学名 *Pteris multifida* Poir.

科属 凤尾蕨科，凤尾蕨属。

形态特征 株高30～60cm。根状茎直立，具鳞片。叶异型，簇生，能育叶片长卵形，一回羽状，除茎部一对有柄外，其他各对基部下延，在叶轴两侧形成狭翅。不育叶的小羽片较宽，边缘有不整齐的锯齿。孢子囊群线形，沿叶边连续分布。

图 7－110 凤尾蕨

产地与习性 分布于我国华东、华南、西南及河北省。喜温暖荫湿环境，喜钙质土壤。

繁殖与栽培 繁殖可采用分株法，此法全年均可进行。

也可采用孢子繁殖法。具体操作是，当叶背产生孢子囊时，用纸袋套住叶片，孢子成熟后会自动散落在袋内。播种时先将土壤消毒，然后装入播种盆内，浇透水后，将孢子撒在盆土表面。因孢子极小，故不必覆土，用玻璃盖盆，置于室内。一个月左右即会发芽。当孢子体长出3~4片叶时，分栽上盆。种植时宜选择轻松肥沃的钙质土，生长期供以足够的肥水。

观赏特性及用途　是良好的观叶植物。适宜种植于荫湿的环境，也可盆栽。

同属植物

岩凤尾蕨 P. deltodon Bak.　叶一型，羽片3~5片，顶生羽片稍大。为喜钙植物，常生于我国西南部的石灰岩地区。

剑叶凤毛蕨 P. ensiformis Burm.　叶二型，能育叶羽片顶端不分叉，株高30~50cm，酸性土指示植物。

第六节　仙人掌及多浆植物

植物的茎、叶具有发达的贮水组织，呈现肥厚多浆的变态状植物统称为多浆植物。这一类植物生态特殊，种类繁多，体态奇特，花色艳丽，颇具趣味性，具有很高的观赏价值。

多浆植物通常包括仙人掌科、番杏科、景天科、大戟科、菊科、百合科、龙舌兰科等植物。仙人掌类原产南、北美热带，亚热带大陆及附近一些岛屿，部分生长在森林中；而多浆植物多数原产南非，仅少数分布在其他洲的热带和亚热带地区。

一、仙人掌及多浆植物的分类

（一）依植物的形态分类

1. **叶多浆植物**　贮水组织主要分布在叶片器官内，叶形变异极大。从形态上看叶片为主体，茎器官处于次要位置，如石莲花、芦荟等。

2. **茎多浆植物**　贮水组织主要在茎器官内。从形态上看茎占主体，而且变异较大，绿色并代替叶片进行光合作用；叶片退化或脱落，如仙人掌、鼠尾掌等。

（二）依产地及生态环境分类

1. **原产热带、亚热带干旱地区或沙漠地带**　在土壤及空气极为干旱的条件下，借助于茎、叶的贮水能力而生存，如金琥、龙爪球等。

2. **原产热带、亚热带的高山干旱地区**　植物的叶片多呈现莲座状或密被蜡层及绒毛。

3. **原产热带森林中**　这类植物附生于树干及岩石上，如量天尺、昙花等。

二、仙人掌及多浆植物的习性

1. **生长期和休眠期明显**　大部分仙人掌科植物原产南北美热带地区，为了适应当地明显的雨季及旱季，形成了生长期和休眠期交替的习性。在雨季吸收大量的水分，迅速地生长、开花、结果，休眠期借助贮存的水分维持生命。

2. **耐旱性极强**　长期生活在干旱环境条件下，多浆植物产生了许多适应的对策。如叶片退化、变小，茎干及叶被毛，表面角质化或被蜡层等，防止水分过度蒸腾；茎叶的肉质化，贮存生长所需的水分。

三、仙人掌及多浆植物的观赏特性及用途

仙人掌及多浆植物种类繁多，趣味横生，具有很高的观赏特性，主要表现在：

(1) 花姿多变，花色艳丽　花的形态变化丰富，有漏斗状、管状、钟状等；花色以白、黄、红色为多，且多数花朵有金属光泽；花的着生位置有侧生、顶生、沟生；夜间开放的花朵，还常具有芳香。

(2) 刺形多样，体态奇特　仙人掌及多浆植物，通常在变态茎上着生刺座，其刺座的大小及排列方式因种而异。刺座上着生刺、毛外，有时也着生子球、茎节或花朵。依刺的形状可分为刚毛状刺、针状刺、钩状刺、舌状刺等，刺形多变，刚直有力，使植物体显得格外壮观。从体态上看，有扁形、圆形、多角形等，也有像山影拳的茎发育为不规则形，整体呈熔岩堆积姿态，清奇而古雅。生石花外形很像卵石，具有很高的观赏品位。

仙人掌及多浆植物在园林中应用广泛。种类繁多，观赏价值高，一些国家和地区通常设立专类花园，向人们普及科学知识，欣赏沙漠植物景观；有些种类也常作绿篱应用，如霸王鞭、量天尺等；一些矮小的多浆植物也可以用于地被和花坛，如垂盆草、蝎子草等。

四、常见的仙人掌及多浆植物

128. **金琥**　象牙球　图 7－111

图 7－111　金　琥

学名　*Echinocactus grusonii* Hildm.

科属　仙人掌科，金琥属。

形态特征　多年生肉质植物。茎圆球形，单生或成丛；棱约 20 条，沟宽而深，峰较狭；刺座很大，密生硬刺，金黄色；球顶密被黄色绵毛。花着生于茎顶，常 4～6cm，外瓣的内侧带褐色，内瓣黄色。花期 6～10 月。

产地与习性　原产墨西哥中部沙漠地区。喜温暖干燥和阳光充足环境，不耐寒，耐干旱，怕积涝；土壤宜肥沃、含石灰质的沙质壤土。生长迅速，30 年生母球才能结种。

繁殖与栽培　常用播种、扦插和嫁接繁殖。在生长期切除球体的顶部，促使产生子球，待子球长到 1cm 时，切下扦插于沙床中，或嫁接在量天尺砧木上；种子繁殖发芽率较高，播后 20～25 天发芽。金琥生长迅速，每年春季需换盆；生长过程中，注意通风和光照，否则影响观赏效果。

观赏特性及用途　金琥球体大，形状美，开花鲜艳，其寿命可达数百年，若用大型盆栽，点缀商场、宾馆等公共场所，十分壮观。家庭室内观赏可用幼苗装饰，同样珍奇诱人。

129. **令箭荷花**　孔雀仙人掌　图 7－112

学名　*Nopalxochia ackermannii* Kunth.

科属　仙人掌科，令箭荷花属。

形态特征　多年生草本，附生，高约 50cm，分枝多。茎扁平，披针形，缘具粗锯齿，齿间有短刺。花着生于茎先端两侧，花大，钟形，花色有红、白、黄、橙等。花期 4 月。

产地与习性　原产墨西哥。喜温暖湿润和半荫环境，怕强光；不耐寒，冬季温度不低于10℃；宜肥沃、疏松和排水良好的微酸性腐叶土。

繁殖与栽培　主要用扦插和嫁接繁殖。春季，将叶状茎剪成10～15cm长的段，凉晒2～3天，插入沙床中，25～30天可生根；嫁接，用量天尺、叶仙人掌等作砧木，接后当年或翌年开花。盆栽每年春季需换盆，生长期每20天施肥一次。

观赏特性及用途　令箭荷花姿态轻盈，花大色艳，加上其繁殖容易，管理粗放，深受人们喜爱，是窗前、阳台和门厅点缀的佳品。

图7-112　令箭荷花

130. **昙花**　月下美人　图7-113

学名　*Epiphyllum oxypetalum* Haw.

科属　仙人掌科，昙花属。

形态特征　多年生灌木，无刺。主茎圆柱形，分枝扁平，绿色，无叶。花大型，生于叶状枝的边缘；花萼筒状，红色；花白色，重瓣。晚8～9时开放。

产地与习性　原产墨西哥。喜温暖、湿润、半荫的环境，忌强光暴晒，冬季温度不低于5℃；附生，要求含丰富腐殖质的沙壤土；花晚间开放，约经7小时凋谢。

繁殖与栽培　扦插或播种繁殖。扦插，3～4月选取健壮、肥厚的叶状茎，剪成20～30cm长，待剪口干燥后插入沙床，保持湿润，20天左右生根；播种，一般需人工授粉才能结种，播后2～3周发芽。盆栽常用排水良好、肥沃的腐叶土，生长期每半月施肥一次，现蕾开花期增施磷肥一次。

图7-113　昙　花

观赏特性及用途　昙花枝叶翠绿，颇为潇洒；花时繁星满天，清香四溢，光彩夺目；加之其奇妙的开花习性，深受人们的喜爱，常作盆花栽培观赏。在南方可地栽，满展于架，花开时节，犹如大片飞雪，甚为奇景。

131. **石莲花**　宝石花　图7-114

学名　*Echeveria glauca* Bak.

科属　景天科，石莲花属。

形态特征　多年生草本。茎短，具匍匐枝。叶呈莲座状，倒卵形，肥厚多汁，淡绿色，表面有白粉。总状聚伞花序，花淡红色。

产地与习性　原产墨西哥。喜光，喜温暖干燥；不耐寒，冬季温度不低于10℃，怕积水；要求土壤肥沃、排水良好。

繁殖与栽培　常用扦插繁殖。室内扦插全年均可进行，插穗可用单叶、蘖枝或枝顶，剪取的接穗，待剪口干燥后再插入沙床，20天左右生根。生长期以干燥环境为好，不须多

图7-114　石莲花

浇水。

观赏特性及用途　叶片肥厚如翠玉，排成莲座状，四季青翠，姿态秀丽，形似池中莲花，是常见的观赏植物。石莲花盆栽是装饰窗台、阳台的佳品，常用来配置多浆植物插花或多种多浆植物加工组合盆景，清丽非凡，别具一格。

132. **虎刺梅**　铁海棠　图 7－115

学名　*Euphorbia milii* Ch. des Moulins

科属　大戟科，大戟属。

形态特征　灌木，高 2m 左右，分枝多；植物体具有白色乳汁。茎有棱沟线，具深褐色刺。单叶，生于新枝顶端；倒卵形，叶面光滑绿色。花有柄，苞片红色。花期 12 月至翌年 5 月。

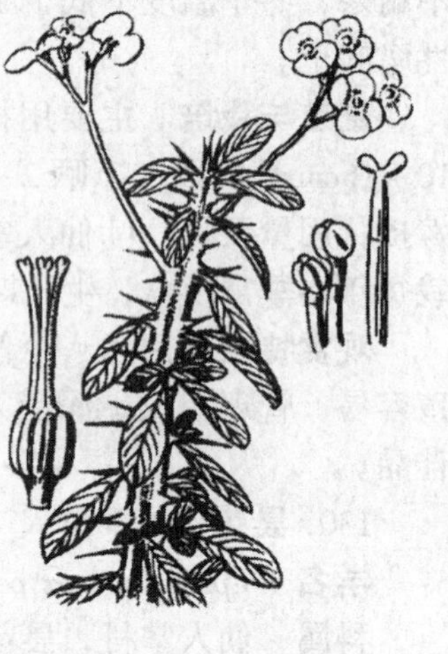

图 7－115　虎刺梅

产地与习性　原产非洲马达加斯加岛。喜温暖湿润和阳光充足环境，耐高温，不耐寒，冬季温度不低于 12℃；要求疏松、排水良好的腐叶土。

繁殖与栽培　主要用扦插繁殖。选取上年成熟枝条，剪成 6～10cm 一段，用清水洗净晾干，插于沙床，约 30 天左右生根。盆栽每年春季换盆，浇水不宜过多，每年施肥一次。

观赏特性及用途　虎刺梅开花期长，红色苞片，鲜艳夺目，是深受人们欢迎的盆栽观赏植物。虎刺梅幼茎柔软，常用来帮扎孔雀等造型，成为宾馆、商场等公共场所摆设的精品。

133. **龙舌兰**　番麻　图 7－116

图 7－116　龙舌兰

学名　*Agave americana* L.

科属　龙舌兰科，龙舌兰属。

形态特征　多年生常绿植物，茎短。叶基生，肉质，披针形；叶缘具刺状锯齿。圆锥花序顶生，着生多数小花；花淡黄色。花期 5～6 月。

产地与习性　原产墨西哥。喜温暖干燥和阳光充足环境，稍耐寒，耐旱；要求土壤排水良好、肥沃。龙舌兰科多在十年左右开花，为一次开花植物。

繁殖与栽培　分株繁殖在早春换盆时进行，将母株托出，把母株旁生的蘖芽剥下另行栽植。盆栽土壤要求腐叶土加粗沙土的混合土，生长期每月施肥一次；夏季增加浇水量，以保持叶片柔嫩；盆栽观赏，要及时去除旁生蘖芽，保持株姿美观。

观赏特性及用途　龙舌兰叶片坚挺，叶形美观大方，四季常青，常用于盆栽或花槽观赏。适用于布置小庭园和厅堂，以及花坛中心、草坪一角，能增添热带景色。

134. **松叶菊**　龙须海棠　图 7－117

学名　*Mesembryanthemum spectabilis* Haw.

科属　番杏科，松叶菊属。

形态特征　多年生常绿亚灌木，株高 30cm。茎匍匐，分枝多，红褐色。叶对生，肉质多三棱，挺直象松叶。花单生叶腋，形似菊花，色彩艳丽。花期4～5月。

图7－117　松叶菊

产地与习性　原产非洲南部。喜温暖干燥、阳光充足的环境，不耐寒，怕水涝，不耐高温，耐干旱；要求肥沃的沙壤土。

繁殖与栽培　播种和扦插繁殖。播种，在春季4～5月进行，播后10天左右发芽；扦插，春秋季均可进行，选取充实的顶端枝条，剪成6～8cm段，带叶插入沙床，插壤不宜过湿，插后15～20天生根。盆栽幼苗，盆土以稍干燥为好，当株高20cm时，需摘心剪去一半，促使多分枝，多开花；生长期每半月施肥一次，盛夏进入半休眠状态，应控制浇水。

观赏特性及用途　松叶菊茎叶繁茂，花色艳丽，是极好的盆栽观赏植物。可用于点缀阳台或窗外，亦可在室外的花坛、花槽和坡地成片布置，景观效果极佳。

135. **条纹十二卷**　锦尾鸡　图7－118

学名　*Haworthia fascicata*

科属　百合科，十二卷属。

形态特征　多年生肉质草本。无茎，基部抽芽，群生。叶三角状披针形，先端细尖呈剑形，深绿色，背面横生整齐白色瘤状突起。花序总状，小花绿白色。

图7－118　条纹十二卷

产地与习性　原产非洲南部。喜温暖干燥、阳光充足的环境条件，冬季温度不低于5℃；对土壤要求不严，但以肥沃、疏松的沙壤土为宜。

繁殖与栽培　常用分株和扦插繁殖。分株，全年均可进行，常在4～5月换盆时，将母株周围的幼株剥下直接盆栽；扦插，5～6月将肉质叶片轻轻切下，基部带上半木质化部分，插于沙床，约20～25天可生根。该种根系浅，以浅栽为好。生长期保持盆土湿润，每月施肥一次。

观赏特性及用途　肥厚的叶片，镶嵌着带状白色星点，清新高雅，深受人们喜爱，常盆栽观赏。若配以造型美观的花盆，装饰案头、书桌、茶几，别具一格，也是配置瓶景的好材料。

第八章

草坪及地被植物

随着园林事业的发展和人们对园林艺术欣赏水平的提高，草坪和地被植物已成为现代园林建设中不可缺少的组成部分，在绿化和美化城市、保护和改善环境、创造娱乐和休息场所等方面发挥着重要而不可代替的作用。

第一节　草坪植物

一、草坪的概念和分类

（一）草坪的概念

草坪与草地的含义不同，草坪是指由人工栽培的矮性禾本科或莎草科多年生草本植物组成，并加以养护管理，所形成的致密似毡的植物群体。而草地可以是人工栽培的，也可以是自然生长的，但通常不施以人工修剪，任其自然发展的植物群体。从广义的概念上，草坪也属于地被植物的范畴。

（二）草坪的分类

1. 依草坪的用途分类

(1) 观赏草坪　指以观赏为主要目的的草坪。多用于封闭起来的绿地，一般不允许游人进入活动。要求草坪植物叶细，观赏期长，茎叶整齐美观，色泽好。可选用不耐践踏但欣赏价值较高的草坪植物。

(2) 游憩草坪　指供游人散步、游憩及户外活动用的草坪。通常是铺设在公园，广场、街道、工厂、学校、医院、机关和居民区绿地中。游憩草坪宜选择耐踏，绿色期长、能适应重剪或低剪的草坪植物。

(3) 运动场草坪　指专供体育活动用的草坪，如足球场草坪、高尔夫球场草坪，棒球场草坪等。各类运动场要选用适合各体育活动项目特点的草坪植物，一般要求富有弹性、耐蹂躏、耐刈割，有健壮发达的根系，恢复能力强。

(4) 飞机场草坪　指在飞机场铺设的草坪。用于飞机场的草坪植物要求耐干旱、耐磨，管理粗放。

(5) 防护性草坪　主要指用于固土护坡、防止水土流失的草坪。多种植在水库堤坡、湖泊池岸、河岸斜坡、道路斜坡等处。这类草坪植物要求根系发达，扩展性和匍匐性好，管理粗放。

(6) 疏林草坪　指在森林公园、名胜游览区和旅游风景点内的稀疏乔木林下集中栽植的草坪。这种草坪夏日有林木蔽荫，冬天有充足阳光，是供游人假日休息活动的最佳场所。选用的草坪植物要求有一定的耐荫性和耐踏性。

(7) 放牧性草坪　指森林公园或风景区中以放牧为主兼观赏的草坪。

2. 依草坪植物品种的组合分类

(1) 单纯草坪　由一种草坪植物组成的草坪。这种草坪叶丛高矮、稠密度、叶色等都比较整齐美观，但养护管理要求精细，花费人工较多。

(2) 混合草坪　由二种或二种以上草坪植物混合组成的草坪。这类草坪的优点是通过不同草坪植物特性的互补，能延长草坪的绿色观赏期，提高草坪的使用效率和功能。

(3) 缀花草坪　指以禾本科草本植物为主，混播少量开花华丽的其他多年生草本植物组成的草坪。常用的开花多年生草本植物有水仙、鸢尾、石蒜，葱兰、二月兰、点地梅等，其量一般不超过草坪面积的 1/3。

二、草坪草的分类

草坪草分类是认识和利用草坪草种质资源的基础和指南。由于草坪草是非常实用的经济类群，因此，在实际应用中不仅可利用形态对它加以分类，亦可利用其地理分布、生长发育特点等方面对它进行分类。

(一) 依形态特征分类

形态分类方法指的是根据植物外部形态对草坪植物加以分类。在草坪植物中，绝大多数属于禾本科，也有极少数属于莎草科或其它科的，如白颖苔草等。主要草坪植物的形态分类如下：

- 草坪草
  - 禾本科
    - 早熟禾亚科
      - 羊茅属 *Pestuca* L.
      - 早熟禾属 *Poa* L.
      - 翦股颖属 *Agrostis* L.
      - 黑麦草属 *Lolium* L.
    - 画眉草亚科
      - 狗牙根属（*Cynodon* Rich
      - 结缕草属 *Zoysia* Willd
      - 野牛草属 *Buchloe* Engelm
    - 黍亚科
      - 蜈蚣草属 *Eremochloa* Buse
      - 毯草属 *Axonopus* Beauv
      - 钝叶草属 *Stenotaphrum* Trin
      - 金须茅属 *Chrysopogon* Trin
      - 雀稗属 *Psspalum* L.
      - 狼尾草属 *Pennesetum* Rich
  - 莎草科
    - 苔草属 *Carex* L.
    - 嵩草属 *Kobresia* Willd

(二) 依地理分布分类

依照其地理分布情况，可将草坪草分为暖地型草坪草和冷地型草坪草。其中，暖地型草坪草通常分布于热带和亚热带地区，包括隶属于禾本科中的画眉草亚科和黍亚科的草坪草。

冷地型草坪草通常分布于温带、寒带以及亚热带、热带的高海拔地区，包括隶属于早熟禾亚科和沙草科的草坪草。

三、草坪植物的特性

草坪植物种类繁多，以多年生和丛生性强的草本植物为主。不同的草坪植物具有不同的特性，优良的草坪植物应具有繁殖容易，生长快，能迅速形成草皮，并布满地面，耐践踏、耐修剪，绿色期长，适应性强等特点。但能具备所有这些条件的草种是不多的，这就需要因地制宜地加以选择和栽植。在草坪草种选择过程中，常采用的依据和指标如下：

（一）耐践踏性

耐践踏性是指草坪植物在践踏等机械外力的作用下，长期维持正常的生存能力，以及对以下二个因素的反应能力。第一，由于叶片，茎杆和根茎的擦伤、压坏、撕裂、磨损而引起草坪层地上部分的损害程度。第二，与草坪层地下部分有关的是土壤坚实程度，和土壤板结程度。耐践踏性是衡量草坪质量好坏的重要标志，是评价草坪承载能力大小的依据之一。它的测定标准目前我国无统一规定，国际上也标准不一。俄罗斯一位植物学者提出的标准是：在 $1m^2$ 面积上，一天内踏一千二百步，或隔日踩二千四百步，为严重践踏。隔日践踏一千二百步，为中度践踏。每六天践踏六百步，为轻度践踏。

草坪植物耐践踏性的强弱，与草种、立地条件及养护水平有关。一般来说，矮生，茎叶密集、宿根丛生的草坪植物耐践踏性强；根茎少而长，根丛疏散的草种耐践踏性差。土层疏松、土质肥沃、排水条件好，管理水平高，草坪植物生长优良，则耐践踏性较强，反之耐践踏性弱。

（二）抗寒性

抗寒性指草坪植物维持正常生长所能忍耐最低温度的能力。研究草坪植物的抗寒能力，有利于草坪植物的引种驯化，丰富各地区的草坪植物种类。

（三）抗旱性

抗旱性是指草坪植物抗干旱的能力。我国北方大多数地区春季、初夏雨少，气候干燥，选择抗旱性能强的草种有着重大意义。

（四）耐热性

耐热性指草坪植物维持正常的生理活动所能忍耐最高气温的能力。研究草坪植物的耐热性，对于草坪植物的引种推广有着重大的意义。

四、常见草坪草种类

（一）暖地型草坪草

1. 狗牙根 拌根草 爬根草 行仪芝 图 8-1

学名 *Cynodon dactylon*（L.）Pers

形态特征 多年生禾草。根茎短，匍匐茎发达，直立秆高 2.5~20cm。叶线形，宽 1~3mm。穗状花序 3~6 枚呈指状，生于秆顶，小穗灰绿色或紫色。花果期 4~10 月。

主要坪用型狗牙根品种情况见表 8-1。我国在狗牙根育种方面已取得初步进展，已先后培育出“C_1”、“C_2”及矮细型狗牙根“爬地青”等，并已在生产中得到较为广泛的利用。

产地与习性 世界广布种，从 53°N~45°S，从海平面以下到海拔 3 000m 范围内都有它的分布。在我国主要分布于黄河流域及其以南地区，新疆、西藏等地也有分布。高度耐热，但耐寒性中等，一般日均温降到6~9℃时，生长缓慢。在干旱半干旱地区，常分布于江、河及沟渠沿岸。耐旱性强，也耐盐碱，非常耐践踏，但最怕荫蔽。

繁殖与栽培　营养体或种子繁殖。利用匍匐茎建植草坪速度较快，在其生长期1~2个月即可成坪；利用种子直播，则需要一个生长季才能形成良好的草坪。狗牙根一般修剪高度为1.5~2.5cm。该种草坪需经常修剪或践踏，才可形成高质量的草坪。狗牙根最常见的病害为枯萎病，该病常由高温高湿等因子诱导产生，可用代森锌或甲霜灵锰锌加以防治。

观赏特性及用途　可广泛地应用于各种运动草坪、休憩草坪及保土草坪。

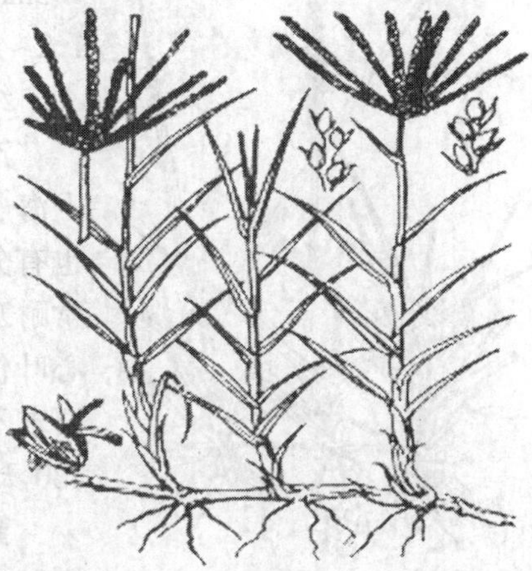

图 8-1　狗牙根

表 8-1　主要坪用型狗牙根品种简介

品种名称	登记时间	培育单位	基本特征（特点）和用途
Tiflawn	1951	美国农业部海岸平原试验站	密度高、恢复快、草层矮、抗病，用于运动场及公共绿地。
NK-37	1950s	美国	是 *C. dactylon* var. *aridus* 的一个选系，用于水土保持。
Greenfield	1955	美国俄克拉荷马农业试验站	中等质地、耐寒返青早、耐瘠，应用范围同 Common，可用于水土保持。
Common	1963	美国	种子繁殖，质地中粗，耐寒性较差，养护水平低。
U-3	1960s	美国高尔夫协会草坪分会	营养或种子繁殖，质地中粗，耐寒性好，养护水平中等。
Guymon	1982	美国俄克位荷马农业试验站	深绿，质粗，耐寒。用于水土保持和一般用途。
Numex Sahara	1987	美国新墨西哥农业试验站	节短较密，质地较好，耐旱，越夏表现好，种子繁殖。
Tifton 10	1988	美国农业部海岸平原试验站	质地较粗，蓝绿色，平用价值高，生长较快几乎不结实，可做运动场草坪。
Sonesta	1991	美国新墨西哥农业试验站	质地中等，种子生产。
Cheyenne	1992	美国	能耐-30℃低温，质地较好，养护水平低。
Primavera	1992	美国 Farmer-arketing Corp.	草质与 Numex Sahara 相近，但茎更细，种子产量与 Common 接近。

2. 结缕草　大爬根　延地青　老虎皮草　图 8-2

学名　*Zoysia japonica* Steud

形态特征　长期多年生禾草，具发达的根茎和匍匐茎、株高为15~20cm，叶革质，宽2

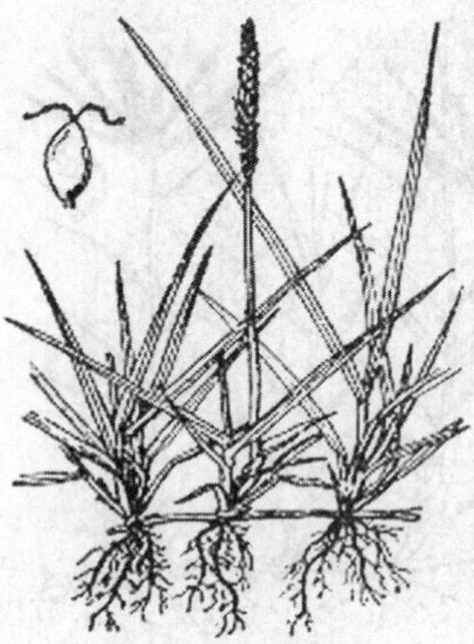

图 8-2 结缕草

~5mm，总状花序，小穗卵圆形，宽 1.2mm。颖果卵形，长 1.2~2mm。花果期 4~8 月。

结缕草的一些主要商品品种如表 8-2 所示。

产地与习性 分布于吉林、辽宁、山东、河北、河南、上海、江苏、安徽、浙江、福建及台湾等地。在日本和朝鲜也有分布。常生长于滨海、路边、河岸及丘陵地。耐热且非常耐寒，在 -33℃低温下可安全越冬。当气温≤-10℃时，心叶仍绿；耐湿，也耐中等干旱；喜光，亦耐半荫。对土壤要求不严，适生土壤的 pH 值为 5.5~7.5，在哈尔滨绿期为 130 天，在成都绿期为 280 天。

繁殖与栽培 可用种子建坪，但需对种子进行处理，否则种子自然萌发率较低（≤25%）。由种子直播的结缕草苗期生长缓慢，需管理 1~2 年，才可形成成熟草坪，而利用营养繁殖方法如利用匍匐茎建坪，一个半月到 2 个月即可成坪。只需低水平管理，即可获得较好的草坪景观。冬季草坪虽枯，但色泽引人，形态不变，亦有很强的观赏价值。

观赏特性及用途 可广泛应用于运动草坪、休憩草坪及保土草坪的建植。

表 8-2 结缕草的一些商品品种

栽培品种	发布日期	草坪特性	适应性	评论
Meyer Japonica	CRDARS &USGA 1951	粗糙质地，中等密度，根茎多，匍匐茎生长良好。	抗寒，生长期短，耐热，抗旱。	野生，补播困难，冬季金黄色。
Emerald Hybrid	Georgia AES USDA 1955	质地中等，匍匐茎稠密。	春季中期开始变绿，抗寒、抗热，但不耐荫。	对叶斑病、钱斑病，褐斑病、锈病敏感。
Belair Z. japonica	USDA 1985	叶片粗糙中等，质地好，密度好。	抗寒，秋季绿色好，耐热、抗旱。	抗锈病，冬季金黄色，补植困难。
Eltoro Z. japonica	美国加州河边 1986	质地粗糙中等，开阔覆盖。	绿色中等，秋季颜色好。	侧生匍匐茎开阔，覆盖很快。
FC13521 Z. matrella	Alabama AFS 1930	质地好，滋生芽非常稠密。	不耐寒、不抗旱。	生长速度慢，有限的生产面积。

3. 沟叶结缕草 马尼拉草 台湾草 图 8-3

学名 *Zoysia matrella* Merr

形态特征 直立杆高 5~15cm，基部节间短，密度明显高于结缕草与中华结缕草。叶质较硬，宽 1~2mm，与结缕草和中华结缕草相比，叶色更为青绿。总状花序线形，颖果长卵形。花果期 4~10 月。

产地与习性 广布于亚洲和大洋洲热带和相邻的亚热带地区，多生于海岸沙地。在我国主要分布于广东、海南及台湾等地。由于引种驯化的缘故，现已栽培到天津、青岛一带。喜热，喜湿，较耐寒、耐旱、耐盐。热带常绿，亚热带及以北地区为夏绿。

繁殖与栽培　普遍采用营养体繁殖方法建坪。常采用满铺、点铺及条铺方法。采用匍匐茎繁殖，约2个月便可成坪。成熟草坪细密，易感染锈病和褐斑病。易产生枯枝层。修剪高度一般为3.0～4.5cm。在马尼拉草坪建坪多年后，可采用间铲（即间隔50cm）的方法使草坪在3～4年内加以更新。

观赏特性及用途　一般多用于公园、游乐园及庭院等休憩草坪的建植中。

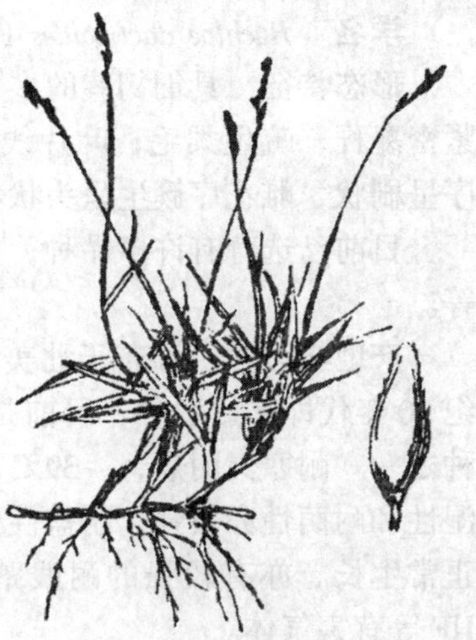

图8－3　沟叶结缕草

4. 细叶结缕草　天鹅绒草　绒毡草　图8－4

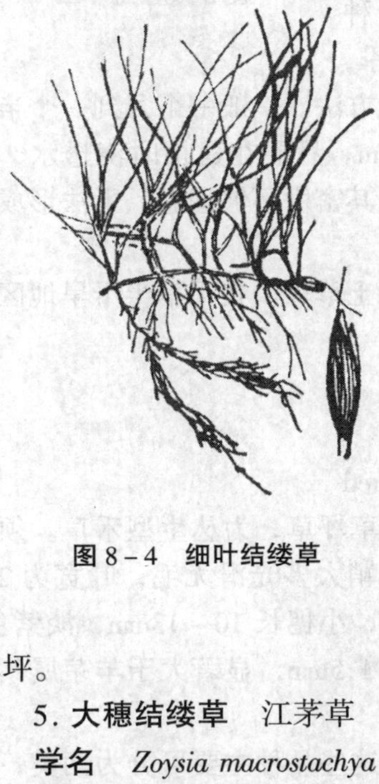

图8－4　细叶结缕草

学名　*Zoysia tenuifolia* Will.

形态特征　匍匐茎很发达，较马尼拉更细更密更柔。叶宽为0.5～1.0mm。秆高5～10cm。小穗狭窄披针形，花果期5～10月。

产地与习性　主要分布于日本、菲律宾、韩国及中国台湾省。目前已在我国黄河流域及以南地区广泛种植。欧美许多温暖地区均有引种。耐高温干旱，但耐寒性、耐荫性、耐践踏性均较差。易染锈病和褐斑病。在草坪未得到适度养护时，草坪常出现垛状和枯草层，影响景观及其使用。

繁殖与栽培　与沟叶结缕草的繁殖、栽培方法相同。

观赏特性及用途　多用于轻度践踏的各种开放草坪，如儿童游乐场、办公区、医院及庭院草地，也常用于观赏草坪。

5. 大穗结缕草　江茅草　图8－5

学名　*Zoysia macrostachya* Franch.

形态特征　与其他结缕草的最大区别在于其花序基部为叶鞘包裹，且小穗宽≥2mm，总状花序，黄绿色。

产地与习性　分布于我国辽宁、山东、江苏及浙江省的沿海。日本也有分布，常生于滨海沙地、江河沿岸以及荒野草地。耐盐碱能力特别强，能在含盐量为1.2%的盐碱沙质土的海滩上顽强生长，耐湿性也很强。

繁殖与栽培　由于大穗结缕草结实率高，种子资源丰富，可用种子建坪。与结缕草一样，种子须经处理才能有较高的发芽率。

观赏特性及用途　可用于重盐碱区草坪建植。

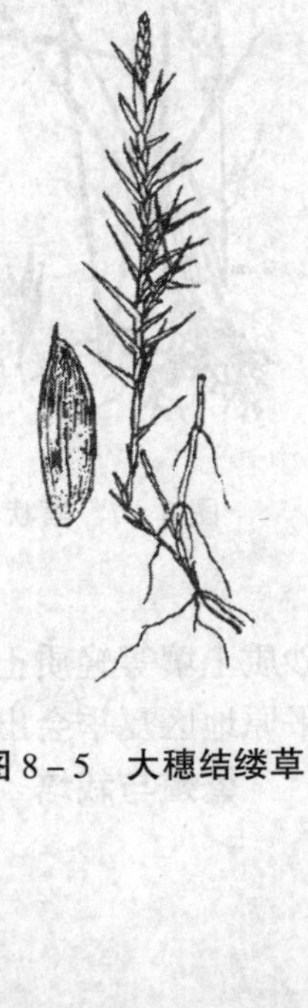

图8－5　大穗结缕草

6. 野牛草　水牛草　图8－6

学名 *Buchloe dactyloides*（Nutt.）Engelm

形态特征 具匍匐茎的多年生禾草。秆高为5~25cm。叶鞘紧密裹秆，疏生柔毛；叶片线形，宽1~2mm。雌雄异花，雄花序呈刷状，雌花序簇生呈头状花序。花果期秋季。

目前已选育有许多品种，如Texoka，Prairie，Topgun及Plains等。

产地与习性 分布于北美洲大平原干旱地区。我国自20世纪30年代即开始引种，目前是我国北方推广面积最大的草坪草种之一。耐寒又耐热，-39℃下仍能正常越冬。耐旱性极强，耐湿性和耐荫性亦较强。耐盐性强，在pH 8.2~8.4的盐土，仍能正常生长。亦有较强的耐践踏能力。此外，野牛草亦耐SO_2及HF等有害气体。

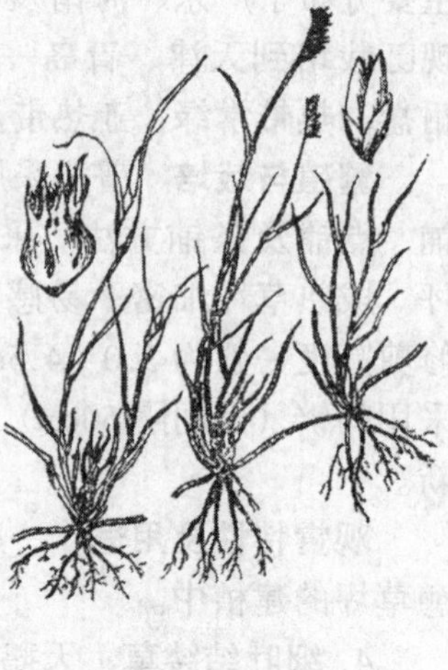

图8-6 野牛草

繁殖与栽培 既可利用种子建坪，亦可采用营养体建坪。种子建坪一般播后7~16天才出苗，形成成熟草坪需一个生长季，且易受同期杂草危害。因此，生产上应用较多的为营养体建植方法。一般一个月到一个半月即可成坪。野牛草极耐粗放管理，一般修剪高度为1.5~5.0cm。只要在建植时浇透水，定植后无需再加灌溉。施肥及灌水可明显改善野牛草景观。只是其密度不够理想，无法形成弹性很好的草坪。

观赏特性及用途 多用于公园、风景区、休憩草坪以及保土草坪。在干旱半干旱地区无灌溉条件下，亦用于高尔夫球场的球道甚至球洞区。

（二）冷地型草坪

7. 苇状羊茅 苇状狐茅 高羊茅 图8-7

学名 *Festuca arundinacean* Schred

形态特征 短期多年生冷地型草坪草，为丛生型禾草。须根发达，入土甚深。秆直立光滑，叶鞘大多光滑无毛，叶宽为2~7mm。圆锥花序开展，长10~20cm，小穗长10~13mm，淡紫色。颖果种子长3.4~4.2mm，宽1.2~1.5mm，显著大于羊茅属其它种。

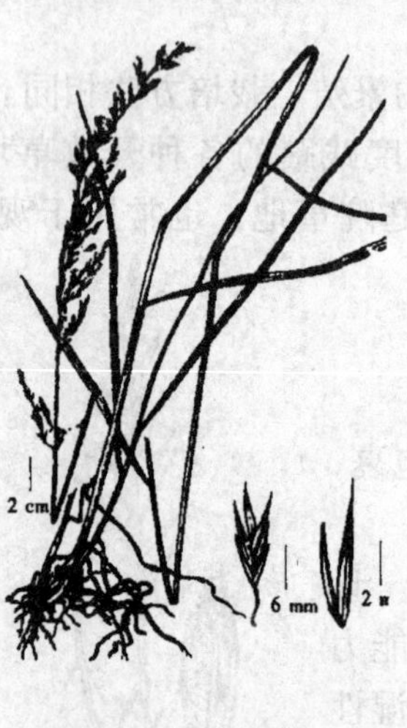

图8-7 苇状羊茅

目前的品种均引自美欧等国。这些品种主要可分为两类，一类品种植株高大，叶片粗糙直立，形成的草坪密度低，景观差，如Alta，Kentucky，Kentucky-31，Mustory等。另一类较纤细低矮，形成草坪较矮，景观亦较好，如Olympic，Rebel Sport-Ⅱ等。介于其中的也有一些品种，如Hauntdog等。

产地与习性 分布欧亚大陆，我国分布于新疆和东北地区。耐寒性和耐热性均强。既耐干旱，又耐湿润。既耐酸性土壤（pH=4.7），又耐碱性土壤（pH=8.5）。喜光，但中等耐荫。除砂质土壤等轻质土壤外，均宜生长。然而，在高温高湿下，容易染病，在长江中下游及以南平原地区夏季会出现不同程度的休眠，甚至成片死亡，影响了草坪夏季的表现。

繁殖与栽培 通常用种子直播法建立草坪，春秋季播种。播量为25~35g/m^2。常与多年生黑麦草和草地早熟禾混播，需4~5个月长成成熟草坪。苇状羊茅一般只做低水平管理，修剪留茬高度为5~8cm。由于它垂直生长速度快，故应定期修剪。

观赏特性及用途　多用于一般性的地面覆盖和保土草坪建植。如高尔夫球场的长草区以及园林绿化中的大片绿地建植等。

8. **紫羊茅**　红羊茅　紫狐茅　红狐茅　图8-8

学名　*Festuca rubra* L.

形态特征　长期多年生冷地型草坪草，为疏丛根状茎型。须根发达，茎杆丛生。叶宽1~2mm，叶鞘基部红棕色且呈破碎纤维状。园锥花序狭窄，小穗淡绿色。颖果种子长2.5~3.2mm，宽1mm。

该种的品种多由欧洲育成。用于草坪草的主要变种有：匍匐紫羊茅 *F. rubra* var. *rubra*、毛叶紫羊茅 *F. rubra* var. *trichophylla* 和细叶紫羊茅 *F. rubra* var. *commutata*，其中，细叶紫羊茅无根状茎。匍匐紫羊茅的重要品种有 Ensylva，Pennlawn，Commodre 及 Rapid 等。毛叶紫羊茅的品种有 Dawson，Palar 等，细叶紫羊茅的品种有 Banner，Barfalla，Center，Beauty 等。

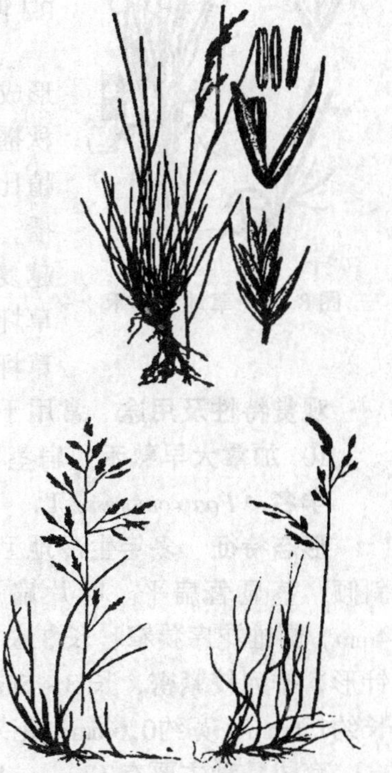

图8-8　紫羊茅

产地与习性　广泛分布于北半球的温带和寒带，我国东北、华北、西北、华中、西南等地区均有分布。耐寒耐旱，可耐-30℃低温。耐荫性强，可耐50%~70%荫蔽。对土壤要求不严，适宜于pH值6.0~6.5范围内的沙质到壤土，但不如苇状羊茅耐湿。适宜于暖温带、温带、寒带地区种植。

繁殖与栽培　可用种子和营养体（草块）繁殖。秋播效果较好。播量为12~20g/m^2。除单一播种外，还可与黑麦草和早熟禾等混播。营养体繁殖一般以1:5的比例种植。在管理方面比较粗放。春、秋季宜施氮肥。夏季休眠期不宜施肥。虽为长期多年生禾草，但因密度很高，芜枝层厚，一般3~5年须加以更新。

观赏特性及用途　可用作庭院及公共绿地、保土草坪及园林镶边材料使用，亦可与其他草种混播用于运动草坪。

9. **草地早熟禾**　六月禾　多年生早熟禾　图8-9

学名　*Poa pratensis* L.

形态特征　多年生冷地型草坪禾草，具根状茎，茎杆直立。叶线型，叶尖较钝，宽2~4mm。圆锥花序开展，长13~20cm；小穗长4~6mm，含3~5个小花。颖果呈纺锤形，3枚，长1.1~1.5mm，宽0.6mm，花果期4~8月。

到目前为止，国外已育成品种200余个，我国生产上草地早熟禾品种基本依靠引进。系统选育出的品种如 Park Delta，South Dakota Centified，Kenblue 等植株较高大，仅需一般管理。经过改良过的品种质量较高，需要较高水平养护，修剪高度2.5~6.4cm，这些品种包括 America，Broadway，Glade，Merit，Midnight，Wabash 等。

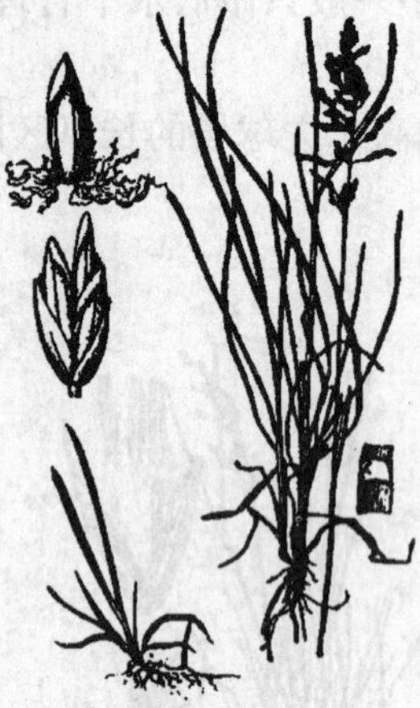

图 8－9 草地早熟禾

产地与习性 广布于欧亚大陆温带及寒带，我国东北、西北、西南、华北及华东冷凉湿润生境均有分布，是典型的寒地型草坪草种。抗寒性强，在 -38℃下可安全越冬，但耐热性较差，在气温高于 32℃，生长速度相应减弱。耐旱性和耐热性较差，在干旱或炎热的夏季，生长缓慢或停止。高温高湿下易于感病。适宜生于 pH 值为 6.5～8.3 的肥沃且排水良好的土壤。

繁殖与栽培 通常用种子直播法建坪。一般需要一个生长季形成成熟草坪。在黄河以北地区，春播为佳，在黄河以南地区，秋播较好。种子播量 6～8g/m^2。也有利用营养体建坪的，一般栽植比例为 1:3。草地早熟禾经常与多年生黑麦草或（和）紫羊茅混播，以增强草坪抗性。每年修剪 3 次以上。早春抽穗开花前一次，越夏前一次，越冬前一次。一般情况下，草坪寿命达 5 年以上。因草坪易出现芜枝层，需定期加以改良，如切断根状茎等，以延长草坪寿命。

观赏特性及用途 常用于庭院、公共绿地以及运动草坪建植。

10. 加拿大早熟禾 扁茎早熟禾 图 8－10

学名 *Poa compressa* L.

形态特征 多年生冷地型草坪禾草，具根状茎，秆直立或基部斜倾，茎显著扁平。叶片扁平或边缘稍内卷，蓝绿色，叶宽 1～4mm。圆锥花序狭窄，长 3.5～11 cm，宽 0.5～1mm。小穗卵圆状披针形，排列较紧密，长 3～5mm，含 2～4 小花。颖果，种子纺锤形，长约1.6mm，宽约0.6mm。花果期5～6月。

育成品种主要有 Canon，Rablue 及 Reubens 等。

图 8－10 加拿大早熟禾

产地与习性 原产欧亚大陆西部，广泛栽培于北美。我国天津、青岛及江西庐山等地有分布。目前我国生产上所用的均为引进品种。适宜冷凉温带气候，喜阳耐荫。既耐潮湿，又耐干旱和瘠薄土壤。缺点是耐热性差。在北京青绿期可达 260～270 天。

繁殖与栽培 种子建坪或草块栽培建坪。播期于春秋季进行。通常播种量为 6～8g/m^2。约需一个生长季长成成熟草坪。用草块栽植，比例为 1:4～8。该草种既可单播，亦常与草地早熟禾等混播，以明显提高草坪适应性。由于加拿大早熟禾生殖枝数量较多，因此，需加强修剪，以抑制其生长。

观赏特性及用途 因其所形成草坪密度较低且花序较多，因此，常用于保土草坪的建植。

11. 早熟禾 小鸡草 一年生早熟禾 图 8－11

学名 *Poa annua* L.

形态特征 一年生或越年生冷地型草坪草，秆细弱丛生，高 8～30cm。叶鞘自中部以下闭合，叶舌钝圆；叶尤柔软，宽 1～5mm。圆锥花序展开，长 2～7mm，分枝每节 1～2（3）枝，颖与外稃质地较厚，第一颖 1～3 脉，基盘无绵毛，颖果纺锤体。花果期 4～5 月。

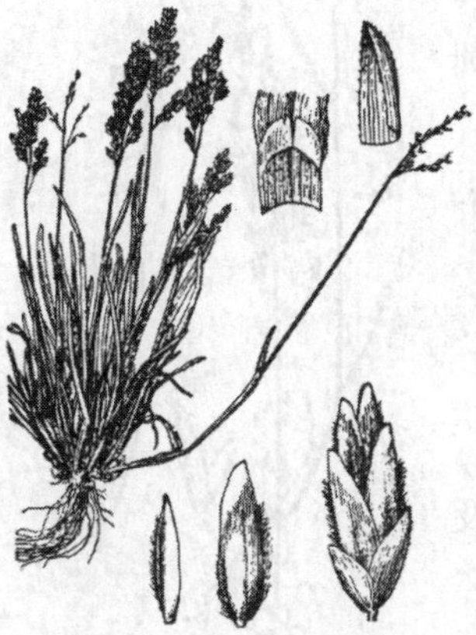

图 8－11　早熟禾

产地与习性　世界广布种。我国各地区均有分布，多生长于路旁、草地或荫湿地。喜冷凉湿润气候。耐寒性强，在－20℃低温下能顺利越冬，－9℃下仍保持绿色。既喜光，又耐荫，可耐50%～70%郁闭度。抗热性较差，在气温达到25℃左右时，逐渐枯萎。对土壤要求不高，但在肥沃湿润土壤上生长最好。温寒带夏绿，热带亚热带为冬绿草。具很强的自播能力。

繁殖与栽培　通常用播种法建坪，播量5～7g/m^2，2～3个月成坪。用草块栽植，比例常为1:4～6m^2。由于耐旱性较差，充分灌溉是必不可缺的。由于早熟禾草层低矮致密，一般不需强化管理，但需满足其对水肥要求。

观赏特性及用途　可用于公共绿地或观赏草坪，亦可用暖地草坪草的冬季盖播。

12. **匍茎剪股颖**　匍匐剪股颖　四季青　图 8－12

学名　*Agrostis stolonifera* L.

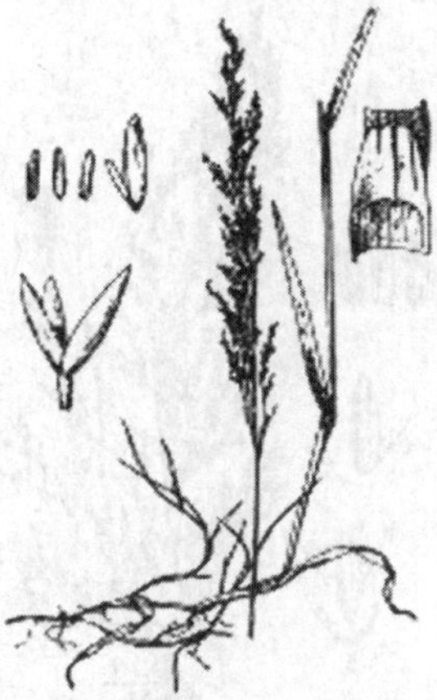

图 8－12　匍茎剪股颖

形态特征　长期多年生冷地型草坪禾草。秆基部有8cm以上的茎杆匍匐地面生长，无根状茎存在。叶鞘略紫，叶宽3～4mm，具小刺毛；叶舌长2～7mm。圆锥花序卵状长圆形，绿紫色，成熟时呈紫铜色，长11～20cm，宽2～5cm；花序分枝下部常无小穗着生，小穗长2～3mm。颖果长1mm，宽0.4mm。花果期6～8月

主要品种基本来源于欧美等国，包括两大类型：一类为营养繁殖品种，包括Washington，Toronto，Cohanssay等，这些品种一般较为细密且均一性很高；另一类为种子繁殖品种，如Carman，Egmont，Penncross，Seaside等等，这些品种相对较为粗糙且均一性较差，即使是种子繁殖品种，也可利用营养体来繁殖。

产地与习性　广布于欧亚大陆温带地区及北美，我国的甘肃、河南、河北、浙江及江西等地有分布，常生长于河滩谷地。喜冷凉湿润气候，不耐干冷气候。耐热性与草地早熟禾相似。高温高湿下极易染病。耐荫性略强于草地早熟禾，较紫羊茅差。再生力很强，非常耐低剪。在肥沃湿润且排水良好的土壤上生长良好，耐盐碱能力强于草地早熟禾，但较黑麦草差。在华北地区全年青绿期250～260天，在亚热带到热带为冬绿草。

繁殖与栽培　种子和匍匐茎均可用于草坪建植。种子播量为3～5 g/m^2，可在春季和秋季播种。匍匐茎栽植比例为1:7～10，可于1～1.5个月后成坪。养护中需注意及时灌溉和勤修剪，以减少芜枝层的形成。在大陆性气候下，3～5年需更新一次，包括切断根系以增强土壤透气能力。

观赏特性及用途　常用于运动草坪如高尔夫球场果岭和发球台上，亦用于保龄球场和草地网球场上，也常用于公共绿地和保土草坪建植。

13. **细弱剪股颖**　棕顶草　图 8－13

学名　*Agrostis tenuis* Sibth

形态特征　为长期多年生冷地型草坪草。具有短的根状茎。秆丛生直立，高20～36cm。

叶质地较硬，宽 1~2mm，叶舌长 1 mm。圆锥花序长圆形，长 5.5~10cm，宽 1.7~3.5 cm，暗紫色，小穗长 1.5~1.7mm。种子长椭圆形，黄褐色。花果期 6~8 月。

欧美选育品种甚多，我国目前引种的有 Astoria，Bardot，Exeter，Highland，Traeenta 等等。

产地与习性 分布于欧亚大陆的北温带地区，我国产于山西。除耐旱性略强和侵占性较差外，其他与匍茎剪股颖相似。

繁殖与栽培 与匍茎剪股颖相似。

观赏特性及用途 除用于休憩草坪外，也可用于高尔夫球场及保土草坪建植。

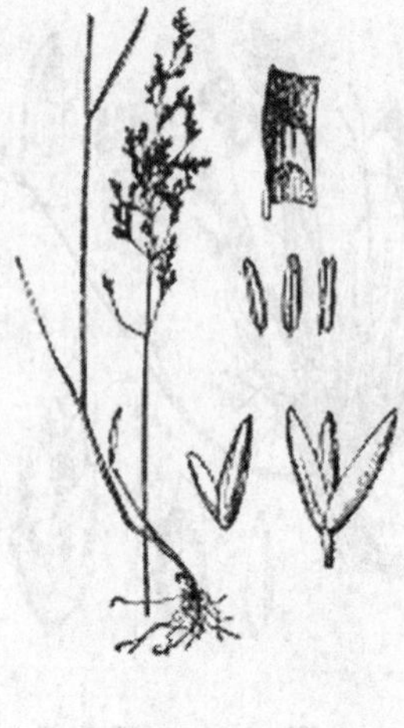

图 8-13 细弱剪股颖

14. **小糠草** 红顶草 糠穗草 白剪股颖 图 8-14

学名 *Agrostis alba* L.

形态特征 为长期多年生冷地型草坪草。具细长根状茎，秆基部膝曲 5~6 节。叶鞘无毛，多短于节间，叶宽 3~7mm，边缘及叶背有小刺毛。圆锥花序尖塔形，疏散开展，长 14~27cm，宽 6.5~10cm，绿色或带紫红色，成熟后呈黄紫色。由于抽穗期草坪顶部呈鲜艳美丽的紫红色，别名红顶草。小穗长 2~2.5mm，基盘两侧有短毛，颖果长椭圆形，长 1.1~1.5mm，宽0.4~0.6mm。花果期6~8月。

产地与习性 分布于欧亚大陆及北美洲温带，我国华北、东北、西北、西南及长江流域均有分布。生态习性与匍茎翦股颖和细弱翦股颖相比，耐旱性、耐寒性和耐热性较强，喜湿润。

繁殖与栽培 由于种子产量较高，常用种子直播法建坪，播量 4~6g/m^2，春秋季播种。此外，可也用营养体如草块和根状茎繁殖，比例 1∶7~10。小糠草适应性较强，养护较为简单。除给予适当的肥水外，修剪是很重要的养护手段，否则，生殖枝会使其坪用价值大大降低。修剪高度一般为 5cm 左右。

图 8-14 小糠草

观赏特性及用途 常用于保土草坪建植。欧美、日本等国也常将小糠草与草地早熟禾、紫羊茅等混栽，用于公园、庭园及足球场草坪建植，但小糠草比例通常不超过 10%。

15. **黑麦草** 多年生黑麦草 宿根黑麦草 图 8-15

学名 *Lolium perenne* L.

形态特征 短期多年生冷季型草坪草，具有细弱的根状茎，须根稠密。质地柔软，自然高度 30~60cm，叶宽 3~6mm。穗状花序，颖短于小穗，具 5 脉，外稃披针形，具 5 脉，无芒，基部有明显基盘，顶端通常无芒或上部小穗具有短芒。第一外稃长 7mm，内外稃等长，背上生短纤毛。花果期 5~7 月。

目前在生产上使用的品种较多，如 Derby，Elka，Gator，Ph.D 等等，其耐寒性、耐热性或抗旱性较未经改良的品种都有不同程度的提高。

产地与习性 原产西南欧、北非及亚洲西南部等地区，世界许多国家及地区如北美、澳

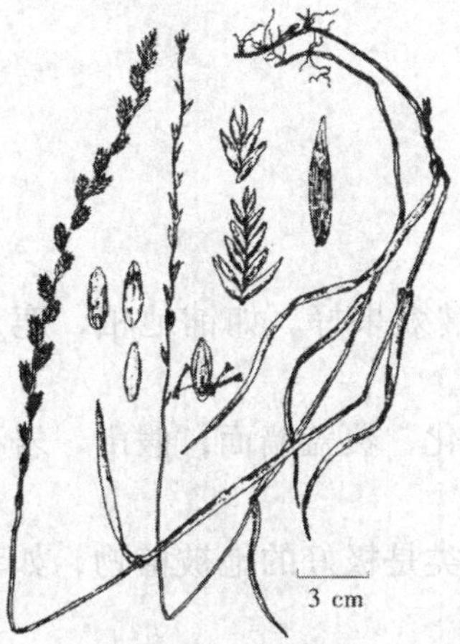

图 8-15　**黑麦草**

洲及东亚等地均有引种。喜温凉湿润气候。生长最适温度 20~27℃，土温 15℃时分蘖最多，-10℃仍可保持绿色，耐-15℃低温，年降雨量 1 000~1 500mm 的地区生长良好。干旱可以加剧低温或高温的不良影响。喜光，耐荫性差，要求土壤中等肥沃，排水良好。

繁殖与栽培　采用种子播种。南方一般秋播，北方多春播。单播量 25~35g/m^2，播后 4~7 天出苗，苗期生长较快。一般播后 3~4 个月即可形成中等密度的成熟草坪，修剪高度一般为 3.8~6.4cm。养护水平一般。

观赏特性及用途　既可用作混合草坪、基本草种建植运动草坪，也可用于混合草坪的先锋草种，如配合草地早熟禾或高羊茅使用（10%~20%单播用量），也是暖地草坪冬季盖播的主要草种。

第二节　地被植物

一、地被植物的形态特征

地被植物，就是指那些自然高度贴近地面的植物。因此，低矮是其形态的首要特征。通常园艺工作者们将这一高度的标准定为 1m。需要指出的是，有些植物在自然生长条件下，植株高度超过 1 m，但是，它们具有耐修剪或苗期生长缓慢的特点，通过人为干预，可以将高度控制在 1m 以下；有些植物在攀援或缠绕它物生长后，其茎（蔓）叶贴近附着物，对附着物起保护作用或形成美丽的景观，园艺工作者也将其归为地被植物一类。

种植地被植物的目的是期望获得较大的地面覆盖度，而较大的覆盖度，不仅决定于叶片数量、面积，更决定于茎（蔓）的匍匐生长和分枝。由此可见，扩展性强是地被植物形态的又一特征。

除了上述两点之外，地被植物形态的另一特征是可观赏性。事实上，植物的种类是极其丰富的，但作为人工栽培，必然会受到人们的选择。因而，绝大多数地被植物都具备良好的叶态、花态、果态和植株的姿态，或者具备其一二。

二、地被植物的生物学特性

从形态的角度进行考察，人们选出了许多种植物作为地被植物。这类植物在具有地被形态的同时，也具有各自的特性，这些特性可以归纳如下：

1. 多年生，除少数草本植物之外，大多为一次种植，多年享用。
2. 自繁或易繁，植物体能够自行繁殖或人工繁殖简单，成苗率高。
3. 青绿期长，在一年内保持绿色覆盖的时间较长。
4. 管理粗放，没有精细的人工养护也能良好生长。
5. 特殊抗性，对气候的寒、热，环境的荫、湿，土壤的酸、碱、旱等因素具有较强的抗性。

三、地被植物的分类

(一) 按生活型分类

1. 木本地被植物

(1) 矮生灌木类　这类植物一般枝叶茂密，丛生性强，观赏效果好。如铺地柏，鹿角柏、爬行卫矛，连翘，紫穗槐等。

(2) 攀援藤本类　这类植物具有攀援习性，主要用于垂直绿化，覆盖墙面，假山、岩石等，如爬山虎、紫藤、凌霄、蔓性蔷薇等。

(3) 矮竹类　竹类中有些茎秆低矮、耐荫、宜粗放管理的种类是极好的地被植物，如菲白竹、箬竹、倭竹等。

2. 草本地被植物

草本地被植物在实际中应用最为广泛。其中又以多年生宿根、球根类最受欢迎。

(1) 一、二年生地被植物　这类植物繁殖容易，自播能力强，如紫茉莉，二月兰、鸡冠花等。

(2) 球宿根地被植物　如鸢尾、麦冬、吉祥草、葡萄水仙，玉簪、铃兰等。

3. 蕨类

在自然界中，蕨类植物常在林下附地生长，如贯众，铁钱蕨、凤尾蕨等大多喜荫湿，是园林绿地林下地被的好材料。

(二) 按应用范围分类

1. 空旷地地被植物　指在阳光充足的场地上栽培的地被植物。这类地被植物多喜光，在荫蔽处生长不良，如鸡冠花、半枝莲、石竹等。

2. 岩石地被植物　指覆盖于山石表面或配置于山石边的地被植物。如常春藤、金银花、络石等，使山石增加生气，又如石菖蒲、石蒜、菲白竹、匍地柏等点缀于山石边，能增添诗情画意，使景色更美。

3. 坡地地被植物　指土坡、河岸边等处种植的地被植物。主要起防止冲刷、保持水土的作用。如红花酢浆草、枸杞、紫穗槐等。

4. 林缘及林下地被植物　指在乔木林下或林缘种植的地被植物。由于林下浓荫湿润，宜选用耐荫地被植物。如玉簪、铃兰、吉祥草、麦冬等。

四、常见地被植物

16. 白芨　凉姜　紫兰白根　图 8 - 16

学名　*Bletilla striata*（Thunb.）Reichb.f.

科属　兰科，白芨属。

形态特征　多年生草本。植株高 20 ~ 60cm。球茎肉质白色、扁平，外有荸荠样的环纹。叶 3 ~ 6 片，广披针形至长椭圆形，长 10 ~ 40cm，宽 2 ~ 6cm，无毛，先端渐尖，基部鞘状抱茎。花梗自叶丛中抽出，总状花序，顶生，有花 3 ~ 8 朵；花红紫色，唇瓣抱蕊柱，内有白色纵褶，上部 3 裂，两侧裂片耳状，中裂片边缘有波状齿。蒴果纺锤状，成熟时淡黄色。种子极小。

产地与习性　原产我国，长江流域各省均有分布。日本、朝鲜也有分布。喜温暖、荫湿环境，不耐寒。夏季高温干旱时叶片易发黄。3月下旬萌发，花期4～5月，果期10～11月，下霜后地上部枯萎。

繁殖与栽培　多采用分株繁殖，分株时间从秋季至翌春均可。栽培宜选择排水良好，肥沃的砂壤土或腐殖质壤土。将球茎分成小块，每块有芽眼1～2个。栽植深度为3～5cm，株距约20cm。生长期保持土壤湿润，花谢后施一次饼肥和少量过磷酸钙。

观赏特性及用途　白芨的花色艳丽，是一种十分美丽的耐荫观花地被植物。可种于疏林下或其它蔽荫处。也可作盆栽或切花。

图8－16　白　芨

17. 白三叶草　白车轴草　图8－17

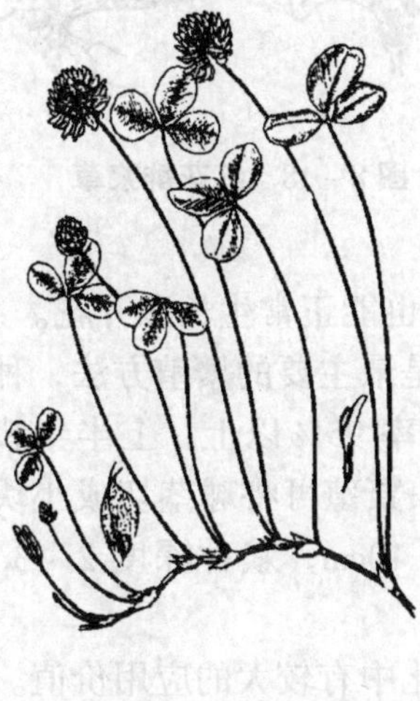

图8－17　白三叶草

学名　*Trifolium repens* L.

科属　豆科，车轴草属。

形态特征　多年生草本，高约30～40cm。直根性，多分枝，茎匍匐，无毛。掌状三出复叶，具长柄；小叶倒卵形至倒心形，边缘具细锯齿，叶面中央有“V”形白斑。总状花序，小花密集成头形，总花梗生于匍匐茎上，高于叶；花萼筒状，萼齿5；花冠白色或略带红色。荚果倒卵状矩形，含种子2～4粒，种子黄色。

白三叶分小白三叶（野白三叶）、中等白三叶（普通白三叶）和大白三叶3种类型。大白三叶原产意大利，株体比普通白三叶大，喜温暖湿润气候，耐寒及耐旱性较弱。我国栽培的多为普通白三叶。

产地与习性　原产欧洲。在北极圈边缘至赤道高海拔地区均有分布。我国广泛栽培。喜温暖湿润气候。喜光，能耐半荫，不耐干旱、盐碱，耐热性不强，耐寒性强。我国长江流域以南地区生长，冬季不枯。种子成熟期不一致，边开花边结籽，种子成熟后自行脱落，能自播。根分蘖能力和再生能力强，匍匐茎长30～60cm，能节节生根，并于叶腋长出新的匍匐茎向四周蔓延，侵占性强。花期6～7月。

繁殖与栽培　常用种子繁殖。春播或秋播均可。白三叶草的种子很小，千粒重仅0.5～0.7g。采用撒播法，种子用量75～90g/m²。整地应精细。苗期生长缓慢，应注意中耕除草，一旦长成后即竞争力很强，不需中耕除草。

观赏特性及用途　白三叶草根系发达，是优良的固土护坡植物。其还具有地面覆盖度好，花期长的特点。在园林设计中，可作护坡植物栽培，观赏效果很好。白三叶草也是优良的牧草。

同属植物

红三叶草 *T. pratense* L.　又名红车轴草。与白三叶草的主要差别是：无总花梗，花红色，种子棕黄色或紫色。

杂三叶草 *T. hybridum* L. 又名瑞典三叶草。花粉红色，种子暗绿色。其形态介于白三叶草和红三叶草之间，但它不是两者的杂交种，而是一个独立的种。

18. **红花酢浆草** 三叶酢浆草 图 8－18

学名 *Oxalis rubra* A.St.HIL.

科属 酢浆草科，酢浆草属。

形态特征 多年生草本。茎球形，多数生于地下，为不典型的球茎。株高 20～25cm。叶片、叶柄及花梗均有酸味。球茎直径 0.5～3 cm。叶与花基生，叶柄细长，顶端小叶 3 片，成三出复叶。总花梗与叶柄等长或长于叶柄，顶生小花 3～10 朵，成不规则伞形花序；花瓣 5 片，基部连合，开放前或闭合时成螺旋状排列，玫瑰红色，下半部具有紫红色条纹，花径 1.6cm。角状蒴果，种子细小。

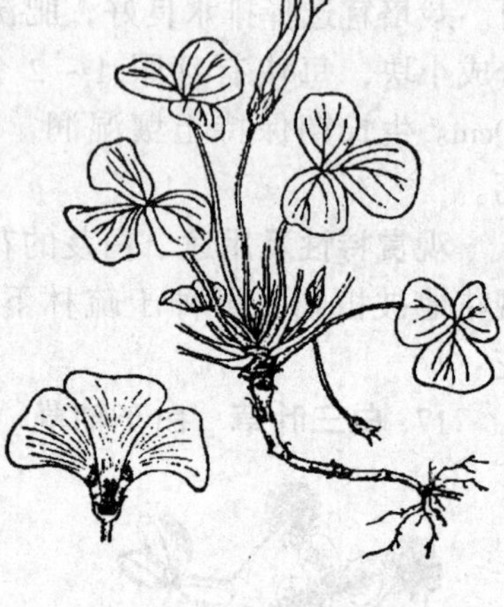

图 8－18 红花酢浆草

产地与习性 原产南美洲巴西南部，我国各地栽培。喜温暖湿润，喜光，也耐干旱和半荫，对土壤适应性较强，但在土壤粘重或积水以及浓荫郁闭处生长不良。我国长江流域露地栽培表现良好，长江流域以南生长及开花期较长。球茎生命力强，春季萌芽前挖的球茎，在室内常温下避光保存一年，还能继续生长。植株寿命较长，栽培 10 多年的株丛，也能正常生长和开花。

繁殖与栽培 繁殖主要用球茎分株和切块，也可播种。分株是最主要的繁殖方法，种球可不带根，尽可能分成单球，增加繁殖量。全年都可进行，成活率 95%以上，上半年栽的当年就能开花。栽种 4 年的较大株丛，每丛球茎 200 个左右；切块繁殖可将球茎切成小块育苗，春、夏、秋都能进行。切块重 0.5g 以上较为合适，株距 5～10cm，栽种深度 2～3cm，20 天开始出苗，当年成苗率 70%以上。

观赏特性及用途 红花酢浆草在我国已大量栽培，在园林绿化中有较大的应用价值。①大片地面覆盖：在阳光强或半荫的地方都能成片栽种，保持多年覆盖，开花时似红色地毯，效果很好。②布置花坛、花境：由于红花酢浆草株丛稳定，便于构成并保持各种线条和图案，作花坛、花境的边沿或作图案布置都很合适。③台坡、阶旁、沟边、路沿种植：既可绿化、美化环境，又能防止水土流失。④盆栽：放于门庭、广场、阳台等处做覆盖、底色或边缘布置，成本低、效果好。

19. **阔叶麦冬** 阔叶山麦冬 阔叶土麦冬 图 8－19

学名 *Liriope platyphylla* Wang et Tang

科属 百合科，麦冬属。

形态特征 多年生常绿草本。须根长，分枝多，有时局部膨大呈纺锤形块根，块根长 2.5～4cm。叶基生，集合成丛，革质，宽线形，有的略带镰刀状，长 15～65 cm，宽 0.8～2.5cm 或更宽。花葶长 30～90cm，明显高于叶丛。总状花序顶生，花较多，常 4～8 朵簇生于苞片腋内，花色淡紫或淡红紫。种子球形，直径 6～7mm，初期绿色，成熟时黑色。

品种有金边阔叶麦冬，叶缘有黄色条纹。

产地与习性 我国产广东、广西、福建、江西、浙江、江苏、安徽、河南、山东、湖

图8-19 阔叶麦冬

南、湖北、四川、贵州等地。日本也有分布。野生于山地、山谷的疏、密林下。喜温暖湿润，喜腐植质丰富的土壤，耐荫性强，在强光下生长较差。有一定耐寒性，在南京地区，冬季生长良好。

繁殖与栽培 播种和分株繁殖。种子采收后即可播种，翌春出苗，出苗率约80%。播种苗培育1年即可供绿化用。分株，可将苗掘起，分开株丛，将3~4株丛植于1穴，栽植不能太浅。栽种时间春夏和秋季均可。

观赏特性及用途 作地被成片栽种或边缘种植均可，尤宜与假山或岩石相配。因叶丛和花葶较高，栽在路边时宜与路沿保持一定距离。

20. 麦冬 沿阶草 书带草 绣墩草 图8-20

学名 *Ophiopogon japonicum* (ThunB.) Ker-Gawl.

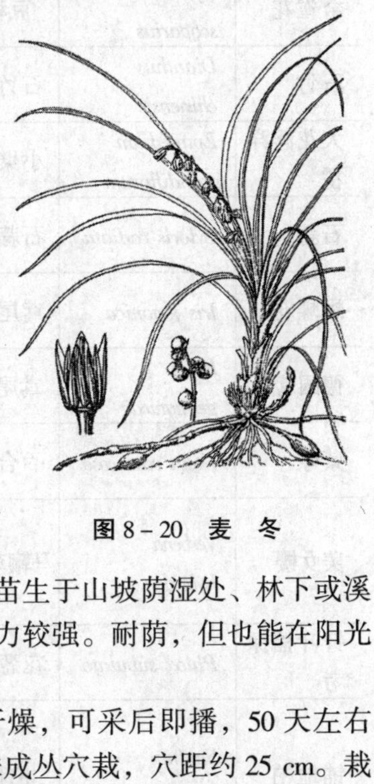

图8-20 麦 冬

科属 百合科，沿阶草属。

形态特征 多年生常绿草本。须根顶端或中部常膨大成纺锤状小块根，块根长0.5~1.8cm。叶片线形，长10~14cm，宽1.5~4mm，密集成丛。花葶通常7~14cm，低于叶丛；总状花序顶生，花朵稍下垂，常1~3朵簇生，淡紫色至接近白色。浆果球形，如豌豆大，成熟时深蓝色而有光泽，含种子1粒。本种栽培已久，各地栽种的体态变化较大，如叶丛疏密、叶片宽窄、花葶长短等有明显不同。品种玉龙 *Nanus*，在我国南部园林及日本有栽培，叶丛密集，株高仅约10cm。

产地与习性 我国广东、广西、福建、台湾、浙江、江苏、江西、湖南、湖北、四川、云南、贵州、安徽、河南、陕西、河北等地有分布。日本、越南、印度也有分布。麦冬野生苗生于山坡荫湿处、林下或溪沟旁。喜温暖湿润，喜富含腐殖质的砂质壤土。耐寒、耐旱能力较强。耐荫，但也能在阳光下生长，适应性强。秋末果实开始成熟，可延续到2月。

繁殖与栽培 播种或分株繁殖。种子采收时为防止失水干燥，可采后即播，50天左右发芽，出苗率约80%。分株在春、夏和秋季都可进行，5~6株成丛穴栽，穴距约25 cm。栽后3~4年地面长密时可分株移栽，在分出株丛的地方，需注意填土，保持母株生长良好。

观赏特性及用途 麦冬株丛低矮，终年保持深绿，适宜作园林地被。可大片栽种，也可种于路边、阶旁，或与假山、岩石相配。

同属植物 沿阶草属共有50余种，分布于亚洲东部和南部的亚热带和热带地区，我国有30多种，分布于华南、西南各省区。很多可作地被植物，值得发掘利用。

其他地被植物见附表：

附表：其他地被植物

植物名称	拉丁学名	科	形态及生态特点	繁殖方法	园林用途
吉祥草	*Reineckia carnea*	百合科	多年生常绿草本，从生。花紫红色，有香气。花期10月。耐荫，稍耐践踏。	播种　分株	配置于林下、水边。
石菖蒲	*Acorus gramineus*	天南星科	多年生常绿草本，叶剑形，有光泽。喜荫湿，生山涧、岩石缝中。	播种　分株	花坛镶边、水池边配置。
筋骨草	*Ajuga ciliata*	唇形科	多年生草本，高25~40cm，花紫色，生草地。	播种　分株	地被，植于山谷、溪旁。
篮雪花	*Ceratostigma plumbaginoides*	篮雪科	直立灌木状。花蓝色，叶宽大；生坡地。	播种　分株	庭院栽培，观花。
金雀花	*Cytisus scoparius*	豆科	叶色淡绿，花黄色。能在岩石上生长。	扦插　压条　播种	观花及叶。
石竹	*Dianthus chinensis*	石竹科	多年生草本，高30cm。生于山地和田边。	早春扦插和分株	地被观花。
大花淫洋霍	*Epimedium grandiflorum*	小檗科	多年生草本，从生。花萼红紫色，花冠白色。耐荫。	春秋栽种	植林下荫处，观花。
石蒜	*Lyloris radiata*	石蒜科	多年生草本，叶青绿。花鲜红，8~9月开放。耐荫及瘠薄土壤。	分株	林下路边，溪边。
蝴蝶花	*Iris japonica*	鸢尾科	多年生常绿草本。花淡紫色，花期6~7月；耐荫湿。	分株	配置于林下、林缘、溪边。
德国鸢尾	*Iris germanica*	鸢尾科	多年生宿根草本，植株较蝴蝶花高；花色多样，花期4月。	分株　播种	配置池边、溪边。
紫萼	*Hosta ventricosa*	百合科	多年生簇生草本。花紫色，花期6~7月。喜荫湿。	播种　分株	在较荫处配置花坛。
美女樱	*Verbena hybrida*	马鞭草科	多年草本，常做一年生栽培。花小，花色多种。喜荫湿肥沃土壤。	播种	花坛、草坪及花镜。
针叶福禄考	*Phlox subulata*	花葱科	多年草本，叶针状。花粉红色。耐半荫。	秋播	花坛，草坪路边片植。
铺地柏	*Sabina procumbeus*	柏科	常绿木本。植株低矮，平铺地面，小枝密集。喜光，耐干旱。	播种	配置假山、草坪、坡上、坡脚。
常春藤	*Hedera helix*	五加科	常绿攀援藤本。有气根。生长迅速，喜荫湿。	扦插	树坛及林下均可。
结香	*Edgeworthia chrysantha*	瑞香科	落叶灌木，小枝红色有绢状毛。头状花序，花黄色，芳香。生荫湿肥沃地。	扦插	林边观花。
紫花苜蓿	*Medicago sativa*	豆科	多年生草本。花冠紫色。阳性。各国均有栽培。	播种	观花，作饲料。

（续）

植物名称	拉丁学名	科	形态及生态特点	繁殖方法	园林用途
地黄	*Rehmannia glutinosa*	玄参科	多年生直立草本。花紫红色，顶生。半阳性，生山坡、路边。	播种	林边栽培、观花。
虎儿草	*Saxifraga stolonifera*	虎儿草科	多年生草本。基生叶肾形。圆锥花序。极耐荫，生与海拔1900m的荫湿处。	扦插　分株	观叶、植林下。
泽泻	*Alisma orentale*	泽泻科	多年生沼生植物，具地下球茎。叶基生；花轮生伞形状。喜光。	分生	观叶、植水边。

主要参考文献

1．北京林业大学园林系花卉组编．花卉学．中国林业出版社，1990
2．北京林学院城市园林系编著．花木栽培法．农业出版社，1981
3．陈俊愉主编．中国花卉品种分类学．中国林业出版社，2000
4．陈榕生主编．仙人掌与多肉植物．福建科学技术出版社，2001
5．陈述国，李瑞华，杨秋生主编．观赏园艺学．中国农业科技出版社，1991
6．陈有民主编．园林树木学．中国林业出版社，1990
7．丁雷编著．观赏水生植物—水草．中国农业大学出版社，2001
8．高润清主编．园林树木学．气象出版社，2001
9．郭学望，包满珠主编．园林树木栽植养护学．中国林业出版社，2002
10．过元炯编著．园林艺术．中国农业出版社，2002
11．何平，彭重华主编．城市绿地植物配置及其造景．中国林业出版社，2002
12．胡长龙主编．园林规划设计．中国农业出版社，2002
13．胡林，边秀举，陶新灵主编．草坪科学与管理．中国农业科技出版社，2001
14．金波，秦魁杰编著．切花栽培与保鲜及插花艺术．中国林业出版社，1999
15．刘海桑编著．观赏棕榈．中国林业出版社，2002
16．刘师汉，汤丰祥，梅慧敏．仙人掌和多肉植物．上海科学技术出版社，1985
17．刘志学，陈光耀等编著．草坪品种指南．中国农业出版社，2002
18．毛龙生主编．观赏树木栽培大全．中国林业出版社，2002
19．牛春山主编．陕西树木志．中国林业出版社，1990
20．邱国金主编．园林植物．中国农业出版社，2001
21．任宪威主编．树木学．中国林业出版社，2002
22．石雷主编．观赏蕨类．中国林业出版社，2002
23．施振周，刘祖祺主编．园林花木栽培新技术．中国农业出版社，1999
24．谭继清，刘建秀，谭志坚著．草坪地被景观设计与应用．中建筑工业出版社，2002
25．唐莉娜，冰巴，纪丰志编著．室内植物装饰与养护．广西科学技术出版社，1997
26．王莲英，朱秀珍，虞佩珍编．中国名花与欣赏．安徽科学技术出版社，1997
27．温扬真编著．室内花卉布置．农业出版社，1993
28．吴应祥编著．中国兰花．中国林业出版社，1993
29．刁慧琴，居丽．花卉布置艺术．东南大学出版社，2001
30．徐晓白，吴诗华，赵庆泉著．中国盆景．安徽科学技术出版社，1985
31．章守玉主编．花卉园艺．辽宁科学技术出版社，1982
32．张涛主编．园林树木栽培与修剪．中国农业出版社，2003
33．赵渤，鲁新海编著．药用花卉栽培和利用．中国农业出版社，2003
34．赵家荣编著．水生花卉．中国林业出版社，2002
35．赵梁军主编．观赏植物生物学．中国农业大学出版社，2002
36．郑万钧主编．中国树木志（1～3）卷．中国林业出版社，1983－1997
37．中国科学院西北植物所编著．秦岭植物志（第一卷）1－5册．科学出版社，1975－1983
38．中国科学院植物所主编．中国高等植物图鉴1－5册．科学出版社，1983
39．皱惠渝主编．园林植物学．南京大学出版社，2002